# Spring MVC + MyBatis + Activiti 工作流开发从入门到精通

◎ 李世川　编著

清华大学出版社
北 京

## 内容简介

本书重点介绍3个方面的内容：Spring MVC、MyBatis和Activiti的介绍、安装、应用等的方法和技巧。Spring MVC是目前基于Java Web开发应用较广的MVC框架之一。一旦开发人员掌握了该框架的配置和使用技巧，则对于Java Web开发将得心应手。本书详细介绍了Spring MVC的配置和应用技巧等内容，对于初级Java Web开发人员来讲，很容易学习和上手；MyBatis是优秀的持久化、轻量级框架之一，对于关系数据库的支持非常友好。本书重点讲解了MyBatis和Spring MVC的整合，并提供了大量可操作案例，供开发人员学习，对于入门和提高MyBatis实战能力有很大的帮助；Activiti是优秀的开源工作流引擎。本书以大量篇幅讲解该工作流引擎，以及与Spring MVC、MyBatis整合的配置和开发技巧，并提供了大量示例。在本书最后，讲解了一个复杂而有用的案例，融合本书所讲知识。重要的是，本书提供了全部案例的源码，学习本书的人员，不但可以学习理论，还可实战演习。本书案例源码均由作者亲自编写，其中包含了很多有用的方法与技巧。



**图书在版编目(CIP)数据**

Spring MVC+MyBatis+Activiti工作流开发：从入门到精通/李世川编著.—北京：清华大学出版社，2019
(2020.12重印)

ISBN 978-7-302-51656-9

Ⅰ.①S… Ⅱ.①李… Ⅲ.①JAVA语言－程序设计 Ⅳ.①TP312.8

中国版本图书馆CIP数据核字(2018)第257434号

**责任编辑**：贾 斌 李 晔
**封面设计**：刘 键
**责任校对**：梁 毅
**责任印制**：丛怀宇

**出版发行**：清华大学出版社
**网 址**：http://www.tup.com.cn，http://www.wqbook.com
**地 址**：北京清华大学学研大厦A座 **邮 编**：100084
**社 总 机**：010-62770175 **邮 购**：010-62786544
**投稿与读者服务**：010-62776969，c-service@tup.tsinghua.edu.cn
**质量反馈**：010-62772015，zhiliang@tup.tsinghua.edu.cn
**课件下载**：http://www.tup.com.cn，010-62795954
**印 装 者**：三河市龙大印装有限公司
**经 销**：全国新华书店
**开 本**：185mm×260mm **印 张**：24.5 **字 数**：594千字
**版 次**：2019年8月第1版 **印 次**：2020年12月第2次印刷
**印 数**：1501～1800
**定 价**：89.00元

产品编号：076574-01

# 前言

当前，互联网高度普及，社会信息化程度越来越高，信息化的手段和要求也越来越多。之前，很多无法想象的信息化方式和方法，也逐渐为大众接受。在互联网中，涌现出各种快速开发框架，这让开发人员有充分的选择余地。

作者从事信息系统开发已有十多年的经验，经历了各种开发手段、方法的演进过程，例如以前开发单机版的信息系统，随着互联网的发展，也从事基于互联网的信息系统开发。那么，对于开发者来说，什么是最重要的？以前，开发一套完整信息系统，需要经历从需求分析、功能分析、代码开发等一系列完整过程，这是大家熟悉的瀑布开发模式，其缺点是开发时间和周期很长。基于互联网的信息系统开发不太适合这样的模式。因为大家对于信息系统的开发期望很高，耳濡目染，见的系统多了，要求就高了，恨不能今天提出一个想法，在一个月内，甚至更短时间内就实现，这就要求我们适应这种开发模式，而不是简单回答不可以，或是还需要具体分析等。典型的例子是，互联网竞争非常激烈，当大家都有同样点子的时候，谁先推出谁就可抢占市场，这是有现实事例来支撑的。回到前面的问题，什么最重要？答案是时间！

很多开发人员认为自己是搞代码开发，很多事情能自己解决，例如数据库底层连接开发、页面设计等，不需要使用别人提供的框架；如果使用了所谓的框架后，系统性能会受到影响，原生开发很重要，甚至可能要自己重写一套语言！是的，这个道理大家都懂，但是时间不允许，更重要的是稳定性、安全性等。如果仅仅是性能的问题，同样可以采用多种手段加以解决。所以，开发人员为了节省时间，需要采用一套成熟、稳定的开发框架，快速搭建信息系统，与客户随时进行沟通，实现快速而敏捷的开发。

在 Java 开发世界中，有很多成熟而优秀的框架供开发人员选择。为什么本书将 Spring MVC、MyBatis 和 Activiti 构成一个主题？首先，建议开发人员理解并采用开源的东西，很多开发人员都具有冒险精神，喜欢看别人的代码，那么，采用开源东西更加合适。其次，需要稳定，这三者都是比较稳定的，而且已被很多开发人员检验并应用于实际信息系统中。最后，这三者的关注点不同，但在基于互联网的信息系统开发中都非常重要，可以说，它们的结合很完美。

本书努力讲解这三者，重点在于结合，而不是面面俱到。特别是在一个团队开发中，只有形成自己团队的开发标准和规范，才能共同开发并完成一件件优美的作品。根据以往经验，一本技术类开发书籍不仅仅在于介绍技术本身，案例分析、剖析同样很重要。本书特别注重案例的讲解，基本在每章都会有相关内容。

本书面向的读者，需要具有简单Java、HTML、SQL等开发经验，在本书中，对很多知识一带而过，那是假定读者基本了解了这部分知识。本书特别适合开发业务工作流系统的开发人员阅读。工作流的重要性在于敏捷开发，客户希望能快速见到所谓的工作流，开发人员希望一旦画出工作流，便能很快进行开发。作者本人尽管开发的理论知识很丰富，但更加注重实践，只有在实践中才能增进对知识的理解。

建议阅读本书的方式是：从第一篇开始阅读，并注重实践，最好是能运行其中的所有案例，阅读＋实践，能帮助读者快速掌握开发这种技术；当然，如果是已经具有一定开发经验的开发人员，可以跳着阅读，但很可能造成其中案例分析理解困难，因为案例分析具有连贯性，前面的知识，在后面很可能会一带而过！最后，本书会成为一本很有用的参考书，作者也是向这个方向努力的！

本书在编写过程中，尽管经过了多次校稿，但难免有不足的地方，希望读者能及时指出。

## 本书主要内容

本书包含4篇：第一篇讲解Spring MVC，第二篇讲解MyBatis，第三篇结合前面的知识讲解Activiti，第四篇讲解高级部分，其中包含综合示例。全书内容分为19章，概要如下：

第1章介绍了Spring MVC开发环境的搭建，以及创建第一个Java Web项目。

第2章介绍了Spring MVC重要知识，包括拦截、@Component、@RequestMapping等，同时介绍了使用中的技巧，并提供了案例分析。

第3章介绍了Spring MVC高级应用，包括单文件、多文件上传，数据库操作，JSTL以及FreeMarker等知识，并根据这些知识，提供了示例。本章虽涵盖内容较多，但同时又有案例分析，掌握这些知识点，应该不是很难。用了3章整体介绍Spring MVC，基本涵盖了在开发Spring MVC中所需的知识点和应用技巧。

第4章介绍了MyBatis基础，包括MyBatis介绍、配置、SQL映射器以及事务管理等内容，通过本章的学习，可以对MyBatis有一定了解。

第5章介绍了MyBatis中的SQL操作，SQL操作涉及很多知识点，本章对这些在开发中需要使用到的知识和技巧尽量进行详细讲解，并提供了案例分析。

第 6 章介绍了 MyBatis 的高级操作，主要包括如何动态构建 SQL 语句，并介绍了在其中需要用到的技巧。本书用了 3 章从基本内容、高级操作到使用技巧介绍了 MyBatis。

第 7 章介绍了 Activiti 的基础知识，包括介绍、下载、安装和配置等内容。

第 8 章介绍了 Activiti 中用户管理的相关知识。

第 9 章介绍了 BPMN 相关知识，并介绍了 Activiti Designer 的安装，最后给出了第一个流程示例。

第 10 章介绍了 Activiti 部署的多种方式、技巧，并提供了案例分析。

第 11 章介绍了 Activiti 中的多种表单，包括内置表单、外置表单以及业务表单。通过本章的学习，可以熟练掌握这些表单的使用技巧。

第 12 章介绍了 Activiti 中任务分配以及网关应用。本章知识比较重要，包括任务分配的技巧、网关的多种方式以及应用技巧等。

第 13 章介绍了 Activiti 中任务及中间事件管理，任务有多种类型，本章详细介绍了任务的多种形式，中间事件非常重要，本章对多种类型的中间事件进行了详细介绍，并提供了详细案例分析。

第 14 章介绍了子流程与边界事件的管理。

第 15 章开始属于高级篇。本章介绍了 JUnit 的使用以及技巧。单元测试的重要性在于加快开发进度。本章结合 Activiti 详细介绍了单元测试的配置、技巧等方面的内容。

第 16 章介绍了多实例和系统用户集成。

第 17 章介绍了 Activiti 对 REST 的支持、配置、访问方式以及技巧等内容。

第 18 章介绍了 Activiti 对图形化的支持，包括如何整合到业务系统中的技巧。

第 19 章综合前面各章节内容，介绍了一个详细案例分析，并提供源码供学习。

本书不但是一本翔实的理论书籍，更是一本实战化书籍。作者本人有丰富的实战编程经验，对于书中内容的取舍有很好的把握。

## 本书源码使用说明

作者在编写本书时，也曾纠结于如何有效分享源代码。目前，Java Web 代码依赖于各种 Jar 包，例如 Sping MVC 需要 Spring 相关 Jar 包支持，Activiti 同样如此。另外，Jar 包的管理呈现出多种形式，包括现在流行的 Maven 管理、Gradle 管理等多种方式。

但考虑到本书所面向的读者，水平可能参差不齐，不能一味要求大家都在同一个较高水平上。既然作者能提供项目所需 Jar 包，就无须读者在阅读本书时进行各种配置，然后从网络上下载各种 Jar 包。故本书所有源码都提供全套 Jar 包，并直接从开发环境导出。读者拿到这些源码时，只需使用 MyEclipse 执行导入操作即可。操作步骤如下：

第一步，单击 MyEclipse 的 File 菜单，选择 Import 命令，打开 Import 窗口，如下图所示。

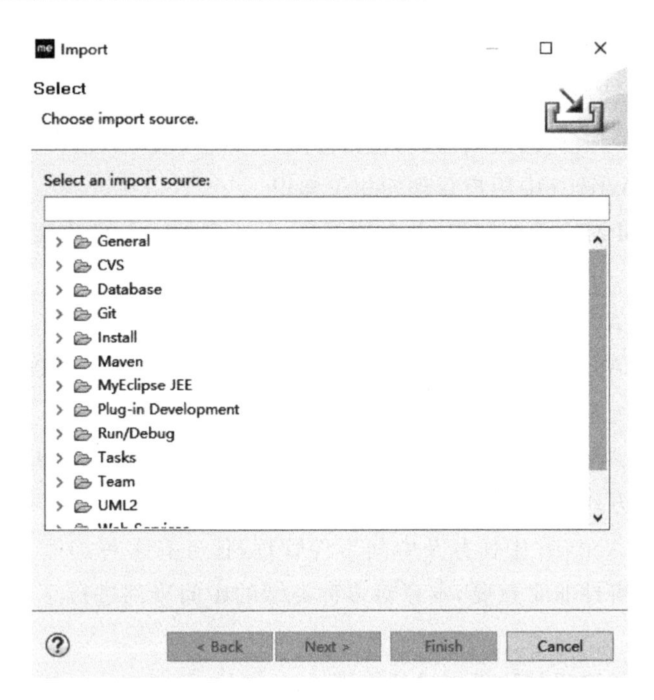


选择 General→Existing Projects into workSpace 后，单击 Next 按钮，打开选择文件夹窗口，如下图所示。

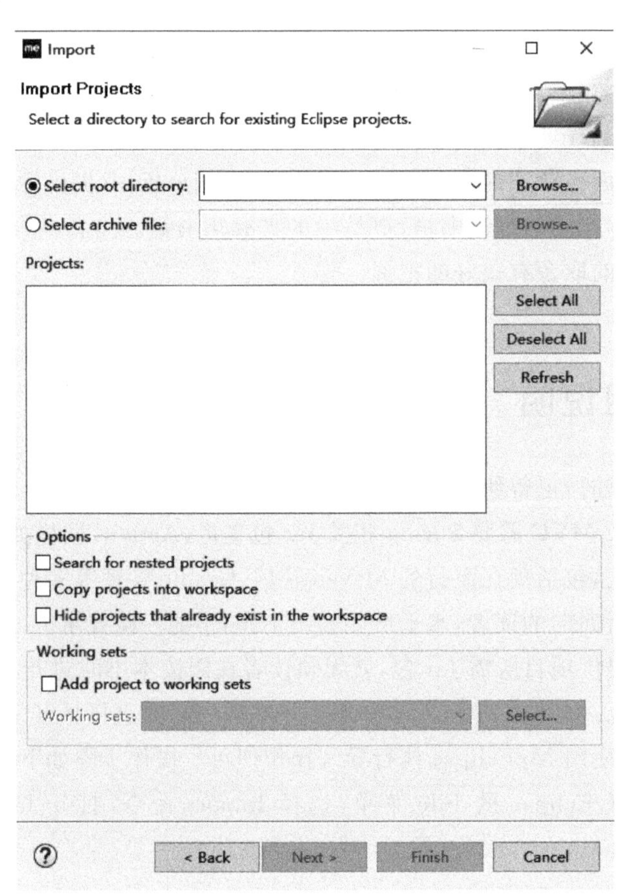

在该窗口中，选择源码中项目的根目录，同时选中该窗口中的 Copy projests into workspace 复选框，然后单击 Finish 按钮，完成项目的导入。

## 作者介绍

李世川，毕业于北京大学计算机信息科学技术学院，现就职于某部队。专注于数据库技术理论和应用的研究，对于数据库技术的应用开发有较深的研究和实战经验，具有十多年的信息系统开发经验，曾参与军内及国家多个重大科研课题。精通 Java、Objective C、C#、PHP、ASP、PowerBuilder、Delphi 等多种程序开发语言，熟练掌握和应用多种数据库，具有丰富的业务信息系统开发实践经验、云中大数据存储与分析经验。发表计算机类文章和相关论文 60 余篇，并出版计算机类图书《PHP+MariaDB Web 开发从入门到精通》。

## 读者对象

- 初级及中级 Java Web 开发工程师
- 从其他开发语言，如 ASP、PHP 等，转向 Java Web 开发的工程师
- Java 业务流 Web 系统设计、开发及维护人员
- 自学 Java 开发的大中专院校在校学生
- 从事 Java 工作流开发的工程师

## 关键字

Spring MVC，MyBatis，Activiti，MariaDB，HTML，系统，流程

# 目录

## 第1篇 Spring MVC篇

## 第2篇 MyBatis篇

# 第3篇　Activiti篇

# 第4篇 高 级 篇

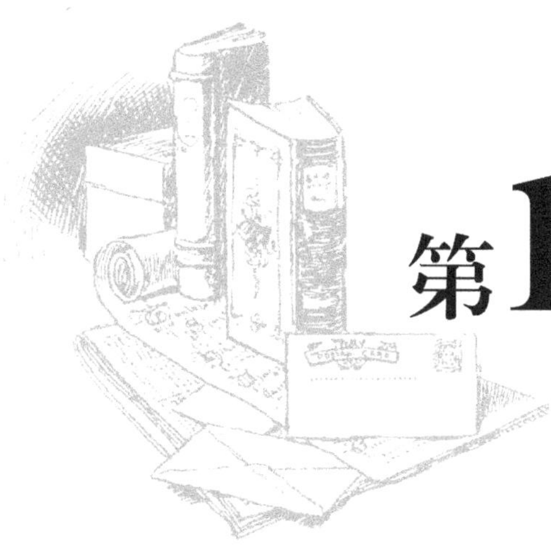

# 第1篇

# Spring MVC篇

# 第1章 Spring MVC基础

本章介绍 Spring MVC 基础性知识，包括环境的搭建、MVC 介绍、工具介绍，Spring MVC 入门。

## 1.1 MVC 介绍

目前，在 Web 开发中使用最多的一种开发模式就是 MVC。MVC 是 Model View Controller 的缩写，即模型-视图-控制器。

Model(模型)：即系统的核心(例如数据库操作)，用于处理应用程序数据逻辑的部分，负责在数据库中存取数据。

View(视图)：用于显示数据(Web 页面)。

Controller(控制器)：用于处理输入(业务逻辑处理、写入数据库记录)，负责从视图读取数据，控制用户输入，向模型发送数据等。

MVC 如此流行，是基于其自身特点的：帮助用户有效组织软件系统开发，将界面显示、程序逻辑处理和数据处理分开，使得程序代码更有逻辑；简化了程序开发的分工，将不同部分分给不同开发组，使得程序开发可以并行而快速地进行，且各个开发组间方便沟通。

简单的 MVC 模型如图 1-1 所示。

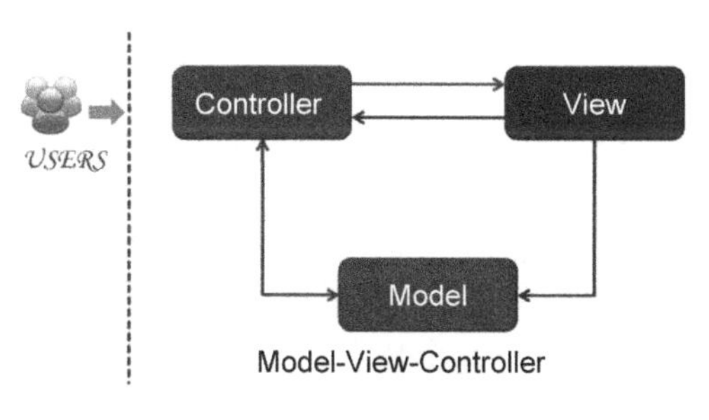


图 1-1　MVC 模型

用户在 Web 浏览器中输入 URL 地址后，首先由控制器进行处理，控制器提交数据请求给模型，模型返回数据处理给控制器，控制器更新视图，视图层返回最终 Web 页面给用户。其中，模型不一定有数据处理，例如用户只是显示简单的静态页面，此时只有视图显示。但一个大型的软件系统会包含以上完整的业务处理的 3 个部分。

## 1.2 Spring 介绍

在介绍 Spring MVC 前，有必要先介绍 Spring。Spring 是一个开源的企业应用开发框架，Spring 是于 2003 年兴起的一个轻量级的 Java 开发框架，由 Rod Johnson 创建。Spring 的产生在于从实际需求出发，着眼于轻便、灵巧、易于开发、测试和部署的轻量级开发框架。

Spring 作为一款轻量级的开发框架，具有如下特点：

- 轻量化——Spring 从开始设计就是轻量化的，用户在开发中按需加载 Spring 模块。目前，Spring 已有 20 多个子模块，模块间遵循低耦合原则。
- 控制反转——Spring 通过控制反转(IoC)技术进一步体现了低耦合。在开发中若使用了 IoC，一个对象依赖的其他对象会通过被动的方式进行传递。
- 面向切面——Spring 提供了面向切面开发的丰富支持，允许通过分离应用的业务逻辑与系统级服务[例如事务(transaction)管理]进行内聚性的开发。应用对象只实现它们应该做的——完成业务逻辑——仅此而已。它们并不负责其他系统级的关注点，例如日志部分的支持。
- 容器——Spring 包含并管理应用对象的配置和生命周期，开发人员可以配置每个 bean 是如何被创建——基于一个可配置原型(prototype)。
- 框架——Spring 本身是框架，可以将简单的组件配置、组合成为复杂的应用。在 Spring 中，应用对象通过声明方式组合在一起，典型地是在一个 XML 文件里。
- MVC——Spring 的一个子框架。
- Spring 的这些特点，使得现在 Java 开发人员迷恋 Spring 框架的开发，通过 Spring 提供的框架，可以让开发人员将开发精力更加集中在软件系统的业务逻辑上，而不是将时间浪费在基础框架中。

## 1.3 Spring MVC 介绍

Spring MVC 是 Spring 的其中一个子框架，完全遵循 MVC 模式，是目前 Java Web 开发中最流行的 MVC 框架。Spring MVC 包含了核心过滤器 Dispatcher，这使得开发人员不需再进行这部分工作。它还具有以下几个特点：

- Spring MVC 可以很好地融合 Spring 提供的其他功能。
- Spring MVC 支持多种视图展示，例如 JSP 技术、FreeMarker 等。

➢ Spring MVC 支持用户构造并实例化 bean，即实例化控制。
➢ Spring MVC 内置了常用的检验功能。
➢ Spring MVC 支持本地化和国际化。

Spring MVC 的运行方式如图 1-2 所示。

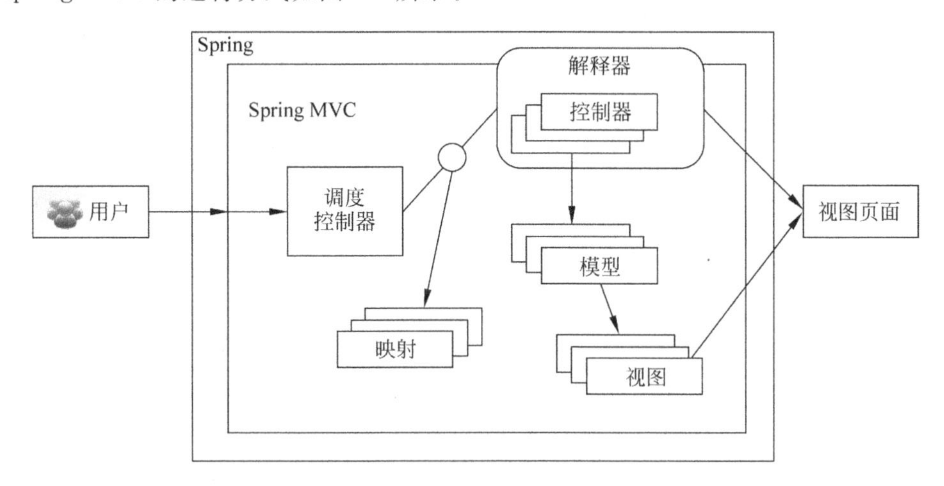


图 1-2 Spring MVC 的运行方式

由此可见，Spring MVC 的运行完全遵循 MVC 模式，且提供了 Dispatcher，用于过滤用户的输入，在实际开发中，用户只需编辑配置文件，就能很容易地完成这些工作。

## 1.4 Java 环境配置

在开始 Spring MVC 之旅前，重要的是进行环境配置。Spring 作为一种容器，其运行也是基于一种运行环境的，那就是 Java。使用 Java 的好处是“一处编译，处处运行”，即 Java 不依赖于具体的计算机环境。本书的开发基于 Java 1.8 环境。下面是 Java 环境的配置。

**Windows 环境配置**

进入 Java 官方网站下载最新的 Java 安装包：

http://www.oracle.com/technetwork/java/javase/downloads/jdk8-downloads-2133151.html

该网页提供了多种环境的安装包下载，应按实际需要下载对应的安装包。例如，Windows 10 64 位计算机，应下载对应的 64 位 Windows 安装包。下载完成后，进行安装；然后配置本地计算机。

首先，在桌面右击“我的电脑”，选择“属性”，打开“系统”界面，如图 1-3 所示。

单击左侧的“高级系统设置”，打开“系统属性”页面，单击“高级”选项卡，如图 1-4 所示。

单击“环境变量”按钮，打开“环境变量”页面，如图 1-5 所示，在用户变量选项组中，单击“新建”按钮，“变量名”填写为 JAVA_HOME，“变量值”为之前安装 Java jdk 的路径，根据实际值进行填写，如图 1-6 所示。

在“系统变量”列表框中，找到 Path，编辑该值，在其最后追加如下值：

图 1-3 “系统”界面

系统属性

计算机名 硬件 高级 系统保护 远程

要进行大多数更改，你必须作为管理员登录。

性能

视觉效果，处理器计划，内存使用，以及虚拟内存

设置(S)...

用户配置文件

与登录账户相关的桌面设置

设置(E)...

启动和故障恢复

系统启动、系统故障和调试信息

设置(T)...

环境变量(N)...

确定 取消 应用(A)

图 1-4 “系统属性”页面

;%JAVA_HOME%\bin;%JAVA_HOME%\lib\dt.jar;%JAVA_HOME%\jre\bin;%JAVA_HOME%\lib\tools.jar;

**注意：**分号“;”起分隔作用。

图 1-5　“环境变量”页面

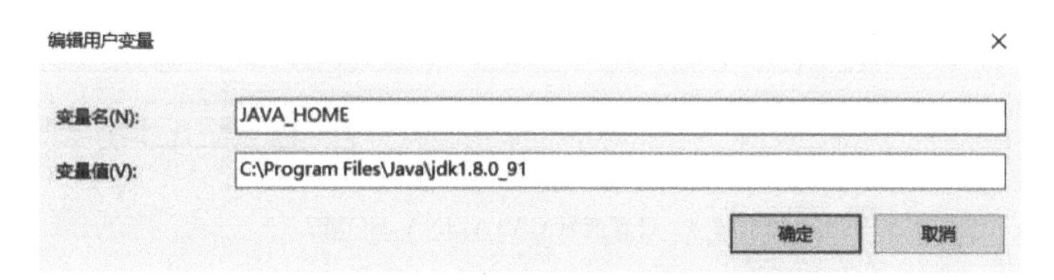


图 1-6　“编辑用户变量”窗口

完成以上操作后，单击“确定”按钮，对操作进行确认。在系统中，打开“系统提示符”窗口，输入命令“java -version”进行验证，出现如图 1-7 所示结果，表示安装 Java 环境正确。

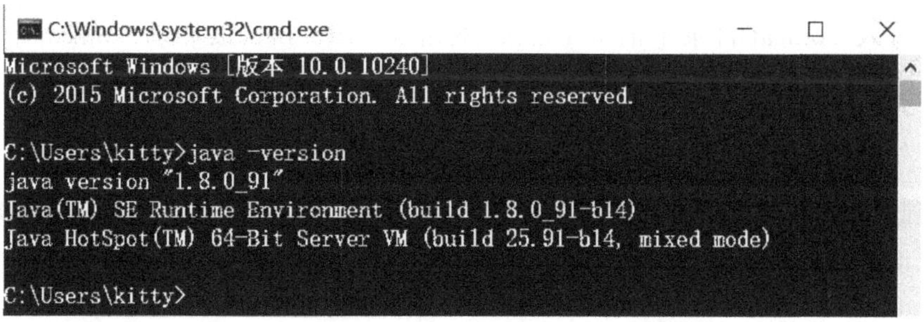

```
C:\Windows\system32\cmd.exe
Microsoft Windows [版本 10.0.10240]
(c) 2015 Microsoft Corporation. All rights reserved.

C:\Users\kitty>java -version
java version "1.8.0_91"
Java(TM) SE Runtime Environment (build 1.8.0_91-b14)
Java HotSpot(TM) 64-Bit Server VM (build 25.91-b14, mixed mode)

C:\Users\kitty>
```

图 1-7　Java 环境测试

## 1.5 Tomcat 配置

Tomcat 服务器是免费并开源的 Web 应用服务器，是轻量级应用服务器，在中小型系统和并发访问用户不是很多的场合被普遍使用，是开发和调试 JSP 程序的首选。本书开发以 Tomcat 8 为例进行。下面是 Tomcat 配置的完整过程。

首先，进入 Tomcat 官网下载最新的安装包：

```
http://tomcat.apache.org/
```

需要注意的是，下载对应的安装包，例如 64 位 Windows 操作系统，下载 64 位压缩包 64-bit Windows zip 即可。

下载完成后，将文件解压并放到本地计算机任意位置。

同理，打开如图 1-5 所示的“环境变量”页面，在用户变量选项组中，单击“新建”按钮，“变量名”填写为 CATALINA_HOME，“变量值”为 Tomcat 压缩包解压后的位置，根据实际值进行填写，如图 1-8 所示。

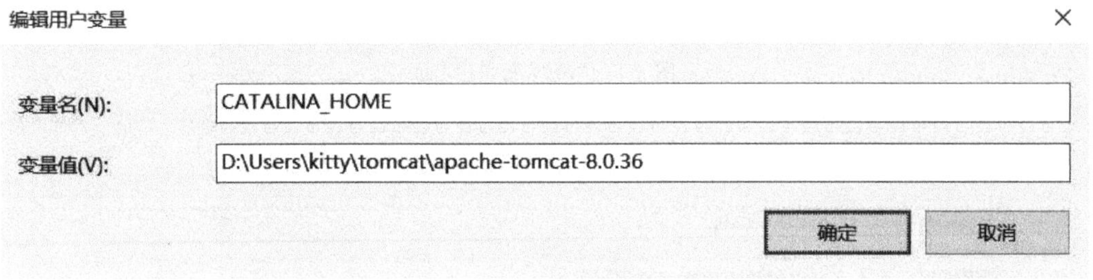

图 1-8　设置变量 CATALINA_HOME

接着，在“系统变量”列表框中，找到 Path，编辑该值，在其最后追加如下值：

```
;%CATALINA_HOME%\lib;%CATALINA_HOME%\lib\servlet-api.jar
;%CATALINA_HOME%\lib\jsp-api.jar;
```

**注意**：其中的分号；必须填写。配置完成后，单击“确定”按钮，完成以上配置过程。

最后，进入 Tomcat 目录下的 bin 目录，双击 startup.bat，以启动 Tomcat。在浏览器输入：

```
http://localhost:8080
```

若看到 Tomcat 的欢迎页面就说明配置成功了，如图 1-9 所示。注意：Tomcat 安装完成后，默认访问端口是 8080。

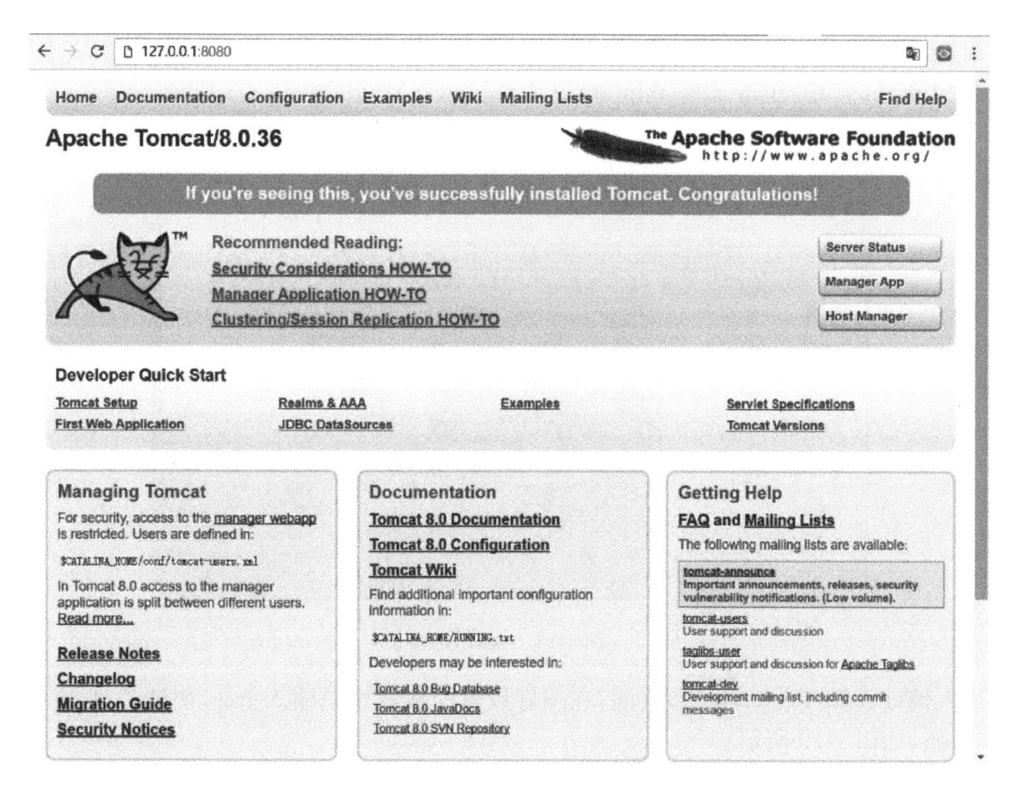


图 1-9　Tomcat 欢迎页面

## 1.6　MyEclipse 开发环境配置

目前，用于开发 Java Web 的 IDE 有很多，比较流行的有 NetBeans、Eclipse、MyEclipse、IntelliJ IDEA 等。本书采用 MyEclipse 进行开发，版本是 2016 版，如图 1-10 所示。

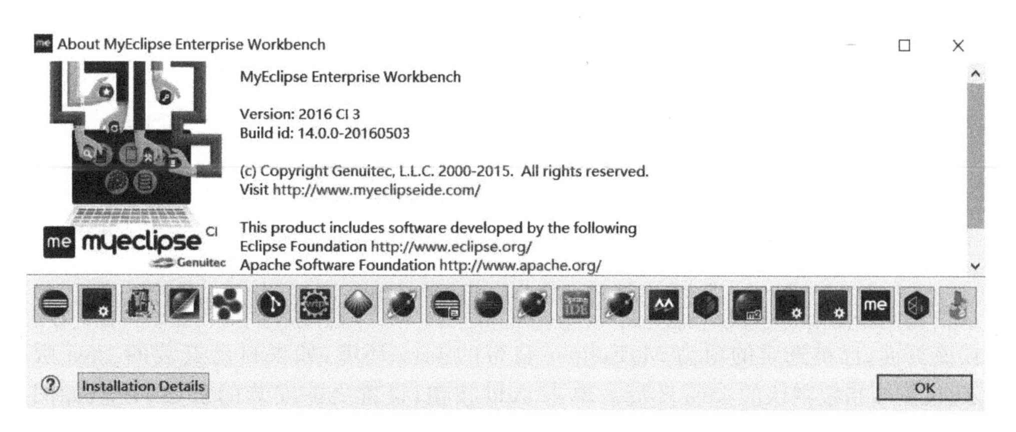


图 1-10　MyEclipse 版本

MyEclipse 自带了开发所需要的环境，但为了使用自定义的开发环境，在开发之前，还是需要进行简单设置，下面是 MyEclipse 的配置过程。

首先，设置自定义的 Java 环境。

在 MyEclipse 中，单击菜单 Window→Perferences 命令，如图 1-11 所示。

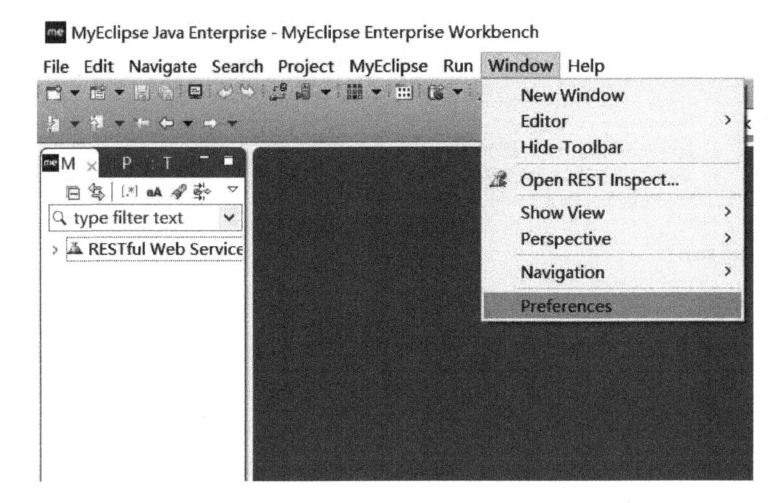


图 1-11　偏好设置

进入偏好设置(Perferences)页面，在偏好设置的搜索栏中输入 jres，快速找到 Installed JREs 页面，如图 1-12 所示。

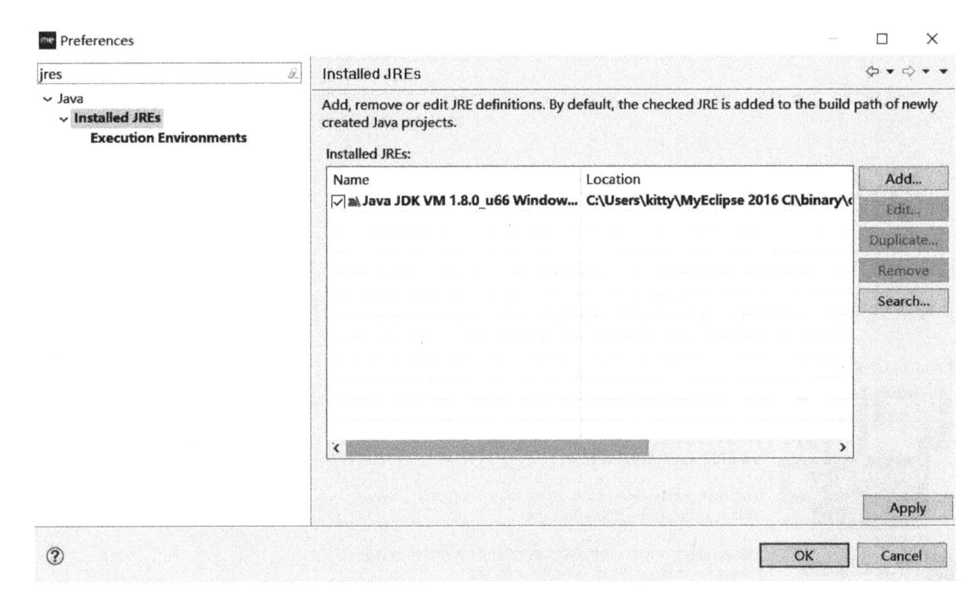


图 1-12　Installed JREs 页面

在该页面，已被选定的项为 MyEclipse 自带的 Java 环境，如果自己安装的 Java 版本比较高，建议重新指定默认的 Java 环境。单击 Add 按钮，设置之前安装的 Java 环境，如图 1-13 所示。

在如图 1-13 所示的页面中，选择 Standard VM，单击 Next 按钮，进入详细设置页面，填写之前 Java 安装的详细信息，出现如图 1-14 所示的界面后，单击 Finish 按钮，完成 Java 环境设置，返回 Installed JREs 页面，如图 1-15 所示，选择刚设置的 Java JDK 环境为默认项。

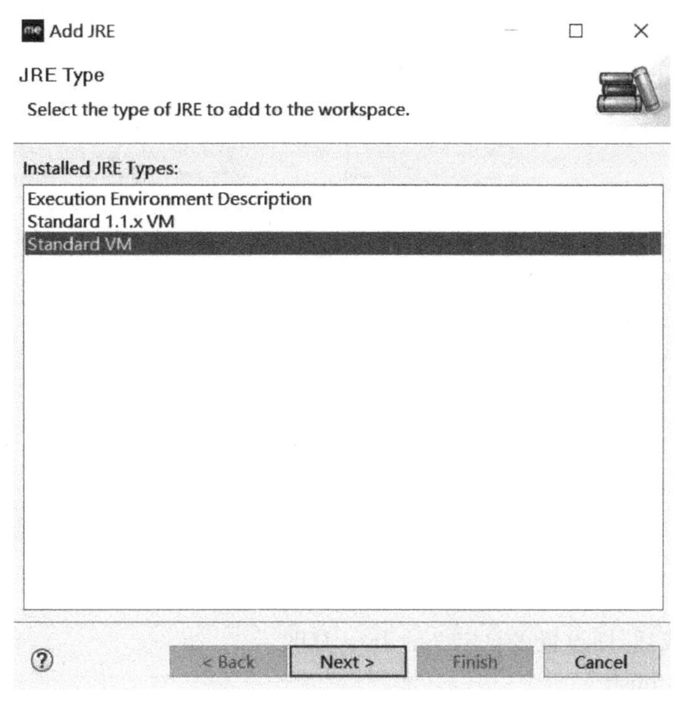


图 1-13　Add JRE 页面

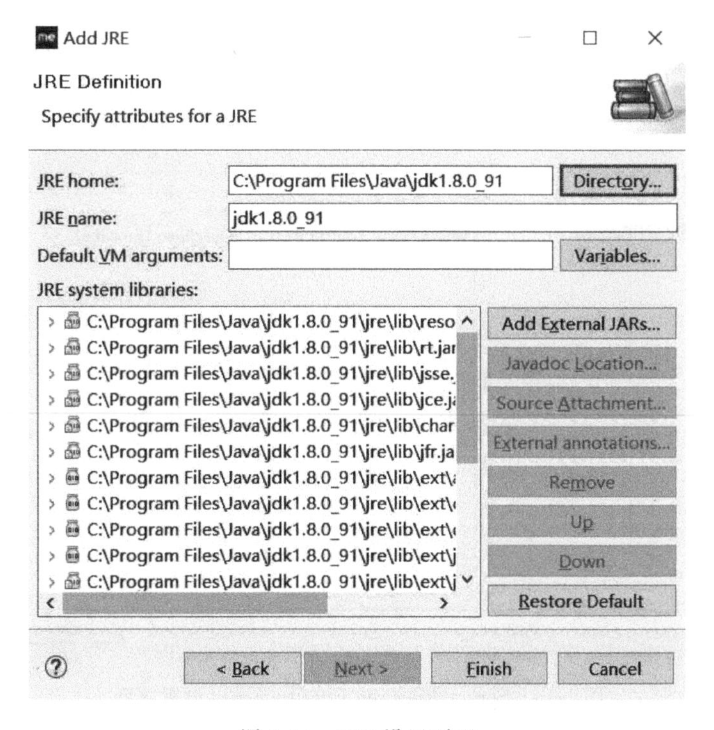


图 1-14　JRE 设置页面

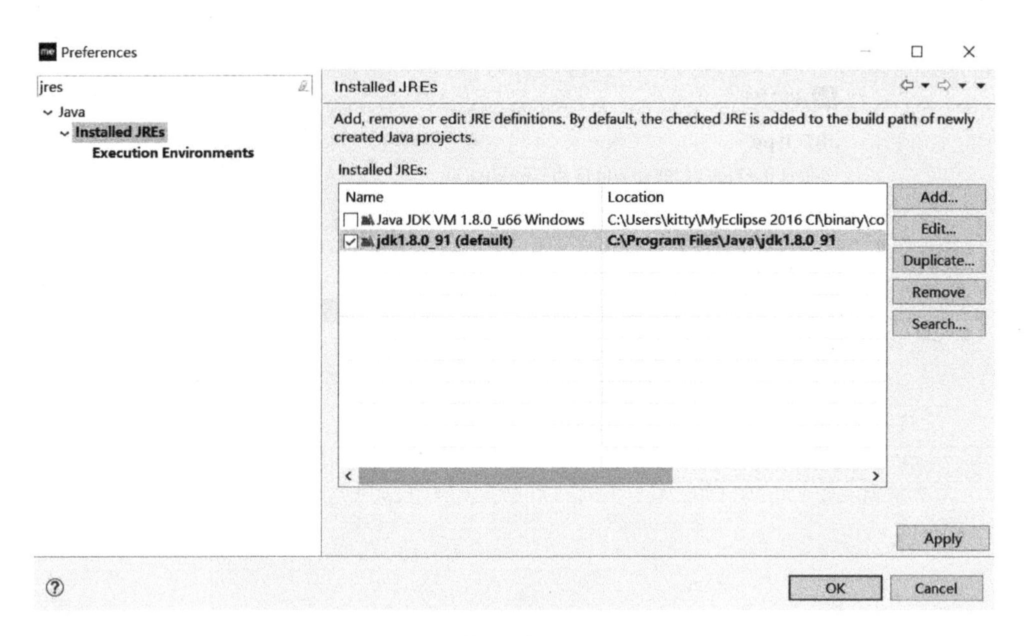


图 1-15　设置默认 Java JDK

以上设置完成后，即设置了自定义的 Java JDK。

其次，设置 Tomcat。

在偏好设置的搜索栏中输入 servers，快速找到 Servers 设置页面，选中 Runtime Environments 选项，如图 1-16 所示。

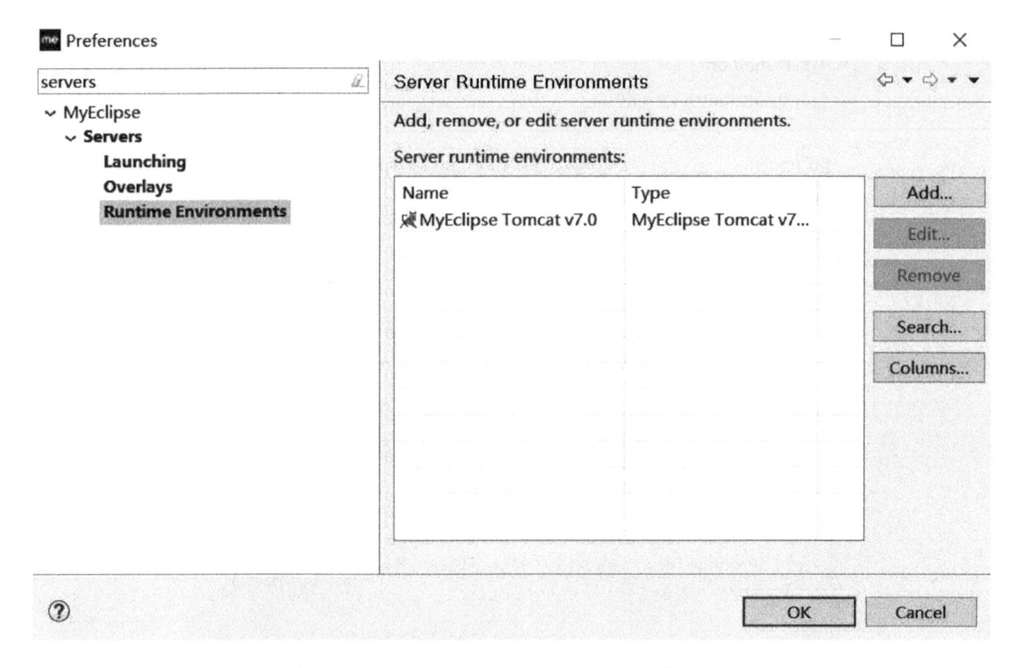


图 1-16　Server Runtime Environments 设置页面

该列表中显示为 MyEclipse 自带的 Tomcat 环境，单击 Add 按钮，以添加之前安装的 Tomcat，如图 1-17 所示。

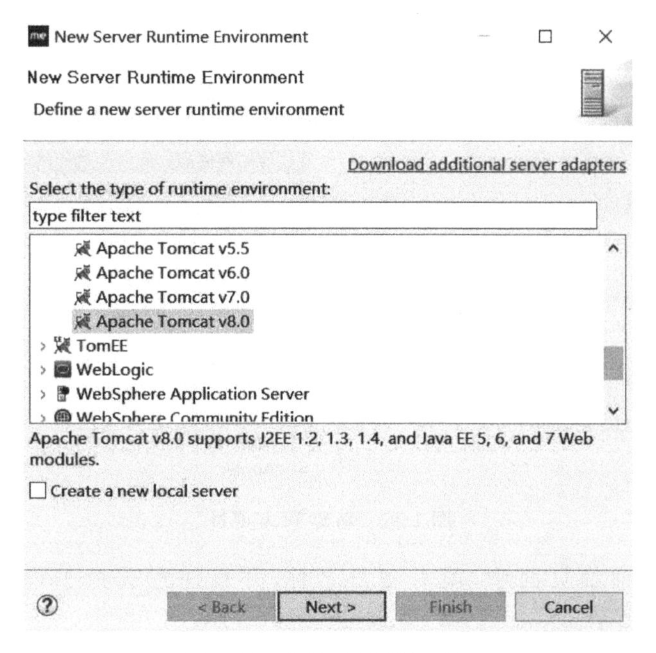


图 1-17 新增开发环境页面

在设置环境页面，快速找到并选中 Apache Tomcat v8.0 选项，然后单击 Next 按钮，进入具体设置页面，填写 Tomcat 信息，如图 1-18 所示。

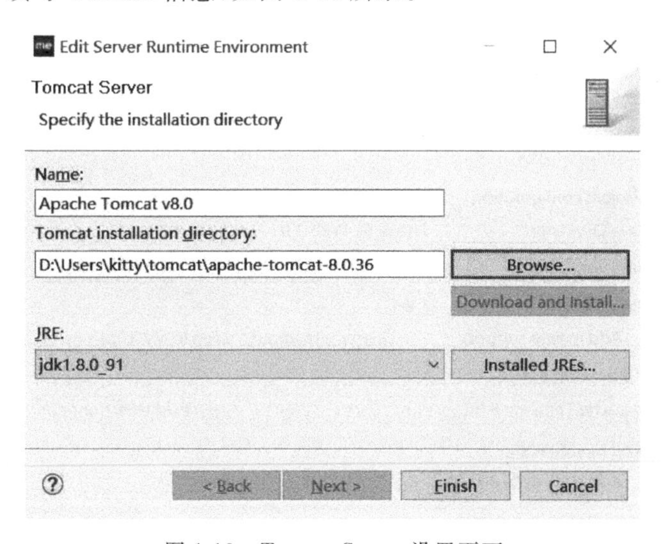


图 1-18 Tomcat Server 设置页面

设置完成后，单击 Finish 按钮，完成设置。

## 1.7 启动第一个 Web 项目

完成以上本地环境设置后，下面开始第一个 Java Web 项目，以开启 Web 开发之旅。

在 MyEclipse 主界面中，单击 File→New→Web Project 命令，如图 1-19 所示。

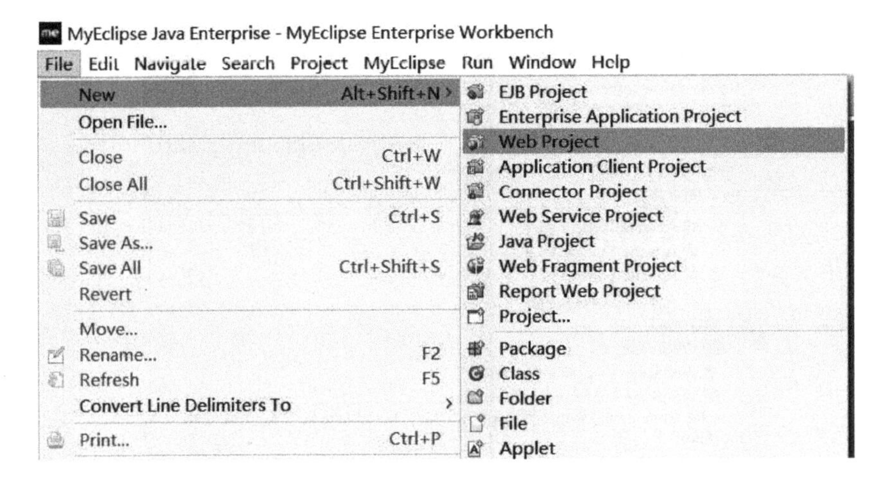


图 1-19　新建 Web 项目

在弹出的填写详细页面中，填写项目名称，并且注意选择 Java version 和 Target runtime，如图 1-20 所示。

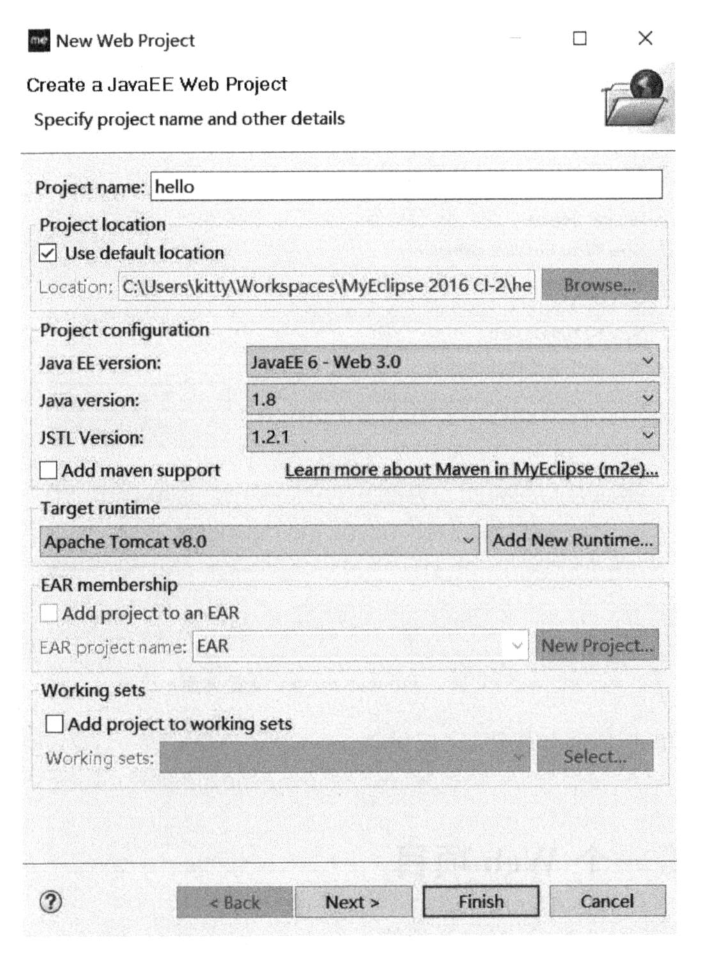


图 1-20　新建项目详细页面

设置完成后，进入开发主界面，如图 1-21 所示。

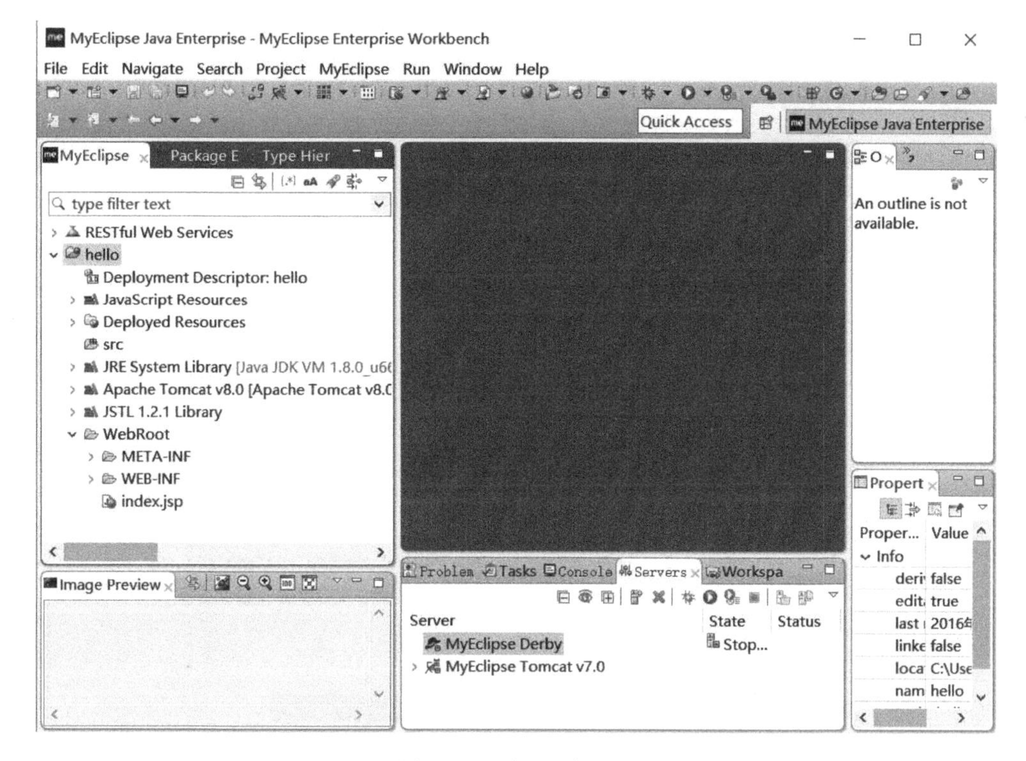


图 1-21 项目开发界面

左边列表列出了刚建立的项目，下面介绍列表中的主要文件夹。

- src：用于存放 Java 源码。
- WebRoot：用于存放配置文件以及静态文件等，新建的 Web 项目默认有 index. jsp 文件。

接下来将该新建项目发布到 Tomcat 容器。如图 1-21 所示，开发界面中间部分的 Servers 选项卡中，并没有显示之前自定义的 Tomcat 服务。此时，在该选项卡的空白处右击，接着在弹出的快捷菜单中，选择 New→Server 命令，打开新建 Server 页面，如图 1-22 所示。在该页面填写之前配置的 Tomcat 内容后，单击 Finish 按钮，完成 Server 的配置。

配置完成后，在 Servers 选项卡中会出现刚配置的 Tamcat，如图 1-23 所示。

在 Tomcat v8.0 选项上右击，选择如图 1-24 所示的 Live Preview 命令，即关闭该 Live 功能。

**注意**：Live Preview 功能用于自动刷新动态显示页面，在最新版本的 MyEclipse 中，该功能更名为 CodeLive，并提升了该功能的可用性，默认情况下，该功能是关闭状态。

接着，再次在如图 1-24 所示的右键快捷菜单中，选择 Add/Remove Deployments 命令，弹出 Add and Remove 窗口，如图 1-25 所示。

在其左侧列表中，选择需要部署的 Web 项目，然后单击 Add 按钮，右侧列表为待部署项目列表。完成后，单击 Finish 按钮，即完成 Web 项目的部署。

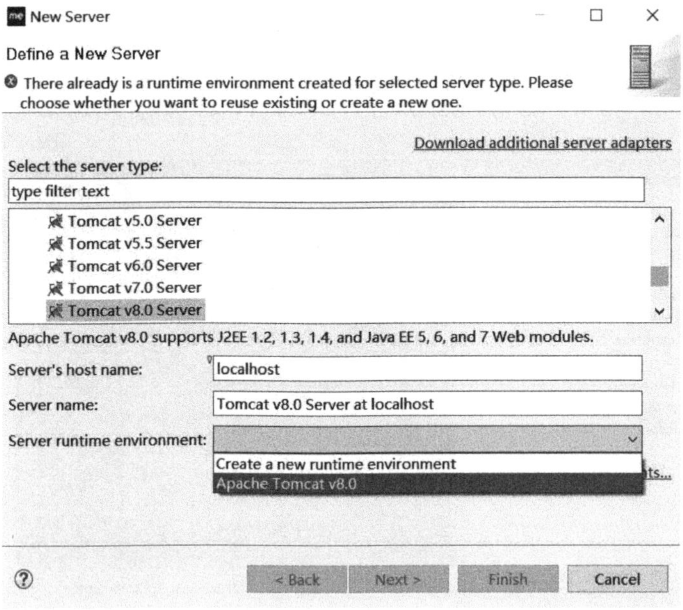

图 1-22　新建 Server 页面

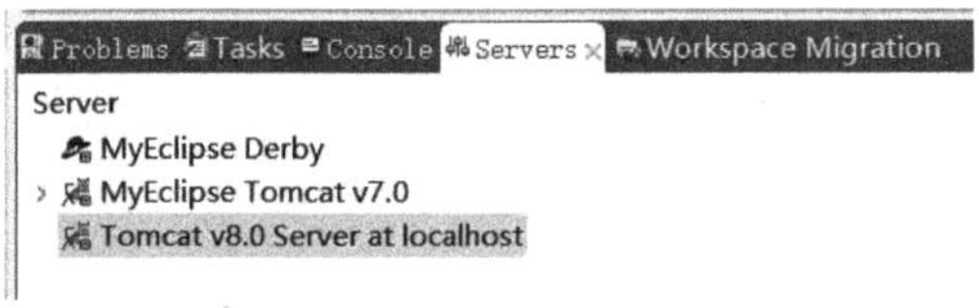

图 1-23　Servers 选项卡

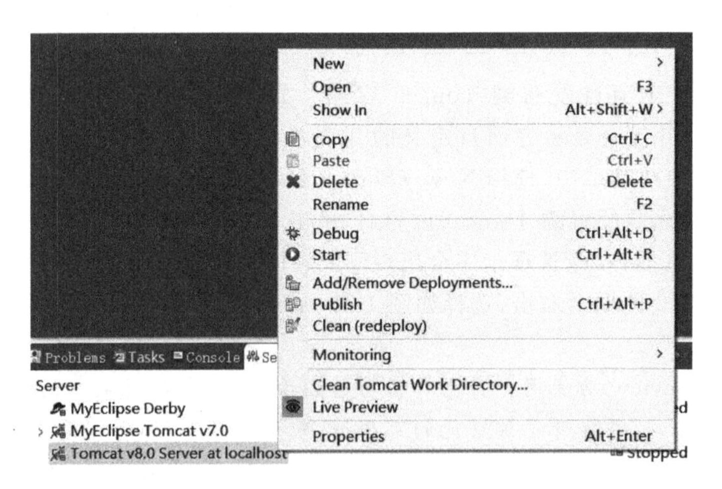


图 1-24　右键菜单

最后，再次在如图 1-24 所示的右键快捷菜单中，选择 Start 命令，启动 Tmocat 服务。启动完成后，在浏览器中输入如下本地地址进行访问：

```
http://127.0.0.1:8080/hello/
```

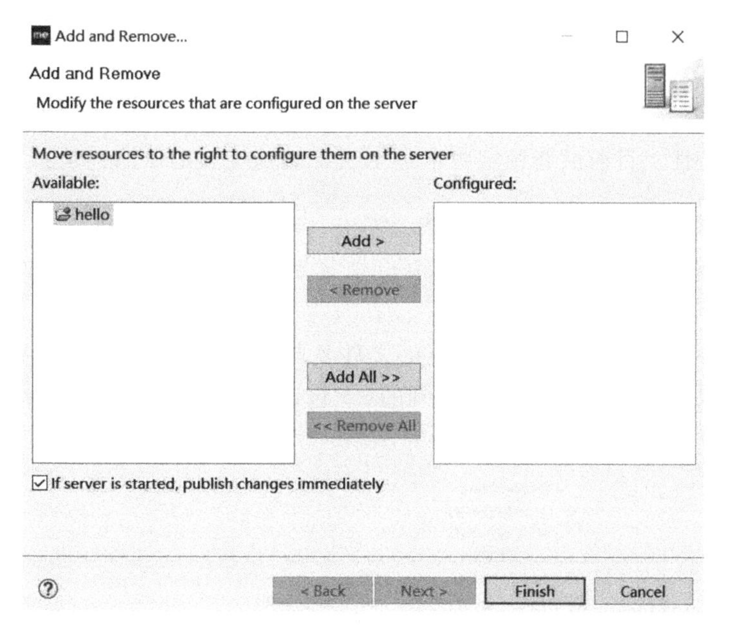


图 1-25 Web 部署

得到如图 1-26 所示的界面，表示发布成功。

至此，完成了一个 Java Web 项目从新建到最后发布的整个流程。

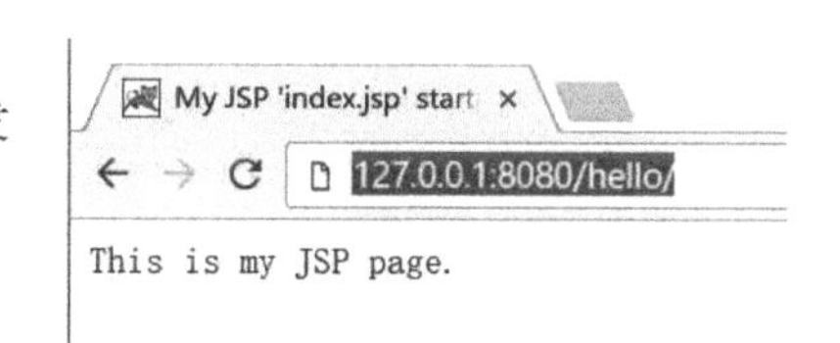


图 1-26 浏览项目

**提示**：用户访问项目的网址由如下几部分组成。

- http：表示访问的协议，现代很多浏览器中如果用户没有输入，则默认为 http 协议。也有默认 https 协议的，所以如果忘记输入该协议字符，无法访问网页，请尝试输入 https 协议字符。
- 127.0.0.1：默认为本地操作，也可以用 localhost 替代。
- 8080：访问端口，这是 Tomcat 安装完成后的默认端口，但也可修改 Tomcat 的配置文件，更改为其他端口。
- hello：这是用"/"分隔开的段，在浏览器中，"/"分隔开的各段具有不同含义，也是可以表达 Web 应用的重要手段。在这里"/"分隔开的表示具体 Web 项目，即 hello 空项目。

当访问该项目时，其指向了默认的 Web 页面 index.jsp。

## 1.8 Spring MVC 入门

Spring MVC 是一个运行于 Java Web 项目中的框架，在以上环境配置完成后，下面是一个简单 MVC 的示例。

首先进入如下页面，下载 Spring 框架：

```
http://repo.spring.io/release/org/springframework/spring/
```

该页面提供了 Spring 框架的所有发布版本。那么如何选择版本？如果是已有项目，则根据项目下载对应版本；如果是新建项目，则建议下载最新稳定版本，最新稳定版本提供了更稳定、友好的特性。目前最新稳定版本是 4.3.3，对应完整的压缩包是：

```
spring-framework-4.3.3.RELEASE-dist.zip
```

解压该压缩包后，其中 lib 文件夹中包含了所有编译后的以及源码和注释文档的 jar 包。

然后，将其中以 RELEASE.jar 结尾的文件复制到项目的 WebRoot\WEB-INF\lib 文件夹下，同时加入其他 Web 项目需要用到的 jar 包，例如 commons-logging-1.2.jar，用来记录 log。以前面建立的 Java Web 工程为例，结果如图 1-27 所示。

```
WebRoot
  META-INF
  WEB-INF
    lib
      commons-logging-1.2.jar
      spring-aop-4.3.3.RELEASE.jar
      spring-aspects-4.3.3.RELEASE.jar
      spring-beans-4.3.3.RELEASE.jar
      spring-context-4.3.3.RELEASE.jar
      spring-context-support-4.3.3.RELEASE.jar
      spring-core-4.3.3.RELEASE.jar
      spring-expression-4.3.3.RELEASE.jar
      spring-instrument-4.3.3.RELEASE.jar
      spring-instrument-tomcat-4.3.3.RELEASE.jar
      spring-jdbc-4.3.3.RELEASE.jar
      spring-jms-4.3.3.RELEASE.jar
      spring-messaging-4.3.3.RELEASE.jar
      spring-orm-4.3.3.RELEASE.jar
      spring-oxm-4.3.3.RELEASE.jar
      spring-test-4.3.3.RELEASE.jar
      spring-tx-4.3.3.RELEASE.jar
      spring-web-4.3.3.RELEASE.jar
      spring-webmvc-4.3.3.RELEASE.jar
      spring-webmvc-portlet-4.3.3.RELEASE.jar
      spring-websocket-4.3.3.RELEASE.jar
  index.jsp
```

图 1-27　加入 spring 框架 jar 包后的工程

在 Web 项目中应用 Spring MVC 重要的一步是编写配置文件，jar 包和配置文件相互配合，项目工程才能正确运行。

配置文件 web.xml 位于项目的 WebRoot\WEB-INF 下。新建立的 Web 工程，不一定包含该文件，只需要新建一个该文件，其内容如下：

```
<?xml version="1.0" encoding="UTF-8"?>
<web-app version="3.0"
    xmlns="http://java.sun.com/xml/ns/javaee"
    xmlns:xsi="http://www.w3.org/2001/XMLSchema-instance"
    xsi:schemaLocation="http://java.sun.com/xml/ns/javaee
    http://java.sun.com/xml/ns/javaee/web-app_3_0.xsd">
    <!-- 配置 DispatchcerServlet -->
    <servlet>
        <servlet-name>spring-mvc</servlet-name>
```

```
        <servlet-class>
            org.springframework.web.servlet.DispatcherServlet
        </servlet-class>
              <init-param>
                  <param-name>contextConfigLocation</param-name>
                  <param-value>/WEB-INF/config/ApplicationContext-mvc.xml
</param-value>
              </init-param>
        <load-on-startup>1</load-on-startup>
    </servlet>

    <servlet-mapping>
        <servlet-name>spring-mvc</servlet-name>
        <url-pattern>/</url-pattern>
    </servlet-mapping>
</web-app>
```

为了简单说明配置文件，以上内容只包含了两个部分：一是指定了配置文件所在位置，即位于项目中的/WEB-INF/config/ApplicationContext-mvc.xml文件；二是指定了拦截方式，即拦截所有的请求，在后面章节将详细讲解拦截的处理方式。

配置ApplicationContext-mvc.xml文件，根据前面的代码，该文件位于项目的/WEB-INF/config/中，文件夹config需要用户自行建立。该文件的内容如下所示：

```
<?xml version="1.0" encoding="UTF-8"?>
<beans xmlns="http://www.springframework.org/schema/beans"
    xmlns:xsi="http://www.w3.org/2001/XMLSchema-instance"
    xmlns:p="http://www.springframework.org/schema/p"
    xmlns:mvc="http://www.springframework.org/schema/mvc"
    xmlns:context="http://www.springframework.org/schema/context"
    xsi:schemaLocation="
        http://www.springframework.org/schema/beans
        http://www.springframework.org/schema/beans/spring-beans.xsd
        http://www.springframework.org/schema/mvc
        http://www.springframework.org/schema/mvc/spring-mvc.xsd
        http://www.springframework.org/schema/context
        http://www.springframework.org/schema/context/spring-context.xsd">

        <!-- 配置自动扫描的包 -->
         <context:component-scan base-package="com.zioer.controller"></context:
component-scan>

        <!-- 配置视图解析器 如何把handler方法返回值解析为实际的物理视图 -->
        <bean class="org.springframework.web.servlet.view.InternalResourceViewResolver">
            <property name = "prefix" value="/WEB-INF/views/"></property>
            <property name = "suffix" value = ".jsp"></property>
        </bean>
</beans>
```

以上代码包含两部分：一是配置了Spring扫描包的位置，即位于com.zioer.controller中；二是配置了handler返回值的处理方法，指定返回文件的位置/WEB-INF/views/和返回文件的后缀.jsp。

配置文件编写完成后，下面进行 Java 代码的编写。在项目的 src 文件夹中，建立包 com.zioer.controller，接着创建类文件 Hello.java，其内容如下所示：

```
package com.zioer.controller;

import org.springframework.stereotype.Controller;
import org.springframework.web.bind.annotation.RequestMapping;
//使用了注解
@Controller
public class Hello {

    /**
     * 1. 使用 RequestMapping 映射请求的 URL
     * 2. 返回值会被解析为实际的物理视图，对于 InternalResourceViewResolver 视图解析器，做
如下解析：prefix + returnVal + suffix 的方式得到物理视图
     */
    @RequestMapping("/first")
    public String hello(){
        System.out.println("hello world");
        return "result";
    }
}
```

以上代码很简单，创建了一个类文件，其中只包含了一个方法，但是需要注意的是，包含注解方法。一是在类名之上用了@Controller 注解，该注解告诉扫描程序，该类需要扫描进行处理；二是在方法 hello()上用了@RequestMapping 注解，其用于映射请求的 URL，当发现匹配的方法时，就调用该方法，在类 hello()中，包含了打印操作和返回一个字符串，打印操作将不会在返回页面显示，只会打印在控制台，返回值将返回/WEB-INF/views/success.jsp 内容。

下面编写文件 success.jsp，其位于项目的/WebRoot/WEB-INF/views 下，目录 views 不存在，需要手工建立，然后创建文件 success.jsp，其内容如下所示：

```
<!DOCTYPE HTML>
<html>
<head>
<title>Hello World</title>
</head>
<body>
<div id="global">
    <h4>Success</h4>
    <p>
        Welcome to Zioer World!
    </p>
</div>
</body>
</html>
```

以上用于显示用的视图文件比较简单，是静态文件，只有显示作用。完成以上操作后，

项目的目录如图 1-28 所示。

图 1-28 示例代码完成后的目录结果

接着重新部署该项目，在浏览器中输入以下 URL 进行访问：

```
http://127.0.0.1:8080/hello/first
```

运行后，浏览器页面显示结果如图 1-29 所示。同时，在 Console 窗口打印出 hello world。

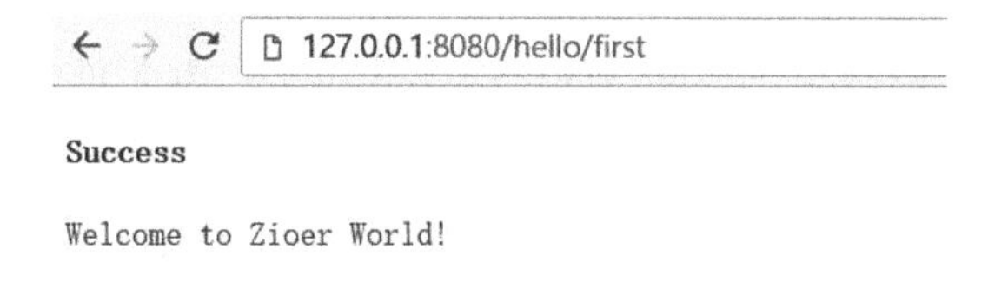


图 1-29 运行后浏览器显示结果页面

以上代码完成了基于 Spring MVC 框架的简单示例，其最直观的优点是浏览器的 URL 地址看起来更加优雅。当然，对于初学者，以上代码有些地方难以理解，无须着急，后面章节将有详细介绍。

## 1.9 本章小结

本章循序渐进地介绍了 MVC 开发模式、Spring 框架、Spring MVC 框架，接着介绍了基于 Windows 操作系统的 Java、Tomcat 开发和运行环境的搭建过程，以及开发工具 MyEclipse 的配置。为了加深印象，介绍了两个示例：一个是 Java Web 项目，目的是了解如何在 MyEclipse 中搭建 Web 项目；另一个是基于 Spring MVC 的 Web 项目，由该项目可以发现，基于 Spring MVC 可以快速搭建 Web 项目。接下来的章节将深入讲解 Spring MVC 的配置与应用。

# 第2章 Spring MVC配置

Spring MVC 从 2.5 版本开始引入了控制器注解的方法，该方法使得开发更加简单，所以本书将主要基于注解的方法进行讲解。本章将详细介绍 Spring MVC 各种配置的相关信息，包括 URL 拦截、@Controller 注解、@Autowired 注解等。

## 2.1 拦截配置

在第 1 章中，已经接触到了 Spring MVC 的拦截功能。由此可知，Spring MVC 自带了一个强大的拦截器，即 DispatcherServlet，全称为：

```
org.springframework.web.servlet.DispatcherServlet
```

它配置在文件 web.xml 文件中。这是我们刚接触 Spring MVC 时，使用到的第一个功能。配置时，将其放在 servlet 元素间，如下代码所示：

```
<servlet>
    <servlet-name>spring-mvc</servlet-name>
    <servlet-class>
        org.springframework.web.servlet.DispatcherServlet
    </servlet-class>
    <load-on-startup>1</load-on-startup>
</servlet>
```

在以上代码中，元素 servlet-name 中的内容表示 servlet 的名称，由用户自行定义，元素 servlet-class 中的内容指定了 Spring 拦截器，元素 load-on-startup 标记容器是否在启动的时候加载这个 servlet，值必须是一个整数，表示 servlet 应该被载入的顺序，值为 0 或者大于 0 时，表示容器在应用启动时就加载并初始化这个 servlet；值小于 0 或者没有指定时，表示容器在该 servlet 被选择时才会去加载。

在以上 servlet 元素间，还有一项需要配置的内容，如下所示：

```
<init-param>
```

```
        <param-name>contextConfigLocation</param-name>
        <param-value>/WEB-INF/config/ApplicationContext-mvc.xml</param-value>
    </init-param>
```

以上代码用于定义 servlet.xml 配置文件的位置和名称，当然，也可不指定，则其默认位置在 WEB-INF 目录下，名称为[< servlet-name >]-servlet.xml，如 spring-servlet.xml。

DispatcherServlet 的重要性在于：其负责转发每一个 Request 请求给相应的 Handler，Handler 处理完成后，再返回视图，模型或空值。

接下来，配置拦截规则，拦截规则放在元素 servlet-mapping 中，如下代码所示：

```
<servlet-mapping>
    <servlet-name>spring-mvc</servlet-name>
    <url-pattern>/</url-pattern>
</servlet-mapping>
```

在上面的代码中，元素 servlet-name 的值对应前面元素 servlet 中的 servlet-name 值，元素 url-pattern 中的内容表示拦截规则。

- /：理解表示没有相关匹配时的默认配置，即拦截不带后缀的 URL，例如 http://127.0.0.1:8080/hello/first，不会匹配模式为 *.jsp 这样的后缀型 URL，此时如果输入了 *.jsp 路径，则会正常显示，但不会匹配 *.jpg 等静态文件。
- *.do：只匹配后缀为.do 的文件，但不会影响静态资源的访问。
- /*：拦截所有的 URL，转发到 JSP 时，将再次被拦截，即不能访问到 JSP。

元素 servlet-mapping 可以存在多个，使得有多个匹配对象。

元素 servlet-name 值为 default 时，表示客户端访问静态资源的请求交给默认的 servlet 进行处理，示例代码如下所示：

```
<servlet-mapping>
    <servlet-name>default</servlet-name>
    <url-pattern>*.jpg</url-pattern>
    <url-pattern>*.js</url-pattern>
</servlet-mapping>
```

以上代码表示拦截后缀为.jpg 和.js 的文件，此时可正常访问应用中的这两种文件。以下示例代码是上面介绍方法的综合：

```
<web-app version="3.0"
    xmlns="http://java.sun.com/xml/ns/javaee"
    xmlns:xsi="http://www.w3.org/2001/XMLSchema-instance"
    xsi:schemaLocation="http://java.sun.com/xml/ns/javaee
    http://java.sun.com/xml/ns/javaee/web-app_3_0.xsd">
    <!-- 配置 DispatchcerServlet -->
    <servlet>
        <servlet-name>spring-mvc</servlet-name>
        <servlet-class>
            org.springframework.web.servlet.DispatcherServlet
        </servlet-class>
        <init-param>
         <param-name>contextConfigLocation</param-name>
```

```
            <param-value>/WEB-INF/config/ApplicationContext-mvc.xml
            </param-value>
          </init-param>
          <load-on-startup>1</load-on-startup>
      </servlet>

      <servlet-mapping>
            <servlet-name>spring-mvc</servlet-name>
            <url-pattern>/</url-pattern>
      </servlet-mapping>
      <servlet-mapping>
      <servlet-name>default</servlet-name>
            <url-pattern>*.jpg</url-pattern>
            <url-pattern>*.js</url-pattern>
            <url-pattern>*.css</url-pattern>
      </servlet-mapping>
</web-app>
```

在以上代码中，配置了一个拦截器，并定义了启动方式，然后配置拦截规则，匹配没有相关匹配时的默认配置，然后配置了适配后缀为.jgp、.js和.css的规则，即可访问这些后缀的静态文件。

配置访问静态资源除了以上介绍的方法外，还可以采用如下配置，即在元素beans间增加如下内容：

```
<mvc:resources location="/images/" mapping="/images/**"/>
<mvc:resources location="/css/" mapping="/css/**"/>
<mvc:resources location="/js/" mapping="/js/**"/>
```

元素mvc:resources用来处理静态资源：当要引用location指示文件夹下的文件时，可以直接引用mapping对应的文件，这样就会去location中去找对应的文件。

**注意：**元素beans位于前面介绍的配置文件ApplicationContext-mvc.xml内。

## 2.2 @Component

在Spring MVC中，提供了丰富的注解，通过这些注解，可以简化配置bean注入的XML文件。一个重要的注解如@Component，用于定义和管理bean。通过在组件上添加类@Component注解，可以很容易地实现组件的注入，大大简化了程序员单独配置XML的过程。

@Component包含以下几个重要组件：

- @Controller控制器。
- @Service服务。
- @Repository。
- @Component。

@Component注解用于泛指组件，即当组件不好归类时，可使用该注解进行标注。

下面分别进行讲解。

### 2.2.1　@Controller

前面已接触过@Controller、@Service 和@Repository 这 3 个注解，其实，它们在功能上类似，只是为了实现不同的功能，而需采用不同的注解。

使用@Controller 注解，简便了定义 Controller 的方法，即不用继承特定的类或实现特定的接口，同时，该映射也不用在配置文件中说明。在一个@Controller 注解的控制类中，可以处理多个动作，这对于开发人员将类似的操作归类处理提供了方便的途径。

将一个 Java 类转变为控制类，只需要在该类的类名上加上@Controller 标记即可，如下代码所示：

```
package com.zioer.controller;
import org.springframework.stereotype.Controller;
import org.springframework.web.bind.annotation.RequestMapping;

@Controller
public class ArticleController{
    @RequestMapping ( "/add" )
    public ModelAndView add() {
        ModelAndView modelAndView = new ModelAndView();
        modelAndView.setViewName( "addArticle" );
        return modelAndView;
    }
}
```

以上代码定义了一个控制类，标记了@Controller 注解的类为控制类，同时在头部需要引用

```
org.springframework.stereotype.Controller
```

完成了以上工作，还需要让 Spring 识别，其方法是在配置文件的 beans 元素中增加如下内容：

```
<context:component-scan base-package = "com.zioer.controller"></context:component-scan>
```

以上配置 XML 表示，Tomcat 服务启动时，将自动扫描指定的 base-package 文件夹，这样 Spring 就能识别@Controller 注解。

### 2.2.2　@ Service

@Service 注解是服务层组件，用于标注业务层组件。

@Service 服务层组件，用于标注业务层组件，表示定义一个 bean，自动根据 bean 的类名实例化一个首写字母为小写的 bean，如果想自定义，也可使用@Service("abc")这种方式。

示例代码如下：

```
@Service
public class ArticleService {

    public void add() {
    }

    public Product get(long id) {
    }
}
```

同时在文件头部需要引用

```
import org.springframework.stereotype.Service
```

以上示例代码将类 ArticleService 标识为业务层组件，为了让 Spring 能识别该注解，需要在配置文件的 beans 元素中加入如下代码：

```
<context:component-scan base-package="service所在包名">
</context:component-scan>
```

在配置文件中，可以同时存在多条 context：component-scan 元素，以利于扫描不同的包。

### 2.2.3 @ Repository

@Repository 注解用于声明数据访问组件，即 Dao 组件。

下面是使用@Repository 注解的示例代码：

首先，编写定义一个接口。

```
package com.zioer.dao;

public interface IArticleDaoSupport {
    public void add();
}
```

接着，编写实现方法类。

```
package com.zioer.dao;

import org.springframework.stereotype.Repository;

@Repository
public class ArticleDao implements IArticleDaoSupport {
    public void add(){
        System.out.println("实现方法");
    }
}
```

为了让 Spring 能识别该注解，需要在配置文件的 bean 元素中加入如下代码：

```
<context:component-scan base-package=" com.zioer.dao">
```

```
</context:component-scan>
```

同@Service注解一样，其表示定义一个bean，自动根据bean的类名实例化一个首写字母为小写的bean，如果想自定义名称，也可使用@Repository("mybean")这种方式。

## 2.3 @RequestMapping

@RequestMapping注解用于请求映射，即处理来自用户的URL请求到控制类，或是具体方法上。例如2.2节中的代码所示，在控制类中方法add()上有注解：

```
@RequestMapping ( "/add" )
```

当用户请求URL中有/add段时，则将其映射到处理方法add()上。注意需要在文件头部引用

```
org.springframework.web.bind.annotation.RequestMapping
```

@RequestMapping注解可以在Java控制类文件中放置在两个地方：一个是在控制类名之上，另一个是在控制类中具体的方法名之上，代码如下所示：

```
@Controller
@RequestMapping ( "/article" )
public class ArticleController{
    @RequestMapping ( "/add" )
    public ModelAndView add() {
        ModelAndView modelAndView = new ModelAndView();
        modelAndView.setViewName( "addArticle" );
        return modelAndView;
    }
}
```

以上代码在控制类名之上添加了如下内容：

```
@RequestMapping ( "/article" )
```

则用户在请求add()方法时，需要在请求的URL中包含/article/ add段。由以上方法对比，可以发现，当控制类名之上没有@RequestMapping注解时，控制类中方法之上就是访问的绝对路径。此时，如果需要使用URL中需要包含/article/ add访问add()方法时，那么，在add()方法之上的@RequestMapping注解改写成如下格式：

```
@RequestMapping ( "/article/add " )
```

而如果在控制类名之上添加@RequestMapping注解时，那么在控制类中具体方法之上的@RequestMapping注解则表示相对路径。打个比方，这种方式和文件夹层级的管理方法类似。当在一个控制类中有多个需要访问的方法时，采用这种方法更便于统一管理。

在@RequestMapping中可以包含路径变量，用于处理简单请求，代码如下所示：

```
@RequestMapping ( "/view/{var1}" )
```

```
    public ModelAndView view(@PathVariable String var1) {
        ModelAndView modelAndView = new ModelAndView();
        modelAndView.setViewName( "addArticle" );
        return modelAndView;
    }
```

在以上代码中，@RequestMapping注解中包含了变量var1，并在view方法的参数列表中使用@PathVariable注解指定了该变量为路径变量，即将传过来的值绑定到方法的参数上。当然，以上代码只是演示，并没有具体指示该变量的使用。同理，变量的使用可以在类名的@RequestMapping注解中指示。

可以限制访问@RequestMapping指定的方法，即在@RequestMapping中使用method方法，代码如下所示：

```
@RequestMapping (value = "update" , method = { RequestMethod.POST })
public String updateMethod() {
    return "success";
}
```

在以上代码中，@RequestMapping注解中指定了method方法，即访问updateMethod()方法时，只能使用POST方法。

@RequestMapping的method常用方法有GET、POST、PUT与DELETE等，如果没有特定指定访问方法，则可以采用任何方式访问控制类中方法。但可以在一些特定的场合限制访问方法，例如，保存新增和修改记录操作时，可以限定为POST访问方式，代码如下所示：

```
@RequestMapping(method = RequestMethod.POST)
```

删除记录操作时，可以限定为DELETE访问方式，代码如下所示：

```
@RequestMapping(value = "/{id}",method = RequestMethod.DELETE)
```

关于返回值，在控制类中访问的方法基本有两类返回值：一是字符串，其次是ModelAndView类。其实在这里，理解返回字符串，其返回的是一个view名称，没有带任何变量和值；而如果返回的是ModelAndView，则返回的是Model和View的结合：Model可理解为Map类，即用于存放多个键值对，可直接在页面上使用；View是一个字符串，表示一个View的名称。在以后的开发过程中，还会接触到其他返回值，将陆续进行讲解。

## 2.4 @Autowired

@Autowired注解是对类成员变量、方法及构造函数进行标注，并完成自动装配，在Java类中可省略书写set和get方法。

下面是使用@Autowired的示例代码：

```
import org.springframework.beans.factory.annotation.Autowired;
```

```
public class Article {
    @Autowired
    private Author author;                    //用于属性
    @Autowired
    public void setAuthor(Author author) {    //用于属性的 setter 方法上
        this.author = author;
    }
    ...
}
```

以上代码中，假设已经定义了 Author 类，当使用@Autowired 进行注释时，不用再书写 set 和 get 方法，但需要在文件头部引用：

```
org.springframework.beans.factory.annotation.Autowired
```

另一个类似的注解是 J2EE 提供的@Resource，区别在于@Resource 默认以字段名进行查找，而@Autowired 默认以类型进行查找。如果使用@Resource 注解，则需要在文件头部引用

```
javax.annotation.Resource
```

如果使用@Autowired 注解，要以名称查找，则同时要使用@Qualifier 注解，代码如下所示：

```
@Autowired
@Qualifier("authorDao")
private AuthorDao dao;
```

默认情况下，@Autowired 注解要求依赖对象必须存在，如果要求允许 null 值，可以将其 required 属性设置为 false，代码如下所示：

```
@Autowired(required = false)
```

## 2.5 在 XML 配置文件中构造 bean

在 Spring 中，构造 bean 的最常见方式是在配置 XML 文件中进行书写。下面是在配置文件中构造 bean 的简单代码：

```
<bean id = "bean_author" class = "com.zioer.Author">
</bean>
```

以上配置 XML 要求 bean 中的类必须有无参数的构造器，因其使用默认的构造方法初始化，即相当于：

```
Author bean_author = new Author();
```

下面是带有构造器的 bean 元素：

```
<bean id = " bean_book" class = "com.zioer.Book">
    <constructor-arg value = "001" index = "0"></constructor-arg>
```

```
    <constructor - arg value = "bookname" index = "1"></constructor - arg>
    <property name = "isdn" value = "003"></property>
</bean>
```

在以上 bean 元素中，要求其指向类的构造方法带两个形参，constructor-arg 元素中的 index 属性值表示形参的位置。同时，在 bean 元素中可以有 property，作用是可通过类中属性的 setter 方法为属性初始化数据。

定义 bean 元素时，还支持引用，即 bean 构造中可引用其他 bean。

```
<bean id = "article" class = "com.zioer.Article">
        <constructor - arg value = "001"></constructor - arg>
        <constructor - arg value = "bookname"></constructor - arg>
        <constructor - arg ref = " bean_author"></constructor - arg>
</bean>
```

在上面的代码中，通过 ref 引用 bean_author，即可通过配置 bean 的方式，构造复杂的引用关系。

## 2.6 返回值以及 Model

在前面的介绍中，知道 Controller 方法中，返回值有多种形式，例如直接返回 view 页面，或是跳转至另一个页面中，在返回的页面中，可以带有返回值等等。下面将详细介绍这几种不同形式。

下面的代码将直接返回一个字符串，即一个 view 页面：

```
@RequestMapping(value = "/add")
public String add() {
    return "add";
}
```

当用户访问到/add 页面时，将直接跳转到例如 add.jsp 页面，并且不包含任何返回参数，此时，只需返回一个字符串即可。这种方法多用于返回静态页面。

但一般返回页面都是动态页面，即返回页面带有返回值，可以用如下方法：

```
@RequestMapping(value = "/view/{id}")
public String view(@PathVariable String id, Model model) {
    Article article = articleService.selectByPrimaryKey(id);
    model.addAttribute("article", article);
    return "article_view";
}
```

在上面的示例代码中，同样返回的是一个字符串，指示的是返回页面名称，但使用了 Model 对象。

在 Spring 中，Model 对象用来构造返回页面要获取的参数值。在 view 层中，可以通过 ${article}对象获取传递的值。记住：将 Model 对象作为方法的形参，可实现值到 view 页面的传递。

另一种方法是使用ModelAndView对象，其用来存储处理完后的结果数据，以及显示该数据的视图。示例代码如下：

```
@RequestMapping(value = "/edit/{id}")
public ModelAndView edit(@PathVariable String id){
    ModelAndView mv = new ModelAndView();
    Article article = articleService.selectByPrimaryKey(id);
    mv.setViewName("article_view");
    mv.addObject("article", article);
    return mv;
}
```

在上面的示例代码中，返回的类型为ModelAndView，那么在方法中就要构造该类型，例如上面的mv，在该变量类型中，保存了两类值：一是返回的view，二是返回的值。

返回的view，有两种设置方法，即setViewName(String viewName)和setView(View view)。前一种方法使用viewName，而后一种方法需要使用预先构造好的View对象。其中前者比较常用。

设置model时，使用如下几种方法：

```
addObject(Object modelObject);
addObject(String modelName, Object modelObject);
addAllObjects(Map modelMap);
```

具体使用哪种方法，应具体问题具体分析。例如在上面的示例中，使用了如下代码：

```
mv.addObject("article", article);
```

给一个参数名赋一个对象值；但如果对象较多时，可采用第三种方法，即将传递的对象封装为Map对象，然后传递Map对象的方法。

还有一种常用的返回值的方法是直接输出值到页面，例如需要返回的是XML或Json值。此时，需要用到的是@ResponseBody注解。代码如下所示：

```
@RequestMapping(value = "/result")
@ResponseBody
public Object resulut()throws Exception{
    Map<String,Object> map = new HashMap<String,Object>();
    map.put("result", "OK");
    return map.toString();
}
```

当在浏览器中访问/result时，将直接在页面输出：

```
{result = OK}
```

@ResponseBody注解用于直接在页面输出内容，当然以上示例代码是直接将Map对象转换为字符串。在实际项目中，常见的方式是将其转换为Json对象，作为示例并没有这样做。

返回页面值时，会涉及转发和重定向问题，例如一个页面处理完成后，如何跳转到另外一个页面，Spring使用如下方法进行解决：

forward 转发，例如“return "forward:/view";”，浏览器的地址不会变，只是页面视图改变了；转发前后是同一个 request，后一个控制器可共享前一个控制器的参数与属性；此时，地址栏显示的是转发前的 URL，所以刷新页面时会再依次执行前后两个控制器；当书写为 return "/view"时，默认为 forward 转发方式。

redirect 重定向，例如“return "redirect:/list";”，浏览器的地址发生改变，页面视图改变；这种方式相当于重新向服务器发送请求，产生一个新的页面，页面间不会产生数据共享；此时，地址栏显示的是转发后的 URL，所以刷新页面时只会执行后面的 URL 映射的控制器。

在实际开发中，以上几种方法的使用都很常见，应特别注意的是页面间重定向问题，例如：用户新增内容，然后转向列表页，此时最好采用 redirect 重定向方式，这样如果用户再次刷新页面时，不会再产生新增记录请求。

## 2.7 示例代码

本节将通过一个完整的示例，融合以上讲解知识，使读者加深对 Spring MVC 的理解。

首先，也是重要的一步，编辑配置文件 web. xml 文件，内容如下所示：

```
<web-app version="3.0"
        xmlns="http://java.sun.com/xml/ns/javaee"
        xmlns:xsi="http://www.w3.org/2001/XMLSchema-instance"
        xmlns:mvc="http://www.springframework.org/schema/mvc"
        xsi:schemaLocation="http://java.sun.com/xml/ns/javaee
        http://java.sun.com/xml/ns/javaee/web-app_3_0.xsd">
    <!-- 配置 DispatchcerServlet -->
    <servlet>
        <servlet-name>spring-mvc</servlet-name>
        <servlet-class>
            org.springframework.web.servlet.DispatcherServlet
        </servlet-class>
        <init-param>
            <param-name>contextConfigLocation</param-name>
            <param-value>/WEB-INF/config/ApplicationContext-mvc.xml
            </param-value>
        </init-param>
        <load-on-startup>1</load-on-startup>
    </servlet>

    <servlet-mapping>
        <servlet-name>spring-mvc</servlet-name>
        <url-pattern>/</url-pattern>
    </servlet-mapping>

    <filter>
        <filter-name>encodingFilter</filter-name>
        <filter-class>
```

```
            org.springframework.web.filter.CharacterEncodingFilter
        </filter-class>
        <init-param>
            <param-name>encoding</param-name>
            <param-value>utf-8</param-value>
        </init-param>
    </filter>
    <filter-mapping>
        <filter-name>encodingFilter</filter-name>
        <url-pattern>/*</url-pattern>
    </filter-mapping>
</web-app>
```

其中，servlet 元素指明了 Spring 配置文件所在位置以及加载方式；servlet-mapping 指定了拦截方式。filter 元素配置了字符过滤方式，在这里配置字符过滤方式很重要，如果不配置字符过滤，则在页面 form 提交时，中文显示不正常。

配置文件 ApplicationContext-mvc. xml，主要内容如下所示：

```
<!-- 配置自动扫描的包 -->
<context:component-scan base-package="com.zioer.controller">
</context:component-scan>
<context:component-scan base-package="com.zioer.service">
</context:component-scan>

<!-- 配置视图解析器 如何把 handler 方法返回值解析为实际的物理视图 -->
<bean class="org.springframework.web.servlet.view.InternalResourceViewResolver">
    <property name = "prefix" value="/WEB-INF/views/"></property>
    <property name = "suffix" value = ".jsp"></property>
</bean>
<mvc:annotation-driven/>
<mvc:default-servlet-handler/>
<mvc:resources location="/css/" mapping="/css/**"/>
```

其中，context:component-scan 指定了 Spring 扫描的位置，这里配置了两个包，Spring 将扫描其中的组件并加载；这里可能有开发人员会问，context:component-scan 直接指定整个 src 包不就可以了？其实，context:component-scan 指定具体组件位置可以缩小 Spring 扫描范围，以减少不必要的扫描，同时，也对开发人员更好地组织代码提出了更高要求，上面配置的是扫描 Controller 和 Server 两个包。

接着，bean 配置了 InternalResourceViewResolver，即动态文件存在的位置以及后缀。

最后，配置了 mvc:resources，指定静态文件的位置，在这里只指定了 css 所在位置。

上面配置完成后，可以进行逻辑代码的编写，下面的类文件 Article. java 在 Model 层，用于指定示例代码中用到的字段：

```
package com.zioer.model;

public class Article {
    private String id;
    private String title;
```

```
    private String author;
    private String simpleContent;
    public String getId() {
        return id;
    }
    public void setId(String id) {
        this.id = id;
    }
    public String getTitle() {
        return title;
    }
    public void setTitle(String title) {
        this.title = title;
    }
    public String getAuthor() {
        return author;
    }
    public void setAuthor(String author) {
        this.author = author;
    }
    public String getSimpleContent() {
        return simpleContent;
    }
    public void setSimpleContent(String simpleContent) {
        this.simpleContent = simpleContent;
    }
}
```

下面的接口文件 ArticleService.java 指定了需要用到的相关接口：

```
package com.zioer.service;

import java.util.List;
import com.zioer.model.Article;

public interface ArticleService {
    int insert(Article record);
    int deleteByPrimaryKey(String id);
    Article selectByPrimaryKey(String roleId);
    List<Article> listAll();
}
```

下面的类 ArticleServiceImpl.java 实现了上面的接口方法，在这里，由于没有采用数据库接口，作为示例代码，只使用了 Map 临时存储数据。注意，如果程序重新启动了，那么数据会丢失。和数据库的结合操作将在后面章节详细讲解。

```
package com.zioer.service;

import java.util.ArrayList;
import java.util.HashMap;
import java.util.List;
```

```
import java.util.Map;
import java.util.UUID;

import org.springframework.stereotype.Service;

import com.zioer.model.Article;

@Service
public class ArticleServiceImpl implements ArticleService{
    private Map<String, Article> articles = new HashMap<String, Article>();

    public String get32UUID(){
        return UUID.randomUUID().toString().trim().replaceAll("-", "");
    }

    @Override
    public int insert(Article record) {
        String newID = get32UUID();
        record.setId(newID);
        articles.put(newID, record);
        return 0;
    }

    @Override
    public int deleteByPrimaryKey(String id) {
        articles.remove(id);
        return 0;
    }

    @Override
    public Article selectByPrimaryKey(String id) {
        return articles.get(id);
    }

    @Override
    public List<Article> listAll() {
        List<Article> articleList = new
            ArrayList<Article>(articles.values());
        return articleList;
    }
}
```

在上面的代码中，类名上使用了@Service注解，指明该类将作为服务。在指定不同记录时，使用了UUID作为关键字，以保证不同记录的唯一性。

下面的代码是控制类ArticleController.java的实现。

```
package com.zioer.controller;

import java.util.List;
import org.springframework.beans.factory.annotation.Autowired;
import org.springframework.stereotype.Controller;
```

```
import org.springframework.ui.Model;
import org.springframework.web.bind.annotation.PathVariable;
import org.springframework.web.bind.annotation.RequestMapping;
import org.springframework.web.servlet.ModelAndView;

import com.zioer.model.Article;
import com.zioer.service.ArticleService;

@Controller
@RequestMapping(value = "/article")
public class ArticleController {
    @Autowired
    private ArticleService articleService;

    @RequestMapping(value = "/add")
    public String add() {
        return "article_add";
    }

    @RequestMapping(value = "/save")
    public String saveProduct(Article article) {
        articleService.insert(article);
        return "redirect:/article/list";
    }

    @RequestMapping(value = "/list")
    public String list(Model model) {
        List<Article> articleList = articleService.listAll();
        model.addAttribute("articles", articleList);
        return "article_list";
    }

    @RequestMapping(value = "/view/{id}")
    public ModelAndView view(@PathVariable String id){
        ModelAndView mv = new ModelAndView();
        Article article = articleService.selectByPrimaryKey(id);
        mv.setViewName("article_view");
        mv.addObject("article", article);
        return mv;
    }
}
```

在上面的代码中，类名上使用了@Controller和@RequestMapping注解，表明这是一个控制器，并且简化了在各方法名上重复写相同前缀的过程。在ArticleService上使用了@Autowired注解，简化了get和set方法；在方法saveProduct中使用了redirect重定向，而add方法中使用了默认转向方法；在list方法中使用了Model对象，而在view方法中使用了ModelAndView对象和路径变量对象@PathVariable。

通过上面的代码，可以知道，实现同样的功能，可以采用不同的方法；在实际的开发过程中，可以灵活运用这些方法，以便更快和高效地进行编码。

接着是 view 页面的实现，下面的代码是页面 article_list.jsp 中的重要代码：

```
<table width = "60 %" border = "0" cellpadding = "0" cellspacing = "0" class = "CContent">
  <tr>
      <th class = "tablestyle_title" >文章列表页面</th>
  </tr>
  …
  <c:forEach items = "${articles}" var = "var" varStatus = "vs">
    <tr bgcolor = "#FFFFFF">
        <td height = "30">${var.title}</td>
        <td>${var.author}</td>
        <td>${var.simpleContent}</td>
        <td><a href = "<% = basePath %>article/view/${var.id}">查看</a></td>
    </tr>
  </c:forEach>
</table>
```

在上面的代码中，forEach 循环用于遍历变量 articles，以 table 形式显示不同记录。运行后的界面如图 2-1 所示。

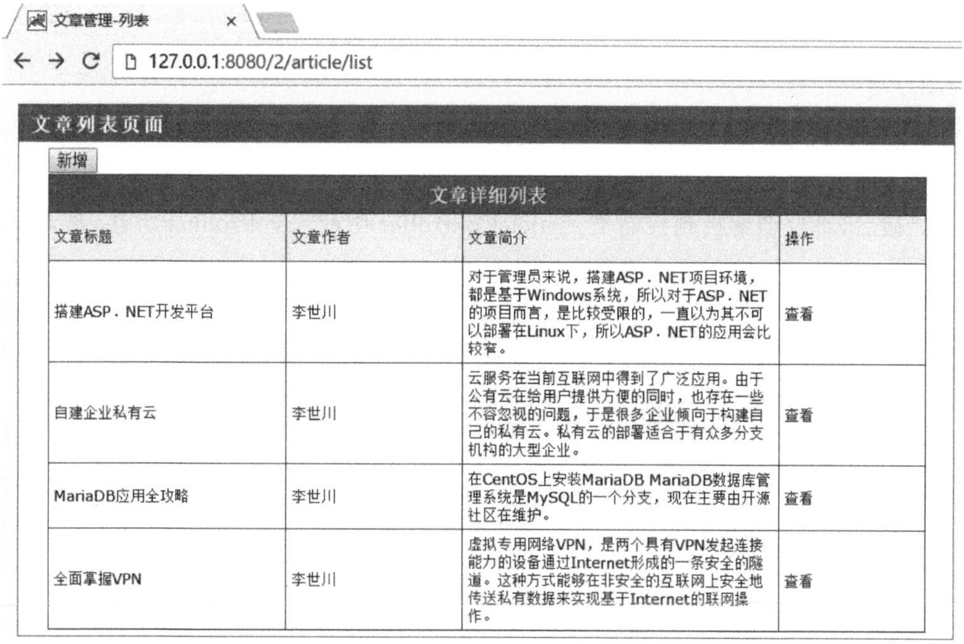

文章管理-列表

127.0.0.1:8080/2/article/list

文章列表页面

新增

文章详细列表

| 文章标题 | 文章作者 | 文章简介 | 操作 |
|---|---|---|---|
| 搭建ASP．NET开发平台 | 李世川 | 对于管理员来说，搭建ASP．NET项目环境，都是基于Windows系统，所以对于ASP．NET的项目而言，是比较受限的，一直以为其不可以部署在Linux下，所以ASP．NET的应用会比较窄。 | 查看 |
| 自建企业私有云 | 李世川 | 云服务在当前互联网中得到了广泛应用。由于公有云在给用户提供方便的同时，也存在一些不容忽视的问题，于是很多企业倾向于构建自己的私有云。私有云的部署适合于有众多分支机构的大型企业。 | 查看 |
| MariaDB应用全攻略 | 李世川 | 在CentOS上安装MariaDB MariaDB数据库管理系统是MySQL的一个分支，现在主要由开源社区在维护。 | 查看 |
| 全面掌握VPN | 李世川 | 虚拟专用网络VPN，是两个具有VPN发起连接能力的设备通过Internet形成的一条安全的隧道。这种方式能够在非安全的互联网上安全地传送私有数据来实现基于Internet的联网操作。 | 查看 |

图 2-1 文章列表

单击“新增”按钮，进入新增文章页面 article_add.jsp，重要代码如下所示：

```
<form action = "save" method = "post" name = "fom" id = "fom">
<table border = "0" cellpadding = "0" cellspacing = "0" style = "width:100 %">
    <TR>
        <TD width = "100 %">
            <fieldset style = "height:100 %;">
            <legend>添加文章</legend>
                <table border = "0" cellpadding = "2" cellspacing = "1" style = "width:100 %">
```

```
                <tr>
                    <td nowrap align="right" width="13%">文章标题:</td>
                     <td width="41%"><input name="title" id="title" class="text"
style="width:250px" type="text" size="40" />
                    <span class="red"> * </span></td>
                </tr>
                <tr>
                    <td nowrap align="right" width="13%">文章作者:</td>
                     <td width="41%"><input name="author" id="author" class="text"
style="width:250px" type="text" size="40" />
                    <span class="red"> * </span></td>
                </tr>
                <tr>
                    <td nowrap align="right" width="13%">文章简介:</td>
                    <td width="41%"><textarea name="simpleContent" id="simpleContent"
cols="50" rows="5"></textarea>
                    <span class="red"> * </span></td>
                </tr>
                </table>
            </fieldset>
        </TD>
    </TR>
</TABLE>
</form>
```

在新增的页面中，基本都是静态代码，注意 form 提交 action 直接写成 save，提交时，Spring 拦截后，将自动解析到控制类 ArticleController 中的 saveProduct 方法，显示页面如图 2-2 所示。

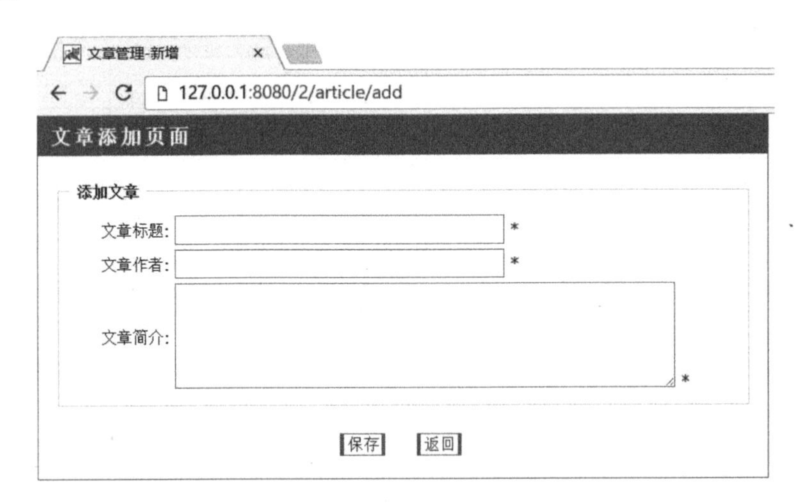


图 2-2 文章添加新增页面

单击图 2-1 中“查看”按钮，将进入查看单条记录页面 article_view.jsp，其中部分重要代码如下所示：

```
<table border="0" cellpadding="0" cellspacing="0" style="width:100%">
    <TR>
```

```
        <TD width="100%">
            <fieldset style="height:100%;">
            <legend>查看文章</legend>
                <table border = "0" cellpadding = "2" cellspacing = "1" style = "width:
100%">
                <tr>
                    <td nowrap align="right" width="13%">文章标题:</td>
                    <td width="41%">${article.title}</td>
                </tr>
                <tr>
                    <td nowrap align="right" width="13%">文章作者:</td>
                    <td width="41%">${article.author}</td>
                </tr>
                <tr>
                    <td nowrap align="right" width="13%">文章简介:</td>
                    <td width="41%">${article.simpleContent}</td>
                </tr>
                </table>
            </fieldset>
        </TD>
    </TR>
</TABLE>
```

其中，${article}是传递的 Article 类型变量，取得其中值的方法是直接在变量名后面接“.”方法，例如${article.title}取得 title 的值。运行后的界面如图 2-3 所示。

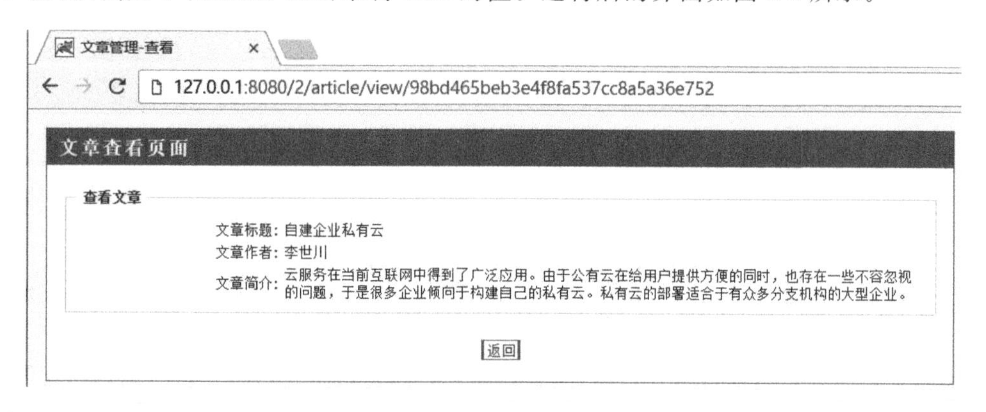


图 2-3 文章查看页面

以上演示了一段完整的利用 Spring MVC 的代码，其中最直观的是页面 URL 的简洁性——只通过“/”分隔各个部分。通过代码的分析，通过简单的 Spring MVC 配置，很快能搭建 Web 应用的原型，做到视图-控制-模型的分离。

**提示**：本示例不足以在生产环境中使用，由于演示的简洁性，代码中没有使用可持久化存储数据；其次，并没有检测传递参数是否合法，在实际生产环境中应该检测每一步传递参数的合法性。

## 2.8 本章小结

本章介绍了 Spring MVC 中几个重要的性质，并在每一部分的介绍中给出了示例代码，以便于初学者更好地理解代码，同时也便于作为参考书籍时，进行快速查找相关代码。本章涉及的 Spring MVC 中的重要性质是在以后开发中会用到的，也是在进行 Spring MVC 开发 Web 应用时会经常使用到的。本章最后给出了一个综合性的示例，该示例涉及的知识点较多，需要反复结合本书或运行代码进行理解。本章没有深入讲解 HTML 知识，如果需要理解和快速掌握 HTML 相关知识，可参阅本书作者另外一本书籍《PHP＋MariaDB Web 开发从入门到精通》。

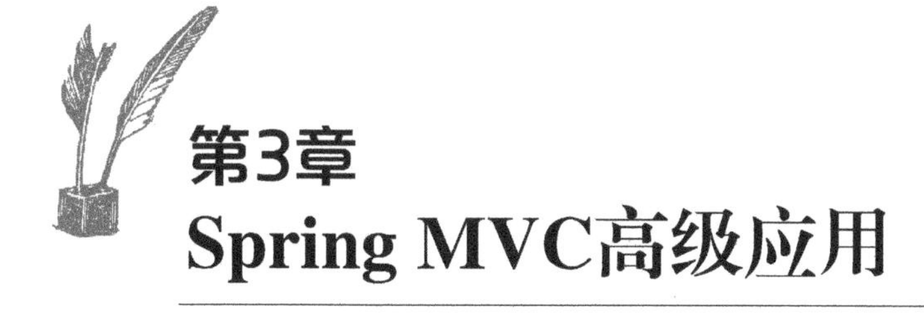

# 第3章 Spring MVC高级应用

本章将讲解基于 Spring MVC 的高级应用，例如常见的文件上传、数据库连接、标签库 JSTL 等。

## 3.1 文件上传

文件上传是 Web 应用中比较常见的一个功能，例如邮件中的附件上传、图片类网站中的图片上传、视频类网站中的视频上传等。

在 Spring MVC 中可以通过简单配置而实现文件的上传。下面是文件上传方法的讲解。

首先，在 Java Web 项目中需要加入如下 jar 包：

```
commons-fileupload-1.3.1.jar
commons-io-2.4.jar
```

上面第一个 jar 包是控制上传的，第二个用于控制文件输入和输出。

**注意：** 文件后面的数字表示版本号。

接着，编辑配置文件 ApplicationContext-mvc.xml，在其中加入如下 bean 元素：

```
<bean id="multipartResolver"
class="org.springframework.web.multipart.commons.CommonsMultipartResolver">
    <property name="maxUploadSize">
      <value>104857600</value>
    </property>
    <property name="defaultEncoding">
      <value>utf-8</value>
    </property>
</bean>
```

上面的 XML 配置表示支持文件上传，bean 元素中可以包含多个属性。常见的有 maxUploadSize，表示支持最大上传文件大小；defaultEncoding 表示编码等。

配置完成以后，就可以进行Java代码编写。下面的示例代码创建了一个新的控制类Uploadcontroller文件，用于支持上传和保存文件操作：

```
package com.zioer.controller;

@Controller
@RequestMapping("/upload")
public class Uploadcontroller {
@RequestMapping("/add")
    public String add(){
        return "add";
    }
}
```

上面的代码中，用@Controller表示该类是控制类，在其中加入了一个简单的方法，只是简单地返回到一个上传单文件页面；接着在该控制类中增加保存单文件的方法，代码如下所示：

```
@RequestMapping(value = "/save")
public String upload(HttpServletRequest req) throws Exception{
    MultipartHttpServletRequest mreq = (MultipartHttpServletRequest)req;
    MultipartFile file = mreq.getFile("file");
    String fileName = file.getOriginalFilename();
    SimpleDateFormat sdf = new SimpleDateFormat("yyyyMMddHHmmss");
    FileOutputStream fos = new FileOutputStream(req.getSession()
        .getServletContext().getRealPath("/")
        + "upload/" + sdf.format(new Date()) +
        fileName.substring(fileName.lastIndexOf('.')));

    fos.write(file.getBytes());
    fos.flush();
    fos.close();

    return "redirect:list";
}
```

在上面自定义的upload方法中，使用MultipartFile类方法获取上传的单文件，实例化SimpleDateFormat类，并通过IO的方法，将上传的文件以当前时间生成新的文件名称，并保存到服务器的upload文件夹中。最后，重定向到list页面。

下面看这两个页面如何编写，add.jsp页面的重要代码如下：

```
<form action = "save" method = "post" enctype = "multipart/form-data">
...
  <table border = "0" cellpadding = "2" cellspacing = "1" style = "width:100%">
  <tr>
    <td nowrap align = "right" width = "13%">选择文件:</td>
    <td width = "41%"><input type = "file" name = "file">
    </td>
  </tr>
  </table>
```

```
...
</form>
```

该文件是静态页面，其中只有一个 file 域。需要注意的是，form 表单必须添加 enctype="multipart/form-data"属性；否则，在上传文件时会报错。运行界面如图 3-1 所示。

图 3-1　文件上传页面

当文件选择完成，单击“保存”按钮时，执行保存操作，即前面介绍的 save 方法，然后跳转到 list 页面，在跳转 list 页面前，Java 程序将执行 list 方法，该方法的代码如下所示：

```
@RequestMapping("/list")
public ModelAndView list(HttpServletRequest req){
    ModelAndView mv = new ModelAndView();
    List<FileAttr> listFile = new ArrayList<FileAttr>();
    String folder = req.getSession()
        .getServletContext().getRealPath("upload/");
    File dirFile = new File(folder);
    if (dirFile.isDirectory()) {
        //获得指定文件夹下的文件列表
        File[] files = dirFile.listFiles();
        if (null != files && files.length > 0) {
            for (File file : files) {
                //判断如果不是目录,直接添加
                if (!file.isDirectory()) {
                    FileAttr fileattr = new FileAttr();
                    fileattr.setFileName(file.getName());
                    fileattr.setFilePath(file.getParent());
                    listFile.add(fileattr);
                }
            }
        }
    }
    mv.setViewName("list");
    mv.addObject("listFile", listFile);
    return mv;
}
```

在上面的方法中，主要是对上传的文件夹进行循环查找，找到其中的文件并执行相关动作，例如保存文件名和路径到 list 中，当然，也可以有其他 file 相关属性，例如文件大小、创建时间等。为了将文件属性进行保存，同时创建了一个指示文件属性的模型 FileAttr.java

文件，该文件内容如下所示：

```
package com.zioer.model;
public class FileAttr {
    private String fileName;
    private String filePath;
    …//省略 set 和 get 方法
}
```

接着，list.jsp 页面将接收控制器类传递的参数，即文件属性 list，对其进行循环读取，读取后再进行解析。list.jsp 中的关键代码如下所示：

```
<c:forEach items = "${listFile}" var = "var" varStatus = "vs">
  <tr bgcolor = "#FFFFFF">
    <td  height = "30">${var.fileName}</td>
    <td>${var.filePath}</td>
  </tr>
</c:forEach>
```

上面的代码中，用到了页面显示技术中的 c:forEach 方法，然后循环读取上传文件的属性。页面显示技术将在后面进行讲解。

该页面的运行效果如图 3-2 所示。

上传文件列表

新增 新增多文件

| 文章详细列表 | |
|---|---|
| 文件名称 | 文件路径 |
| 20161115225528.jpg | C:\Users\kitty\tomcat\apache-tomcat-9.0.0.M13\webapps\hello\upload |

图 3-2 上传文件列表

通过以上代码，轻松实现了单文件的上传。

进一步思考，也可以实现多文件的上传操作，在图 3-2 中，增加了一个“新增多文件”按钮，为了实现多文件的上传，需要增加一个新的静态页 addmulti.jsp，关键代码如下所示：

```
<table border = "0" cellpadding = "2" cellspacing = "1" style = "width:100%">
  <tr>
    <td nowrap align = "right" width = "13%">选择文件:</td>
    <td width = "41%"><input type = "file" name = "file">
    </td>
  </tr>
  <tr>
    <td nowrap align = "right" width = "13%">选择文件:</td>
    <td width = "41%"><input type = "file" name = "file">
    </td>
  </tr>
  <tr>
    <td nowrap align = "right" width = "13%">选择文件:</td>
    <td width = "41%"><input type = "file" name = "file">
```

```
        </td>
      </tr>
    </table>
```

可以看出，在上面的代码中，file 类型的域增加了多个，其属性 name 都相同，这是为了 Java 代码便于控制，如图 3-3 所示。

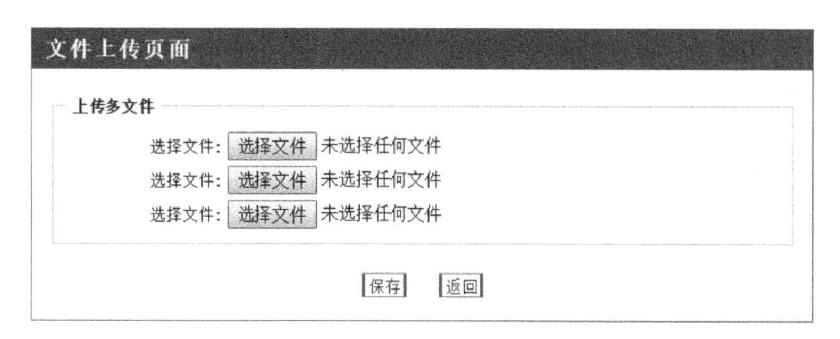


图 3-3 上传多文件页面

页面编写完成后，在控制类 Uploadcontroller 文件中加入 filesUpload 接收方法，代码如下所示：

```
@RequestMapping("filesSave")
public String filesUpload(@RequestParam("file") MultipartFile[] files,
    HttpServletRequest req) throws IOException {
    //判断 file 数组不能为空并且长度大于 0
    System.out.println(files.length);
    if(files!= null&&files.length> 0){
        //循环获取 file 数组中的文件
        for(int i = 0;i<files.length;i++){
            MultipartFile file = files[i];
            if (file.getSize()<= 0) continue;
            //保存文件
            String fileName = file.getOriginalFilename();
            SimpleDateFormat sdf = new SimpleDateFormat("yyyyMMddHHmmss");
            FileOutputStream fos = new FileOutputStream(req.getSession()
                .getServletContext().getRealPath("/")
                + "upload/" + sdf.format(new Date())
                + i + fileName.substring(fileName.lastIndexOf('.')));

            fos.write(file.getBytes());
            fos.flush();
            fos.close();
        }
    }
    return "redirect:list";
}
```

在上面的代码中，细心的读者可能会发现读取多文件上传文件方式和前面介绍的读取单文件上传方式有所区别，在这里使用了@RequestParam 进行上传文件的处理，将@RequestParam 写入到形参中，是一种减轻开发工作量的方法。使用 MultipartFile[]可以表示上传的多个文件组合。

**注意：**在接收文件处理时，需要判断上传文件是否为空。以上代码编辑完成后，项目目录结构如图 3-4 所示。

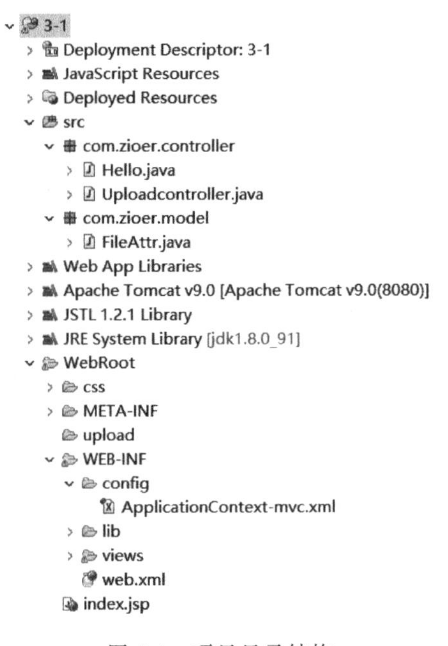


图 3-4　项目目录结构

部署该项目，启动 Tomcat 服务，本地访问方式如下所示：

```
http://127.0.0.1:8080/3-1/upload/list
```

在上传操作过程中，重点用到了 MultipartFile 类，其常用的一些方法有：

- String getContentType()：获取文件 MIME 类型；
- InputStream getInputStream()：获取文件流；
- String getName()：获取表单中文件组件的名字；
- String getOriginalFilename()：获取上传文件的原名；
- long getSize()：获取文件的字节大小，单位为 byte；
- boolean isEmpty()：是否为空；
- void transferTo(File dest)：保存到一个目标文件中。

本节只是简单示范了上传类的配置和使用方法。在实际应用开发过程中，可能还需要完成检测文件的名称是否符合规定、上传文件大小、上传文件是否相重以及文件夹的自动生成等一系列动作。

## 3.2　数据库操作

数据库操作在应用系统开发中是重要的一部分工作，数据库的一个重要作用在于使得用户数据可持久化。本节将详细介绍 Spring MVC 中数据库配置、操作的步骤。

### 3.2.1 数据库连接配置

在 Spring MVC 中，有多种配置数据库的方法。第一种方法是采用 DriverManagerDataSource 方式进行配置。在配置文件中增加如下 XML 代码：

```
<bean id = "config"class =
  "org.springframework.beans.factory.config.PropertyPlaceholderConfigurer">
   <property name = "locations">
       <list>
           <value>classpath:db - config.properties</value>
       </list>
   </property>
</bean>
<bean id = "dataSource" class =
  "org.springframework.jdbc.datasource.DriverManagerDataSource">
  <property name = "driverClassName">
     <value>${db.dirverClass}</value>
  </property>
  <property name = "url">
     <value>${db.url}</value>
  </property>
  <property name = "username">
     <value>${db.username}</value>
  </property>
  <property name = "password">
     <value>${db.password}</value>
  </property>
</bean>
```

在上面的 XML 配置代码中，id 为 config 的 bean 元素用于指示数据库配置文件所在的位置。注意，在这里标明文件位置的方式是“classpath：”方式，这和前面介绍的配置文件路径方式有所区别，即采用“classpath：”开头的路径，表示该文件从位于源码的根目录开始寻找。

类 DriverManagerDataSource 位于 spring-jdbc-4.3.3.RELEASE.jar 包中，但其中的版本号可能会不同。项目中使用这种方式配置 dataSource 时，首先需要引入该包。至此，数据源配置完成。接着在 src 路径下创建 db-config.properties 配置文件，其内容如下所示：

```
db.url = jdbc:mariadb://127.0.0.1:3307/test?useUnicode = true&characterEncoding = utf8
db.username = root
db.password = root
db.dirverClass = org.mariadb.jdbc.Driver
```

该文件中只包含了简单的数据库连接参数。注意：在本书中使用的数据库是开源数据库 MariaDB，所以，dirverClass 值为 org.mariadb.jdbc.Driver。为了正常连接使用该数据库，还需要下载 MariaDB 数据库连接 jar 包，其官网下载地址是：

```
https://downloads.mariadb.org/connector - java/
```

关于 MariaDB 数据库的安装和使用，本书不再单独讲解，有兴趣的读者可以参阅作者另外一本书籍《PHP＋MariaDB Web 开发从入门到精通》。

采用这种方式配置的数据库连接方式没有用到连接池技术，即当有连接时，就创建一个 connection。所以，在数据库的连接效率和使用上不是特别好，特别是应用于 Web 开发中时。

数据库配置的第二种方式是使用 BasicDataSource 方式，这种方式采用了连接池技术。实际上，采用连接池技术有下面几个优点：

➢ 更快的响应速度。当系统中有多个连接时，减少了每次连接时的数据库连接初始化和释放连接工作，也就减少了系统的响应时间。
➢ 统一的连接管理。可以有效避免数据库连接泄漏问题。
➢ 资源有效利用。由于数据库的连接得到了重用，减少了频繁创建、释放数据库连接时的资源开销，同时，增进了系统运行的稳定性。

BasicDataSource 位于 org. apache. commons. dbcp. BasicDataSource 包中，主要依赖于 commons-dbcp. jar 和 commons-pool. jar 包。下载这两个依赖包放入项目中，接着，在配置文件中增加如下代码：

```
<bean id = "dataSource" class = "org.apache.commons.dbcp.BasicDataSource">
    <property name = "driverClassName">
        <value>${db.dirverClass}</value>
    </property>
    <property name = "url">
        <value>${db.url}</value>
    </property>
    <property name = "username">
        <value>${db.username}</value>
    </property>
    <property name = "password">
        <value>${db.password}</value>
    </property>
</bean>
```

通过对比可以发现，在以上两种配置方法中，不同的地方在于包名不同。

第三种配置方式通过 JNDI 配置 dataSource。JNDI 是 Java Naming and Directory Interface 的缩写，即 Java 命名与目录接口，其提供了统一的客户端 API，通过不同的 JNDI 服务供应接口的实现，由管理者将 JNDI API 映射为特定的命名服务和目录系统，使得 Java 应用程序可以与这些命名服务和目录服务之间进行交互。这种方式需要在 Web Server 中配置数据源。限于篇幅原因，在此不作具体配置的介绍。

### 3.2.2 JdbcTemplate

Spring 提供了 JdbcTemplate 类，供操作数据库使用。

JdbcTemplate 针对数据查询提供了多个重载的模板方法，可以根据需要选用不同的模板方法，以加快数据库的操作。JdbcTemplate 主要提供了以下几种方法：

➢ execute 方法，用于执行任何 SQL 语句，主要用于执行 DDL 语句。

- update 方法及 batchUpdate 方法，update 方法用于执行新增、修改、删除等 SQL 语句；batchUpdate 方法用于执行批处理相关语句。
- query 方法及 queryForXXX 方法，用于执行查询相关语句。
- call 方法。用于执行存储过程、函数相关语句。

以下是示例代码：

```
String sql = "INSERT INTO `article` (`id`, `title`, `author`, `simpleContent`) VALUES (?,?,?,?)";
jdbcTemplate.update(sql,new Object[] {newID, record.getTitle(),
record.getAuthor(),record.getSimpleContent()});
```

在上面的示例中，使用了 update 方法，传递 INSERT SQL 语句和构建的 Object 数组。另一种更新方式是采用 PreparedStatementSetter 方法进行更新，示例代码如下所示：

```
int count = jdbcTemplate.update(sql, new PreparedStatementSetter() {
      public void setValues(PreparedStatement pstmt) throws SQLException {
          pstmt.setObject(1, newID);
          pstmt.setObject(2, record.getTitle());
          pstmt.setObject(3, record.getAuthor());
          pstmt.setObject(4, record.getSimpleContent());
  }});
```

以上两种方法都可以进行表数据的更新操作，例如新增、修改和删除。

在查询方面，JdbcTemplate 提供了多种查询方式，示例代码如下所示：

```
String sql = "SELECT * from `article` where id = ? ";
String id = "3";
List c = jdbcTemplate.queryForList(sql, new Object[]{id});
```

以上代码通过 queryForList()方法，传递 SELECT SQL 查询语句，返回单条 List 记录；如果有多条，则返回的是一个复杂 List。

方法 jdbcTemplate.queryForMap()返回的结果是键值对形式，即 Map 的 key 对应所查询表的列名，Map 的 value 对应 key 所在列的值。

JdbcTemplate 支持更加复杂的查询。比较灵活的方式是采用回调方式处理返回值，示例代码如下所示：

```
Article article = new Article();
jdbcTemplate.query(sql, new Object[]{id}, new RowCallbackHandler() {
    public void processRow(ResultSet rs) throws SQLException {
        article.setId(rs.getString("id"));
        article.setTitle(rs.getString("title"));
        article.setAuthor(rs.getString("author"));
        article.setSimpleContent(rs.getString("simpleContent"));
    }
});
```

在上面的代码中，RowCallbackHandler 作为回调方法的结果，实现其中的方法 processRow，开发人员可在其中处理返回值，但该方法没有返回值。另一种更加灵活的使用回调函数的方法如下所示：

```
List < Article > articleList = (List < Article >) jdbcTemplate. query ( sql, new
ResultSetExtractor<Object>() {
    public Object extractData(ResultSet rs) throws SQLException {
        List<Article> articleList = new ArrayList<Article>();
        while (rs.next()) {
            Article article = new Article ();
            article.setId(rs.getString("id"));
            article.setTitle(rs.getString("title"));
            article.setAuthor(rs.getString("author"));
            article.setSimpleContent(rs.getString("simpleContent"));
            articleList.add(article);
        }
        return articleList;
    }
});
```

在上面的代码中，回调方法 ResultSetExtractor 处理更加灵活，并且带返回值，其类型需要由开发人员自行指定。

通过以上分析，JdbcTemplate 类提供了多种模板，供开发人员选择使用。当然，JdbcTemplate 提供了更多的模板，以上只是其中几个方法的讲解，其他方法的使用大致相同。

### 3.2.3 数据库操作

本节将结合具体的数据库操作，进一步讲解在 Spring MVC 中如何通过 Spring 提供的 JdbcTemplate 操作数据库。

首先，在 MariaDB 的 test 库中使用下面的 SQL 语句创建数据表：

```
CREATE TABLE 'article' (
  'id' varchar(64) NOT NULL,
  'title' varchar(255) NULL DEFAULT NULL,
  'author' varchar(30) NULL DEFAULT NULL,
  'simpleContent' varchar(255) NULL DEFAULT NULL,
  PRIMARY KEY ('id')
);
```

接着，新建 Java Web 工程，对配置文件进行编辑。本节内容将基于第 1 章的示例进行扩展，在第 1 章中，基本完成了 Web 操作的全过程，重要的一点是没有使用数据库持久化数据，下面将在其基础上进行扩展，使其支持数据库的操作。

编辑配置文件 ApplicationContext-mvc.xml，增加如下内容：

```
<!-- 获取配置文件 -->
<bean id = "config" class = "org.springframework.beans.factory.config.
PropertyPlaceholderConfigurer">
   <property name = "locations">
      <list>
         <value>classpath:db-config.properties</value>
      </list>
```

```
        </property>
    </bean>
    <!-- 获取数据源 -->
    <bean id="dataSource" class="org.apache.commons.dbcp.BasicDataSource">
        <property name="driverClassName">
            <value>${db.dirverClass}</value>
        </property>
        <property name="url">
            <value>${db.url}</value>
        </property>
        <property name="username">
            <value>${db.username}</value>
        </property>
        <property name="password">
            <value>${db.password}</value>
        </property>
    </bean>
    <!-- 配置 JdbcTemplate -->
    <bean id="template" class="org.springframework.jdbc.core.JdbcTemplate"
        abstract="false" lazy-init="false"
        autowire="default" p:dataSource-ref="dataSource"/>
    <!-- dao 注入 -->
    <bean id="articleService" class="com.zioer.service.Imp.ArticleServiceImpl">
        <property name="jdbcTemplate" ref="template"></property>
    </bean>
```

在上面增加的配置内容中，id 为 dataSource 的 bean 元素的内容在前面已有介绍，用于配置数据库的连接。id 为 template 的 bean 元素用于配置 JdbcTemplate，以保证在 Spring 启动时，会加载 JdbcTemplate。id 为 articleService 的 bean 元素用于 dao 注入，这很重要，Spring 启动时，需要知道 template 注入给谁，即谁要使用 template，其中属性 name="jdbcTemplate"需要在类 com.zioer.service.Imp.ArticleServiceImpl 中存在，下面进行详细讲解。

配置完成后，新建 ArticleServiceImpl 类，用于实现数据库的操作，重要代码如下所示：

```
package com.zioer.service.Imp;
...
@Service
public class ArticleServiceImpl implements ArticleService{
    private JdbcTemplate jdbcTemplate;

    @Override
    public int insert(Article record) {
        String newID = get32UUID();
        String sql = "INSERT INTO 'article' ('id', 'title', 'author',
            'simpleContent') VALUES (?,?,?,?)";
        int count = jdbcTemplate.update(sql,new Object[]{newID,
            record.getTitle(), record.getAuthor(),
            record.getSimpleContent()});
        return count;
```

```
    }

    @Override
    public int deleteByPrimaryKey(String id) {
        String sql = "DELETE from 'article' where id = ? ";
        jdbcTemplate.update(sql,new Object[]{id});
        return 0;
    }

    @Override
    public Article selectByPrimaryKey(String id) {
        String sql = "SELECT * from 'article' where id = ? ";
        Article article = new Article();
        jdbcTemplate.query(sql, new Object[]{id}, new RowCallbackHandler() {
            public void processRow(ResultSet rs) throws SQLException {
                article.setId(rs.getString("id"));
                article.setTitle(rs.getString("title"));
                article.setAuthor(rs.getString("author"));
                article.setSimpleContent(rs.getString("simpleContent"));
            }
        });
        return article;
    }

    @Override
    public List<Article> listAll() {
        String sql = "SELECT * from 'article' ";
        @SuppressWarnings("unchecked")
         List < Article > articleList = (List < Article >) jdbcTemplate. query ( sql, new
ResultSetExtractor<Object>() {
            @Override
            public Object extractData(ResultSet rs) throws SQLException {
                List<Article> articleList = new ArrayList<Article>();
                while (rs.next()) {
                    Article article  = new Article ();
                    article.setId(rs.getString("id"));
                    article.setTitle(rs.getString("title"));
                    article.setAuthor(rs.getString("author"));

article.setSimpleContent(rs.getString("simpleContent"));
                    articleList.add(article);
                }
                return articleList;
            }
        });
        return articleList;
    }

    public JdbcTemplate getJdbcTemplate() {
        return jdbcTemplate;
```

```
    }

    public void setJdbcTemplate(JdbcTemplate jdbcTemplate) {
        this.jdbcTemplate = jdbcTemplate;
    }

}
```

在上面的示例代码中，创建了 jdbcTemplate，注意其 get 和 set 方法必须存在，否则会出现运行错误。在该类实现的其他方法中，表 article 的相关操作都使用了 jdbcTemplate，各方法在前面章节中都有讲解，唯一增加了一个删除操作，用于删除数据库表中相关记录。运行示例代码的主界面如图 3-5 所示。

127.0.0.1:8080/3-2/article/list

文章列表页面

新增

| 文章详细列表 | | | |
|---|---|---|---|
| 文章标题 | 文章作者 | 文章简介 | 操作 |
| 自律让你自由 | 网络 | 自律让你自由 文：菜刀少爷 一、据说史蒂夫乔布斯年轻时每天凌晨四点起床，九点前把一天工作做完。乔帮主说：自由从何而来？从自信来，而自信则是从自律来。自律是对自我… | 查看 删除 |
| 这才是最狠的报复！ | 网络 | 这才是最狠的报复！ 作者：桃夭 男朋友出轨了，你深受打击却放任自己暴饮暴食；被上司训了，你满心愤懑却只会整天抱怨；被同事穿了小鞋，你骂天骂地却一次次忍受……这样… | 查看 删除 |
| 咸鱼也可以有梦，做一条有梦想的咸鱼 | 网络 | 咸鱼也可以有梦，做一条有梦想的咸鱼 作者：刘永宗 为了激励自己业余积极创作，我在QQ签名上写下了这样一句话：人生如果没有梦想，那跟咸鱼有什么区别？许多朋友给我点赞… | 查看 删除 |

图 3-5　运行主界面

以上示例代码请查看本书配套资源中的源码 3-2。

## 3.3　Spring AOP 切面操作

AOP(Aspect Oriented Programming)即面向切面编程。AOP 将影响多个类的公共行为封装为一个可重用模块，并被命名为 Aspect，即切面，其减少了系统的重复代码，以达到降低模块之间耦合度的目的，提高可操作性和可维护性。下面列出 AOP 中几个重要的概念。

- 横切点：对哪些方法进行拦截和拦截后的处理，这些关注点称为横切点。
- 切面(aspect)：即对横切关注点的抽象。
- 连接点(joinpoint)：被拦截到的点，在 Spring 中连接点就是指被拦截到的方法。
- 切入点(pointcut)：对连接点进行拦截的定义。
- 通知(advice)：是指拦截到连接点之后要执行的代码。通知分为前置、后置、异常、最终、环绕 5 类。

➢ 目标对象：代理的目标对象。
➢ 织入(weave)：将切面应用到目标对象并导致代理对象创建的过程。
➢ 引入(introduction)：在不修改代码的前提下，引入可以在运行期为类动态地添加一些方法或字段。

如果只介绍上面的概念有点抽象，下面是一个简单示例，用于打印调用类方法前后的时间戳。

首先，创建用于打印当前时间的类 TimeHandler.java，代码如下所示：

```
package com.zioer.util;
public class TimeHandler {
    public void printTime()
    {
        System.out.println("当前时间 : " + System.currentTimeMillis());
    }
}
```

以上类很简单，只包含一个方法，即用于打印当前时间。下面编写配置文件 ApplicationContext-mvc.xml，增加如下内容：

```
<bean id = "timeHandler" class = "com.zioer.util.TimeHandler" />
<aop:config>
   <aop:aspect id = "time" ref = "timeHandler">
        <aop:pointcut id = "addAllMethod" expression = "execution( * com.zioer.controller.
ArticleController. * (..))" />
        <aop:before method = "printTime" pointcut - ref = "addAllMethod" />
        <aop:after method = "printTime" pointcut - ref = "addAllMethod" />
    </aop:aspect>
</aop:config>
```

在上面的 XML 代码中，id 为 timeHandler 的 bean 元素用于指明要调用的类。元素 aop:config 比较重要，用于说明切面的方法、执行的时间点等。注意元素 aop:pointcut 中 expression 的写法。元素 aop:before 表示在调用方法前执行，元素 aop:after 表示在调用方法后执行。编辑完成后，保存文件。

接着，在工程中加入下面所示的 3 个 jar 包，尽管 Spring 提供了 AOP 相关的包，但需要有其他相关 jar 包：

```
aopalliance.jar
aspectjweaver.jar
aspectjrt.jar
```

完成以上操作后，启动 Tomcat 服务，在浏览器中运行如图 3-5 所示的页面，则会在 Console 窗口中打印出两个时间。以上代码请见本书配套资源中的源码 3-3。

以上方法很简单，归纳如下：定义需要操作的方法，然后定义需要 AOP 的类和方法，以上方式表示指定类中的所有方法。接着定义执行的时间点，例如是调用前，还是调用后。由运行结果可知，这种方法比较神奇，没有改动需要处理的类和方法，只是简单进行配置，就完成了很多需要重复劳动的工作。

AOP 可以使用在什么地方？例如，打印日志。一般在系统开发中，如果需要打印日志，多数是在各个函数或方法中书写打印日志的语句，缺点是重复劳动太多，以及在需要修改打印日志方法时，需要在每个调用的地方都进行修改，涉及的类文件也很多，给程序的后期维护带来了极大的不便。但 AOP 可以改变这种方式，下面进行简单介绍。首先，增加打印日志类 LogHandler. java，代码如下所示：

```
package com.zioer.util;

public class LogHandler {
    public void LogBefore()
    {
        System.out.println("开始之前 Log");
    }
    public void LogAfter()
    {
        System.out.println("开始之后 Log");
    }
}
```

在上面的类中，定义了两个方法，分别用于处理方法开始前和开始后的动作。当然，在这里为了说明简便，只简单使用了输出打印功能。在实际开发过程中，可能需要用到日志管理，将打印结果存放到专门的日志管理中。

接着，编辑配置文件 ApplicationContext-mvc. xml，增加如下内容：

```
<bean id = "logHandler" class = "com.zioer.util.LogHandler" />
<aop:config>
    <aop:aspect id = "log" ref = "logHandler" order = "1">
        <aop:pointcut id = "printLog" expression = "execution( * com.zioer.Controller.
ArticleController.*(..))" />
        <aop:before method = "LogBefore" pointcut-ref = "printLog" />
        <aop:after method = "LogAfter" pointcut-ref = "printLog" />
    </aop:aspect>
</aop:config>
```

保存配置文件，运行工程文件，则会在 Console 窗口中，将打印出日志标识。

**注意**：在上面的代码中，元素 aop:aspect 中增加了 order 属性，其作用是解决如果 aop:aspect 有多个，系统在执行时先调用谁的问题。一般 order 值越小，就越先执行。

## 3.4 JSTL 和 EL

在 Spring MVC 中，View 用于前端页面显示，在浏览器中浏览的是 HTML，即已经在后台 Java 引擎处理完成后的内容，那么 View 显示就很重要了，关系到一个 Web 应用是否成功。为了实现前端的显示，就需要一定的翻译手段，将 Java 处理后的内容呈现给前端页面。目前，有多种方式可以实现这种翻译，例如最常见的标签库 JSTL，模板引擎 FreeMarker、velocity 等。

JSTL(JavaServer Pages Standard Tag Library)是一个不断完善的 JSP 标准标签库，用

于处理条件判断、迭代、数据管理格式化、XML 操作以及数据库访问等问题。它封装了 JSP 应用的通用核心功能。其 jar 包的下载地址如下：

```
http://archive.apache.org/dist/jakarta/taglibs/standard/binaries/
```

**注意**：对于 1.1 以下版本，除了要下载并在项目中放入 jar 包，还要在配置的文件中编辑增加如下内容：

```
<jsp-config>
  <taglib>
    <taglib-uri>http://java.sun.com/jstl/core</taglib-uri>
    <taglib-location>/WEB-INF/tlds/c.tld</taglib-location>
  </taglib>
  <taglib>
    <taglib-uri>http://java.sun.com/jstl/core-rt</taglib-uri>
    <taglib-location>/WEB-INF/tlds/c-rt.tld</taglib-location>
  </taglib>
</jsp-config>
```

但对于 1.1 以上的版本，只要在项目加入 jar 包，不需要进行配置。如果 Servlet 是 2.4 以上版本，则可以直接使用，如前面章节的示例，使用了 JSTL 标签，但没有做任何配置。在此，建议使用较高的稳定版本，无论是配置还是正常使用，都会带来很大的方便。

根据 JSTL 标签所提供的功能，可以将其分为 5 个类别。

- 核心标签。
- 格式化标签。
- JSTL 函数标签。
- SQL 标签。
- XML 标签。

### 3.4.1 核心标签库

该类标签是最常用的标签，使用时，首先在 JSP 页面的顶部引用核心标签库，语法如下：

```
<%@ taglib prefix="c"  uri="http://java.sun.com/jsp/jstl/core" %>
```

在 view 页面中的使用方式，可以参考前面章节示例。

核心标签库中包含了如下多种标签。

**1. <c:forEach>**

循环迭代标签，对循环的内容进行处理。语法定义如下：

```
<c:forEach var="name" items="expression" varStatus="name"
    begin="expression" end="expression" step="expression">
      body content
</c:forEach>
```

<c:forEach>标签具有以下一些属性：

var——迭代参数的名称。

items——进行迭代的集合。

varStatus——迭代变量的名称。

begin——如果指定了 items，那么从 items[begin]开始进行迭代。

end——如果指定了 items，那么就在 items[end]结束迭代。

step——迭代的步长。

下面是简单示例：

```
<c:forEach items = " ${articles}" var = "var" varStatus = "vs">
    <tr <c:if test = " ${vs.count % 2 == 0}"> bgcolor = " #AAAABB"</c:if>
align = "left" >
        <td  height = "30"> ${var.title}</td>
    </tr>
</c:forEach>
```

在上面所示的代码中，变量 articles 是 Java 后台传递到页面的变量。以上迭代过程输出 var.title 的值，并且判断 vs.count%2 的值，隔行输出表格行背景颜色。

**2. <c:if>**

判断标签，对变量值进行判断，以执行响应的代码。

该标签语法如下：

```
<c:if test = "<boolean>" var = "<string>" scope = "<string>">
   ...
</c:if>
```

<c:if>具有如下属性：

test——判断条件。

var——用于存储条件结果的变量。

scope——var 属性的作用域。

简单的示例代码见上一个示例。

**3. <c:choose>、<c:when>和<c:otherwise>**

这 3 个标签一般一起使用，用于对指定值进行判断，然后执行对应的代码块。

语法格式如下所示：

```
<c:choose>
    <c:when test = "<boolean>">
        ...
    </c:when>
    <c:when test = "<boolean>">
        ...
    </c:when>
    ...
    ...
    <c:otherwise>
        ...
    </c:otherwise>
```

```
</c:choose>
```

以下是简单的示例代码：

```
<c:set var = "age" scope = "session" value = "20"/>
<p>你的年龄为 : <c:out value = " $ {age}"/></p>
<c:choose>
    <c:when test = " $ {age <=  10}">
        小孩
    </c:when>
    <c:when test = " $ {age > 10 && age < 30 }">
        年轻人
    </c:when>
    <c:otherwise>
        年过 30
    </c:otherwise>
</c:choose>
```

**4. <c:set>**

该标签用于设置变量值和对象属性。

其语法格式如下：

```
<c:set var = "< string >" value = "< string >" target = "< string >"
    property = "< string >" scope = "< string >"/>
```

标签属性如下：

value——要存储的值。

target——要修改的属性所属的对象。

property——要修改的属性。

var——存储信息的变量。

scope——var 属性的作用域，默认为 Page。

示例代码如下所示：

```
<c:set var = "age" scope = "session" value = " $ {11 * 3}"/>
<c:out value = " $ {age}"/>
```

**5. <c:out>**

该标签用于输出数据，类似<%= ... >。语法格式如下：

```
<c:out value = "< string >" default = "< string >" escapeXml = "< true|false >"/>
```

其具有如下属性：

value——要输出的内容。

default——输出的默认值。

escapeXml——是否忽略 XML 特殊字符。

示例代码如下所示：

```
<c:out value = "&lt 原文输出 &gt" escapeXml = "true"
```

```
    default = "默认值"></c:out><br/>
<c:out value = "&lt 使用转义后输出 &gt" escapeXml = "false"
    default = "默认值"></c:out>
```

**6. <c:remove>**

该标签用于删除变量。语法格式如下：

```
<c:remove var = "<string>" scope = "<string>"/>
```

其具有如下属性：

var——要移除的变量名称。

scope——变量所属的作用域。

示例代码如下所示：

```
<c:set var = "age" scope = "session" value = "20"/>
<p>当前 age 变量值: <c:out value = " $ {age}"/></p>
<c:remove var = "age"/>
<p>删除 age 变量后的值: <c:out value = " $ {age}"/>
```

**7. <c:forTokens>**

该标签用于根据指定的分隔符来分隔内容并输出。语法格式如下：

```
<c:forTokens
    items = "<string>"
    delims = "<string>"
    begin = "<int>"
    end = "<int>"
    step = "<int>"
    var = "<string>"
    varStatus = "<string>">
```

其具有如下属性：

items——要被循环的信息。

delims——分隔符。

begin——开始循环的元素。

end——结束循环的最后一个元素。

step——每一次迭代的步长，默认为 1。

var——当前变量名称。

varStatus——循环状态的变量名称。

示例代码如下：

```
<c:forTokens items = "ice,apple,pear,banana" delims = "," var = "name">
   <c:out value = " $ {name}"/><p>
</c:forTokens>
```

**8. <c:redirect>**

该标签用于重定向到一个新的 URL。语法格式如下：

```
<c:redirect url = "<string>" context = "<string>"/>
```

该标签有如下属性：

url——目标 URL。

context——一个本地网络应用程序的名称。

示例代码如下所示：

```
<c:redirect url = "http://127.0.0.1"/>
```

**9. <c:url>**

该标签使用可选的查询参数来创建一个 URL，然后存储在一个变量中。语法格式如下：

```
<c:url
  var = "<string>"
  value = "<string>"
  context = "<string>"
  scope = "<string>"/>
```

该标签有如下属性：

var——URL 的变量名。

value——URL 值。

context——本地网络名称。

scope——var 属性的作用范围。

示例代码如下所示：

```
<a href = "<c:url value = "http://www.zioer.com"/>">
    &lt;c:url&gt; 测试
</a>
```

## 3.4.2 格式化标签库

该类标签用来格式化并输出文本、日期、时间、数字。使用时，首先在 JSP 页面的顶部引用格式化标签库，语法如下：

```
<%@ taglib prefix = "fmt" uri = "http://java.sun.com/jsp/jstl/fmt" %>
```

格式化标签库中包含了如下多种标签。

**1. <fmt:formatDate>**

该标签使用指定的风格或模式格式化日期和时间。语法格式如下所示：

```
<fmt:formatDate value = "<string>" type = "<string>"
    dateStyle = "<string>" timeStyle = "<string>"
    pattern = "<string>" timeZone = "<string>"
    var = "<string>" scope = "<string>"/>
```

该标签有如下属性：

value——要显示的日期。

type——类型，包括 DATE、TIME 或 BOTH，默认为 DATE。

dateStyle——日期类型，包括 FULL、LONG、MEDIUM、SHORT 或 DEFAULT。

timeStyle——时间类型，包括 FULL、LONG、MEDIUM、SHORT 或 DEFAULT。

pattern——自定义格式模式。

timeZone——显示日期的时区。

示例代码如下所示：

```
<%@ page language="java" import="java.util.*" contentType="text/html; charset=
GB2312" %>
<%@ taglib prefix="c" uri="http://java.sun.com/jsp/jstl/core" %>
<%@ taglib prefix="fmt" uri="http://java.sun.com/jsp/jstl/fmt" %>
...
<c:set var="now" value="<%=new java.util.Date()%>" />

<p><fmt:formatDate type="date" value="${now}" /></p>
<p><fmt:formatDate type="time" value="${now}" /></p>
<p><fmt:formatDate type="both" value="${now}" /></p>
<p><fmt:formatDate pattern="yyyy-MM-dd" value="${now}" /></p>
```

以上示例代码将输出对应格式化的日期。应特别注意：在页面顶部同时引用了核心标签库和格式化标签库。

**2. <fmt:parseDate>**

该标签用于解析日期或时间的字符串。语法格式如下：

```
<fmt:parseDate
   value="<string>"
   type="<string>"
   dateStyle="<string>"
   timeStyle="<string>"
   pattern="<string>"
   timeZone="<string>"
   var="<string>"
   scope="<string>"/>
```

示例代码如下所示：

```
<c:set var="now" value="30-10-2016" />
<fmt:parseDate value="${now}" var="date" pattern="dd-MM-yyyy" />
<p>输出：<c:out value="${date}" /></p>
```

**3. <fmt:formatNumber>**

该标签用于使用指定的格式或精度格式化数字。语法格式如下：

```
<fmt:formatNumber
  value="<string>"
  type="<string>"
  pattern="<string>"
```

```
currencyCode = "<string>"
currencySymbol = "<string>"
groupingUsed = "<string>"
maxIntegerDigits = "<string>"
minIntegerDigits = "<string>"
maxFractionDigits = "<string>"
minFractionDigits = "<string>"
var = "<string>"
scope = "<string>"/>
```

重要属性解释如下：

value——要显示的数字。

type——类型，包括 NUMBER、CURRENCY 或 PERCENT。

pattern——用指定的一个自定义格式化模式输出。

currencyCode——货币码。

currencySymbol——货币符号。

groupingUsed——是否对数字分组，包括 TRUE 或 FALSE。

示例代码如下所示：

```
<c:set var = "money" value = "3453434.463" />
<p><fmt:formatNumber value = " ${money}" type = "currency"/></p>
<p><fmt:formatNumber type = "number" maxIntegerDigits = "1" value = " ${money}"/>
</p>
<p><fmt:formatNumber type = "number" maxFractionDigits = "1" value = " ${money}"/>
</p>
<p><fmt:formatNumber type = "percent" maxIntegerDigits = "1" value = " ${money}"/>
</p>
```

**4. <fmt:parseNumber>**

该标签用于解析一个数字、货币或百分比的字符串。语法格式如下：

```
<fmt:parseNumber
  value = "<string>"
  type = "<string>"
  pattern = "<string>"
  parseLocale = "<string>"
  integerOnly = "<string>"
  var = "<string>"
  scope = "<string>"/>
```

示例代码如下所示：

```
<c:set var = "money" value = "34333443.43464" />

<fmt:parseNumber var = "num" type = "number" value = " ${money}" />
<p><c:out value = " ${num}" /></p>
<fmt:parseNumber var = "num" integerOnly = "true" type = "number" value = " ${money}" />
<p><c:out value = " ${num}" /></p>
```

在格式化标签库中，还有如表 3.1 所示的几个标签。

表 3.1 格式化标签

| 标签 | 描述 |
|---|---|
| <fmt:bundle> | 用于绑定资源 |
| <fmt:setLocale> | 用于指定地区 |
| <fmt:setTimeZone> | 用于设置时区 |
| <fmt:setBundle> | 用于绑定资源 |
| <fmt:requestEncoding> | 用于设置 request 的字符编码 |
| <fmt:message> | 用于显示资源配置文件信息 |

### 3.4.3 JSTL 函数标签库

该库包含了一些预先定义的标准函数。为使用这些函数，首先在 JSP 页面顶部引用该库，其语法格式如下：

```
<%@ taglib prefix="fn" uri="http://java.sun.com/jsp/jstl/functions" %>
```

下面介绍实际开发中经常使用的函数标签库中的函数。

**1. fn:length()**

该函数返回字符串的长度或集合中元素的数量。语法格式如下：

```
${fn:length(collection | string)}
```

示例代码如下所示：

```
<%@ taglib prefix="c" uri="http://java.sun.com/jsp/jstl/core" %>
<%@ taglib uri="http://java.sun.com/jsp/jstl/functions" prefix="fn" %>
…
<c:set var="str1" value="This is zioer."/>
<p>str1 长度: ${fn:length(str1)}</p>
```

**2. fn:trim()**

该函数用于删除前后空白符。语法格式如下：

```
${fn.trim(<string>)}
```

示例代码如下所示：

```
<c:set var="str1" value="   Hello,Zioer            "/>
<p>str1 长度 : ${fn:length(str1)}</p>
<c:set var="str2" value="${fn:trim(str1)}" />
<p>str2 字符串为 : ${str2}</p>
<p>str2 长度 : ${fn:length(str2)}</p>
```

**3. fn:contains()和 fn:containsIgnoreCase()**

fn:contains()函数用于测试输入的字符串是否包含指定的子串。语法格式如下：

```
${fn:contains(<str1>, <str2>)}
```

其中,< str1 >表示源字符串，< str2 >表示要被查找的字符串。

fn:containsIgnoreCase()函数和 fn:contains()类似,唯一的区别在于 fn:containsIgnoreCase()函数忽略字符的大小写,fn:contains()区分字符的大小写。

示例代码如下所示：

```
<c:set var="str1" value="Hello zioer"/>
<c:if test="${fn:contains(str1, 'zioer')}">
   <p>I'am zioer<p>
</c:if>
```

**4. fn:indexOf()**

该函数返回一个字符串中指定子串的位置。语法格式如下：

```
${fn:indexOf(<str1>, <str2>)}
```

其中,< str1 >表示源字符串，< str2 >表示要被查找的字符串。

示例代码如下所示：

```
<c:set var="str1" value="I'am here."/>
<p>Index (1) : ${fn:indexOf(str1, "i")}</p>
```

该函数区分大小写。当被查找字符串没有找到时,返回−1。

**5. fn:split()**

该函数用于将一个字符串用指定的分隔符分割为一个子串数组。语法格式如下：

```
${fn:split(<str1>, <splitStr>)}
```

其中,< str1 >表示要分隔的字符串，< splitStr >表示分隔符。

示例代码如下所示：

```
<c:set var="str1" value="1,2,3,4,5"/>
<c:set var="str2" value="${fn:split(str1, ',')}" />
<p>
<ul class="list">
<c:forEach items="${str2}" var="item">
   <li><c:out value="${item}"/></li>
</c:forEach>
</ul>
</p>
```

**6. fn:join()**

该函数用于将指定数组中的元素连接成一个字符串,元素间使用指定的分隔符进行分隔。语法格式如下：

```
${fn:join([array], <split>)}
```

其中,[array]指定数组,< split >指定分隔符。

示例代码如下所示:

```
<c:set var = "str1" value = "1,2,3,4,5"/>
<c:set var = "str2" value = " ${fn:split(str1, ',')}" />
<c:set var = "string3" value = " ${fn:join(str2, ':')}" />
<p>新字符串为 : ${string3}</p>
```

**7. fn:startsWith()**

该函数用于返回一个字符串是否以指定的字符串开始。语法格式如下:

```
${fn:startsWith(<str1>, <str2>)}
```

其中,< str1 >为源字符串,< str2 >为指定字符串。如果 str1 以 str2 开头,则返回 true,否则返回 false。

示例代码如下所示:

```
<c:set var = "string" value = "yes,I am here."/>
<c:if test = " ${fn:startsWith(string, 'yes')}">
   <p>true</p>
</c:if>
```

**8. fn:substring()**

该函数用于返回字符串中指定位置的子串。语法格式如下:

```
${fn:substring(<str>, <begin>, <end>)}
```

其中,< str1 >为源字符串,< begin >为开始截取位置,< end >为结束截取位置。

示例代码如下所示:

```
<c:set var = "str1" value = "Hello Zioer."/>
<c:set var = "str2" value = " ${fn:substring(str1, 1, 2)}" />
<p> ${str2}</p>
```

**9. fn:substringBefore()和 fn:substringAfter()**

fn:substringBefore()函数用于返回一个字符串中指定子串前面的部分,fn:substringAfter()函数用于返回一个字符串中指定子串后面的部分。语法格式如下:

```
${fn:substringBefore(<str>, <substr>)}
${fn:substringAfter(<str>, <substr>)}
```

其中,< str >为源字符串,< substr >为子字符串。

示例代码如下所示:

```
<c:set var = "str1" value = "Hello Zioer."/>
<c:set var = "str2" value = " ${fn:substringBefore(str1, 'io')}" />
<c:set var = "str3" value = " ${fn:substringAfter(str1, 'io')}" />
<p> ${str2}</p>
<p> ${str3}</p>
```

**10. fn:toLowerCase()和 fn:toUpperCase()**

fn：toLowerCase ()函数用于将字符串中的所有字母转为小写，fn：toUpperCase ()函数用于将字符串中的所有字母转为大写。语法格式如下：

```
${fn.toLowerCase(<str>)}
${fn.toUpperCase (<str>)}
```

其中，< str >为待转换字符串。

示例代码如下所示：

```
<c:set var = "str1" value = "Hello Zioer."/>
<c:set var = "str2" value = "${fn:toLowerCase(str1)}" />
<c:set var = "str3" value = "${fn:toUpperCase(str1)}" />
<p> ${str2}</p>
<p> ${str3}</p>
```

**11. fn:replace()**

该函数用于将字符串中所有指定的子字符串用要替换的字符串替换。语法格式如下：

```
${fn:replace(<str1>, <str2>, <str3>)}
```

其中，< str1 >为源字符串，< str2 >为指定的被替换的字符串，< str3 >为要替换的字符串。

示例代码如下所示：

```
<c:set var = "str1" value = "Hello Zioer."/>
<c:set var = "str2" value = "${fn:replace(str1,  'Zioer', 'Kitty')}"  />
<p> ${str2}</p>
```

## 3.4.4 SQL 标签库

SQL 标签库用于和数据库交互，完成数据的提交、查询和页面展示。对于想直接在页面操作数据库的开发人员，这是一个比较直接的方式。

该标签库中包含了如表 3.2 所示的标签。

**表 3.2 SQL 标签库**

| 标 签 | 语法格式 | 描 述 |
| --- | --- | --- |
| < sql:setDataSource > | < sql:setDataSource<br>var="< string >"<br>dataSource="< string >"<br>driver="< string >"<br>url="< string >"<br>user="< string >"<br>password="< string >"<br>scope="< string >"/> | 该标签用于配置数据源，并将描述信息保存到指定变量中 |

续表

| 标　　签 | 语 法 格 式 | 描　　述 |
| --- | --- | --- |
| < sql:query > | < sql:query<br>var="< string >"<br>sql="< string >"<br>dataSource="< string >"<br>startRow="< string >"<br>maxRows="< string >"<br>scope="< string >"/> | 该标签用于运行 SQL 语句，运行结果存储到指定变量中 |
| < sql:update > | < sql:update<br>var="< string >"<br>sql="< string >"<br>dataSource="< string >"<br>scope="< string >" /> | 该标签用于执行非查询类的 SQL 语句，例如插入、修改和删除操作 |
| < sql: param > 和 < sql: dateParam > | < sql:param<br>value="< string >"/>和<br>< sql:dateParam<br>value="< string >"<br>type="< string >"/> | 与< sql: query >标签和< sql: update >标签一起使用，提供 SQL 语句中需要的占位值 |

如表 3.2 所示的常用标签能完成对数据库表的查询、编辑等操作。下面是结合该表中的标签进行的示例操作：

```
<sql:setDataSource var = "ds" driver = "org.mariadb.jdbc.Driver"
     url = "jdbc:mariadb://127.0.0.1:3307/test"
     user = "root"   password = "root"/>

<sql:update dataSource = " ${ds}" var = "count">
  insert into article (id,title,author) values(?,?,?)
  <sql:param value = "2" />
  <sql:param value = "title" />
  <sql:param value = "author" />
</sql:update>

<sql:query dataSource = " ${ds}" sql = "select * from article" var = "result" />
<table>
<c:forEach var = "row" items = " ${result.rows}">
<tr>
<td><c:out value = " ${row.title}"/></td>
<td><c:out value = " ${row.author}"/></td>
</tr>
</c:forEach>
</table>
```

在上面的代码中，首先使用< sql:setDataSource >标签进行数据库连接操作，并将连接信息保存到变量 ds 中，然后使用< sql:update >标签在表中插入一条记录，并使用到< sql: param >标签，这种方式在 Java 操作中还是很常见的，主要可以防止 SQL 语句的注入。当然也可不使用这种方式而采用 SQL 语句拼接方式。最后，使用< sql:query >标签查询数据表，并列出表信息。详情请参考本书配套资源中的源码 3-4。

### 3.4.5 EL

EL(Expression Language)即表达式语言，它是为了减少 JSP 页面中的 Java 代码，也便于维护和开发而引入的。EL 可使用在 JSP 页面中，其语法格式为：

```
${expression}
```

其中，expression 就是表达式，可以是值，也可以是一个表达式。EL 表达式在前面章节已有介绍，在本节将详细进行讲解，EL 在 JSP 开发页面技术中，将会大量接触。

下面是在 JSP 页面中使用 EL 的简单示例：

```
<%
pageContext.setAttribute("str1", 20);
pageContext.setAttribute("str2", 5);
%>
<p>str1 * str2 = ${str1 * str2}</p>
```

由此可以看出，EL 表达式可以直接访问 JSP 页面中定义的变量，或访问 Java 传递的变量，例如：

```
${article.title}
```

其中，article 是一个 Java 生成的对象，title 是其中一个属性，以上表达式用于在页面输出这个属性。

EL 表达式支持如下运算符。

- 常用运算符：+、-、*、/和%。
- 逻辑运算符：&&、||和!。
- 关系运算符：==、!=、<、>、<=、>=。
- 判断是否为空：Empty。

下面是简单示例代码：

```
<%
pageContext.setAttribute("str1", 20);
%>
<p>str1 = ${str1}</p>
<p>str1 + 10 = ${str1 + 10}</p>
<p>str1 * 10 = ${str1 * 10}</p>
<p>str1 > 30 = ${str1 > 30}</p>
<p>str1 是否为空: ${empty(str1)}</p>
```

EL 可以读取 Cookie 中的值，下面是示例代码：

```
<%
Cookie t = new Cookie("email","hero803@163.com");
response.addCookie(t);
%>
<p>Cookie 中 Email: ${cookie.email.value}</p>
```

当第一次运行时，该值为空，这是客户端还没有生成 Cookie 数据；第二次以后运行，就有相应的数据了。

EL 输出 JavaBean 数据，这在开发 Web 应用中很常见，下面是简单示例。

在 Java 的 ArticleController 类中有如下代码：

```
@RequestMapping(value = "/view/{id}")
public ModelAndView view(@PathVariable String id){
    ModelAndView mv = new ModelAndView();
    Article article = articleService.selectByPrimaryKey(id);
    mv.setViewName("article_view");
    mv.addObject("article", article);
    return mv;
}
```

用户访问"/view/"页面时，将执行上面代码，并访问 article_view.jsp 页面，同时，传递 article 给页面，在页面中访问的方法如下所示：

```
<p>文章标题: ${article.title}</p>
<p>文章作者: ${article.author}</p>
<p>文章简介: ${article.simpleContent}</p>
```

# 3.5 FreeMarker

本节将介绍另一种基于模板的技术。FreeMarker 是用 Java 编写的模板引擎，它基于模板生成文本输出。它不仅可以用作表现层的实现技术，而且还可以用于生成 XML、JSP 或 Java 等。使用模板技术更容易将前端页面编辑和后端逻辑开发分开，前端可以使用 FreeMarker 写出更接近 HTML 的语言，而不会发生意想不到的事情。

## 3.5.1 相关配置

在开始之前，需要下载 FreeMarker 相关的 jar 包，FreeMarker 的官网如下：

```
http://freemarker.org/
```

找到其中最新的版本下载到本地，接着进行解压，将 freemarker.jar 文件复制到本机 Java Web 项目中。

首先了解 FreeMarker 工作方式，如图 3-6 所示，开发人员编辑 FreeMarker 模板文件，然后和后台 Java 传递值一起传递给 FreeMarker 解释器，生成最终的 HTML 页面进行输出。

下面在配置文件中配置 FreeMarker，建立 Web 工程和配置 Spring MVC 的方式如前所述，编辑配置文件 ApplicationContext-mvc.xml，取消或注释下面的配置：

```
<bean class = "org.springframework.web.servlet.view.InternalResourceViewResolver">
    <property name = "prefix" value = "/WEB-INF/views/"></property>
```

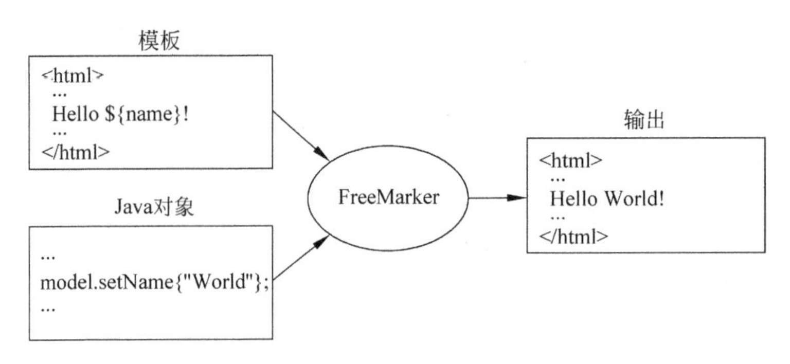


图 3-6 FreeMarker 工作方式

```
    <property name = "suffix" value = ".jsp"></property>
</bean>
```

在这里因为需要配置 FreeMarker，所以上面的解析方式需要重新定义。在该配置文件中增加如下内容：

```
<bean id = "freemarkerConfig" class = "org.springframework.web.servlet.view.freemarker.
FreeMarkerConfigurer">
        <property name = "templateLoaderPath" value = "/WEB-INF/views/" />
        <property name = "freemarkerSettings">
            <props>
                <prop key = "template_update_delay">0</prop>
                <prop key = "default_encoding">UTF-8</prop>
                <prop key = "number_format">0.##########</prop>
                <prop key = "datetime_format">yyyy-MM-dd HH:mm:ss</prop>
                <prop key = "classic_compatible">true</prop>
                <prop key = "template_exception_handler">ignore</prop>
            </props>
        </property>
    </bean>
    <!-- 视图解释器 -->
    <bean id = "viewResolver"  class =
"org.springframework.web.servlet.view.freemarker.FreeMarkerViewResolver">
        <property name = "cache" value = "true" />
        <property name = "prefix" value = "" />
        <property name = "suffix" value = ".jsp" />
        <property name = "contentType"
            value = "text/html;charset = UTF-8"></property>
        <property name = "requestContextAttribute" value = "request" />
        <property name = "exposeSpringMacroHelpers" value = "true" />
        <property name = "exposeRequestAttributes" value = "true" />
        <property name = "exposeSessionAttributes" value = "true" />
    </bean>
```

在上面增加的配置中，id 为 freemarkerConfig 的 bean 元素用于 FreeMarker 的基本配置，并指明了解析的位置，例如"/WEB-INF/views/"，同时还包括但不限于其他的一些属性配置，例如字符集、数字格式、日期格式等；id 为 viewResolver 的 bean 元素用于配置解析方式，属性 suffix 值指明了文件的后缀为.jsp，根据情况也可指定为其他后缀，例如.ftl。编辑保存后，便完成了 FreeMarker 和 Spring MVC 的配置。

下面进行简单测试，建立 HelloController.java 控制文件，内容如下所示：

```
package com.zioer.controller;

import org.springframework.stereotype.Controller;
import org.springframework.web.bind.annotation.RequestMapping;
import org.springframework.web.servlet.ModelAndView;

@Controller
@RequestMapping(value = "/hello")
public class HelloController {
    @RequestMapping(value = "/freemarker")
    public ModelAndView  hello() {
        ModelAndView mv = new ModelAndView("hello");
        mv.addObject("title", "Freemarker");
        mv.addObject("content", " Hello Zioer , This is  my first Freemarker! ");
        return mv;

    }
}
```

上面的控制类文件没有实质性内容，只简单传递参数到页面。在文件夹 WEB-INF/views 中建立文件 hello.jsp，重要内容如下：

```
<body>
    ${content}  <br>
    <#assign foo = true/>
    ${foo?string("yes", "no")}
</body>
```

如果配置正确，上面内容便可正确解析和显示。运行本书配套资源中的源码 3-5，在浏览器中输入与下面类似的 URL：

```
http://127.0.0.1:8080/3-5/hello/freemarker
```

### 3.5.2 基本语法

FreeMarker 作为一款流行的模板引擎，在于其语法简单并且容易上手。下面逐步讲解其语法点。

FreeMarker 的指令由特定代码"${…}"包围。从上面例子中可以看出，FreeMarker 不但能解析简单数据类型，例如 String，也可解析复杂数据类型，例如用户自定义的类，以符号"."作分隔，读取类中的成员值。

FreeMarker 的注释部分使用如下方式表示：

```
<#-- 注释内容 -->
```

以上的注释方式和 HTML 中的注释：

```
<! -- HTML 注释 -->
```

有点类似，区别在于，FreeMarker 的注释不在最终网页源码中显示，而 HTML 注释将在网页源码中显示（尽管都不在页面上显示）。如果为了更好地隐藏说明，这里建议采用 FreeMarker 注释。

**1. <#assign />或<#assign >指令**

表示赋值，或表达式赋值。例如：

```
<#assign x = 10 />
```

给一个变量赋值为数字。

```
<#assign foo = true/>
```

给一个变量赋值 Boolean 值。

```
<#assign str = "Hello Zioer">
```

给一个变量赋值字符串。

下面是更复杂的用法：

```
<#assign x>
<#list ["星期一", "星期二", "星期三", "星期四", "星期五", "星期六", "星期天"] as n>
${n}
</#list>
</#assign>
${x}
```

建议：尽管 assign 指令可以实现复杂的赋值，但为了程序更好理解，应该将复杂的表达方式尽量简单化。

**2. <#setting >指令**

该指令用于设置 FreeMarker 的运行环境。例如：

```
<#setting number_format = "currency"/>
```

用于设置数字的显示格式。可以设置内容如表 3.3 所示。

**表 3.3 setting 设置内容**

| 设置内容 | 描述 |
| --- | --- |
| locale | 用于指定该模板所用的国家/语言选项 |
| number_format | 用于指定输出数字的格式 |
| boolean_format | 用于指定两个布尔值的语法格式 |
| date_format，time_format，datetime_format | 用于指定输出日期和时间的格式 |
| time_zone | 用于设置时区 |
| classic_compatible | 用于设置是否兼容传统模式 |

**3. ${…}**

用于输出，或计算表达式后输出。

该符号前面已经接触过，需要有输出的地方，可以直接使用。例如：

```
<#assign x = 10 >
${ x * x - 100 }
```

以上示例很好理解。需要注意的是，FreeMarker 中变量区分大小写，例如 ${ x }和${X}是不相同的。如果输出的字符串中包含特殊字符，则需要使用转义字符，如下所示：

```
${"haha \" OK \" \\"}
```

下面是输出纯文本的方式：

```
${r"${foo}"}
```

即在引号前面加 r。

在 FreeMarker 中，除了字符串和数字之外，其他类型的数据如果直接输出将显示异常，例如日期型。此时，需要用问号(? string)将日期和布尔值转成字符串，再输出。例如：

```
<#assign foo = true/>
${foo?string}
```

上面示例的输出是 Boolean 型，但如果采用此种方式直接输出日期型，将会报错，此时，需要指定输出日期的格式，如下所示：

```
<#assign dating = "2016 - 12 - 09 23:11:29"?date("yyyy - MM - dd")/>
${dating?string("yyyy - MM - dd HH:mm:ss")}
```

在上面的简单示例中，变量 dating 是页面直接赋值的情况，但多数情况是 Java 处理完成后，传递给页面处理，此时如果不进行日期格式的指定，后台 Console 中将直接报错。

在 FreeMarker 中，变量是可以覆盖的，只要名字相同，不管第一次定义的是数字还是字符串，只认最后一次的定义。

FreeMarker 提供了几个重要字符串处理函数，如下所示：

```
<#assign hello = "i am Zioer">
HTML 编码输出 ： ${hello} <br>
大写后输出： ${hello?upper_case?html}  <br>
小写后输出： ${hello?lower_case?html}  <br>
首字母大写后输出： ${hello?cap_first?html}  <br>
去掉前后空格后输出： ${hello?trim?html}
```

### 3.5.3 逻辑指令

在 FreeMarker 中，同样包含逻辑判断。

**1. if, else, elseif**

用于逻辑判断，语法如下所示：

```
<#if condition>
  ...
```

```
<#elseif condition1>
  ...
<#elseif condition2>
  ...
<#else>
  ...
</#if>
```

示例如下所示：

```
<#assign x=5>
<#if x &gt; 0>
  x>0
<#elseif x==0>
  x=0
<#else>
  x<0
</#if>
```

在上面的示例中，注意“>”表示符号“>”，如果直接写>，将与包含它们的“<>”混淆，所以在这里需要写作“>”，同样，符号“>=”写作“gte;”；符号“<”写作“<”；符号“<=”写作“<e;”。如果开发人员不喜欢这种符号写法，另一种写法是将比较算式用括号“()”包围，例如“<#if (x>0) >”。

**2. switch，case，default，break**

用于逻辑判断，语法如下所示：

```
<#switch value>
  <#case refValue1>
    ...
    <#break>
  <#case refValue2>
    ...
    <#break>
  ...
  <#case refValueN>
    ...
    <#break>
  <#default>
    ...
</#switch>
```

这种方式可以看作是上面if判断的另外一种表达方式，当对一个值的判断需要很多条件时，使用if表达会很麻烦，而使用switch方式，可以更加明了。

示例如下所示：

```
<#assign x=2>
<#switch x>
  <#case 1>
    1
    <#break>
```

```
  <#case  2>
    2
    <#break>
  <#default>
    other
</#switch>
```

以上介绍了两种常见的比较方式，在开发中都是很重要的。

### 3.5.4　List 循环

当 Java 代码处理完一些逻辑后，会返回 List 给前台页面，此时需要进行处理，例如书籍列表。FreeMarker 提供了 List 的处理方式。语法格式如下：

```
<#list somethingList as p>
${p.id}
</#list>
```

下面通过一个例子介绍其处理方法。

首先，在控制类中增加如下代码：

```
@RequestMapping(value = "/list")
public String list(Model model) {
    List<Article> articleList = articleService.listAll();
    model.addAttribute("articles", articleList);
    return "list";
}
```

这段代码应该是很熟悉的了，即获得所有的 article 记录，然后返给页面。那么页面进行处理的方法如下，新建 list.jsp 页面，其主要内容如下：

```
<#list articles as var>
    <tr bgcolor="#FFFFFF">
    <td  height="30">${var.title}</td>
    <td>${var.author}</td>
    <td>${var.simpleContent}</td>
    <td><a href="view/${var.id}">查看</a> 
    <a href="delete/${var.id}">删除</a></td>
    </tr>
</#list>
```

查看文件源码，区别还在于页面顶部少了很多引入代码，在后台 Java 代码不变化的情况下，很容易切换到 FreeMarker 模板开发。

<#list>还隐含下面两个变量：

item_index——当前迭代项在所有 List 项中的位置，该值为数字值。

item_has_next——判断当前迭代项是否是所有迭代项中的最后一项。

使用这两个变量时，item 需要更换为当前的循环变量名称。示例如下所示：

```
<#list articles as var>
```

```
        <tr <#if var_has_next!= "true"> bgcolor = "#FFFFFF"<#else> bgcolor = "#EEEEEF"
        </#if>>
        <td>${var_index}</td>
        <td>${var.title}</td>
        </tr>
    </#list>
```

共有 ${ articles? size}行记录。

在以上示例代码中，var_has_next 变量判断是否是最后一项，并给当前行背景赋予不同颜色，${var_index}输出指定记录的行号，${var. title}输出指定记录的标题，${articles? size}输出列表 articles 的记录总数。

跳出循环的方式如下：

```
<#if var. index == 3>
<#break>
</#if>
```

本节讲解了 FreeMarker 的基本使用方法和一些常用的逻辑处理，当然，本书不专门讲解 FreeMarker 的知识，只是抛砖引玉，不过，对于一般项目的开发，以上知识足以应付。详细代码请看本书配套资源中的源码 3-5。

## 3.6 本章小结

本章精选并讲解了在 Spring MVC 中的几个高级应用，例如文件上传在 Web 应用随处可见，掌握 Spring MVC 中文件如何上传，对于开发 Web 显得特别重要。例如图片上传的应用、文件上传的应用，当然还需要结合其他相关技术，例如数据库操作知识；数据库操作主要用于数据的可持久化，本书的数据库操作仅限于 MariaDB，但操作方式可以运用到多种数据库，例如 Oracle、SQL Server、SQLite 等；在 Spring 中，切面操作是重要的部分，其提出了如何在不破坏程序内部代码的情况下，完成一些相关操作，例如常见的日志操作；接着，讲解了两种重要的页面显示技术——JSTL 和 FreeMarker，当然，很多开发人员关心的是，这两种技术的区别到底在哪里，如何进行选择。实际上，这两种技术本质上都是将后台 Java 处理后的数据展示在页面上，但在具体使用中，还是能体现出一些差别。对于开发人员来讲，多学习一种页面显示技术，也是一件好事，自己可以在实践中多多体会。

# 第2篇

# MyBatis篇

# 第4章 MyBatis基础

从本章开始，将讲解数据持久化层的一个工具 MyBatis，MyBatis 是一个简单但功能极强大的 Java 持久化框架。为什么在本书中，会讲解这个工具，一是，作者对比多个基于 Java 的持久化工具后，认为这个工具具有简单和易用性，集成方便；二是，无论是底层还是调用层，这个工具对开发人员都是透明的，对于以后的 SQL 语句优化等很方便；三是，本书后面的所有示例均基于 MyBatis。

## 4.1 MyBatis 介绍

MyBatis 是 Java 数据持久化层的开源框架，特点是简单、易上手。其前身是 iBatis，iBatis 由 Clinton Begin 创建于 2002 年。目前，MyBatis 3 同时支持注解方式和 Mapper 方式。MyBatis 抽象底层的 JDBC 代码，使得 Java 中对数据库的交互过程变得简单和容易。

MyBatis 不但能独立运行，而且提供了和 Spring 框架融合的方法，可更好地利用 Spring 特性，发挥 MyBatis 的效能。在开始 MyBatis 之旅前，先看看 MyBatis 所具有的特点：

- MyBatis 的学习曲线低。在学习一个新的框架前，开发人员都会首先了解这个框架学习成本如何，是不是很复杂。在 Java 众多的持久化框架中，MyBatis 就是那种学习曲线低，易掌握的工具。
- 使用透明 SQL 语句。很多的持久化框架，讲究封装一切能封装的，包括 SQL 语句，提供全智能的增、删、改和查操作，但 MyBatis 提供了透明的 SQL 语句操作，接收用户的 SQL，同时提供较好的封装机制。这使得开发人员更好地掌握一切，连接 SQL 操作全过程。
- 集成友好型。提供了 Spring 等框架的友好集成机制，在 Spring 中，同样能通过 MyBatis 操作数据库。
- 支持多种传统关系数据库。例如 MariaDB、MySQL、SQL Server、Oracle、SQLite 等，MyBatis 只是框架，只要自己能写 SQL 语句，提供 JDBC 接口，它就可以支持。

- 支持缓存。能和第三方缓存 jar 库集成，提供数据的缓存。
- 简洁明了的 Java 代码。在 Java 中，通过 JDBC 操作过数据库的开发人员都知道，JDBC 方式会写大量的连接、关闭和操作 SQL 语句，MyBatis 提供了友好的封装，代码简洁明了，分层性能更好。
- 提供良好的性能。很多第三方持久化框架以牺牲性能方式提供友好性，MyBatis 综合了 JDBC 方式和其他持久化框架经验，较之于其他持久化，提供了更好的性能。

## 4.2 MyBatis 的配置

MyBatis 的配置可以采用单独部署，也可和 Spring 框架整合进行部署。为了和本书基调一致，这里将直接介绍和 Spring MVC 整合部署的方式。在部署以前，首先需要下载 MyBatis 的 jar 包，以及 Spring 集成 MyBatis 所需的 jar 包，jar 包如下所示：

```
mybatis-3.4.1.jar
mybatis-spring-1.3.0.jar
```

本书示例基于以上 jar 包进行开发，如果不好找，请直接参阅本书提供的示例。

MyBatis 的配置有多种方式，一种常见的是采用 XML 文件方式进行配置，下面以简单示例方式详细讲解这种配置。

新建 Java Web 工程项目，将 Spring MVC 所需的 jar 包和以上两个 MyBatis 相关的 jar 包放入路径 WebRoot/WEB-INF/lib 下，完成项目所需 jar 包的加载。

然后，编辑路径 WebRoot/WEB-INF/下的配置文件 web.xml，其内容如下所示：

```
<?xml version="1.0" encoding="UTF-8"?>
<web-app version="3.0"
    xmlns="http://java.sun.com/xml/ns/javaee"
    xmlns:xsi="http://www.w3.org/2001/XMLSchema-instance"
    xmlns:mvc="http://www.springframework.org/schema/mvc"
    xsi:schemaLocation="http://java.sun.com/xml/ns/javaee
    http://java.sun.com/xml/ns/javaee/web-app_3_0.xsd ">
    <!-- 配置 DispatchcerServlet -->
    <servlet>
        <servlet-name>spring-mvc</servlet-name>
        <servlet-class>
            org.springframework.web.servlet.DispatcherServlet
        </servlet-class>
        <init-param>
            <param-name>contextConfigLocation</param-name>
            <param-value>/WEB-INF/config/ApplicationContext-mvc.xml
            </param-value>
        </init-param>
        <load-on-startup>1</load-on-startup>
    </servlet>

    <servlet-mapping>
```

```
        <servlet-name>spring-mvc</servlet-name>
        <url-pattern>/</url-pattern>
    </servlet-mapping>

    <filter>
        <filter-name>encodingFilter</filter-name>
        <filter-class>org.springframework.web.filter.CharacterEncodingFilter</filter-
class>
        <init-param>
                <param-name>encoding</param-name>
                <param-value>utf-8</param-value>
        </init-param>
    </filter>
    <filter-mapping>
        <filter-name>encodingFilter</filter-name>
        <url-pattern>/*</url-pattern>
    </filter-mapping>
</web-app>
```

通过前几章的学习，对以上配置文件应该很熟悉了。首先配置 DispatcherServlet，接着配置 filter，使 Java 接收的 form 传递值中中文不会出现乱码。然后编辑路径 WebRoot/WEB-INF/config/下的配置文件 ApplicationContext-mvc.xml，重要内容如下：

```
<!-- 获取数据源 -->
<bean id="dataSource" class="org.apache.commons.dbcp.BasicDataSource">
    <property name="driverClassName">
        <value>${db.dirverClass}</value>
    </property>
    <property name="url">
        <value>${db.url}</value>
    </property>
    <property name="username">
        <value>${db.username}</value>
    </property>
    <property name="password">
        <value>${db.password}</value>
    </property>
</bean>
<!-- 配置 mybatis -->
<bean id="sqlSessionFactory"
     class="org.mybatis.spring.SqlSessionFactoryBean">
     <property name="dataSource" ref="dataSource" />
     <property name="configLocation" value="classpath:mybatis-config.xml">
     </property>
     <!-- mapper 扫描 -->
     <property name="mapperLocations" value="classpath:mybatis/*.xml">
     </property>
</bean>

<bean id="sqlSessionTemplate" class="org.mybatis.spring.SqlSessionTemplate">
     <constructor-arg ref="sqlSessionFactory" />
```

```
</bean>

<! -- dao 注入：已被注释掉 -->
<! -- <bean id = "articleService"
    class = "com.zioer.service.Imp.ArticleServiceImpl">
        <property name = "sqlSessionTemplate"
            ref = "sqlSessionTemplate"></property>
</bean> -->
```

在以上配置文件中，数据源 dataSource 同样采用 BasicDataSource 方式进行配置，接着对 MyBatis 的 sqlSessionFactory 配置，其中属性数据源 dataSource 指向前面定义的 dataSource，属性 configLocation 指向 MyBatis 的详细配置文件的位置，这里采用 classpath 进行配置，即以 Java 项目的 source 为根路径；属性 mapperLocations 指向 SQL 映射器的位置，在这里，mybatis/ *.xml 表示扫描包 mybatis 下所有的 XML 配置文件，有多个路径时，采用空格进行分隔。

mybatis-config.xml 的内容如下所示：

```
<configuration>
  <settings>
      <setting name = "cacheEnabled" value = "true" />
      <! -- 全局映射器启用缓存 -->
      <setting name = "useGeneratedKeys" value = "true" />
      <setting name = "defaultExecutorType" value = "REUSE" />
  </settings>
  <typeAliases>
      <typeAlias type = "com.zioer.model.Article" alias = "Article"/>
  </typeAliases>
</configuration>
```

在以上配置文件中，元素 settings 是 MyBatis 的参数配置，在这里配置的参数值将覆盖 MyBatis 的默认全局参数，可以设置的部分参数如下所示：

- cacheEnabled——设置全局的映射器启用或禁用缓存。
- lazyLoadingEnabled——设置全局启用或禁用延迟加载。当禁用时，所有关联对象都会即时加载。
- aggressiveLazyLoading——当启用时，有延迟加载属性的对象在被调用时将会完全加载任意属性；否则，每种属性将会按需要加载。
- multipleResultSetsEnabled——允许或不允许多种结果集从一个单独的语句中返回（需要适合的驱动）。
- useColumnLabel——使用列标签代替列名。
- useGeneratedKeys——允许 JDBC 支持生成的键。
- autoMappingBehavior——指定 MyBatis 如何自动映射列到字段/属性。PARTIAL 只会自动映射简单、没有嵌套的结果；FULL 会自动映射任意复杂的结果（嵌套的或其他情况）。
- defaultExecutorType——配置默认的执行器。SIMPLE 执行器没有什么特别之处。REUSE 执行器重用预处理语句。BATCH 执行器重用语句和批量更新。

➢ defaultStatementTimeout——设置超时时间，它决定驱动等待一个数据库响应的时间。
➢ safeRowBoundsEnabled——设置在嵌套语句中是否允许使用行绑定。
➢ mapUnderscoreToCamelCase——设置是否允许从经典数据库列名 A_COLUMN 到驼峰式大小写的映射，例如 Java 属性名 aColumn。
➢ localCacheScope——MyBatis 使用本地缓存来避免循环引用和加快重复嵌套查询。在默认情况下（会话）所有查询在执行时会缓存。如果 localCacheScope = STATEMENT，声明语句执行，语句执行时将使用本地会话，尽管有两个不同会话调用了同一个 SqlSession，但它们之间没有共享数据。
➢ jdbcTypeForNull——当没有为参数提供具体的 JDBC 类型时，给 NULL 值指定 JDBC 类型。
➢ lazyLoadTriggerMethods——指定对象的方法触发延迟加载。
➢ defaultScriptingLanguage——指定动态 SQL 生成的默认语言。
➢ callSettersOnNulls——当结果集中含有 Null 值时是否执行映射对象的 setter 或者 Map 对象的 put 方法。此设置对于原始类型如 int，boolean 等无效。
➢ logPrefix——指定 MyBatis 增加日志记录器名字的前缀字符串。
➢ logImpl——指定 MyBatis 应该使用日志方法。

下面代码是 setting 的一种设置示例：

```
<settings>
  <setting name="cacheEnabled" value="true" />
  <setting name="lazyLoadingEnabled" value="true" />
  <setting name="multipleResultSetsEnabled" value="true" />
  <setting name="useColumnLabel" value="false" />
  <setting name="useGeneratedKeys" value="false" />
  <setting name="autoMappingBehavior" value="PARTIAL" />
  <setting name="defaultExecutorType" value="SIMPLE" />
  <setting name="defaultStatementTimeout" value="230" />
  <setting name="safeRowBoundsEnabled" value="false" />
  <setting name="mapUnderscoreToCamelCase" value="false" />
  <setting name="localCacheScope" value="SESSION" />
  <setting name="jdbcTypeForNull" value="OTHER" />
  <setting name="lazyLoadTriggerMethods"
      value="equals,clone,hashCode,toString" />
</settings>
```

元素 typeAliases 设置了类型别名，理解为 Java 类设置的一个短名称，其用于在 SQLMapper 的配置文件中，用于减少类完全限定名的冗余。例如：

```
<typeAliases>
  <typeAlias alias="Author" type="com.zioer.Author"/>
  <typeAlias alias="Article" type="com.zioer.Article"/>
  <typeAlias alias="Comment" type="com.zioer.Comment"/>
  <typeAlias alias="Post" type="com.zioer.Post"/>
  <typeAlias alias="Tag" type="com.zioer.Tag"/>
</typeAliases>
```

那么在 SQLMapper 的配置文件中，可以使用如下方式：

```
<select id = "listAll"  resultType = "Article">
    select * from article
</select>
```

如果没有配置类型别名，则在 SQLMapper 的配置文件中，需要书写类完全限定名，如下所示：

```
<select id = "listAll"  resultType = "com.zioer.Article ">
    select * from article
</select>
```

如果需要为一个包中的所有类指定别名，也可采用如下配置方式：

```
<typeAliases>
  <package name = "domain.blog"/>
</typeAliases>
```

这样能避免重复编写代码，也使得代码更加美观。

实际上，MyBatis 已经内置了 Java 常见类型的别名，不区分大小写，这使得在书写时，无须写出完全限定名，见表 4.1。

**表 4.1 Java 常见类型的别名**

| 别　　名 | Java 类型 |
|---|---|
| string | String |
| byte | Byte |
| long | Long |
| short | Short |
| int | Integer |
| integer | Integer |
| double | Double |
| float | Float |
| boolean | Boolean |
| date | Date |
| decimal | BigDecimal |
| bigdecimal | BigDecimal |
| object | Object |
| map | Map |
| hashmap | HashMap |
| list | List |
| arraylist | ArrayList |
| collection | Collection |
| iterator | Iterator |

在 mybatis-config.xml 中，可以通过如下代码配置指定的 SQL 映射器，这种方式适合于 SQL 映射器较少并分布在项目的多个地方情况。

```
<mappers>
    <mapper resource="mybatis/ArticleMapper.xml"/>
</mappers>
```

## 4.3 SQL 映射器

SQL 映射器中包含了大量底层与数据库交互的 SQL 语句，以 XML 形式进行存储，例如 demo.xml，即 SQL 映射器是与数据库进行交互的入口。

以前面章节创建的 Article 数据表为例，下面创建 SQL 映射器 ArticleMapper.xml：

```
<?xml version="1.0" encoding="UTF-8"?>
<!DOCTYPE mapper PUBLIC "-//mybatis.org//DTD Mapper 3.0//EN"
    "http://mybatis.org/dtd/mybatis-3-mapper.dtd">
<mapper namespace="com.zioer.dao.ArticleMapper">
  <!-- 新增 -->
  <insert id="insertArticle" parameterType="Article">
    INSERT INTO 'article' ('id', 'title', 'author', 'simpleContent')
      VALUES
    (#{id}, #{title}, #{author}, #{simpleContent});
  </insert>
  <!-- 删除 -->
  <delete id="deleteBykey" parameterType="String">
    delete from 'article'
      where id = #{id}
  </delete>
  <!-- 编辑 -->
  <update id="updateArticle" parameterType="Article">
      update `article`
        set `title` = #{title},`author` = #{author},`simpleContent` = #{simpleContent}
        where `id` = #{id}
  </update>
  <!-- 列表(全部) -->
  <select id="listAll"  resultType="Article">
    select * from 'article'
  </select>
  <!-- 通过 ID 获取数据 -->
  <select id="findByKey" parameterType="String" resultType="Article">
    select * from `article` where id = #{id}
  </select>
</mapper>
```

上面的 ArticleMapper.xml 文件包含了操作表 article 的基本操作，分别通过元素 insert、delete、update 和 select 分别进行描述，其中 id 属性用于唯一描述该元素，并且用于对应接口的方法名，属性 parameterType 作为传入参数名，resultType 作为返回的结果类型。根元素 mapper 的属性 namespace 指向该映射文件对应接口的位置。

下面是 ArticleMapper.xml 对应的接口 ArticleMapper.java。

```
package com.zioer.dao;

import java.util.List;
import com.zioer.model.Article;

public interface ArticleMapper {
  public int insertArticle(Article record);
  public int deleteBykey(String id);
  public int updateArticle(Article record);
  public List<Article> listAll();
  public Article findByKey(String id);
}
```

接口文件中的接口提供了返回值和形参，名称和前述映射器文件中的 id 属性对应。这样，通过访问该接口的方法，就能正确访问到 SQL 映射器中的具体 SQL 语句，当然，这对开发人员来说是透明的。

下面是类 ArticleServiceImpl.java 的部分代码，用于访问上述接口，实现数据库的访问：

```
package com.zioer.service.Imp;
...
import com.zioer.dao.ArticleMapper;

@Service
public class ArticleServiceImpl implements ArticleService{

    @Resource(name = "sqlSessionTemplate")
    private SqlSessionTemplate sqlSessionTemplate;

    @Override
    public int insert(Article record) {
        String newID = get32UUID();
        record.setId(newID);
        ArticleMapper mapper =
            sqlSessionTemplate.getMapper(ArticleMapper.class);
        return mapper.insertArticle(record);
    }

    @Override
    public List<Article> listAll() {
        ArticleMapper mapper =
            sqlSessionTemplate.getMapper(ArticleMapper.class);
        List<Article> list = new ArrayList<Article>();
        list = mapper.listAll();
        return list;
    }
    ...
}
```

在以上代码中，import 部分导入 ArticleMapper 接口，在具体方法中，例如 insert()方法中，通过如下代码获取到 ArticleMapper 映射器：

```
ArticleMapper mapper = sqlSessionTemplate.getMapper(ArticleMapper.class);
```

当获取到映射器以后，就可以通过访问接口中的方法执行映射器中对应的 SQL 语句：

```
mapper.insertArticle(record);
```

上面代码执行 SQL 映射器中的插入语句。

至此，便完成了 SQL 映射器及其对应的接口文件配置。这个配置过程不是很复杂，但可以看出，MyBatis 将所有需要执行的 SQL 语句全部放在 SQL 映射器中，并且 SQL 语句由开发人员完成，这也给开发人员提供了自主可控的查看、编辑 SQL 语句的途径。

以上完整示例代码见源码 4-1，结构如图 4-1 所示。

图 4-1 示例结构

在图 4-1 中，增加了文件夹 resources，并将该文件夹加入到了 source 路径中，以便 Java 运行时，能识别该文件夹中的源码，该文件夹中存放常用配置文件以及 SQL 映射器文件等。在 src 中增加 dao 包，用于存放 SQL 映射器对应接口文件。

## 4.4 MyBatis 事务管理

MyBatis 结合 Spring MVC，可进行事务的管理，包括数据的提交和回滚操作。

结合 3.3 节的操作完成事务管理的配置，编辑配置文件 ApplicationContext-mvc.xml，增加 transactionManager 的 bean 实体，代码如下所示：

```
<bean name="transactionManager" class="org.springframework.jdbc.datasource.DataSourceTransactionManager">
    <property name="dataSource" ref="dataSource"></property>
</bean>
```

上面配置的 transactionManager 元素中，dataSource 属性指向之前统一配置的 dataSource，以保证是同一个数据源。

接着配置 tx:advice 事务，代码如下所示：

```
<tx:advice id="txAdvice" transaction-manager="transactionManager">
    <tx:attributes>
        <tx:method name="delete*" propagation="REQUIRED" read-only="false"
                   rollback-for="java.lang.Exception"/>
        <tx:method name="insert*" propagation="REQUIRED" read-only="false"
                   rollback-for="java.lang.Exception" />
        <tx:method name="update*" propagation="REQUIRED" read-only="false"
                   rollback-for="java.lang.Exception" />
        <tx:method name="save*" propagation="REQUIRED" read-only="false"
                   rollback-for="java.lang.Exception" />
    </tx:attributes>
</tx:advice>
<!-- 事务处理 -->
<aop:config>
    <aop:pointcut id="pc"
        expression="execution(* com.zioer.service.Imp.*.*(..))" />
    <aop:advisor pointcut-ref="pc" advice-ref="txAdvice" />
</aop:config>
```

在以上代码中，tx:advice 元素需要设置 id 和 transaction-manager 属性，transaction-manager 属性指向之前配置的 transactionManager 元素。接着配置其中重要的 tx:attributes 元素，在这里面配置的是事务的方法的命名类型，例如：

```
<tx:method name="delete*" propagation="REQUIRED" read-only="false"
    rollback-for="java.lang.Exception"/>
```

其中，tx:method 元素中包含下面的重要属性：

name——与事务属性关联的方法名。*为通配符，可以用来指定一批关联到相同的事务属性的方法。例如，在上面示例中，代表以 delete 为开头的所有方法，即表示符合此命名规则的方法作为一个事务。

propagation——事务传播行为。"REQUIRED"代表支持当前事务，如果当前没有事务，就新建一个事务。这是最常见的选择。

isolation——事务隔离级别。

read-only——事务是否只读，对于只执行查询的事务，一般将该属性设为 true。

rollback-for——将被触发进行回滚的 Exception，默认任何 RuntimeException 将触发事务回滚。

no-rollback-for——不被触发进行回滚的 Exception，默认任何 checked Exception 将不触发事务回滚。

timeout——事务超时的时间。

aop:config 元素中配置参与的相关事务，其中，“execution(* com.zioer.service.Imp.*.*(..))”的解释如下：

第一个 *——任意返回值类型。

第二个 * ——包 com. zioer. service. Imp 下的任意 class。

第三个 * ——包 com. zioer. service. Imp 下的任意 class 的任意方法。

第四个..——方法可以有 0 个或多个参数。

aop:advisor 元素表示把上面所配置的事务管理两部分属性整合起来作为整个事务管理。

为了测试以上配置事务的正确性，下面进行简单的代码测试，编辑 com. zioer. service. Imp 包下的 ArticleServiceImpl. java，修改方法 deleteByPrimaryKey()，代码如下所示：

```
@Override
public int deleteByPrimaryKey(String id) {
    ArticleMapper mapper =
        sqlSessionTemplate.getMapper(ArticleMapper.class);
    mapper.deleteBykey(id);
    throw new RuntimeException("delete error!");
}
```

在以上代码中，人为抛出一个异常，然后再查看数据表，发现表数据没有被删除，表示以上配置正确，可以正确完成事务的处理。具体配置和测试代码请查看源码 4-2。

## 4.5 本章小结

本章讲解了 MyBatis 的基础性内容，主要包括 MyBatis 基于 Spring MVC 的配置，只需要熟悉前面章节 Spring MVC 的配置。这里增加了 MyBatis 的配置内容，主要包括 MyBatis 的配置数据源方式、SQL 映射器的扫描方式、配置文件 mybatis-config. xml 的编写。在讲解的过程中，插入了一个完整的示例代码，只有通过示例代码的理解，才能更好地掌握 MyBatis。通过这个完整示例，可以更好地理解 MyBatis 工作原理和方式。最后，讲解了 MyBatis 的事务管理，事务管理多用于在多个表之间同时进行操作，或同一张表的多步操作，以保证任何一个环节出错时，都能正确地进行回滚操作。

# 第5章 MyBatis中的SQL操作

前面章节中，讲解了 MyBatis 的配置和使用方法，但更重要的部分是 SQL 操作。我们都知道，在关系数据库中，对于表的基本操作包括增、删、改和查，但还有更复杂的多表联合操作等。本章将重点讲解基于 MyBatis，如何完成在数据库中的这些操作，以及使用技巧。

## 5.1 结果集映射

关于数据库操作的语句，全都放在 MyBatis 的映射文件中，尽管在前面章节中，通过简单操作即可完成该文件的编辑，并应用到项目中。但在实际项目的开发中，会遇到更为复杂的情况。所以，本节讲解其中重要的一个内容——结果集映射(Result Maps)。

在前面的示例中，Select 语句并没有经过映射处理，便返回值。那是一个简单示例，实际上，我们会遇到更为复杂的查询情况，能通过结果集的映射，完成一些复杂的转换操作。结果集映射在 MyBatis 是很重要的元素之一。

下面是建立显示结果集映射的示例代码：

```
<resultMap id = "ArticleResultMap" type = "Article" >
    < id column = "id" property = "id" />
    < result column = "title" property = "title" />
    < result column = "author" property = "author" />
    < result column = "simpleContent" property = " simpleContent" />
</resultMap>
```

上面的代码创建了一个显示的 resultMap 元素，resultMap 元素中的 id 值在本命名空间里应该是唯一的，type 表示返回类型，在这里使用的是返回类型的别名，也可以使用完全限定名。

resultMap 元素中的内容表示返回值。id 元素表示映射的是唯一标识符，result 元素和 id 元素都表示返回值，以及对应关系。属性 column 表示查询 SQL 语句中的 column 列名，属性 property 表示 resultMap 元素中属性 type 中对应的段。这可以解决 SQL 查询语句返回列名和 Java 模型中对应段不相同的情况。例如，可以有如下对应关系：

```
<result column = "simpleContent" property = "simple_Content" />
```

如果希望查询结果采用 resultMap 方式，则引用它的 Select 语句需要书写为如下方式：

```
<select id = "listAll" resultMap = "ArticleResultMap" >
      select * from `article`
</select>
```

在上面代码中，使用了 resultMap 属性，同时，取消 resultType 属性。实际上，显式书写 resultMap 方式很简单。它解决了列名不匹配问题，这种情况在开发中是很常见的。

隐式 resultMap 和显式 resultMap 方式有何区别？在第 4 章中，实际已经接触到了隐式 resultMap，首先是创建领域模型，例如 Article，然后在应用的地方书写 resultType="Article"，而不是 resultMap="ArticleResultMap"。这种情况也涉及列名不匹配问题。一种解决方式是修改 select 语句，例如：

```
select title,
    author ,
    simpleContent as simple_Content
from `article`
```

相同的地方是，都要先创建领域模型。对于一些简单查询，例如单表查询模式，此时可以采用更简单的返回值方法，即返回 Map 形式，示例代码如下所示：

```
<select id = "listAll" resultType = "map" >
    select title,author ,simpleContent from `article`
</select>
```

这种查询方式，将查询结果以 map 形式返回，即所有列被自动映射到 HashMap 的键上，以键值对形式出现，开发人员需要自行对返回的键值对进行处理。对于简单的返回结果，或对领域模型要求不是很高的情况下，开发人员只要熟练掌握 map 的操作即可。但是，需要了解的是，map 不能很好地描述一个领域内模型。

## 5.2 多表操作

关系数据表在实际应用中具有复杂性，不单表现在单表，更重要的是在多表操作，例如支持外键，或多表之间的关联关系。MyBatis 对应多表的操作都有很好的处理方式。下面首先建立数据模型：扩展以上 article 数据表，增加 author 数据表，修改 article 数据表中的 author 列，以指向 author 数据表，数据模型如图 5-1 所示。

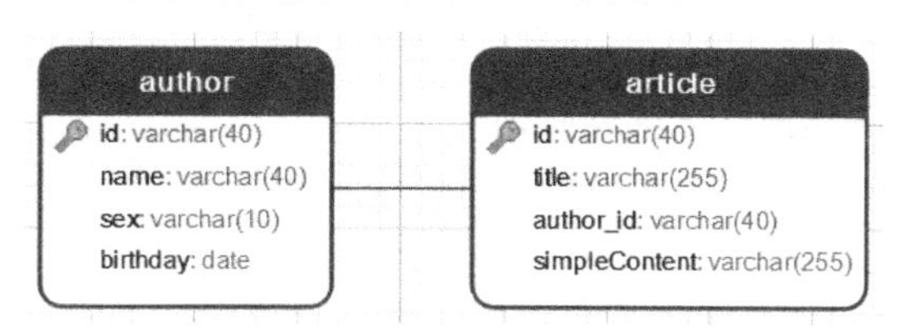


图 5-1 数据模型

图 5-1 显示了 author 数据表和 article 数据表的字段，它们之间的关系是

```
author.id = article.author_id
```

即一个作者对应多条文章记录，在此省略 SQL 语句声明。

下面是建立 Java 模型，Article.java 内容如下：

```
package com.zioer.model;
public class Article {
    private String id;
    private String title;
    private String authorId;
    private String simpleContent;
    private Author author;
    …//省略 get()和 set()
}
```

在上面的代码中，建立了 Author 对象，以表示该篇文章对应的一个作者。

Author.java 内容如下：

```
package com.zioer.model;
public class Author {
    private String id;
    private String name;
    private String sex;
    private Date birthday;
    private List<Article> articles;
    …//省略 get()和 set()
}
```

在上面的代码中，建立了 Article 的 List 对象，以表示一个作者可以有多篇文章，这样，便完成了模型的建立。数据表之间常见的关系有一对一、一对多两种关系，下面分别进行讲解。

对于 article 数据表，每条记录有一个 author_id，即一篇文章对应一个作者，但作者的信息记录在 author 数据表中，那么这种关系即是一对一。下面说明在 MyBatis 中如何表达这种一对一关系。

编辑文件 ArticleMapper.xml，编辑 resultMap 元素，代码如下所示：

```
<resultMap id = "ArticleResultMap_1" type = "Article" >
    <id column = "id" property = "id" />
    <result column = "title" property = "title" />
    <result column = "author_id" property = "authorId" />
    <result column = "simpleContent" property = "simpleContent" />
    <result column = "name" property = "author.name" />
    <result column = "sex" property = "author.sex" />
    <result column = "birthday" property = "author.birthday" />
</resultMap>
```

在上面的代码中，属性 id 为该命名空间中唯一的值，type 值为上面定义的 Article 模型，因为在该模型中定义了 author 对象，注意在这里 result 的记法，表达 author 对象中的属

性时，使用了圆点标记“.”，以表示对象中的内嵌属性：

```
<result column = "birthday" property = "author.birthday" />
```

表示 authoer 对象的属性 birthday 对应 SQL 语句中的 birthday 段，这就完成了模型和 SQL 语句间的对应关系。在这里，圆点标记“.”可以表示任意深度的对象和属性，这种表示法在很多现代编程语言中都有使用。

接着，书写 select 元素，得到全部 article，代码如下所示：

```
<select id = "listAll" resultMap = "ArticleResultMap_1" >
    SELECT a.id,a.title,a.simpleContent,b.'name',b.sex,b.birthday
    from article a
    LEFT JOIN author b
    ON a.author_id = b.id
</select>
```

在以上代码中，定义了 select 语句，属性 id 为该命名空间中唯一的值，属性 resultMap 指向之前定义的 resultMap 的 id 值 ArticleResultMap_1，其中内容为标准的 SELECT 语句，在这里使用了常用的 LEFT JOIN 方式，以连接 article 数据表和 author 数据表，即当文章中的用户为空时，也能正常显示。同理，查询指定文章的 select 代码书写如下：

```
<select id = "findByKey" parameterType = "String"
resultMap = "ArticleResultMap_1">
    SELECT a.id,a.title,a.simpleContent,b.'name',b.sex,b.birthday
        from article a
    LEFT JOIN
        author b
    ON
    (a.author_id = b.id)
    WHERE
    ( a.id = #{id} )
</select>
```

这样，就完成了 SQL 映射文件的书写。以上是 MyBatis 提供的表之间一对一关系的书写方法，这种方法的特点是简单和直观。

第二种表达一对一关系的 resultMap 写法在 ArticleMapper.xml 中表示如下：

```
<resultMap id = "AuthorResultMap" type = "Author" >
    <id column = "id" property = "id" />
    <result column = "name" property = "name" />
    <result column = "sex" property = "sex" />
    <result column = "birthday" property = "birthday" />
</resultMap>

<resultMap id = "ArticleResultMap_2" type = "Article" >
    <id column = "id" property = "id" />
    <result column = "title" property = "title" />
    <result column = "author_id" property = "authorId" />
    <result column = "simpleContent" property = "simpleContent" />
    <association property = "author" resultMap = "AuthorResultMap" />
```

```
</resultMap>
```

在上面的代码中，将Author单独写成resultMap，接着在id值为ArticleResultMap_2的resultMap中使用association元素将AuthorResultMap导入。association元素表示引用同一个XML文件中定义的其他resultMap。

在这种定义方式中，将模型中定义的对象单独列出，然后使用association元素引入，优点是XML文件中定义的resultMap元素可以重复被引用，提高利用率，这种方式可以加深对对象概念的理解，将不同对象单独定义，然后再根据需要进行结合。以上方式可以采用内嵌的书写方法，如下所示：

```
<resultMap id = "ArticleResultMap_3" type = "Article" >
    <id column = "id" property = "id" />
    <result column = "title" property = "title" />
    <result column = "author_id" property = "authorId" />
    <result column = "simpleContent" property = "simpleContent" />
    <association property = "author" javaType = "Author">
        <id column = "id" property = "id" />
        <result column = "name" property = "name" />
        <result column = "sex" property = "sex" />
        <result column = "birthday" property = "birthday" />
    </association>
</resultMap>
```

在以上代码中，使用了内嵌association方式，注意其中属性javaType指向模型Author，不能简写为Type，否则提示错误。这种书写方式类似于Java的嵌套类，嵌套方式的写法也能很好地表达模型中对象的关系，提高代码的可读性。

在MyBatis中，还有第三种方式表达数据表间一对一的关系，示例代码如下所示：

```
<resultMap id = "ArticleResultMap_4" type = "Article" >
    <id column = "id" property = "id" />
    <result column = "title" property = "title" />
    <result column = "author_id" property = "authorId" />
    <result column = "simpleContent" property = "simpleContent" />
    <association property = "author"
        column = "author_id" select = "getAuthorByKey" />
</resultMap>

<select id = "getAuthorByKey"
    parameterType = "String" resultMap = "AuthorResultMap">
    SELECT id,'name',sex,birthday from 'author' where id = #{id}
</select>

<select id = "listAll" resultMap = "ArticleResultMap_4" >
    SELECT id,title,author_id,simpleContent
    from article
</select>
```

在上面的代码中，重新定义了resultMap元素，属性id为ArticleResultMap_4，属性type为Article，注意：在其内容中重新定义了association元素，其属性描述如下：

property——指向 Article 类中的对象 author。

column——指向 Article 类中的外键列名，在这里 author_id 指向作者的唯一 id。

select——指向 id 为 getAuthorByKey 的 SQL 语句。

接着，定义 id 为 getAuthorByKey 的 select 语句，其中 SELECT 语句为查询指定 id 的数据记录，即 author_id 的值作为参数传递给本 SELECT 语句。在 id 为 listAll 的 select 语句中，只需要书写简单查询 article 表，而不需直接写出 JOIN 连接两个表的 select 语句，进一步简化了书写。

理解这里的执行过程，调用 id 为 listAll 的 select 语句，获得 id 为 ArticleResultMap_4 的 resultMap，接着传递列 author_id 的值给 id 为 getAuthorByKey 的 select 语句，获取详细 author 信息，最后返回 article 和 author 的信息。这种方式将复杂的 JOIN 操作交给了 MyBatis 操作，只需要能正确书写出单表查询语句即可，从而进一步降低了使用 SQL 语句的门槛。

以上完成了数据表间的一对一关系的多种编写方法，掌握以上几种方法，可以灵活应用到实际的项目开发中。那么在最终 JSP 页面中，同样可以采用圆点标记“.”取得模型中对象的值，下面是使用 JSTL 表达的方式：

```
<c:forEach items = "${articles}" var = "var" varStatus = "vs">
    <tr  <c:if test = "${vs.count % 2 == 0}"> bgcolor = "#AAAABB"</c:if>
        align = "left" >
        <td  height = "30">${var.title}</td>
        <td>${var.author.name}</td>
        <td>${var.simpleContent}</td>
    </tr>
</c:forEach>
```

在以上代码中，同样采用圆点标记法：

```
${var.author.name}
```

取出了作者姓名，同理，也可以取出作者的其他属性值。

## 5.3　SQL 一对多操作

完全理解 MyBatis 中对数据表间一对一关系的处理后，对于数据表间的一对多关系就比较好理解了。在 5.2 节的示例中，反过来看 author 数据表对 article 数据表间关系就是一对多的关系，即一个作者可以有多篇文章。同样，MyBatis 提供了多种方式解决数据表一对多连接，下面是第一种解决方式。

首先，建立 SQL 映射文件 AuthorMapper.xml，其中重要内容如下所示：

```
<mapper namespace = "com.zioer.dao.AuthorMapper">
    <resultMap id = "AuthorResultMap_1" type = "Author" >
        <id column = "id1" property = "id" />
        <result column = "name" property = "name" />
        <result column = "sex" property = "sex" />
```

```
        <result column = "birthday" property = "birthday" />
        <collection property = "articles" ofType = "Article">
            <id column = "id2" property = "id" />
            <result column = "title" property = "title" />
            <result column = "author_id" property = "authorId" />
            <result column = "simpleContent" property = "simpleContent" />
        </collection>
    </resultMap>

    <! -- 通过 ID 获取数据 -->
    <select id = "findByKey" parameterType = "String"
        resultMap = "AuthorResultMap_1">
        SELECT a.id as id1,'name',sex,birthday,b.id as id2,
            title,simpleContent
            from author a
        LEFT JOIN
            article b
        ON
        ( a.id = b.author_id)
        where b.author_id = #{id}
    </select>
</mapper>
```

在上面的代码中，指定 mapper 的命名空间的包及类为 com.zioer.dao.AuthorMapper。在其中建立 resultMap 元素，指定类型为 Author，其内容有很多与前面介绍过的相似，重点是新增了 collection 元素，表示集合元素，即表示“一对多”中的多，该元素有两个重要属性：property 属性表示类 Author 中的对象；ofType 属性表示该集合对应的类，在这里为 Article 类。

最后，在 select 元素中，属性 resultMap 映射到该 AuthorResultMap_1，其中 SELECT 语句采用了 LEFT JOIN 方式，同时查询 author 和 article 数据表。这样，就实现了 SQL 语句和模型的映射关系。以上 resultMap 和 collection 元素关系为嵌套关系。

下面是第二种书写方式：

```
<resultMap id = "ArticleResultMap" type = "Article" >
    <id column = "id2" property = "id" />
    <result column = "title" property = "title" />
    <result column = "author_id" property = "authorId" />
    <result column = "simpleContent" property = "simpleContent" />
</resultMap>

<resultMap id = "AuthorResultMap_2" type = "Author" >
    <id column = "id1" property = "id" />
    <result column = "name" property = "name" />
    <result column = "sex" property = "sex" />
    <result column = "birthday" property = "birthday" />
    <collection property = "articles" resultMap = "ArticleResultMap" />
</resultMap>
```

在上面的代码中，将查询 articles 对象结果集独立为一个 resultMap，即 ArticleResultMap，然后创建 id 为 AuthorResultMap_2 的 resultMap，在其中使用了 collection 元素，其属性 resultMap 引用上面创建的 ArticleResultMap。由此可以看出，分离创建不同的 resultMap 的好处是提供了重复利用率。

第三种方式是嵌套 select 查询的方式，代码如下所示：

```
<resultMap id = "AuthorResultMap_3" type = "Author" >
    <id column = "id1" property = "id" />
    <result column = "name" property = "name" />
    <result column = "sex" property = "sex" />
    <result column = "birthday" property = "birthday" />
    <collection property = "articles" column = "id1"
        select = "getArticlesByKey" />
</resultMap>
<select id = "getArticlesByKey"
    parameterType = "String" resultMap = "ArticleResultMap">
    SELECT id as id2, title, author_id, simpleContent
    from article where author_id  =  #{id1}
</select>
<select id = "findByKey" parameterType = "String" resultMap = "AuthorResultMap_3" >
    SELECT id as id1,`name`, sex, birthday
            from author
    where id  =  #{id}
</select>
```

在上面的代码中，id 为 AuthorResultMap_3 的 resul 元素中，主要用到如下代码：

```
<collection property = "articles" column = "id1" select = "getArticlesByKey" />
```

其中，属性 property 表示模型 Author 中的对象 articles，表示该集合返回结果集为该对象，属性 column 表示传递 SQL 语句中的哪个列名，属性 select 表示执行哪个 SQL 语句，在这里是 id 为 getArticlesByKey 的 select 语句。注意：id 为 findByKey 的 select 语句中的 SQL 语句只需要简单书写查询 author 数据表的语句即可，执行过程是首先执行该语句，然后调用 id 为 getArticlesByKey 的 select 语句，最后返回 Author 对象。

重点需要关注的是，很多开发人员在使用以上语句书写一对多关系的 result 时，最后执行发现返回的对象 articles 只有一条记录，不知道问题出在什么地方，例如最后执行 SQL 语句如下所示：

```
SELECT a.id,`name`, sex, birthday, title, simpleContent
    from author a
LEFT JOIN
    article b
ON
( a.id  =  b.author_id)
where b.author_id  =  2
```

以上 SQL 语句在 MariaDB 中能正确执行和返回多条值，但在 MyBatis 中执行只有一条记录。解决方法如下：

当主表和从表有相同的字段名时，需要为主从表中相同的字段名设置别名。如上面示例所示，数据表 author 和 article 有相同字段 id，为它们设置不同的别名即可解决该问题。

## 5.4 ${}与#{}

在 MyBatis 中，这两个替代符号是重要的一块内容，在前面的示例中已经接触过#{}，但没有展开进行讲解。本节将重点介绍这两个替代符号。

在 SQL 映射文件中，其中重要的一块是开发人员对 SQL 语句的构建，但也重在和外部程序的交互，例如查询某作者及其所有文章，此时，需要传递作者的关键字 id，以实现针对该作者进行查询。这就是简单的和外部程序交互。MyBatis 提供了这种交互的机制，即${}与#{}。

**1. #{}**

使用该字符串替换符号，MyBatis 会自动替换，以创建预处理语句属性并安全地设置值。例如，下面的 SQL 语句：

```
SELECT id,`name`,sex,birthday from `author` where id = #{id}
```

其中，#{id}就是需要替换的变量，当传递值给 id 时，例如 id=`2`，MyBatis 自动处理完成后，生成如下语句：

```
SELECT id,`name`,sex,birthday from `author` where id = ? , parameters ['2']
```

由于列 id 是字符型，MyBatis 将对传入值进行处理，包括转义或修改该值，最后以安全值的方式传入 SQL 语句。这是一种安全使用传入值方式。例如，字符型传入值不需要再考虑其前后是否添加引号，MyBatis 处理完成后会自动增加。

**2. ${}**

该字符串替换符号也是替换传入的字符串，唯一的区别是该替换符号不对传入值做任何处理，只是简单替换。

该符号在实际开发中，也有很重要的作用，例如，传入的是列名称，此时就不需要做字符串处理，或在其前后添加引号，例如，下面的 SQL 语句：

```
SELECT id,`name`,sex,birthday from `author` order by ${colName}
```

此时，传入变量值 colName，将直接在 SQL 语句上替换，不对传入值做处理。

以上两种替换方式在 MyBatis 中都有重要作用，开发人员可能希望按指定的列名进行排序，此时，传入的便是列名，不能对传入值做处理，对原文进行替换即可，此时建议使用${}替换符号。

当传入的 insert、update 等 SQL 语句的列记录值时，则希望 MyBatis 能对这些值进行安全处理，例如单引号“'”需要进行转换“\'”，建议使用${}替换符号，这样就不会对 SQL 语句造成错误，以影响数据库的安全。

但是，需要注意的是，以${}方式直接接受从用户输出的内容并在语句中使用不进行任何处理的字符串是不安全的，可能会导致 SQL 语句注入攻击，所以，在允许用户输入这些字段时，开发人员需要自行转义并检验其正确性和安全性；当传入的insert、update等SQL语句的列记录值时，希望MyBatis能对这些值进行安全处理，例如单引号“'”需要进行转换“\'”，这样就不会对SQL语句造成错误，以影响数据库的安全。

## 5.5 insert、update和delete

本节将介绍MyBatis操作insert、update和delete语句，这3个语句对数据表记录实现增、改和删操作。在数据表记录的操作中，对数据记录起到变更作用。

**1. insert**

下面是MyBatis中处理insert的语句：

```
<insert id = "insertArticle" parameterType = "Article">
    INSERT INTO 'article' ('id', 'title', 'author_id', 'simpleContent')
        VALUES
    (#{id}, #{title}, #{authorId}, #{simpleContent})
</insert>
```

新增记录动作是insert元素中加入INSERT语句，属性id表示命名空间中的唯一标识符，属性parameterType表示将要传入参数的类别名或完全限定类名。

**2. update**

下面是MyBatis中处理update的语句：

```
<update id = "updateArticle" parameterType = "Article">
    update 'article' set 'title' = #{title},
    'author_id' = #{authorId},
    'simpleContent' = #{simpleContent}
    where 'id' = #{id}
</update>
```

编辑数据表记录动作是使用update元素，包含的内容是标准的update语句，其中，属性id表示命名空间中的唯一标识符，属性parameterType表示将要传入参数的类别名或完全限定类名。

**3. delete**

下面是MyBatis中处理delete的语句：

```
<delete id = "deleteBykey" parameterType = "String">
        delete from 'article'
        where id = #{id}
    </delete>
```

删除数据表记录动作是使用delete元素，包含的内容是标准的delete语句，其中，属性id表示命名空间中的唯一标识符，属性parameterType表示将要传入参数的类别名或完全限定类名，在这里，传入的是String类型值。

## 5.6 自动主键处理

主键在数据表中的作用之一是用于确定单一记录的唯一性，这样可以快速定位某一条记录。数据表中的主键生成有多种方式：

➢ 用户自行生成。即由开发人员开发创建，由开发人员确定主键生成方式，保证该主键值在数据表中的唯一性。优点是可控性强，例如主键可以是整型，也可以是字符型，可根据实际情况给予多样的组成及产生形式。

➢ 数据库自动生成。常见方式是数据库自增长方式，只需要确定自增长标识种子，即设置起始值及增长步长。这样就可以将数据表的主键维护交给数据库处理，优点是不用担心产生两个相同的主键值。

➢ UUID 方式。即全球唯一标识符，UUID 一般由 32 位十六进制的数值组成，主要包含网卡地址、时间及其他信息。优点是在分布式数据库中，保证主键的唯一性。

在使用自动生成主键时，开发人员最关心的是需要马上获取刚生成的自动主键，并应用到其他地方，例如在明细表中作为外键等。MyBatis 提供了很好的处理方法，方便处理自动主键问题。

例如，下面是使用自动主键生成数据表的 SQL 语句：

```
CREATE TABLE 'english' (
    'id'  int NOT NULL AUTO_INCREMENT ,
    'word'  varchar(255) NULL ,
    'explain'  varchar(255) NULL ,
PRIMARY KEY ('id')
)
```

以上 SQL 语句创建了一个简单的数据表，用于记录单词，其中 id 列设置为自增长列。下面是 MyBatis 中的 insert 语句：

```
< insert id = "insertEnglish" parameterType = "English"
    useGeneratedKeys = "true" keyProperty = "id">
    INSERT INTO 'english' ('word', 'explain')
        VALUES
    ( # {word}, # {explain})
</insert >
```

在上面的代码中，使用了 insert 元素，属性 parameterType 的值为传入参数，假设已经创建了类 English，代码如下所示：

```
public class English {
    private String id;
    private String word;
    private String explain;
}
```

属性 useGeneratedKeys="true"表示让 MyBatis 使用 JDBC 的 getGeneratedKeys 方法

来取出由数据库内部生成的主键，当然该方法要数据库支持自动增长字段，例如 MariaDB、SQL Server 等，属性 keyProperty="id"表示唯一标记属性，这样可将自动生成的值设置到该对象属性中。

以上方法适用于支持自动增长字段的数据库，记住使用属性 useGeneratedKeys="true"和 keyProperty="id"，同时，这两个属性值还可用于 update 元素。

对于不支持自增长列的数据库，或不想使用数据库提供的自增长列作主键，例如使用 UUID 作主键，MyBatis 提供了另一种方法，代码如下：

```
<insert id = "insertArticle" parameterType = "Article">
    <selectKey keyProperty = "id" resultType = "string" order = "BEFORE">
        SELECT REPLACE( UUID(),'-','') as a;
    </selectKey>
    INSERT INTO 'article' ('id', 'title', 'author_id', 'simpleContent')
        VALUES
    (#{id}, #{title}, #{authorId}, #{simpleContent});
</insert>
```

在上面的代码中，insert 元素中加入了 selectKey 元素，作用是通过数据库生成 UUID，并插入到关键字 id 中，该生成 UUID 语句在 MariaDB 数据库中有效，其他数据库生成 UUID 函数可能有所不同。selectKey 元素具有如下主要属性：

- keyProperty——该语句结果被设置到的目标属性。
- resultType——结果的类型。
- order——该属性可被设置为 BEFORE 或 AFTER。如果被设置为 BEFORE，那么会首先生成主键值，并设置到 keyProperty 中，然后执行 INSERT 语句；如果被设置为 AFTER，那么先执行 INSERT 语句，然后是 selectKey 元素。

## 5.7　sql 元素

前面没有接触到该元素，实际上该元素用于减轻 SQL 映射文件中可以出现重复的工作量。该元素用于定义可重用的代码，以静态方式包含在其他元素中。例如简单的代码如下所示：

```
<sql id = "selectArticleColumn"> id,title,author_id,simpleContent </sql>

<select id = "listAll" resultMap = "ArticleResultMap_4" >
    SELECT
        <include refid = "selectArticleColumn"/>
    from article
</select>
```

在上面的代码中，首先定义了 sql 元素，包含了待查询的列。然后在 select 元素中，使用 include 元素静态包含进 sql 元素的内容，refid 属性指向 sql 元素的 id 值。另一个特性是，它还支持在加载时，参数被替换为实际值，这样可以复用同一个 SQL 语句，只是在加载时，被替换为不同值，代码如下所示：

```
<sql id="selectArticleColumn"> id, ${t1},author_id,simpleContent</sql>

<select id="listAll" resultMap="ArticleResultMap_4" >
        SELECT
            <include refid="selectArticleColumn"><property name="t1"
value="title"/></include>
        from article
</select>
```

上面示例的 sql 元素中，使用了 ${t1}表示可替换变量，接着在应用的 include 元素中，使用了 property 元素，其属性 name 表示变量名称，属性 value 表示具体值。

在实际开发过程中，利用好 sql 元素，可以减轻很多重复的开发工作量，并使得代码更加优美。

## 5.8　示例代码

本节将结合前面讲解的知识编写一个较完整的示例，实现作者信息的编辑、文章信息的编辑，一个作者对应多篇文章，但一篇文章只对应一个作者。数据表的建立见 5.2 节。

首先，建立作者信息编辑相关所有操作。下面建立作者模型 Author.java：

```
public class Author {
    private String id;
    private String name;
    private String sex;
    @DateTimeFormat(pattern="yyyy-MM-dd")
    private Date birthday;
    private List<Article> articles;
    …//省略 get 和 set 方法
}
```

在上面的代码中，需要注意的是，在属性 birthday 上增加了注解：

```
@DateTimeFormat(pattern="yyyy-MM-dd")
```

同时，在文件头部需要引入：

```
org.springframework.format.annotation.DateTimeFormat
```

该注解属于 Spring 解释，作用是自动处理页面 form 等递交数据后，自动将字符串类型转换为指定的日期时间类型。这对于自动处理 Form 表单中 input 输入框上传日期型的自动处理很方便。如果不对日期型增加该注解，那么上传数据时，则需要开发人员自己进行转换。

List<Article>用于记录该作者的文章列表，表示一个作者可能存在多篇文章。

下面是建立接口 AuthorMapper.java：

```
public interface AuthorMapper {
    public int insertAuthor(Author record);
    public int deleteBykey(String id);
```

```
    public int updateAuthor(Author record);
    public List<Author> listAll();
    public Author findByKey(String id);
    public Author findByKeyForAll(String id);        //获取作者信息及其所有文章
}
```

在上面的代码中，listAll()用于获取所有作者信息，findByKey()获得指定作者信息，findByKeyForAll()获得指定作者信息，同时包括其所有的文章。以上方法都在AuthorMapper.xml中实现。通过前面的介绍，在AuthorMapper.xml中，findByKeyForAll方法有多种实现方式，请参考前面的代码。这里，在查找作者信息时，分为两种情况：一种只查找个人信息，主要用于用户编辑时使用；另一种查找个人信息，同时也包含其所有文章，用于作者信息查看时使用。其区别在于执行效率。

控制层AuthorController.java实现对作者信息的查看、编辑等的处理，处理完成后，返给用户指定的view层。例如，下面的代码：

```
@RequestMapping(value = "/save")
public String save(Author author) {
    authorService.insert(author);
    return "redirect:/author/list";
}
```

用于实现作者信息的保存，这里采用了自匹配方式，传入的参数自匹配到author中，在author_add.jsp页面中，有下面的input输入框：

```
<input name = "birthday" id = "birthday" class = "text" style = "width:250px" type = "text" size =
"40" onClick = "WdatePicker()"/>
```

该输入框用于输入作者的出生日期，当提交表单后，其值将自动匹配给：

```
author.birthday
```

**注意**：输入框的名称和Author中的属性需要对应；在这里，用户输入的birthday数据是字符型，而author.birthday是日期型，由于在作者模型中使用了注解@DateTimeFormat(pattern="yyyy-MM-dd")，所以，这个字符型到日期型的转换将由Spring自动完成。

下面的代码完成作者的删除：

```
@RequestMapping(value = "/delete/{id}")
public String delete(@PathVariable String id){
    Author author = authorService.selectByPrimaryKeyForAll(id);
    if (author == null){
        return "redirect:/author/list";
    }else{
        if (author.getArticles().size()>0){
            return "redirect:/author/list";
        }
    }
    authorService.deleteByPrimaryKey(id);
    return "redirect:/author/list";
}
```

由于一个作者下面可能还有文章，为了数据的完整性，删除某一作者时，需要先判断该作者下面是否还有文章，判断文章数为 0 时，才能安全删除该作者。

图 5-2 所示为完成后的作者列表。

MyBatis示例5-1

新增 文章列表

| 作者详细列表 | | | |
|---|---|---|---|
| 作者姓名 | 作者性别 | 出生日期 | 操作 |
| 太子 | 男 | 2000-01-01 | 查看 编辑 删除 |
| 公主 | 女 | 2001-02-10 | 查看 编辑 删除 |

图 5-2 作者列表页面

单击“新增”按钮，进入新增作者信息页面，如图 5-3 所示。

作者添加页面

添加作者

作者姓名: *

作者性别: 男 *

出生日期: *

十一 2016

| 日 | 一 | 二 | 三 | 四 | 五 | 六 |
|---|---|---|---|---|---|---|
| 30 | 31 | 1 | 2 | 3 | 4 | 5 |
| 6 | 7 | 8 | 9 | 10 | 11 | 12 |
| 13 | 14 | 15 | 16 | 17 | 18 | 19 |
| 20 | 21 | 22 | 23 | 24 | 25 | 26 |
| 27 | 28 | 29 | 30 | 1 | 2 | 3 |
| 4 | 5 | 6 | 7 | 8 | 9 | 10 |

清空 今天 确定

图 5-3 新增作者信息页面

在作者信息编辑页面中，为了提高用户的体验，为“出生日期”输入框增加了一个日期选择空间。图 5-4 所示为作者详细信息页面。

作者查看页面

查看作者

作者姓名：太子

性别：男

出生日期：2000-01-01

相关文章信息

| 序号 | 标题 | 文章简介 |
|---|---|---|
| 1 | 这才是最狠的报复！ | 这才是最狠的报复！ 作者：桃夭 男朋友出轨了，你深受打击却放任自己暴饮暴食；被上司训了，你满心愤懑却只会整天抱怨；被同事穿了小鞋，你骂天骂地却一次次忍受……这样… |
| 2 | Tomcat学习 | 本文关于Tomcat的学习 |

返回

图 5-4 作者详细信息页面

在作者详细信息页面中，列出了作者的信息，并且显示了该作者所有的文章。在Author_view.jsp页面中，使用如下代码显示了所有文章：

```
<c:forEach items = " ${author.articles}" var = "var" varStatus = "vs">
<tr <c:if test = " ${vs.count % 2 == 0}"> bgcolor = " #FFFFBB"</c:if> align = "left" >
    <td> ${vs.count}</td>
    <td> ${var.title}</td>
    <td> ${var.simpleContent}</td>
</tr>
</c:forEach>
```

接着，建立文章信息编辑相关所有操作。其步骤和上面类似，首先，也是建立文章模型Article.java，代码如下所示：

```
public class Article {
    private String id;
    private String title;
    private String authorId;
    private String simpleContent;
    private Author author;
    …//省略 get 和 set 方法
}
```

一篇文章只对应一个作者，在上面模型中，建立了一个作者对象，用于存储一个作者信息，理解为一对一关系。由于在编辑页面中，涉及选择作者，所以，在ArticleController.java中，有如下方法：

```
@RequestMapping(value = "/add")
public String add(Model model) {
    List<Author> authors = authorService.listAll();
    model.addAttribute("authors", authors);
    return "article_add";
}
```

访问文章新增页面时，需要传递所有的作者信息，接着在article_add.jsp页面中，使用如下代码显示所有作者的下拉列表：

```
<select name = "authorId" id = "authorId">
  <c:forEach items = " ${authors}" var = "var" varStatus = "vs">
    <option value = " ${var.id}"> ${var.name}</option>
  </c:forEach>
</select>
```

完成后，文章新增页面如图5-5所示。

最后完成的文章列表如图5-6所示。

以上代码请详见本书配套资源中的源码5-1，其中包含了所有方法。只是作为演示使用，在代码中没有对输入值进行检测和安全性验证等操作，所有当需要用于实际项目时，请自行增加验证、数据完整性等。

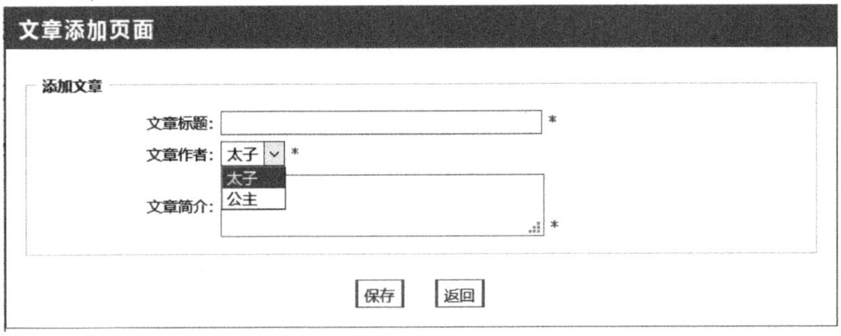

图 5-5 文章新增页面

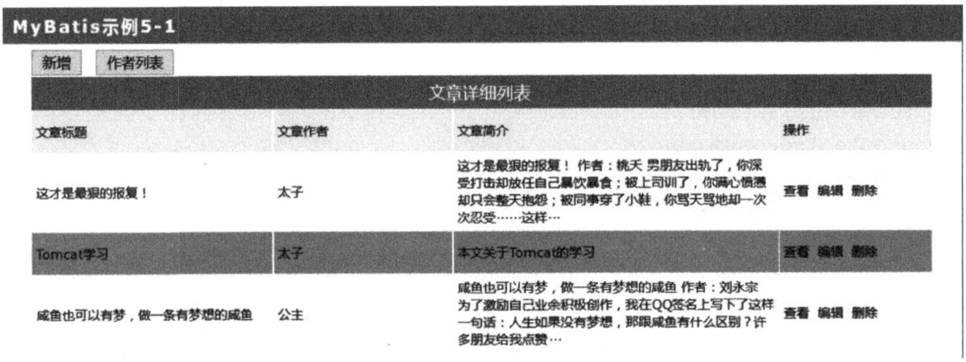

图 5-6 文章列表

## 5.9 本章小结

本章紧紧围绕 MyBatis 中如何对 SQL 操作进行讲解，由重点 resultMap 展开剖析，然后对多表操作深入讲解，如何进行表之间的一对一、一对多的操作，并对几种操作方式都分别进行代码演示，使得开发人员能很快掌握这部分知识。在学习过程中，建议结合实际代码演示有针对性地学习，本章提供详细源码。最后演示对表的更改操作、自动主键处理以及 sql 元素的讲解，并给出完整示例。以上讲解基本覆盖了 MyBatis 中 SQL 操作重要知识点。当然，学习本章前，最好结合 SQL 代码实际进行操作。

# 第6章 MyBatis的高级操作

本章将讲解 MyBatis 中的一些高级应用，例如动态 SQL 生成，包括 IF、Choose、Foreach，SQL 构造、缓存等操作，以使开发人员进一步学习和掌握 MyBatis 的操作，并在实际项目中灵活应用。

## 6.1 if 判断和 where 元素

前面章节讲解了 MyBatis 的基本操作和相关的 SQL 操作，从中也能看出 MyBatis 强大之处——对用户的封装性很好，并支持安全字符串，但 MyBatis 的强大之处还在于其支持动态 SQL。有项目经验的开发人员都知道，开发数据库项目时，比较烦琐的是创建动态的 SQL 语句，例如为了支持页面动态查询数据表，需要在后台拼接 SQL 语句，调试也相当麻烦，例如判断是否需要添加括号、拼接前后添加空格等。MyBatis 提供的动态 SQL 特性可以减轻很多开发工作量。

在 SQL 语句中，使用 IF 元素，可判断给定表达式的结果是否为真，当判断结果为真时，再加入 SQL 片段。IF 判断主要用在 SQL 语句的 where 子句里，当然也可用在 SQL 语句的任何地方，例如 order 语句等。下面是简单的示例代码。

在文章列表中，现有的需求是：希望通过页面的搜索框查找文章。这是一个新的需求，在之前没有接触过，很多 Web 项目中都会存在这样的需求，即快速检索到指定记录。

本节将讲解具体实现技术。首先，在 ArticleMapper. xml 文件中创建下面的 select 元素及内容：

```
<select id = "listByMap" parameterType = "hashmap"
resultMap = "ArticleResultMap_3" >
    SELECT a.id,a.title,a.simpleContent,b.'name',b.sex,b.birthday
    from article a
    LEFT JOIN author b
    ON a.author_id  =  b.id
    where 1 = 1
```

```
        <if test="title != null">
            and  title like #{title}
        </if>
    </select>
```

在上面的代码中，在select元素中，属性parameterType表示传入参数的类型，在这里类型为hashmap，MyBatis支持自动解析该类型，另一个重要之处是在select元素中加入了where内容和if节点。if元素中的test属性用于判断给定的逻辑判断语句是否为真，例如上面的代码中的：

```
title != null
```

表示当判断传递来的title值不为null时，将在select语句中加入如下代码：

```
and  title like #{title}
```

通过if判断语句，就形成了一个动态的SQL语句。接着，在dao层的ArticleMapper.java中，加入如下方法：

```
public List<Article> listByMap(Map<String, String> map);
```

这样，就和SQL映射文件ArticleMapper.xml形成对应关系，以上代码的形参为Map类型。下面在server层的ArticleService.java中增加如下接口：

```
List<Article> listByMap(Map<String, String> map);
```

实现方法在ArticleServiceImpl.java中：

```
@Override
public List<Article> listByMap(Map<String, String> map) {
    ArticleMapper mapper =
        sqlSessionTemplate.getMapper(ArticleMapper.class);

    List<Article> list = new ArrayList<Article>();
    list = mapper.listByMap(map);

    return list;
}
```

通过上面的代码，在每一个方法中只需要放入形参Map<String, String> map，最后看Controller中的具体调用方法，在ArticleController.java中，修改如下方法：

```
@RequestMapping(value = "/list")
public String list(Model model,HttpServletRequest request) {
    Map<String, String> map = new HashMap<String, String>();
    if (request.getParameter("title") != null){
        map.put("title", "%" + request.getParameter("title") + "%" );
    }
    List<Article> articleList = articleService.listByMap(map);
    List<Author> authors = authorService.listAll();
```

```
        model.addAttribute("articles", articleList);
        model.addAttribute("authors", authors);
        return "article_list";
    }
```

在上面的代码中，request.getParameter("title")表示接收页面传递的值 title，将其放在 map 变量中，通过如下方法调用和执行 SQL 语句：

```
articleService.listByMap(map)
```

执行完成后，返回值给 view 层，在 view 层的 article_list.jsp 页面中，增加如下搜索框：

```
<form action = "" method = "post" name = "fom" id = "fom">
    文章标题: <input name = "title" id = "title"/>  
         
    <span class = "newfont07">
      <input name = "button6" type = "submit" class = "right - button08" value = "查询"/>
    </span>
</form>
```

以上完成了 if 判断语句的具体使用方法，但仔细查看 SQL 代码后可发现，多了如下代码：

```
where 1 = 1
```

该代码尽管没有太大作用，但在很多拼凑 SQL 语句时都会加上这么一句无用代码，它实际起了很大作用——影响了 SQL 代码的美观性。所以，MyBatis 提供了 where 元素解决这个问题，将上面 SQL 语句修改如下：

```
<select id = "listByMap" parameterType = "hashmap"
    resultMap = "ArticleResultMap_3" >
    SELECT a.id,a.title,a.simpleContent,b.'name',b.sex,b.birthday
    from article a
    LEFT JOIN author b
    ON a.author_id  =  b.id
    <where>
        <if test = "title != null">
            and  title like #{title}
        </if>
    </where>
</select>
```

where 元素在这里的作用是：当 where 元素中所有 if 判断不为空时，才会在最终的 SQL 语句中插入 where 子句，并且会判断最后待插入的 where 子句内容中，若是以 AND 或 OR 开头的，将自动将它们删除。这样，可以让开发人员将精力集中在业务逻辑的开发上，而不是担心如何构造没有错误的 where 子句。以上示例详见本书配套资源中的源码 6-1，在源码中同时加入了查询文章作者列，运行界面如图 6-1 所示。

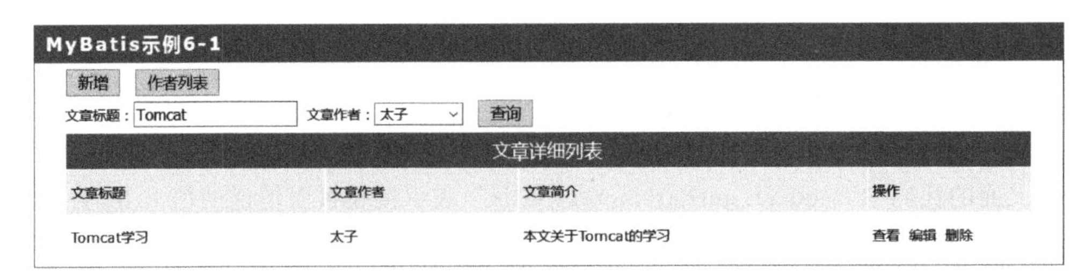


图 6-1 本节示例运行界面

## 6.2 choose 判断

MyBatis 提供的 if 判断方法解决了动态 SQL 的产生问题，那么一个新的问题是，对同一个值进行判断后，有多种结果时如何处理。MyBatis 是一种弱类型语言，其没有提供 else 子句。但提供了另一种方法：choose 判断，在某些情况下，这也不失为一个好的方法。choose 判断的语法如下所示：

```
<choose>
  <when test = "condition 语句">
      ...
  </when>
     ...
  <otherwise>
       ...
  </otherwise>
</choose>
```

choose 元素中包含了几个子元素：

- 一个或多个 when 元素，用于判断 condition 语句，如果判断为真时，插入其中的内容。
- 一个 otherwise 元素，如果以上 when 元素判断都为假时，才插入该元素中的内容。在 choose 元素中可以没有 otherwise 元素。

执行过程是：当找到其中一个条件判断为真时，插入该元素的内容后，忽略其他的判断条件。

下面接着上面的示例进行扩展，在示例中查询的方式是文章标题列为模糊查询，现在增加需求，即要求可以支持模糊查询和精确查询两种方式。

首先，修改 view 层的 article_list.jsp，在 form 表单中增加下拉选择列表，代码如下所示：

```
<select name = "serachType" id = "serachType">
      <option value = "0">模糊查询</option>
      <option value = "1">精确查询</option>
</select>
```

接着在 Controller 层的 ArticleController. java 中，修改 list 方法，即接收传递参数 serachType，代码如下所示：

```
@RequestMapping(value = "/list")
public String list(Model model,HttpServletRequest request) {
    Map<String, String> map = new HashMap<String, String>();

    if (request.getParameter("title") != null){
        map.put("titlelike", "%" + request.getParameter("title") + "%" );
        map.put("title", request.getParameter("title") );
    }
    map.put("authorId", request.getParameter("authorId") );
    map.put("serachType", request.getParameter("serachType") );

    List<Article> articleList = articleService.listByMap(map);
    List<Author> authors = authorService.listAll();

    model.addAttribute("articles", articleList);
    model.addAttribute("authors", authors);
    return "article_list";
}
```

最后在 ArticleMapper. xml 文件中，修改如下元素代码：

```
<select id = "listByMap" parameterType = "hashmap"
    resultMap = "ArticleResultMap_3" >
    SELECT a.id,a.title,a.simpleContent,b.'name',b.sex,b.birthday
    from article a
    LEFT JOIN author b
    ON a.author_id = b.id
    <where>
        <if test = "authorId != null and authorId != '' ">
            and author_id = #{authorId}
        </if>
        <choose>
            <when test = "serachType == 1 and title != null">
                and title = #{title}
            </when>
            <when test = "serachType == 0 and titlelike != null">
                and title like #{titlelike}
            </when>
        </choose>
    </where>
</select>
```

在上面的代码中，是 where 元素、if 元素、choose 元素和 when 元素的综合应用，在 when 元素中，可以得知，属性 test 中可以使用逻辑关系，例如 and、or 等进行简单的判断。

注意，上面的代码中没有使用 otherwise 元素，在 otherwise 元素中，不带 test 属性，表示在以上条件都不满足的情况下，才插入该元素中的内容。

上面示例代码执行后，运行效果如图 6-2 所示。

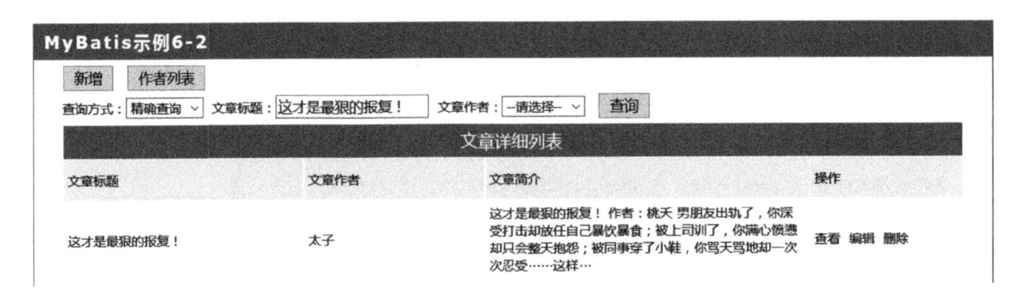


图 6-2　本节示例运行界面

本节示例请参阅本书配套资源中的源码 6-2。

## 6.3　foreach 循环

foreach 元素是 MyBatis 中重要的元素之一，它用于遍历一个数组、列表等集合，构造 IN 条件、AND 或 OR 子句。

在上面的例子中，在文章作者下拉列表中一次只能选择一个作者，现在新的需求是：要求文章作者可以使用复选框进行多选。下面详细介绍如何使用 foreach 元素完成这个需求。

首先，编辑 view 层的 article_list.jsp，在 form 表单中增加复选框内容，主要代码如下所示：

```
<c:forEach items = " ${authors}" var = "var" varStatus = "vs">
    ${var.name}< input type = "checkbox" name = "authorId"
     value = " ${var.id}" >  
</c:forEach>
```

在上面的代码中，通过循环的方式，将所有作者的信息以复选框的形式显示在页面上。

接着，编辑控制类文件 ArticleController.java，在方法 list()中接收页面传递的复选框值，代码如下所示：

```
@RequestMapping(value  =  "/list")
public String list(Model model,HttpServletRequest request) {
    Map < String, Object > map  =  new HashMap < String, Object >();
    String [] authorIdArray = request.getParameterValues("authorId");

    if (request.getParameter("title") != null &&
        !request.getParameter("title").equals("") ){
        map.put("titlelike", " % " + request.getParameter("title") + " % " );
        map.put("title", request.getParameter("title") );
    }
    map.put("authorIdArray", authorIdArray );
    map.put("serachType", request.getParameter("serachType") );

    List < Article > articleList  =  articleService.listByMap(map);
```

```
        List<Author> authors = authorService.listAll();

        model.addAttribute("articles", articleList);
        model.addAttribute("authors", authors);
        return "article_list";
    }
```

接收页面传递的 checkbox 值为数组形式，所以在这里需要创建数组 authorIdArray 用于接收，另一个重点是，将之前代码创建的 map 更改为：

```
Map<String, Object> map = new HashMap<String, Object>();
```

这是由于此处需要 map 接收 String 数组，所以需要 Map<String, Object>形式才能接收。同时，需要修改其他页面相似的地方，包括接口、实现方法等。最后在 SQL 映射文件 ArticleMapper.xml 中编辑如下 select 元素：

```
<select id="listByMap" parameterType="hashmap"
    resultMap="ArticleResultMap_3">
  SELECT a.id,a.title,a.simpleContent,b.'name',b.sex,b.birthday
  from article a
  LEFT JOIN author b
  ON a.author_id = b.id
  <where>
    <choose>
        <when test="serachType == 1 and (title != '' and title != null) ">
            and title = #{title}
        </when>
        <when test="serachType == 0 and titlelike != null">
            and title like #{titlelike}
        </when>
    </choose>
    <if test="authorIdArray != null">
        and a.author_id in
        <foreach item="item" index="index" collection="authorIdArray"
               open="(" separator="," close=")">
                #{item}
        </foreach>
    </if>
  </where>
</select>
```

在上面的代码中，用到了重要的 foreach 元素，该元素比较智能，能解析列表、集合、数组和字典等。上面的代码中，接收的传递值为数组，foreach 元素用于迭代传递的数组，属性 item 表示当前迭代的值，属性 index 表示当前迭代的次数，属性 collection 表示被迭代的对象，即传递进来的值，属性 open 表示迭代开始前添加的前缀，属性 separator 表示分隔迭代值的符号，属性 close 表示迭代完成后添加的后缀。

以上示例运行后的页面如图 6-3 所示。

本节代码请参阅本书配套资源中的源码 6-3。

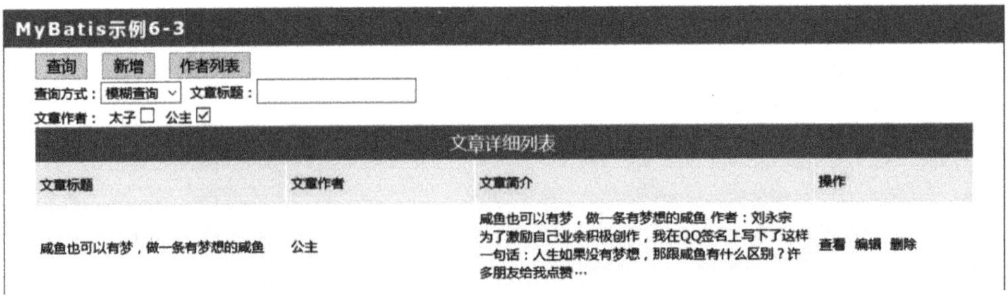

图 6-3 foreach 元素示例

## 6.4 其他相关元素

在 MyBatis 中，还有两个使用灵活的元素，即 trim 元素和 set 元素，下面进行详细讲解。

**1. trim 元素**

该元素主要提供了添加前缀和后缀，或者删除前缀和后缀的功能，与 where 元素比较类似，下面是一个简单示例：

```
<select id = "listAll" parameterType = "hashmap" resultMap = "ArticleResultMap_4" >
    SELECT id,title,author_id,simpleContent
    from article
    <trim prefix = "WHERE" prefixOverrides = "and |or ">
      <if test = "serachType == 0 and titlelike != null">
        and title like #{titlelike}
      </if>
    </trim>
</select>
```

在上面的代码中，使用 trim 元素替换了 where 元素，其属性 prefix 用于在插入内容前先增加该字符串，在这里，插入内容前加入 WHERE 字符串；属性 prefixOverrides 用于删除插入内容前面多余的字符串或符号，在这里表示删除插入内容前面多余的 and 或 or 字符串；还有一个可能用到的属性，即 suffixOverrides 属性，其用于删除插入内容后面多余的字符串或符号。

**2. set 元素**

该元素用于动态包含需要更新的列，并自动删除多余的内容，例如插入内容最后的符号“,”等，下面是一个使用 set 元素的示例代码：

```
<update id = "updateArticle" parameterType = "Article">
    update 'article'
    <set>
      <if test = "title != null">title = #{title},</if>
      <if test = "authorId != null">author_id = #{authorId},</if>
      <if test = "simpleContent != null">simpleContent = #{simpleContent},</if>
    </set>
```

```
    where 'id' = #{id}
</update>
```

在上面的代码中，使用了 set 元素，其运行过程是：执行其中的 if 判断语句，当内容不为空时，插入内容，并自动删除内容最后面的符号“，”，并且加入前缀 set。这样，就保证了 update 语句的完整性。如果所有的 if 语句判断都为 null，则不会插入任何内容，并且不会添加前缀 set。该语句的写法可以防止实际开发过程中出现错误，或多写不必要的符号等。

以上两个元素是前面介绍的所有元素一个强有力的补充，扩充了 MyBatis 的元素，同时，增加了在开发项目过程中的选择余地，很多时候，多种元素都能达到目的，但可以选择其中一种熟悉或最优方案进行开发。

## 6.5 SQL 构造

MyBatis 提供了丰富的 SQL 映射器文件生成解决方案，能为开发人员生成各种复杂的 SQL 语句，使用这种方法并且符合 MVC 原则。尽管如此，还是有多种理由造成我们会在 Java 文件中生成 SQL 语句。在 Java 文件中构造 SQL 语句最常见的方法是拼凑法，下面是一个简单的示例代码：

```
String sql = "select id,name,birthday,sex" +
    " from author " +
    " where name like ?" +
    " order by name ";
```

对于上面这种方法，想必很多开发人员都写过，优点是简单明了，但也有很多不足，例如新行前后空格、引号，可能产生多余的逗号以及 AND 或 OR 等。MyBatis 提供了另一种在 Java 文件中生成 SQL 语句的方法，其提供了 SQL 类，可以简单并方便地创建 SQL 语句。下面是使用 SQL 类创建上面 SQL 语句示例：

```
public String selectAuthorLike(Map map) {
  return new SQL() {{
    SELECT("id,name,birthday,sex");
    FROM("author");
    WHERE("name like ?");
    ORDER_BY("name");
  }}.toString();
}
```

使用上面的代码可以创建一段 SQL 语句，优点是简单易懂，并且不会产生拼凑时可能有的错误。表 6.1 所示为 SQL 类提供的常用方法。

**表 6.1 SQL 类的常用方法**

| 方　法 | 描　述 |
|---|---|
| SELECT(String) | 用于插入 SELECT 语句或子句，参数为列名或列名表 |
| FROM(String) | 用于插入 FROM 语句或子句，参数为表名或表名表 |

续表

| 方 法 | 描 述 |
| --- | --- |
| WHERE(String) | 用于插入新的 WHERE 子句条件，默认由 AND 连接多个 WHERE 子句 |
| OR() | 用于分隔 WHERE 子句条件。可以被多次调用 |
| AND() | 用于分隔 WHERE 子句条件。可以被多次调用 |
| ORDER_BY(String) | 插入新的 ORDER BY 子句元素 |
| JOIN(String)<br>INNER_JOIN(String)<br>LEFT_OUTER_JOIN(String)<br>RIGHT_OUTER_JOIN(String) | 用于添加对应的 JOIN 子句 |
| GROUP_BY(String) | 插入新的 GROUP BY 子句元素 |
| HAVING(String) | 插入新的 HAVING 子句条件 |
| ORDER_BY(String) | 插入新的 ORDER BY 子句元素 |
| DELETE_FROM(String) | 用于生成 delete 语句，并指定待删除的表名 |
| INSERT_INTO(String) | 开始一个 insert 语句，并指定表名 |
| UPDATE(String) | 开始一个 update 语句，并指定表名 |
| SET(String) | 用于 update 语句 |
| VALUES(String, String) | 用于插入到 insert 语句中。第一个参数指要插入的列名，第二个参数则是该列的值 |

回到上面的示例，其代码不够灵活，在实际项目中实用性不够高。现在，一个新的需求是要求生成动态 SQL 语句，并提供调用和执行方法。

下面以页面动态查询作者信息为例进行讲解。首先，在 view 层 author_list.jsp 中增加 Form 表单，代码如下所示：

```
<form action = "" method = "post" name = "fom" id = "fom">
    作者姓名：<input name = "name"/>  
    <span class = "newfont07">
      <input name = "button6" type = "submit" class = "right - button08" value = "查询"/>
    </span>
</form>
```

为了减少代码量，在这里只查询作者姓名。下面编辑控制类文件 AuthorController.java，增加如下方法：

```
public String selectAuthorLike(Map map) {
  return new SQL() {{
      SELECT("id,name,birthday,sex");
      FROM("author");
      if (map.get("name") != null) {
        WHERE("name like #{name}");
      }
      ORDER_BY("name");
  }}.toString();
}
```

上面的代码用于使用 SQL 类生成 SQL 语句，注意使用了 Map 作为形参，这样能根据 map 中的键值对动态生成 WHERE 子句。接着修改 list()方法，代码如下所示：

```
@RequestMapping(value = "/list")
public String list(Model model,HttpServletRequest request) {
    Map<String, String> map = new HashMap<String, String>();
    if (request.getParameter("name") != null){
        map.put("name", "%" + request.getParameter("name") + "%" );
    }
    map.put("sql", selectAuthorLike(map));
    List<Author> authors = authorService.listbySql(map);
    model.addAttribute("authors", authors);
    return "author_list";
}
```

在上面的代码中，重要的是新建 Map 变量，用于存放从 Form 传递来的值，以及生成的 SQL 语句。最后，在 SQL 映射器文件 AuthorMapper.xml 中使用如下语句调用以上动态生成的 SQL 语句：

```
<select id="listbySql" parameterType="map"  resultMap="AuthorResultMap_4">
    ${sql}
</select>
```

上面的代码很简单，只一句 ${sql}便解决了动态 SQL 语句生成和执行方法问题。运行后界面如图 6-4 所示。以上代码请参阅本书配套资源中的源码 6-4 中关于 Author 部分。

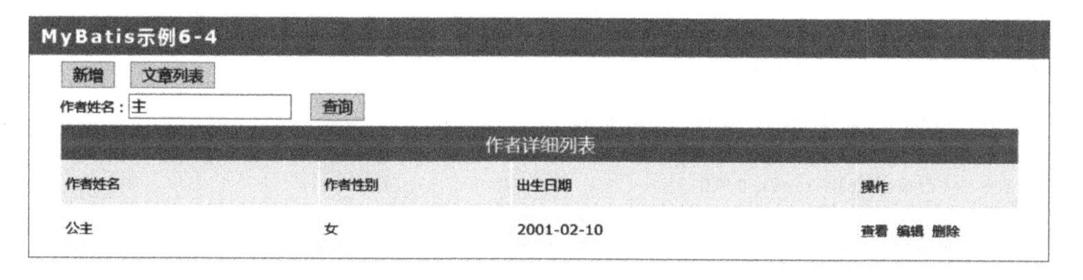


图 6-4 SQL 构造示例运行界面

下面是使用 SQL 类生成 SQL 语句的一些简单示例代码：

```
public String deleteSql() {
  return new SQL() {{
    DELETE_FROM("article");
    WHERE("id = #{id}");
  }}.toString();
}
public String insertSql() {
  String sql = new SQL()
    .INSERT_INTO("article")
    .VALUES("id, name", "#{id}, #{name}")
    .VALUES("sex", "#{sex}")
    .toString();
  return sql;
```

```
}
public String insertSql_2() {
  return new SQL() {{
    INSERT_INTO("article");
    VALUES("id, name,sex", "#{id}, #{name}, #{sex}");
  }}.toString();
}
public String updateSql() {
  return new SQL() {{
    UPDATE("article");
    SET("name = #{name}");
    WHERE("id = #{id}");
  }}.toString();
}
```

以上代码通过 SQL 类实现了几个简单关于 delete、insert 和 update 的示例，同时，通过示例，可以发现 new SQL()的几种不同写法。

## 6.6 多数据库开发

MyBatis 支持多种关系数据库的开发，对于不同数据库，只需要配置不同数据源进行连接。尽管绝大多数数据库都支持标准 SQL 语言，但是针对具体数据库，会存在自己的特性，即在具体的实现上会有不同，例如 SQL Server 中查询前 10 条记录使用如下方式：

```
select top 10 * from table
```

在 MariaDB 中采用如下 SQL 语句实现：

```
select * from table limit 0,10
```

一种实现方式针对不同的数据库，实现不同 SQL 映射器，并且放置到不同的包下，接着编辑配置文件，修改如下代码：

```
<property name = "mapperLocations" value = "classpath:mybatis/*.xml">
</property>
```

以达到 MyBatis 适用于不同数据库的目的。但这有个缺点，即要为不同数据库维护不同的 SQL 映射器，但实际上不同数据库间，实现个性化的 SQL 还是少数，多数 SQL 语句都是可以通用，那么就没有必要为不同数据库维护不同的 SQL 映射器文件，因为这会增加开发难度。

另一种比较好的策略是：只针对特定数据库，维护其特有的 SQL 语句。那就是本节讲解的方法。

重要的是在配置文件中配置 MyBatis 的 org.apache.ibatis.mapping.VendorDatabaseIdProvider，然后通过在 SQL 映射文件中添加 databaseId 的属性，来区分不同的数据库。下面是具体实现方法。

编辑配置文件 ApplicationContext-mvc.xml，增加如下元素：

```
<bean id = "vendorProperties"
    class = "org.springframework.beans.factory.config.PropertiesFactoryBean">
    <property name = "properties">
        <props>
            <prop key = "SQL Server"> sqlserver </prop>
            <prop key = "DB2"> db2 </prop>
            <prop key = "Oracle"> oracle </prop>
            <prop key = "MySQL"> mysql </prop>
            <prop key = "H2"> h2 </prop>
        </props>
    </property>
</bean>

<bean id = "databaseIdProvider"
    class = "org.apache.ibatis.mapping.VendorDatabaseIdProvider">
     <property name = "properties" ref = "vendorProperties"/>
</bean>
```

在上述代码中，vendorProperties 元素表示通过配置 driver 类型自动识别的数据库，key 值为全称，其中值为简称，方便后面的调用，在这里根据数据库的类型可以适当增加，接着配置 databaseIdProvider 元素，主要引用 vendorProperties 元素。

以上增加完成后，最重要的一步是配置 sqlSessionFactory 元素，编辑该元素代码如下所示：

```
<bean id = "sqlSessionFactory"
    class = "org.mybatis.spring.SqlSessionFactoryBean">
    <property name = "dataSource" ref = "dataSource" />
    <property name = "databaseIdProvider" ref = "databaseIdProvider" />
    <property name = "configLocation" value = "classpath:mybatis - config.xml">
    </property>
    <!-- mapper 扫描 -->
    <property name = "mapperLocations"
        value = "classpath:mybatis/ * .xml"></property>
</bean>
```

即在 sqlSessionFactory 元素中，增加 name 为 databaseIdProvider 的 property 节点，属性 ref 指向之前定义的 databaseIdProvider 节点。这步编辑完成后，才最终完成多数据库支持的配置。下面是在 SQL 配置器中如何使用。

一种方法是直接在 select 元素、update 元素等中以属性 databaseId 方式访问，代码如下所示：

```
<select id = "list" resultMap = "ArticleResultMap" databaseId = "mysql" >
    SELECT * from article limit 0,10
</select>
<select id = "list" resultMap = "ArticleResultMap" databaseId = " sqlserver" >
    SELECT top 10 * from article
</select>
```

以上代码中，定义了两个相同 id 的 select 元素，但是配置了不同的 databaseId 属性，那么 MyBatis 在执行时，会根据不同的 databaseId 执行不同的 SELECT 语句。

另一种方式是在 SELECT 中直接进行判断的方式，示例代码如下：

```
<insert id="insertArticle" parameterType="Article">
    <selectKey keyProperty="id" resultType="string" order="BEFORE">
        <if test="_databaseId == 'mysql'">
            SELECT REPLACE( UUID(),'-','') as a;
        </if>
        <if test="_databaseId == 'sqlserver'">
            SELECT REPLACE( newid(),'-','') as a;
        </if>
    </selectKey>
    INSERT INTO 'article' ('id', 'title', 'author_id', 'simpleContent')
        VALUES
    (#{id}, #{title}, #{authorId}, #{simpleContent})
</insert>
```

在上面的代码中，由于各个数据库获取 UUID 的方式不同，所以在插入数据前，要为不同数据库使用不同的生成 UUID 方式。在 if 元素中进行判断的语句类似下面：

```
_databaseId == 'mysql'
```

需要注意，这里_databaseId 的写法和前面 databaseId 写法有所区别，但都能根据不同数据库执行不同 SQL 语句。以上示例代码参阅本书配套资源中的源码 6-5。

如果开发过程中，没有具体指定使用哪个数据库，则会采用默认配置方式，正如前面章节中的示例代码一样。

## 6.7 日志记录

在 MyBatis 开发过程中，日志记录功能很重要，包括可以查看 MyBatis 中执行的 SQL 语句，以及传递参数，或者包括执行结果值。这些信息有助于帮助调试 SQL 语句，或者通过日志将这些信息写入文件中，供随时查看。MyBatis 本身支持日志功能，其支持如下多种工具：

- SLF4J
- Apache Commons Logging
- Log4j 2
- Log4j
- JDK logging

MyBatis 在运行过程中，会在按上面的顺序查找日志工具，如果都没有找到，则会禁止日志功能。但很多时候，由于 Java 运行环境的不同，MyBatis 中调用默认的日志可能不是开发人员想要的。本节将介绍如何在项目中进行配置，以实现定制的日志功能。下面以在项目中配置 Log4j 为例进行说明。

首先，在 Web 项目中的路径 WebRoot\WEB-INF\lib 下，添加 Log4j 的 jan 包 log4j-1.

*.jar，其中"*"表示版本号。

下面进行 Log4j 的配置：在项目中，打开 MyBatis 的配置文件 mybatis-config.xml，编辑 settings 元素中，增加 Log4j 信息后的主要内容如下：

```
<settings>
    ...
<setting name="logImpl" value="LOG4J" />
</settings>
```

上面的配置使 Log4j 的配置信息在 MyBatis 中起作用。下面是属性 value 可以输入的几个值：

- SLF4J
- LOG4J
- LOG4J2
- JDK_LOGGING
- COMMONS_LOGGING
- STDOUT_LOGGING
- NO_LOGGING

实现了接口 org.apache.ibatis.logging.Log 类的完全限定名。

接着编辑 Log4j 的配置文件。在 Web 项目的 ClassPath 路径下，增加配置文件 log4j.properties，其内容如下所示：

```
# Global logging configuration
log4j.rootLogger=ERROR, stdout,ToFile
# MyBatis logging configuration...
log4j.logger.com.zioer.dao=DEBUG
# Console output...
log4j.appender.stdout=org.apache.log4j.ConsoleAppender
log4j.appender.stdout.layout=org.apache.log4j.PatternLayout
log4j.appender.stdout.layout.ConversionPattern=%5p [%t] - %m%n

log4j.appender.ToFile=org.apache.log4j.DailyRollingFileAppender
log4j.appender.ToFile.File=${catalina.home}/logs/ZIOER_log/log_
log4j.appender.ToFile.DatePattern=yyyy-MM-dd'.log'
log4j.appender.ToFile.layout=org.apache.log4j.PatternLayout
log4j.appender.ToFile.layout.ConversionPattern=[ZIOER_SYS]  %d{yyyy-MM-dd HH\:mm\:ss}
%5p %c{1}\:%L\: %m%n
```

在上面的代码中，log4j.rootLogger 定义了 log4j 的级别和两个主要运行环境，分别对应下面两个配置：一个用于在 Console 窗口输出，一个用于输出到文件。级别 ERROR 表示只记录应用中错误信息，但后面可以对具体的记录信息进行单独配置。

接着 MyBatis logging configuration 的配置很重要，表示记录 MyBatis 中指定 SQL 映射接口包、具体类或 SQL 语句中的 DEBUG 或 TRACE 信息。注意其写法，即：

```
log4j.logger.
```

后面接需要监控的包路径、具体接口类名称或更细粒度到语句级别，例如：

```
log4j.logger.com.zioer.dao.ArticleMapper = DEBUG
```

上面的代码配置到具体类的完全限定名。

```
log4j.logger.com.zioer.dao.ArticleMapper.insertArticle = DEBUG
```

上面的代码配置只记录具体 insertArticle 语句的日志。

在日志中存在多种记录方式。在上面的配置中，记录日志级别设置为 DEBUG 表示只记录 SQL 语句、参数以及返回结果数。

设置为 TRACE 表示详细记录的日志级别，将记录操作的 SQL 语句、参数，如果是查询，则记录列名和返回记录详细信息，并返回结果数。

例如下面配置语句：

```
log4j.logger.com.zioer.dao.ArticleMapper = TRACE
```

Console output...下面部分表示输出配置，log4j. appender. stdout 部分表示输出到 Console 窗口信息及格式；log4j. appender. ToFile 部分表示输出到日志文件的设置。

以上部分是对于 MyBatis 支持日志记录的设置，尽管是针对 Log4j 的配置，但对于其他几种日志工具的配置是类似的。以上配置信息请参阅本书配套资源中的源码 6-6，源码中只保留了两个重要的配置文件，仅供参考。

## 6.8 本章小结

本章主要讲解了在 MyBatis 中一些高级用法，主要用于支持动态 SQL 的生成，最后讲解了多数据库开发支持的配置。以上知识点比较多，最好结合本书提供的源码学习，以加深印象。

# 第3篇 Activiti篇

# 第7章 Activiti基础

前面章节介绍了 Java、Spring MVC 以及 MyBatis 等知识。Activiti 是流行并重要的业务工作流程引擎，本章将详细介绍 Activiti 的一些基础性知识、环境的搭建、简单配置等。

## 7.1 工作流引擎介绍

首先理解什么是工作流。在开发业务信息系统时，很多时候会接触到工作流部分，例如，公司费用报销的基本流程如图 7-1 所示。

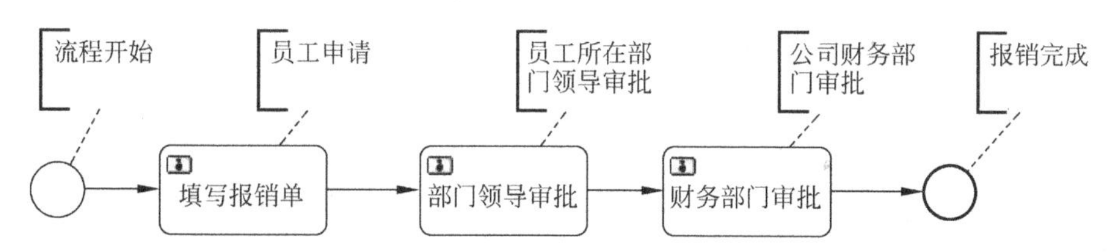


图 7-1　费用报销流程

图 7-1 所示的工作流是员工先提出费用报销申请，提交该申请给部门领导，部门领导审批后，再提交到财务部门审批，审批完成后，通知提出申请的员工可以报销，即报销流程完成。整个步骤按照正常工作方式一步步完成，这就是一个简单和完整的工作流。工作流可理解为从开始节点发起流程，然后经过其中多个节点，完成动作，最后到结束节点的整个过程。在互联网上，很常见的流程有购买物品，用户需要经过下订单、付款、收货等步骤。

在一个公司中，每一项业务从开始到结束，都可以理解为一个个工作流。例如出差申请、办公用具申请、采购物品等等。那么转换到计算机中，操作过程是：用户使用本人账户登录系统，单击创建业务流，然后下一个节点用户登录，查看相关业务流，单击完成节点处理，直到流程的结束。员工不需要知道下一个节点的处理人是谁，只需要单击“完成”按钮，工作流引擎会帮助决定下一个节点以及处理的相关人。

上面介绍的节点跳转由工作流引擎完成。在没有工作流引擎之前，处理这些动作的基本思路是创建状态，通过判断状态的方式决定某一节点由谁处理。尽管也可以采用状态的方式完成工作流引擎完成的事情，但这个处理相当烦琐，业务流程可能很复杂，状态标识位也变得异常复杂，所以后期的维护很困难。同时，要创建一个新的工作流，就需要从头开始编程。那么，工作流引擎的引入就是为了降低处理工作流节点间的流向问题的复杂性，也便于集中管理工作流。

工作流可概括为：定义了任务的触发顺序和触发条件，单个任务节点可以由一个或多个软件系统共同完成，也可由一个或一组人协作完成，还可由一人或多人与软件系统协作完成。

由此，得出工作流技术的优点是：实现了工作流程的自动化，提高了工作效率，改善了资源利用，改进了系统的灵活性和适应性，减少了时间浪费。

Activiti 是一个基于 Apache 许可的开源 BPM(业务流程管理)引擎，也是一种轻量级、可嵌入的 BPM 引擎，同时还被设计为适用于可扩展的云架构。

Activiti 具有如下特点：

➢ 开源。

这是一个开源项目，任何人都可以阅读源码，帮助理解其工作原理，并可以修改源码，应用到自己项目中。

➢ 使用 MyBatis 框架。

Activiti 重要的一点是：使用了 MyBatis 框架，加快数据的可持久化。本书前半部分曾大量介绍 MyBatis。MyBatis 的特点是轻量化，方便后期优化，上手快。

➢ 提供 Spring 融合。

Activiti 提供了与 Spring 快速融合的机制，可以很好地利用 Spring 优点，快速开发项目。

➢ 支持 BPMN 2.0 规范。

BPMN 2.0 新规范定义了规范的执行语义和格式，利用标准的图元去描述真实的业务发生过程，保证相同的流程在不同的流程引擎得到的执行结果一致，包括活动、网关和事件。

➢ 广泛的数据库支持。

目前，有多种数据库供开发人员和用户选择，Activiti 迎合需求，支持目前的主流数据库，列表如下：

- DB2
- H2
- Oracle
- MySQL
- MS SQL
- PostgreSQL

当然，不限于上面列表。

## 7.2 Activiti 下载

首先进入 Activit 的官方网站：

http://www.activiti.org/download.html

该页面提供了最新的稳定版本和一个 beta 版本，如图 7-2 所示。

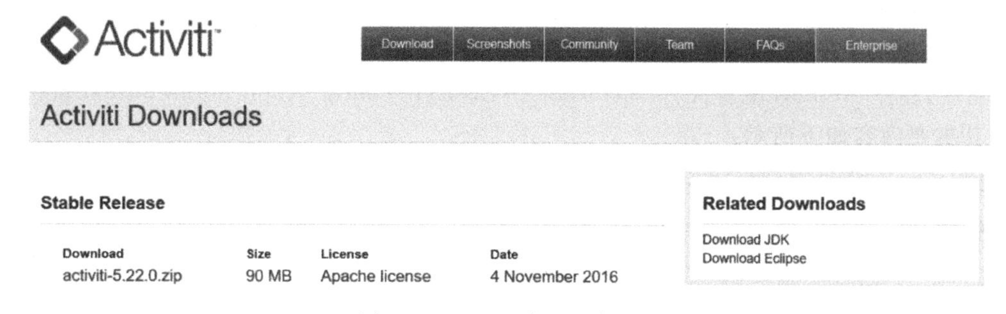


图 7-2 Activiti 官网下载页面

截至编写本书时，官网提供的稳定版本是 5.22.0。将下载后的文件包解压，得到如图 7-3 所示目录。

其中包含如下内容：

➢ database 文件夹。该文件夹中包含了需要正常运行 Activiti 的创建、修改和升级数据库 SQL 文件，包含 DB2、H2、MSSQL、MySQL、Postgres 和 Oracle 的脚步。由此可见，Activiti 支持多种数据库，实际上，并不限于以上几种数据库。其中 SQL 文件名称格式如下所示：

图 7-3 Activiti 解压后的文件夹

```
activiti.{db}.{create|drop}.{type}.sql
```

db：表示该 SQL 文件所适用的数据库，例如 mySQL、Oracle 等。

create|drop：表示该文件是用户创建、删除的 SQL。

type：表示该 SQL 文件的类型，有 engine、identity 和 history 3 类。

➢ docs 文件夹：使用帮助和 API 文档。

➢ libs：jar 包，包含编译后的 jar 包、javadoc 包和源码包 3 类。

➢ wars：可以直接使用的 activiti-explorer.war 和 activiti-rest.war。这在后面章节将逐步讲解。

## 7.3 Activiti 的安装与配置

本书基于 Spring MVC 结合 Activiti 进行讲解，所以，本节将基于 Spring MVC 讲解 Activiti 的安装与配置。

将下载的 Activiti 文件解压，查看 libs 文件夹，该目录下有 3 类文件。

➢ 以 javadoc.jar 结尾的文件：该类文件是 javadoc 帮助文件。

➢ 以 sources.jar 结尾的文件：该类文件是源码文件。

➢ 不以上面两类结尾的文件：该类文件是编译后的文件。

新建 Java Web 项目，将以上第三类文件复制到项目的 WebRoot/WEB-INF/lib 目录下，同时复制 Spring jar 文件以及其他相关 jar 包。

接着，建立项目配置文件 web. xml，配置方法在前面章节已经介绍。

然后，建立 Activiti 配置文件 WebRoot/WEB-INF/config/ApplicationContext-activiti.xml，其主要内容如下所示：

```
<!-- spring负责创建流程引擎的配置文件 -->
<bean id = "processEngineConfiguration" class =
    "org.activiti.spring.SpringProcessEngineConfiguration">
    <!-- 数据源 -->
    <property name = "dataSource" ref = "dataSource" />
    <!-- 配置事务管理器，统一事务 -->
    <property name = "transactionManager" ref = "transactionManager" />
    <!-- 设置建表策略，如果没有表，自动创建表 -->
    <property name = "databaseSchemaUpdate" value = "true" />
    <!-- 是否启动 jobExecutor -->
    <!-- <property name = "jobExecutorActivate"value = "false" /> -->
    <!-- 自动加载资源 -->
    <!-- <property name = "deploymentResources" value = "/workflow/*.bpmn" /> -->
</bean>

<!-- 创建流程引擎对象 -->
<bean id = "processEngine" class =
    "org.activiti.spring.ProcessEngineFactoryBean">
    <property name = "processEngineConfiguration"
        ref = "processEngineConfiguration" />
</bean>

<!-- 创建 activiti 提供的各种服务 -->
<!-- 工作流资源服务 -->
<bean id = "repositoryService" factory-bean = "processEngine"
    factory-method = "getRepositoryService" />
<!-- 工作流运行时服务 -->
<bean id = "runtimeService" factory-bean = "processEngine"
    factory-method = "getRuntimeService" />
<!-- 工作流任务服务 -->
<bean id = "taskService" factory-bean = "processEngine"
    factory-method = "getTaskService" />
<!-- 工作流历史数据服务 -->
<bean id = "historyService" factory-bean = "processEngine"
    factory-method = "getHistoryService" />
<!-- 工作流管理服务 -->
<bean id = "managementService" factory-bean = "processEngine"
    factory-method = "getManagementService" />
<!-- 工作流表单服务 -->
<bean id = "formService" factory-bean = "processEngine"
    factory-method = "getFormService" />
<!-- 工作流身份认证服务 -->
```

```
<bean id = "identityService" factory - bean = "processEngine"
    factory - method = "getIdentityService" />
```

由上面的配置代码可知，Acitiviti 完全支持 Spring 的 XML 配置方式，首先，创建 id 为 processEngineConfiguration 的 bean 元素，里面包含了重要内容：数据源、事务、建表策略、是否启动时加载资源等等，这里仅列出了部分配置信息，最重要的是配置数据源，可以配置多种数据源方式；接着，创建流程引擎对象 processEngine，引用了 processEngineConfiguration；最后，创建了 Activiti 常用的各类服务 bean，有助于在程序开发中直接使用，方便管理。

创建配置文件 WebRoot/WEB-INF/config/ApplicationContext-mvc. xml，其主要内容前面章节已经介绍过，在这里重要的是使用下面代码引用刚创建的 Activiti 配置文件：

```
< import resource = "ApplicationContext - activiti. xml"/>
```

这里使用了 import 元素引用配置文件 ApplicationContext-activiti. xml，将配置信息分开的好处是便于管理，引用的方式是使用 import 元素，resource 属性有多种写法，如表 7.1 所示。

**表 7.1 resource 多种写法**

| 前　缀 | 例　子 | 说　明 |
| --- | --- | --- |
| classpath: | classpath:com/zioer/config. xml | 从 classpath 中加载 |
| file: | file:/con/config. xml | 从文件系统中加载 |
| http: | http://127. 0. 0. 1:8080/index. jpg | 作为 URL 加载 |
| (none) | /con/config. xml | 根据配置文件，例如 ApplicationContext 进行判断 |

以上是主要的配置文件和信息，其他相关的配置见前面章节，在这里不再重复讲解。

下面重要的是在数据库中运行创建 Activiti 相关数据表的 SQL 语句。

在解压的 Activiti 文件夹中，打开 database 文件夹，里面又包含 3 个文件夹：

- created——初始创建时，创建 Activiti 所需数据表。
- drop——当不需要 Activiti 时，删除数据库中关于 Activiti 的数据表。
- upgrade——Activiti 版本升级时，使用该文件夹下的语句升级 Activiti 的数据表。

在这里，由于是初始创建 Activiti，打开 created 文件夹，该文件夹下提供了支持多种数据库的 SQL 文件。本书的讲解基于 MariaDB 数据库，MariaDB 实际上是 MySQL 的一个分支，所以在这里复制以 activiti. mysql. 开头的 3 个文件，即：

- activiti. mysql. create. engine. sql
- activiti. mysql. create. history. sql
- activiti. mysql. create. identity. sql

通过名称大致可以知道以上 3 个 SQL 文件的作用：一个是用于创建 engine 相关的数据表；一个是创建 history 相关的数据表；最后一个是创建 identity 相关的数据表，即用户、组和它们之间的关系表。在 MariaDB 数据库中建立测试数据库，然后分别运行以上 3 个 SQL 文件，建立后的数据库结构如图 7-4 所示。

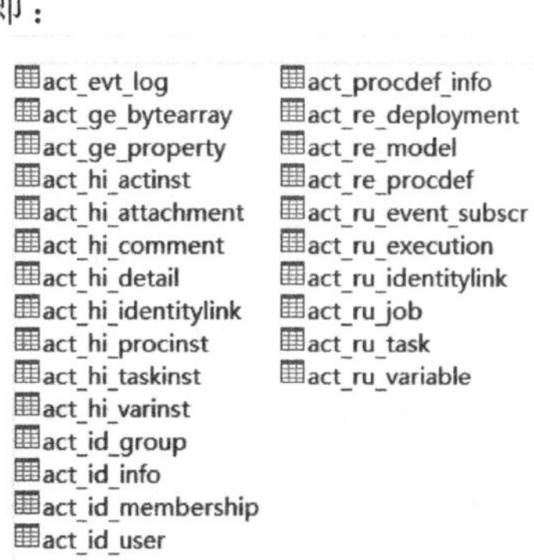


图 7-4 Activiti 相关数据表

其中，各类数据表相关含义如表 7.2 所示。

**表 7.2 数据表含义**

| 数据表前缀 | 描　述 |
|---|---|
| ACT_GE_ * | 代表 general，即通用数据 |
| ACT_ID_ * | 代表 identity，即用户、组和关系等数据表 |
| ACT_RU_ * | 代表 runtime，即存储运行时数据、用户任务、变量等 |
| ACT_RE_ * | 代表 repository，即存储过程定义、相关资源等 |
| ACT_HI_ * | 代表 history，即存储历史数据、过程实例、变量和任务等 |

至此，Activiti 的安装和配置完成。配置的详细文件及相关 jar 文件请参阅本书配套资源中的源码 7-1。

## 7.4 在 Eclipse 中安装 BPMN Designer 插件

为了使 Activiti 正常运行和发挥作用，最重要的部分是绘制流程图。在最新版本的 Activiti 中，流程图遵循 BPMN 2.0，其优点是只要是遵循该标准的流程图，基本不需要做太大修改就能运行。同时，Activiti 也开发了基于 Eclipse 的 Designer 插件。这里介绍如何在 Eclipse 中安装 Activiti 的 BPMN Designer 插件。

Eclipse 的优点是免安装使用，只需要根据计算机环境下载对应版本和安装对应的 Java 环境，就可以正常启动和运行。在 Eclipse 中安装 Activiti 的 BPMN Designer 插件的好处是，只需要下载和正确安装插件后，可以直接复制 Eclipse 文件夹到另外相同配置的计算机环境运行，减少了多次下载和安装的麻烦。

首先，下载 Eclipse。由于 Eclipse 提供了多个不同版本，所以，下载时，需要注意版本的区别。这里下载的是 Neon. 1a Release (4.6.1)，如图 7-5 所示。

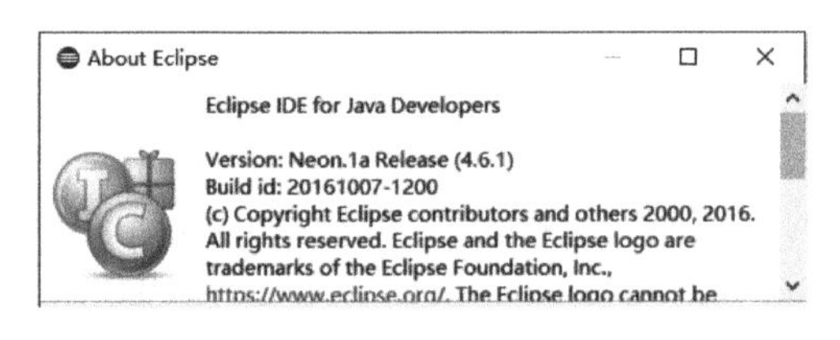


图 7-5 Eclipse 版本

安装 BPMN Designer 插件有两种方式。

一是在线安装。启动 Eclipse，依次选择 Help→Install New SoftWare，在弹出的 Install 窗口中，单击 Add 按钮，打开 Add Repository 窗口，在 Location 编辑框中填写

```
http://www.activiti.org/designer/update/
```

Name 框中可以输入任意字符串，例如 Activiti BPMN 2 Designer，以便于记忆，如图 7-6 所示。

输入完成后，单击 OK 按钮，返回至 Install 窗口，并在主框中显示可安装插件信息，选

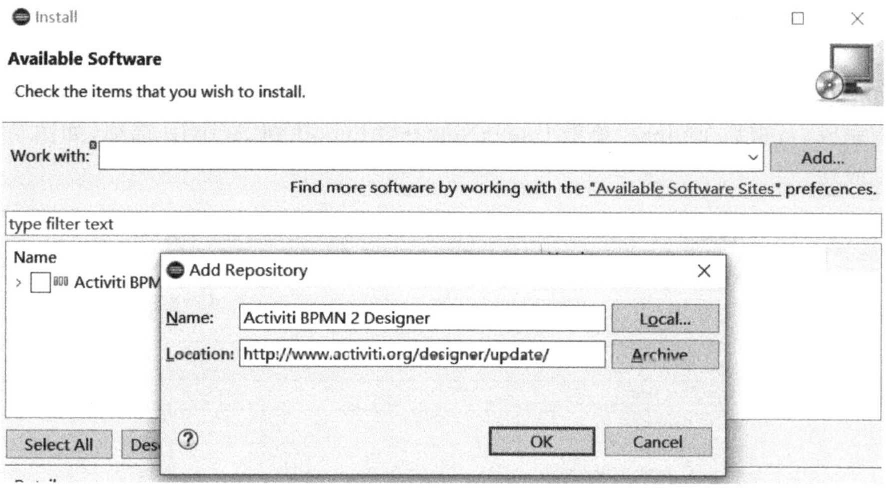

图 7-6 输入安装插件 URL 窗口

中然后单击 Next 按钮，继续安装，如图 7-7 所示。

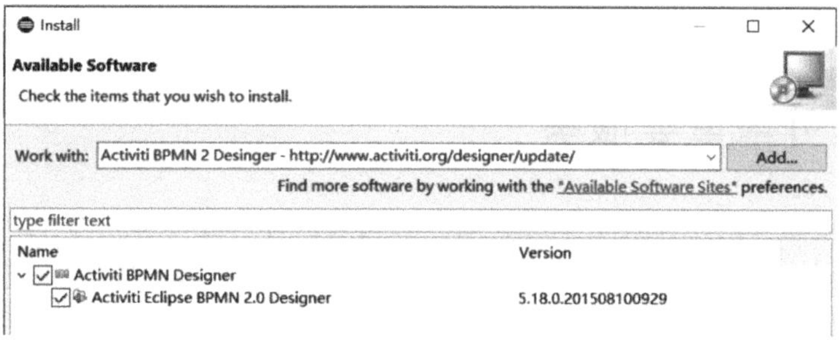

图 7-7 选择需要下载的 BPMN 插件

接着进入下载的过程，下载速度的快慢和网速有关，稍等，然后继续安装，根据提示接着单击 Next 按钮，最后会从网上下载需要的组件，如图 7-8 所示。

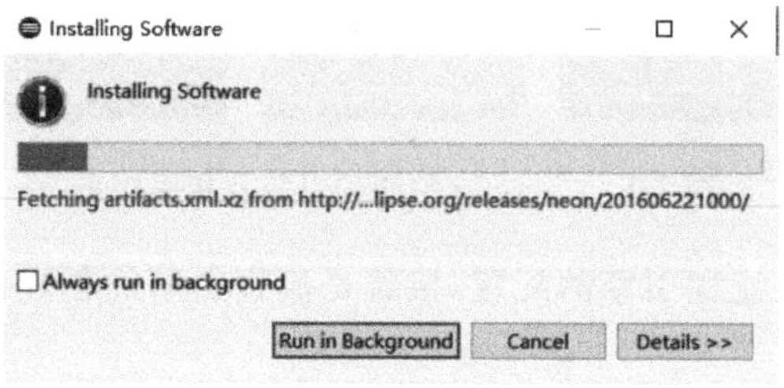

图 7-8 下载组件安装过程

下载完成后，整个安装过程便结束了。

第二种方式是离线安装。对于不能连接互联网或网速受限的情况，可以先从 Activiti 官网下载 BPMN Designer 组件，然后离线进行安装。进入如下网址：

```
http://www.activiti.org/designer/archived/
```

该页面提供了很多版本的 Designer 的下载，选择最新版本 activiti-designer-5.18.0.zip 进行下载。同样进入图 7-6 所示的安装界面，在该界面，不要输入 URL 地址，而是在该界面单击 Archive 按钮，选择刚下载的 zip 文件进行安装。安装过程和前一种安装方法类似。

安装完成后，重启 Eclipse，单击 File→New→Other，找到 Activiti 选项，如图 7-9 所示，表示安装成功。

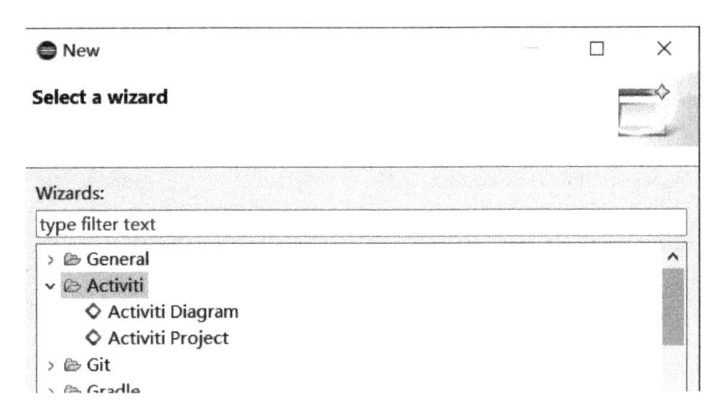


图 7-9　验证 BPMN Designer 安装成功

## 7.5　流程引擎重要服务

Activiti 中最重要的是流程引擎及其提供的相关服务。在 7.3 节中对于流程引擎和提供的服务也有所接触，本节将详细介绍这几个重要概念。Activiti 提供的流程引擎和服务关系如图 7-10 所示。

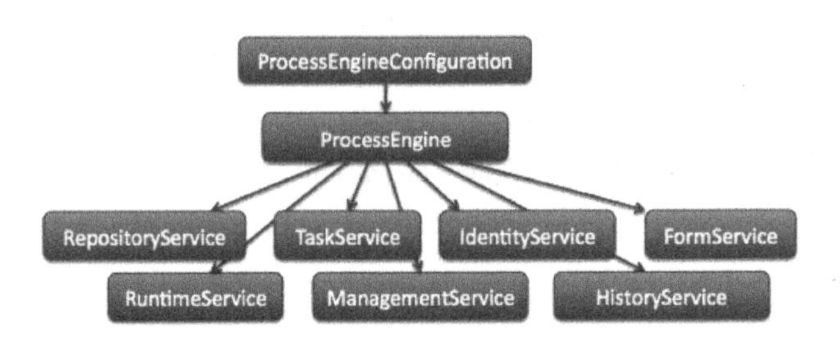


图 7-10　Activiti 中流程引擎及相关服务

在图 7-10 中，首先是流程引擎的配置，接着是流程引擎的创建。在前面的配置中，有如下语句：

```
<bean id = "processEngine" class =
    "org.activiti.spring.ProcessEngineFactoryBean">
    <property name = "processEngineConfiguration"
        ref = "processEngineConfiguration" />
</bean>
```

即配置 processEngine，接着初始化创建下面七大服务。

**RepositoryService**：该服务负责部署和流程定义。在使用 Activiti 时，最开始需要对该服务进行流程部署。流程定义实际上是 BPMN 2.0 XML 类文件，主要用于对流程定义的部署、查询和删除等操作。

**RuntimeService**：该服务用于开始一个新的流程实例。流程定义用于确定一个流程中的结构以及各个节点间行为，而流程实例则是这样一个流程定义的执行。一个流程定义可对应多个流程实例。

**TaskService**：该服务用于处理运行中的各种任务，例如查询分给用户或组的任务、创建新的任务、控制一个一个具体分配的任务、确定和完成一个任务。

**IdentityService**：该服务用于用户和组的管理，例如创建、更新、查询和删除等操作。

**HistoryService**：该服务用于 Activiti 引擎收集所有的历史数据，例如流程实例创建时间、任务创建者、任务完成耗时等等。

**FormService**：该服务用于定义一个开始表单和任务表单。开始表单是一个流程示例开始前的表单，任务表单是用户完成任务时的确认表单。该服务属于引擎的非核心服务。

**ManagementService**：该服务用于获取数据库中的表信息等。该服务属于引擎的非核心服务。

以上七大服务在前面配置文件中已定义，便于在开发中直接调用。在这里，没有深入讲解这些服务的原理，在后面的示例中，将逐步接触这些服务，以加深印象。

## 7.6　本章小结

本章初步接触 Activiti，在前面章节知识学习的基础之上，本章比较好理解，主要讲解了工作流原理和 Activiti 的介绍。本书的重点不在讲原理，故没有用大量篇幅讲解理论知识。接着讲解了 Activiti 在基于 Spring MVC 的 Java Web 项目中的安装和配置方法，如果认真将前面章节的示例一步步完成，该配置过程不是太难，并且提供了源码分析。最后讲解了 BPMN Designer 插件在 Eclipse 中的安装过程。本章的重点在于掌握 Activiti 在 Java Web 中的安装和配置，以及 BPMN Designer 插件的安装过程。千里之行始于足下，有良好的开端，才能走得更远。

# 第8章 Activiti用户管理

在 Activiti 中，用户管理是重要的一部分，在整个流程的执行过程中，都离不开和用户、组打交道。用户管理包括两部分：一是用户，二是组。本章将介绍 Activiti 中的用户管理、组管理、组和用户的关系。

## 8.1 新增用户

在 Activiti 中，用户管理用到 IdentityService 服务。在第 7 章的配置文件 ApplicationContext-activiti. xml 中，已创建了相关 bean，如下所示：

```
<bean id = "identityService" factory - bean = "processEngine"
    factory - method = "getIdentityService" />
```

这样，在需要使用该 bean 的 Java 类中，使用如下方式声明即可：

```
@Autowired
protected IdentityService identityService;
```

在上面的代码中，使用@Autowired 注解，可以省略编写 get 和 set 方法。那么，只要和用户与组相关的操作，就可直接使用该服务。

在新建的 Activiti 数据表中，用户表默认为空。下面是创建新用户的自定义方法。

```
public void createUser(IdentityService identityService, String id,
    String firstname,String lastname, String email, String password){
    //调用 newUser 方法创建 User 实例
    User user = identityService.newUser(id);
    user.setFirstName(firstname);
    user.setLastName(lastname);
    user.setEmail(email);
    user.setPassword(password);
    identityService.saveUser(user);
}
```

在以上自定义的 createUser 方法中，封装了 Activiti 提供的创建新用户的方法，首先需要在 Java 类文件头部使用下面的语句引入 Activiti User 类：

```
import org.activiti.engine.identity.User;
```

该类由 Activiti 提供，接着给创建的 user 实例赋值，最后调用 identityService 服务的 saveUser 方法，将新用户数据保存到数据表中。

那么，在需要创建新用户的地方，调用上面自定义的 createUser()方法，便可完成新用户的创建。其中，id 是关键字，如果和数据表中的该字段重复，系统将抛出异常。实际上，Activiti 封装了低层的细节，开发人员无须关心 user 是如何保存到数据表中的。

用户数据保存的数据表是 act_id_user，具表结构如图 8-1 所示。

| Name | Type | Length | Decimals | Not null | |
|---|---|---|---|---|---|
| ID_ | varchar | 64 | 0 | ☑ | 1 |
| REV_ | int | 11 | 0 | ☐ | |
| FIRST_ | varchar | 255 | 0 | ☐ | |
| LAST_ | varchar | 255 | 0 | ☐ | |
| EMAIL_ | varchar | 255 | 0 | ☐ | |
| PWD_ | varchar | 255 | 0 | ☐ | |
| PICTURE_ID_ | varchar | 64 | 0 | ☐ | |

图 8-1 用户数据表结构

如图 8-1 所示，用户数据表结构很简单，ID_为关键字，其余几个字段为一般属性。

**注意**：如果用户数据在数据表中已经存在，则方法 saveUser()也可用于更新用户记录。

## 8.2 查询用户

Activiti 引擎提供了多种查询用户的方法，下面是查询当前全部用户的方法：

```
List<User> datas = identityService.createUserQuery().list();
for(User data:datas){
    System.out.println( data.getId() + " : " + data.getFirstName()
        + " , " + data.getEmail() );
}
```

通过 Activiti 提供的查询用户的 API，可很方便地查询数据库中的全部用户。以上方法是一次性查询全部用户，但很多时候，要求分页查询用户数据，这样能加快查询进度。下面是 Activiti 提供的分页查询 API 方法：

```
int firstResult = 0;                    //查询的起始记录数
int maxResults = 10;                    //查询的每页显示记录数
List<User> datas = identityService.createUserQuery()
    .listPage(firstResult, maxResults);

for(User data:datas){
    System.out.println(data.getId() + "----- " + data.getFirstName()
        + " , " + data.getEmail());
}
```

通过 Activiti 提供的 listPage(firstResult, maxResults)方法，可以方便地实现分页查询用户数据。只需要传递查询的起始记录数和每页显示的记录数，就可以实现用户数据的分页显示。

实现了用户数据分页，开发人员还关心的是获取用户记录数的总数。其主要用于在页面进行显示时，计算分页数和显示总记录数。为此，Activiti 同样提供了获取全部记录数的方法：

```
long countSize = identityService.createUserQuery().count();
```

通过 count()方法，可得到所有的用户记录数。当用户数据量很大时，如果需要按照条件进行查询记录，例如通过 Id、email 等进行查询，Activiti 提供了多种查询方法，如表 8.1 所示。

**表 8.1 用户查询方法**

| 查询方法 | 说明 |
|---|---|
| userId(String id) | 通过指定 id 查询用户 |
| userFirstName(String firstName) | 通过指定的 firstName 查询用户 |
| userLastName(String lastName) | 通过指定的 lastName 查询用户 |
| userEmail(String email) | 通过指定的 email 查询用户 |
| memberOfGroup(String groupId) | 查询指定的 groupId 查询该组所有用户 |
| userFirstNameLike(String firstNameLike) | 通过 firstNameLike 模糊查询用户 |
| userLastNameLike(String lastNameLike) | 通过 lastNameLike 模糊查询用户 |
| userFullNameLike(String fullNameLike) | 通过 fullNameLike 模糊查询用户，实际上是同时模糊查询 firstName 和 lastName 字段 |
| userEmailLike(String emailLike) | 通过 emailLike 模糊查询用户 |

调用方法如下所示：

```
String email = "hero803@163.com";
UserQuery query = identityService.createUserQuery().userEmail(email);
List<User> datas = query.list();

for(User data:datas){
    System.out.println(data.getId() + " : " + data.getFirstName()
        + " , " + data.getEmail());
}
```

以上方法查询了指定 email 的所有用户，按照以上示例，同理可以查询其他条件的用户数据。表 8.2 所示为排序方法，如果没有指定，则默认按照关键字 Id 进行排序。

**表 8.2 用户排序方法**

| 排序方法 | 说明 |
|---|---|
| orderByUserId() | 按照 UserId 排序 |
| orderByUserFirstName() | 按照 UserFirstName 排序 |
| orderByUserLastName() | 按照 UserLastName 排序 |
| orderByUserEmail() | 按照 UserEmail 排序 |

表 8.2 所示方法默认按照升序方法进行排序，但在具体方法后面接. desc()或. asc()进行排序方式的改变，调用方法如下所示：

```
List<User> datas = identityService.createUserQuery()
    .orderByUserFirstName().desc()
    .list();

for(User data:datas){
    System.out.println( data.getId() + " : " + data.getFirstName()
        + " , " + data.getEmail() );
}
```

以上示例用于查询全部用户，并按照 FirstName 逆序方式进行排序显示。同理，可以按照其他几种排序方法进行排序。尽管上面示例中只是排序查询出的全部用户数据，但也可以应用到其他几种查询方式中。

## 8.3 修改和删除用户

修改和删除操作是很重要的操作，Activiti 提供修改用户的方法是：提取单条用户记录，编辑完成后，同样调用 saveUser 方法进行保存，示例代码如下所示：

```
public void updateUser( String id, String firstname,String lastname,
    String email, String password){
    //调用 singleResult 方法取出 User 实例
    User user = identityService.createUserQuery().userId(id).singleResult();
    user.setFirstName(firstname);
    user.setLastName(lastname);
    user.setEmail(email);
    user.setPassword(password);
    identityService.saveUser(user);
 }
```

以上创建了修改用户的方法，需要修改用户时，直接调用该方法即可。由此可知，Activiti 中提供的 saveUser 方法具有两个作用：一个是保存新用户数据，另一个是保存修改后的用户数据，但具体操作过程对用户来说都是透明的。

Activiti 提供的删除用户的方法很简单，示例代码如下所示：

```
String userId = "zioer";
identityService.deleteUser(userId);
```

在上面的代码中，在 deleteUser 方法中，只需要传递待删除用户记录的关键字 userId 即可，该传递值不能为空，如果传递的待删除用户 Id 值在用户数据表中不存在，则该命令自动忽略。

## 8.4 新增组

在任何一个企业管理系统中，组的概念很重要，可以理解为 Team 或部门等。Activiti 提供了组的管理操作，只需要通过其提供的 API 进行操作，便可完成组的相关操作。下面的示例代码是新增组的操作：

```
public void createGroup(IdentityService identityService, String id,
        String name, String type){
        //调用 newGroup 方法创建 Group 实例
        Group group = identityService.newGroup(id);
        group.setName(name);
        group.setType(type);
        identityService.saveGroup(group);
}
```

注意，在调用 Group 时，首先需要在类的头部使用下面的语句引入 Activiti 提供的 Group 类：

```
import org.activiti.engine.identity.Group;
```

在以上自定义方法中，封装了新增组的操作。在 Activiti 提供的数据表中，关于组的数据表是 act_id_group，其定义如图 8-2 所示。

| Name | Type | Length | Decimals | Not null | |
|---|---|---|---|---|---|
| ID_ | varchar | 64 | 0 | ☑ | 1 |
| REV_ | int | 11 | 0 | ☐ | |
| NAME_ | varchar | 255 | 0 | ☐ | |
| TYPE_ | varchar | 255 | 0 | ☐ | |

图 8-2 组表结构

该表定义很简单，ID_作为关键字，其余是关于组的一些属性描述，例如组的名称、组的类别等。

## 8.5 查询组

Activiti 提供了多种查询组的方法，以下代码用于查询全部的组：

```
List<Group> datas = identityService.createGroupQuery().list();

for(Group data:datas){
    System.out.println( data.getId() + " : " + data.getName()
        + " , " + data.getType());
}
```

当系统中组很多时，希望分页显示组信息。Activiti 提供了分页查询组数据的方法，下面的代码实现了分页显示组数据：

```
int firstResult = 0;
int maxResults = 10;
List<Group> datas = identityService.createGroupQuery()
    .listPage(firstResult, maxResults);

for(Group data:datas){
    System.out.println( data.getId() + " : " + data.getName()
        + " , " + data.getType());
}
```

以上代码定义了查询的首记录位置以及分页显示的记录数，接着调用 listPage()方法，实现了组数据的分页显示。

实现了组数据分页显示后，开发人员关心的还有获取全部记录总数，用于在页面显示时，计算分页数和显示总记录数。Activiti 提供了获取全部记录数的方法：

```
long countSize = identityService. createGroupQuery ().count();
```

通过 count()方法，就可得到所有的组记录数。当组数据量很大时，需要按照条件进行查询，例如通过 Id、Name 等进行查询，方法如表 8.3 所示。

**表 8.3 组查询方法**

| 查询方法 | 说明 |
|---|---|
| groupId(String groupId) | 通过指定组 Id 查询组 |
| groupName(String groupName) | 通过指定的组名 groupName 查询组 |
| groupType(String groupType) | 通过指定的组类型 groupType 查询组 |
| groupNameLike(String groupNameLike) | 通过组名称 groupNameLike，进行模糊查询 |
| groupMember(StringuserId) | 通过指定用户 Id，查询其所在的组 |

表 8.3 中查询方法的调用如下所示：

```
String groupname = "开发组";
GroupQuery query = identityService.createGroupQuery().groupName(groupname);
List<Group> datas = query.list();

for(Group data:datas){
    System.out.println( data.getId() + " : " + data.getName()
        + " , " + data.getType());
}
```

以上方法用于查询指定 groupname 的所有组，按照以上示例，同理可以查询其他条件的组数据。表 8.4 所示为排序方式，如果没有指定，则默认按照关键字 Id 进行排序。

**表 8.4 组排序方法**

| 排序方法 | 说明 |
|---|---|
| orderByGroupId() | 按照关键字 GroupId 排序 |
| orderByGroupName() | 按照组名称 GroupName 排序 |
| orderByGroupType() | 按照组类型 GroupType 排序 |

表 8.4 所示方法默认按照升序方法进行排序，但在具体方法后面可接.desc()或.asc()进行排序方式的改变，调用方法如下所示：

```
List<Group> datas = identityService.createGroupQuery()
                    .orderByGroupName().desc()
                    .list();

for(Group data:datas){
    System.out.println( data.getId() + " : " + data.getName()
        + " , " + data.getType());
}
```

以上示例用于查询全部组，并按照组名 GroupName 逆序进行排序显示。同理可以按照其他几种排序方式进行排序。

## 8.6 修改和删除组

修改组时，需要先提取组信息，更新相关信息后，调用 identityService 中的 saveGroup 方法保存修改后的组信息，示例代码如下所示：

```
public void updateGroup( String id, String name,String type){
    //调用 singleResult 方法取出 Group 实例
    Group group = identityService.createGroupQuery()
        .groupId(id).singleResult();

    group.setName(name);
    group.setType(type);
    identityService.saveGroup(group);
}
```

在以上自定义的 updateGroup 方法中，首先根据变量 id 取得唯一的 group 实例，然后更改其中属性的值，最后调用 saveGroup 方法完成 group 信息的变更。

同理，Activiti 提供了删除组的方法，示例代码如下所示：

```
String groupId = "group1";
identityService.deleteGroup (groupId);
```

以上方法很简单，只需要传递待删除组的关键字 Id 即可，该传递值不能为空，如果传递的该值在组数据表中不存在，则该命令自动忽略。

## 8.7 用户和组的关系

在 Activiti 中，用户和组之间的关系可以用如图 8-3 所示关系进行表示。

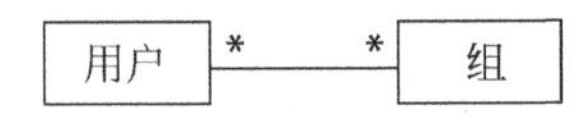


图 8-3　用户与组的关系图

如图 8-3 所示为多对多的关系，即一个用户可以属于多个组，一个组也可以包含多个用户。在实际工作中，确实也是如此，一个员工可以属于多个部门，同时一个部门也可有多个员工。

下面代码用于设置用户和组间的关系：

```
String userId = "zioer";
String groupId = "group1";
identityService.createMembership(userId, groupId);
```

以上代码调用了 identityService 中的 createMembership 方法，建立了指定用户和组的关系，注意该方法调用的用户 Id 和组 Id 都不能为空，并且必须在系统中已存在，否则该方法将抛出异常。

用户和组之间的关系使用了数据表 act_id_membership，其定义如图 8-4 所示。

| Name | Type | Length | Decimals | Not null | |
|---|---|---|---|---|---|
| USER_ID_ | varchar | 64 | 0 | ☑ | 1 |
| GROUP_ID_ | varchar | 64 | 0 | ☑ | 2 |

图 8-4　关系表数据结构图

由图 8-4 可知，用户与组关系表很简单，该表由用户数据表关键字和组数据表关键字组成，并且都不能为空。

以下方法用于删除用户与组的关系：

```
String userId = "zioer";
String groupId = "group1";
identityService.deleteMembership(userId, groupId);
```

以上代码只用于删除用户与组的关系，用户关键字 userId 和组关键字 groupId 都不能为空，如果其中一个不是系统中存在的，则该命令自动忽略。

**注意**：该命令不会删除用户或组。但当用户调用了删除用户的命令 deleteUser (userId)或删除组的命令 deleteGroup (groupId)时，同时会删除与其相关的用户和组的关系记录。

建立了用户和组之间的关系后，Activiti 提供了查询用户属于组和组中包含用户的方法，下面的代码用于获取指定用户所属的组列表：

```
String userId = "zioer";
List<Group> groupList = identityService.createGroupQuery()
        .groupMember(userId).list();

for(int i = 0;i<groupList.size();i++){
   System.out.println(groupList.get(i).getName());
}
```

在以上代码中，首先是定义变量 userId，然后通过 identityService. createGroupQuery 中的 groupMember 方法获取组列表，因为一个用户可以对应多个组，所以返回的值类型是 List。

下面的代码用于获取指定组中的用户：

```
String groupId = "groupid";
List<User> userList = identityService.createUserQuery()
        .memberOfGroup(groupId).list();

for(int i=0;i<userList.size();i++){
   System.out.println(userList.get(i).getName());
}
```

在以上代码中，首先是定义变量 groupId，然后通过 identityService.createUserQuery 中的 memberOfGroup 方法获取用户列表，因为一个组中可以包含多个用户，所以返回的值类型是 List。

## 8.8 用户附加信息

在以上的用户信息中，可能发现用户的基本信息只包含了姓名、E-mail 等，信息太少。实际上，Activiti 提供了灵活的机制，允许开发人员自定义多种用户信息，例如身份证号、性别等。

下面是创建自定义属性和值的示例代码：

```
String userId = "zioer";
identityService.setUserInfo(userId, "sex", "男");
```

以上代码中，使用了 identityService 中的 setUserInfo 方法保存附加值，该方法共有 3 个参数：第一个参数表示用户唯一 Id；第二个参数表示附加名称，上面代码中表示附加名称 sex；第三个参数表示附加值。用户可以多次重复调用该方法，如果第二个参数相同，则会使用新值替换以前的值。例如：

```
identityService.setUserInfo(userId, "sex", "女");
```

以上方法将 sex 的值替换为“女”。

下面的代码用于删除已有的附加信息：

```
identityService.deleteUserInfo(userId, "sex");
```

以上方法将删除用户 userId 中的 sex 名称及其值。

获取用户指定附加值的方法如下所示：

```
String value = identityService.getUserInfo(userId, "sex");
System.out.println(value);
```

以上代码获取了用户指定名称 sex 的值。但有时，开发人员需要通过遍历的方式获取全部附加信息，这样可以更加灵活地进行开发，以开发较通用的程序。下面代码可获取指定用户所有的附加名称：

```
String userId = "zioer";
List<String> keys =  identityService.getUserInfoKeys("");
```

通过上面的代码，可以在程序中开发更加通用的代码，附带更多的用户信息，用户附加信息存储在数据表 act_id_info 中，其数据表结构如图 8-5 所示。

| Name | Type | Length | Decimals | Not null | Virtual | |
|---|---|---|---|---|---|---|
| ID_ | varchar | 64 | 0 | ☑ | ☐ | 1 |
| REV_ | int | 11 | 0 | ☐ | ☐ | |
| USER_ID_ | varchar | 64 | 0 | ☐ | ☐ | |
| TYPE_ | varchar | 64 | 0 | ☐ | ☐ | |
| KEY_ | varchar | 255 | 0 | ☐ | ☐ | |
| VALUE_ | varchar | 255 | 0 | ☐ | ☐ | |
| PASSWORD_ | longblob | 0 | 0 | ☐ | ☐ | |
| PARENT_ID_ | varchar | 255 | 0 | ☐ | ☐ | |

图 8-5 数据表 act_id_info 结果

## 8.9 完整示例代码

在本节将演示一个完整示例，包含本章前面各节的内容，即基于 Activiti 的用户和组查询、修改和删除等的管理。

首先，建立 UserController 类，该类的作用是关于用户操作的方法。在该文件的头部使用下面的代码引入 Activiti Group 和 User 类：

```
import org.activiti.engine.identity.Group;
import org.activiti.engine.identity.User;
```

上面两个类在 UserController 类文件中会使用到，接着依据前面介绍的方法创建 createUser 和 updateUser 方法，用来创建和修改用户。下面的代码是调用创建用户方法：

```
@RequestMapping(value = "/save")
public String save(HttpServletRequest request) {
    String userid = request.getParameter("userid");
    String first = request.getParameter("first");
    String last = request.getParameter("last");
    String email = request.getParameter("email");
    String pwd = request.getParameter("pwd");
    createUser(userid,first,last,email,pwd);
    return "redirect:/user/list";
}
```

以上方法接收用户传递的值，接着调用 createUser 方法保存用户。修改用户的方法和上面的代码类似。下面代码创建了 list 页面，用于展示全部用户数据：

```
@RequestMapping(value = "/list")
public String list(Model model) {
    List<User> datas = identityService.createUserQuery().list();
    model.addAttribute("users", datas);
    return "user_list";
}
```

在上面的代码中，主要调用了 identityService. createUserQuery 中的 list 方法，获取全部用户数据，传递到页面。为了说明分页显示技术，单独创建了显示分页用户数据的方法，主要代码如下所示：

```
@RequestMapping(value = "/pagelist")
public String pagelist(Model model,HttpServletRequest request) {
    long pageSize = 10;
    long page = 0 ;
    long totalPage = 0;
    long totalRows = 0;

    long firstResult;                          //查询的起始记录数
    long maxResults = pageSize;                //查询的每页显示记录数

    totalRows = identityService.createUserQuery().count();
    …
    firstResult = pageSize * (page - 1);
    List<User> datas = identityService.createUserQuery()
        .listPage( (int)firstResult, (int)maxResults );
    …
    return "user_list2";
}
```

在上面的代码中，重点需要关注的是页面传递的页面数是否是有效的判断，使用 count 方法获取记录总数，目的是用于计算总页数，以及 firstResult 值的计算方法，最后调用 identityService. createUserQuery 中的 listPage 方法，得到分页数据。

最后，用户数据显示页面如图 8-6 所示。

图 8-6 用户信息列表

当用户单击“查看”按钮时，查看选定用户详细信息，其 Java 代码如下所示：

```
@RequestMapping(value = "/view/{id}")
public ModelAndView view(@PathVariable String id){
    ModelAndView mv = new ModelAndView();
    User data = identityService.createUserQuery().userId(id).singleResult();
    List<Group> groupList = identityService.createGroupQuery()
            .groupMember(id).list();
    mv.setViewName("user_view");
    mv.addObject("user", data);
    mv.addObject("groupList", groupList);
```

```
        return mv;
    }
```

在上面的代码中，需要关注的是，使用了 identityService. createGroupQuery() 中的 groupMember 方法，传递值为用户 Id，其用于获取当前用户所属的所有组，由于一个用户可能属于多个组，在这里使用了 List 进行保存。查看用户详细信息页面如图 8-7 所示。

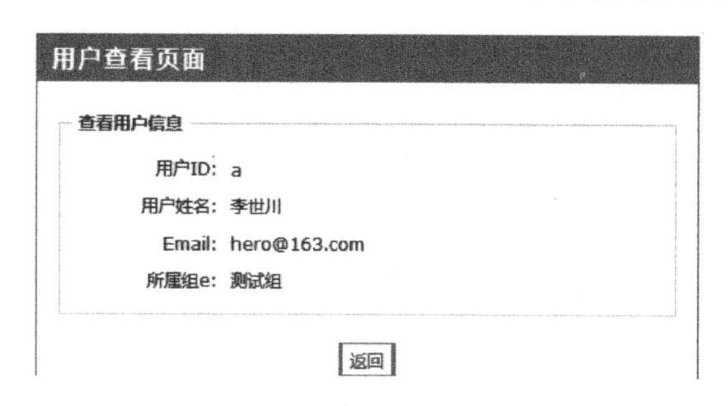


图 8-7 用户查看详细页

同样，创建组管理页面时，首先需要创建 GroupController 类的页面，需要重点说明的是，在新增组页面中，同时需要选择该组的用户，所以在 add 方法中，需要同时传递用户信息，该方法的主要代码如下所示：

```
@RequestMapping(value = "/add")
    public ModelAndView add() {
    ModelAndView mv = new ModelAndView();

    List<User> userList = identityService.createUserQuery().list();
    mv.setViewName("group_add");
    mv.addObject("userList", userList);

    return mv;
}
```

上面的代码中，获取了用户所有信息，然后传递给页面进行展示处理。该页面展示如图 8-8 所示。

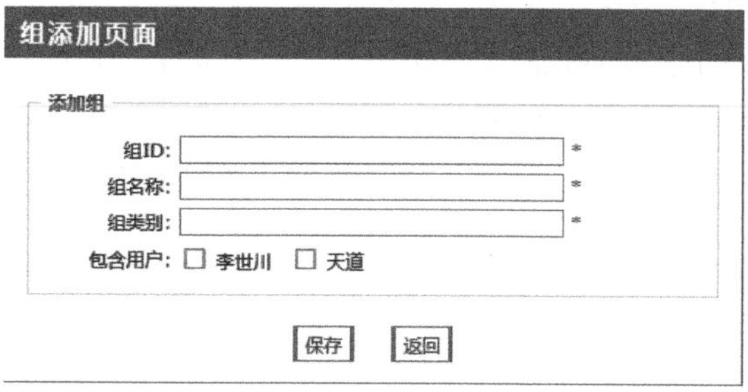

图 8-8 组添加页面

在上面的页面中，同时列出了所有用户信息，以供选择该组所包含的用户，其实在用户创建时也可指定其所属组。在这里，只是简化程序，没有在每个页面都实现一遍。

# 8.10 IdentityService 相关 API

本章讲解了 Activiti 中用户与组的操作，其主要位于 Activiti 中的 IdentityService，在前面各节中涉及了部分重要的方法，为了加深对 IdentityService 提供给开发人员方法的理解，表 8.5 列出了 IdentityService 提供的所有方法及描述。

**表 8.5 IdentityService 提供的方法列表**

| 返　回 | 方　法 | 描　述 |
|---|---|---|
| Boolean | checkPassword ( String userId, String password) | 传递用户 Id 和密码，返回该用户的密码是否正确，可用于登录系统时，检测是否合法用户 |
| GroupQuery | createGroupQuery() | 创建一个 GroupQuery |
| void | createMembership ( String userId, String groupId) | 传递一个用户 Id 和组 Id，创建它们之间的关联 |
| NativeGroupQuery | createNativeGroupQuery() | 为任务创建一个 NativeGroupQuery |
| NativeUserQuery | createNativeUserQuery() | 为任务创建一个 NativeUserQuery |
| UserQuery | createUserQuery() | 创建一个 UserQuery |
| void | deleteGroup(String groupId) | 删除一个组 |
| void | deleteMembership ( String userId, String groupId) | 传递一个用户 Id 和组 Id，删除它们之间的关联，但不删除该用户或组 |
| void | deleteUser(String userId) | 传递一个用户 Id，删除该用户 |
| void | deleteUserInfo(String userId,String key) | 传递一个用户 Id 和一个附加信息的 key，删除该用户中 key 对应的 value 记录 |
| String | getUserInfo(String userId,String key) | 传递一个用户 Id 和一个附加信息的 key，返回该用户中 key 对应的 value 值 |
| List< String > | getUserInfoKeys(String userId) | 传递一个用户 Id，返回该用户附加信息中所有的 key |
| Picture | getUserPicture(String userId) | 传递一个用户 Id，返回该用户的图片 |
| Group | newGroup(String groupId) | 创建一个给定 groupId 的组 |
| User | newUser(String userId) | 创建一个给定 userId 的用户 |
| void | saveGroup(Group group) | 保存给定的 group |
| void | saveUser(User user) | 保存给定的 user |
| void | setAuthenticatedUserId(String authenticated-UserId) | 设置用户权限，即将用户 Id 设置到当前的线程中 |
| void | setUserInfo ( String userId, String key, String value) | 保存给定用户附加信息，即传递用户 Id，key 和对应值 |
| void | setUserPicture ( String userId, Picture picture) | 保存用户图片 |

## 8.11 本章小结

本章的重点是掌握 Activiti 提供的用户和组管理，详细讲解了在 Activiti 中如何进行用户与组的新建、查询、修改和删除等方法，最后通过一个完整示例来一窥 Activiti 中用户管理和组管理的独特之处，详细代码请见本书配套资源中的源码 8-1。当然，在 Activiti 中，用户的密码没做任何处理，即以明文存储，但这同时给开发人员进行实际项目开发提供了无限空间，例如使用自有的加密方法对密码进行加密存储。

# 第9章 BPMN 2.0及第一个流程

前面章节介绍了 Activiti 的基础知识以及安装方法，本章将结合 Eclipse 介绍 Activiti 中比较重要的知识——BPMN，以及资源的部署。

## 9.1 BPMN 与 Activiti

BPMN(Business Process Modeling Notation，业务流程模型注解)是业务流程模型的一种标准图形注解，由对象管理组(Object Management Group，OMG)维护的。

BPMN 主要规范了任务类型、结构、连接方式等，提高了各个企业建立业务模型的通用性。目前最新的规范版本是 2.0。

业务流程图由一系列的图形化元素组成，它简化了模型的开发，便于业务分析员的理解。这些图形化元素规定了各自的特性。例如，矩形用于活动，菱形用于条件等。

BPMN 2.0 对流程执行语义定义了 3 类基本要素。

- 活动：工作流中具备生命周期的状态可以称为“活动”，如 Task、Sequence Flow，以及 Sub-Process 等。
- 网关：用来决定流程指向。
- 事件：例如，在流程中，每个活动的创建、开始、流转等都是流程事件。

简单理解 BPMN 三要素，其基本涵盖了业务流程常用的 Sequence Flow(流程转向)、Task(任务)、Sub-Process(子流程)、Parallel Gateway(并行执行网关)、ExclusiveGateway(排他型网关)、InclusiveGateway(包容型网关)等常用元素，如图 9-1 所示。

在图 9-1 中，活动、网关和事件都很重要，业务从开始执行到流程结束基本都会涉及这 3 类要素。

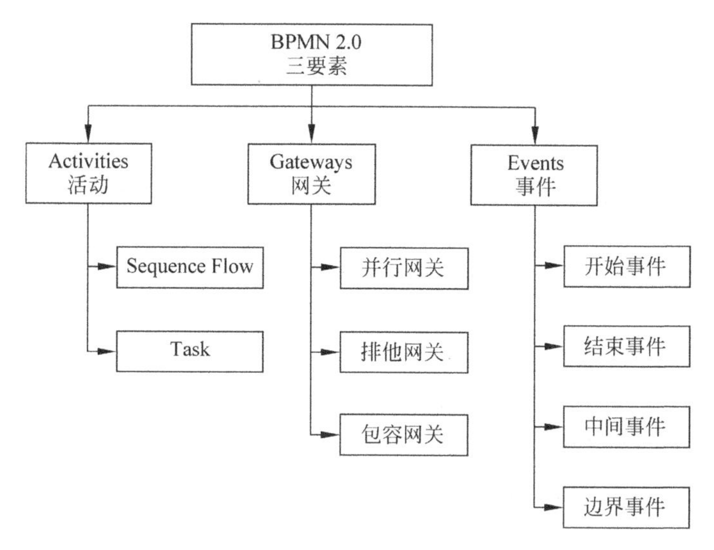


图 9-1 BPMN 的三要素

## 9.2 BPMN 的构成

BPMN 文件是以 bpmn 为后缀的文件，实际上该类型的文件是 XML 类的文件，即符合 XML 文件的规范，是一种扩展标记语言，特点是具有自我描述性，同时具有友好性，读取文件时，易于理解。

一个 BPMN 2.0 XML 流程的根元素是 definitions，所有的业务流程定义都在该根元素内。每个 process 子元素有一个 id 属性(必填)和 name 属性(可选填)。一个空的 BPMN 2.0 业务流程代码如下所示：

```
<?xml version = "1.0" encoding = "UTF - 8"?>
<definitions
    xmlns = "http://www.omg.org/spec/BPMN/20100524/MODEL"
    xmlns:xsi = "http://www.w3.org/2001/XMLSchema - instance"
    xmlns:xsd = "http://www.w3.org/2001/XMLSchema"
    xmlns:activiti = "http://activiti.org/bpmn"
    xmlns:bpmndi = "http://www.omg.org/spec/BPMN/20100524/DI"
    xmlns:omgdc = "http://www.omg.org/spec/DD/20100524/DC"
    xmlns:omgdi = "http://www.omg.org/spec/DD/20100524/DI"
    typeLanguage = "http://www.w3.org/2001/XMLSchema"
    expressionLanguage = "http://www.w3.org/1999/XPath"
    targetNamespace = "http://www.zioer.com/test">
  <process id = "myProcess" name = "My process" isExecutable = "true">
    ...
  </process>
  <bpmndi:BPMNDiagram id = "BPMNDiagram_myProcess">
    <bpmndi:BPMNPlane bpmnElement = "myProcess" id = "BPMNPlane_myProcess">
      ...
```

```
    </bpmndi:BPMNPlane>
  </bpmndi:BPMNDiagram>
</definitions>
```

在上面的代码中，process 元素包含一个流程中的所有元素，bpmndi 元素用于表示 process 元素中内容的位置描述，起辅助作用。掌握了 BPMN 的规则后，便可以正确描述一个流程。

但是，如果不借助有效的辅助工具进行编写，编写一个复杂的流程文件还是有一定难度的。所以，下面将逐步结合 Eclipse 中的 BPMN 设计工具进行讲解。

## 9.3 Activiti Designer 介绍

开始设计 BPMN 之前，需要在 Eclipse 建立 Activiti 工程，单击 File→New→Project，在弹出的 New Project 窗口中，选择 Activiti→Activiti Project，如图 9-2 所示。

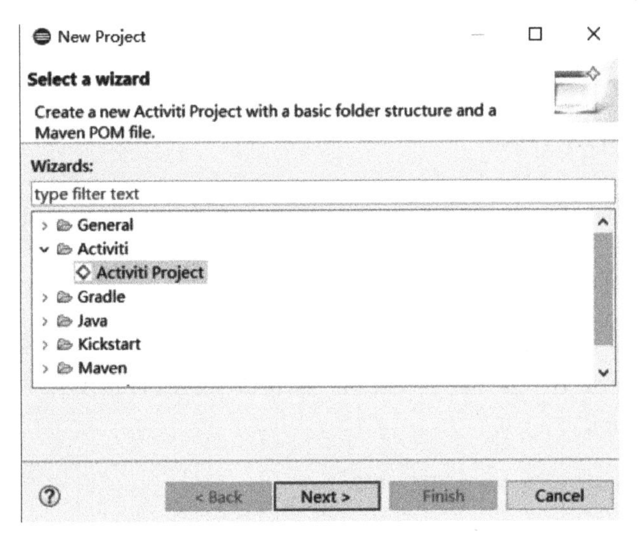


图 9-2 新建 Activiti 工程

接着，按照要求填写工程名称，单击 Finish 按钮，Eclipse 会生成一个 Activiti 项目，如图 9-3 所示，工作区自动切换至 Activiti View。

图 9-3 Activiti 项目

下面创建一个工作流。右击项目中的 diagrams 包，在弹出的快捷菜单中选择 New→Others，选择 Activiti→Activiti Diagram，输入文件名称，或者默认文件名。单击 Finish 按钮后，将在 diagrams 包中生成一个 bpmn 文件，同时在工作区中使用 Activiti Diagram Editor 打开该文件，如图 9-4 所示。

该工作区左上方空白区为主工作区，即设计区；右边为工具栏，设计工作流的所有元素都在该工具栏中，可以采用拖曳方式，将所需工具从该工具栏拖至设计区；下边为属性配置区，单击设计区中的任意元素，该配置区将显示和选定元素相关的所有属性，没有选定时，显示为该文件的主要属性，例如可以设置 Id、Name 等。

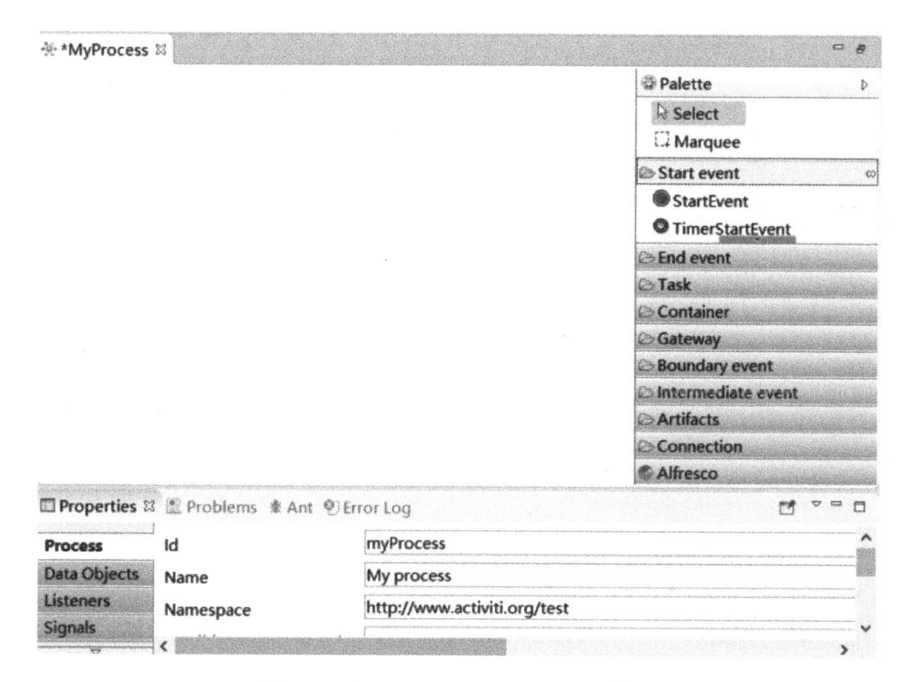


图 9-4　Activiti Diagram Editor 工作区

在工具栏的 Start event 中，单击 StartEvent 按钮，此时鼠标变成添加形状的形式，在工作区的任意位置单击，即可在工作区中添加 StartEvent 图标，将鼠标指针移至该图标上，在图标的四周将显示快捷按钮，如图 9-5 所示。

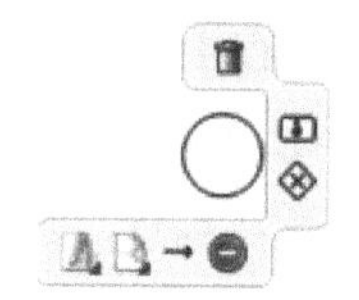

图 9-5　图标四周的快捷按钮

其实，将鼠标指针移动到工作区中的每个元素，都会显示快捷按钮，以帮助快速构建流程。快捷按钮的描述如表 9.1 所示。

**表 9.1　快捷按钮的描述**

| 图　标 | 描　述 |
| --- | --- |
| | 删除按钮。单击该图标，将提示是否删除该元素，单击 yes 按钮，将删除该图标 |
| | 新建用户任务按钮。单击该图标，将新建一个用户任务，并有一个箭头指向该用户任务。用户任务是比较常见的，并使用较多，所以在这里有个快捷按钮，帮助快速新建用户任务 |
| | 新建排他网关按钮。单击该图标，将新建一个排他网关，并有一个箭头指向该排他网关 |
| | 新建结束事件按钮。单击该图标，将新建一个结束事件图标，并有一个箭头指向该结束事件图标 |
| | 创建连接按钮。单击该按钮并将之拖曳至工作区中其他图标，然后释放，将在这两个图标间创建一条连接线 |
| | 创建新元素按钮。单击该按钮，将弹出创建相关元素的快捷菜单，如图 9-6 所示，方便直接选择并创建关联节点 |
| | 改变元素类型按钮。单击该按钮，将弹出可更改类型的菜单 |

依据前面介绍，快速创建一个只有开始事件、用户任务和结束事件的流程，如图 9-7 所示。

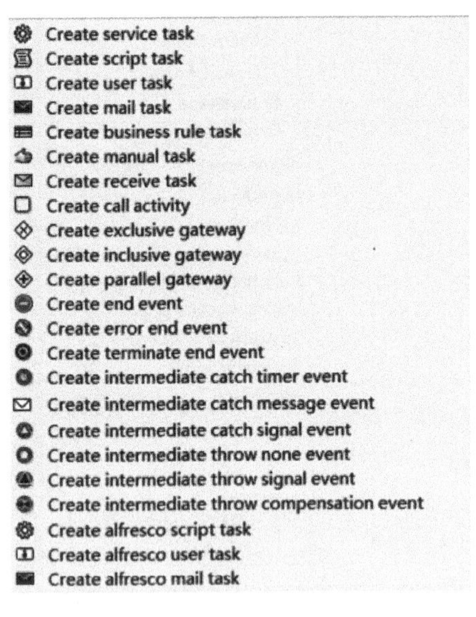


图 9-6 快捷菜单

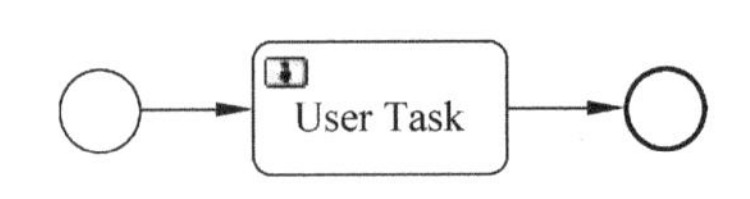


图 9-7 简单流程

保存上面创建的流程。Eclipse 提供了使用源文件查看流程图的方式，右击流程图的文件名，选择 Open With→Text Editor 命令，即使用文本方式打开流程文件，此时，文件将使用文本方式进行展示，也可进行编辑操作。其主要代码如下所示：

```
<?xml version = "1.0" encoding = "UTF - 8"?>
<definitions>
  <process id = "myProcess" name = "My process" isExecutable = "true">
    <startEvent id = "startevent1" name = "Start"></startEvent>
    <userTask id = "usertask2" name = "User Task"></userTask>
    <sequenceFlow id = "flow2" sourceRef = "startevent1"
        targetRef = "usertask2"></sequenceFlow>
    <endEvent id = "endevent1" name = "End"></endEvent>
    <sequenceFlow id = "flow3" sourceRef = "usertask2"
        targetRef = "endevent1"></sequenceFlow>
  </process>
  <bpmndi:BPMNDiagram id = "BPMNDiagram_myProcess">
    ...
  </bpmndi:BPMNDiagram>
</definitions>
```

在上面的代码中，process 元素包含了 3 个节点以及流向。具体将在后面讲解。

在 Eclipse 中设计 BPMN 时，有个额外的配置比较重要，即编辑流程文件后，保存时是否同时保存图片文件。

设置方法是：在 Eclipse 中，选择 Window→Preferences 命令，弹出 Preferences 窗口，在搜索框中输入 Acti，快速查找和定位，选择 Activiti→Save Actions，选中 Create process definition image when saving the diagram 复选框，单击 OK 按钮，保存并关闭该窗口即可。以后在保存流程文件时，将同时在同一个文件夹下保存相同文件名并以 png 结尾的图片文件。

## 9.4　开始事件

开始事件用来说明一个流程的开始。即一个流程必须以开始事件开头。在 9.3 节，已接触了开始事件的标记方法：

```
<startEvent id="startevent1" name="Start"></startEvent>
```

上面的代码是一种以正常方式启动事件的方式。为了更友好地表示不同事件，在 BPMN 中定义了多种开始事件，在 Activiti Diagram Editor 的工具栏中就可以知道有多种开始事件，如图 9-8 所示。

Start event
StartEvent
TimerStartEvent
MessageStartEvent
ErrorStartEvent
SignalStartEvent

图 9-8　开始事件

图 9-8 中所示的几种开始事件用来定义不同流程的开始方式，表 9.2 所示为这几种不同开始事件的描述。

**表 9.2　开始事件描述**

| 符号表示 | 开始事件名称 | 描　述 |
|---|---|---|
|  | 空开始事件<br>(StartEvent) | 表示这个触发器是未知或者未指定的。这是一个比较常见的事件，例如用户定义一个正常事务流程，以空开始事件开始居多 |
|  | 定时开始事件<br>(TimerStartEvent) | 用于创建定时启动流程，可用于只执行一次或者以指定时间间隔定时执行的流程 |
|  | 消息开始事件<br>(MessageStartEvent) | 用于创建以命名消息启动的流程 |
|  | 错误开始事件<br>(ErrorStartEvent) | 错误开始事件可用于触发事件子过程。错误启动事件不能用于启动流程实例 |
|  | 信号开始事件<br>(SignalStartEvent) | 信号开始事件可用于使用命名信号来启动流程实例。可以使用中间信号抛出事件或通过 API(runtimeService. signalEventReceivedXXX 方法)从流程实例内触发信号。在这两种情况下，将启动具有相同名称的信号启动事件的所有进程定义 |

Activiti 扩展了开始启动事件，为了流程正常运行，增加了下面一个重要属性。

activiti:initiator——用来标识在进程启动时将存储经过身份验证的用户标识的变量名。例如：

```
<startEvent id=" startevent1" activiti:initiator="initiator" />
```

经过身份验证的用户通过下面的方法进行赋值：

```
identityService.setAuthenticatedUserId("zioer");
```

空开始事件的 XML 表示方式如下：

```
<startEvent id="startevent1" name="my start event" />
```

Activiti 扩展了该空开始事件，加入了下面属性：

activiti:formKey——用于表示用户在启动新流程实例时必须填写的表单模板的引用。例如：

```
<startEvent id="startevent1"
    activiti:formKey="com/ziooer/taskforms/request.form" />
```

定时开始事件的 XML 表示方式如下：

```
<startEvent id="startevent1">
  <timerEventDefinition>
    <timeDate>20116-12-12T5:00:00</timeDate>
  </timerEventDefinition>
</startEvent>
```

上面标记代码表示流程在指定时间只启动一次。下面的 XML 标记表示在指定时间后每隔 10 分钟启动 5 次：

```
<startEvent id="theStart">
  <timerEventDefinition>
    <timeCycle>R5/2016-12-12T10:30/PT10M</timeCycle>
  </timerEventDefinition>
</startEvent>
```

消息开始事件的 XML 表示方式如下：

```
<startEvent id="messagestartevent1" name="Message start">
    <messageEventDefinition></messageEventDefinition>
</startEvent>
```

信号开始事件的 XML 表示方式如下：

```
<startEvent id="signalstartevent1" name="Signal start">
    <signalEventDefinition></signalEventDefinition>
</startEvent>
```

## 9.5 结束事件

结束事件表示流程或子流程的结束。流程事件都是触发事件，即流程结束时，会触发一个结果。结束事件按照不同情况也分为多种类型，可以在 Activiti Designer 中看到，如图 9-9 所示。

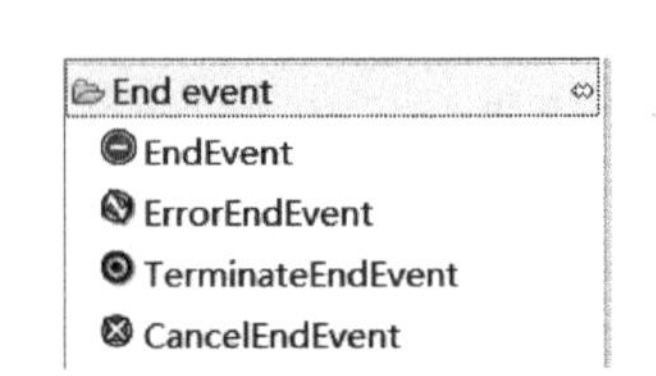


图 9-9 结束事件

表 9.3 所示为这几种结束事件的描述。

表 9.3　结束事件的描述

| 符号表示 | 结束事件名称 | 描　　述 |
| --- | --- | --- |
|  | 空结束事件<br>(EndEvent) | 表示流程或子流程结束时，不会抛出指定的结果，即引擎不会做任何处理 |
|   | 错误结束事件<br>(ErrorEndEvent) | 表示当流程执行到该事件时，将抛出一个错误结束事件，其可以被对应的中间边界事件捕获 |
|   | 中止结束事件<br>(TerminateEndEvent) | 表示当流程执行到该事件时，当前运行流程或子流程会中止 |
|   | 取消结束事件<br>(CancelEndEvent) | 表示当流程执行到该事件时，将抛出一个取消结束事件，其只能与子流程结合使用 |

空结束事件的 XML 写法如下所示：

```
<endEvent id = "endevent1" name = "End"></endEvent>
```

错误结束事件的 XML 写法如下所示：

```
<endEvent id = "errorendevent1" name = "ErrorEnd">
    <errorEventDefinition></errorEventDefinition>
</endEvent>
```

中止结束事件的 XML 写法如下所示：

```
<endEvent id = "terminateendevent1" name = "TerminateEndEvent">
    <terminateEventDefinition></terminateEventDefinition>
</endEvent>
```

取消结束事件的 XML 写法如下所示：

```
<endEvent id = "cancelendevent1" name = "CancelEnd">
    <cancelEventDefinition></cancelEventDefinition>
</endEvent>
```

## 9.6　任务

任务是指一个由人或计算设备来完成的活动，它也是流程中的关键原子级的活动。在 Activiti 中，任务具有重要的作用。同样，由于发挥作用的不同，Activiti 中的任务有多种类型，如图 9-10 所示。

任务的基本图形表示方法是单实线圆角矩形。

表 9.4 所示为任务的描述。

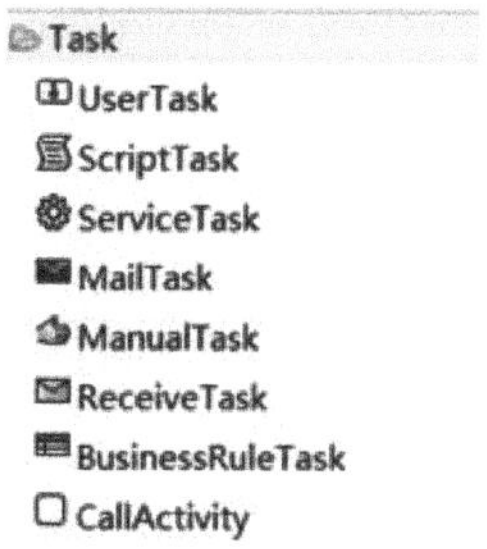

Task
UserTask
ScriptTask
ServiceTask
MailTask
ManualTask
ReceiveTask
BusinessRuleTask
CallActivity

图 9-10　任务的多种类型

表 9.4 任务的描述

| 符号表示 | 结束事件名称 | 描述 |
| --- | --- | --- |
| User Task | 用户任务（UserTask） | 设置必须由用户完成的操作，流程执行到该任务时，即创建一个新的任务，加入到分配人或组的任务列表中 |
| Script Task | 脚本任务（ScriptTask） | 表示当流程执行到该事件时，将自动执行一段脚本 |
| Service Task | 服务任务（ServiceTask） | Java 服务任务，表示当流程执行到该事件时，将调用外部 Java 类 |
| Mail Task | 邮件任务（MailTask） | 用于自动给指定人员或组发送邮件 |
| Manual Task | 手动任务（ManualTask） | 手动任务定义 BPM 引擎外部的任务，被处理为伴随活动，从流程执行到达时自动继续该过程 |
| Receive Task | 接收任务（ReceiveTask） | 接收任务是用于等待特定消息到达的简单任务 |
| Business Rule Task | 业务规则任务（BusinessRuleTask） | 业务规则任务用于同步执行一个或多个规则 |
| Call Activity | 调用活动（CallActivity） | BPMN 2.0 区分了常规子进程（通常也称为嵌入子进程）和调用活动。从概念的角度来看，当进程执行到达活动时，两者都将调用子进程 |

在实际开发中，比较常用的是用户任务。其 XML 定义表示如下代码所示：

```
<userTask id="usertask1" name="User Task"></userTask>
```

属性 id 是必需的，属性 name 是可选的。用户任务还具有很多特有属性，关于用户任务主要属性的描述如表 9.5 所示。

表 9.5 用户任务属性的描述

| 属性名称 | 描述 |
| --- | --- |
| id | 设置用户任务的唯一 Id，在开发中调用会使用到，必填 |
| name | 设置用户任务的名称 |
| activiti:assignee | 将任务分配给指定用户，可以是指定名称，或是变量，例如"${assignee}" |
| activiti:candidateUsers | 指定任务的候选人，可以是一人或多人，以符号“,”分隔 |
| activiti:candidateGroups | 指定任务的候选组，可以是一个或多个组，以符号“,”分隔 |
| activiti:dueDate | 可以用于记录在任务创建时，初始持续时间 |
| activiti:formKey | 启动新流程时，可选填的表单模板引用 |

用户任务属性中重要的属性有任务的指定用户、任务的候选人和任务的候选组。它们的区别是：任务的指定用户是该任务已经指定给指定的人员来完成操作；而任务的候选人是该任务的可能执行人，其中任何一个人都可以获取该任务，但一旦其中某一人认领了该任务，其他人便不能再认领任务了；候选组的概念类似。

如果这种方式还不能满足需求，还可以采用监听的方式进行任务的分配。关于监听将在后面章节进行讲解。

脚本任务的 XML 定义表示如下代码所示：

```
<scriptTask id = "scripttask1" name = "Script Task"
    scriptFormat = "javascript" activiti:autoStoreVariables = "false">
      <script></script>
</scriptTask>
```

脚本任务支持 JavaScript 和 Groovy，在使用时，需要使用属性 scriptFormat 标明，例如：

```
scriptFormat = "groovy"
```

属性 activiti:autoStoreVariables 表示如果在脚本任务定义中省略参数，则所有声明的变量将仅在脚本持续时间内存在。<script>中内容是具体的执行脚本。

服务任务包含 3 种类型。

一是 Java 服务任务，其 XML 标记的定义代码如下所示：

```
<serviceTask id = "servicetask1"
  name = "Service Task" activiti:class = "com.zioer.MyDelegate">
</serviceTask>
```

在上面的代码中，属性 activiti:class 需设置类的全名。

二是使用 UEL 方式表达式，其 XML 标记的定义代码如下所示：

```
<serviceTask id = "servicetask1"
    name = "Service Task" activiti:expression = "#{test.say()}">
</serviceTask>
```

上面的代码调用了一个无参数的方法，当然也可以为表达式中的方法传递参数。

三是使用表达式调用一个对象，其 XML 标记的定义代码如下所示：

```
<serviceTask id = "servicetask1" name = "Service Task"
    activiti:delegateExpression = "${delegateBean}">
</serviceTask>
```

在上面的代码中，delegateBean 是个 bean，定义在实例 spring 容器中。

## 9.7 连接

BPMN 2.0 定义了多种连接方式，连接可以理解为节点间连接的关系，从一个节点如何流向另一个节点。为了更好地表达业务，BPMN 2.0 中有如下几种连接方式。

**1. 顺序流**

顺序流表示流程中两个节点的连接，这样，流程执行完一个节点后，可以沿着外出顺序流继续执行。图形表达方式是从起点到终点的箭头，箭头指向终点，如图 9-11 所示。

图 9-11 顺序流显示

顺序流的 XML 定义代码如下所示：

```
<sequenceFlow id = "flow1" sourceRef = "servicetask1"
    targetRef = "servicetask2">
</sequenceFlow>
```

属性 id 在流程范围内是唯一的，属性 sourceRef 表示起点元素，属性 targetRef 表示终点元素，即表示从一个节点流向另一个节点。

**2. 条件顺序流**

条件顺序流即在顺序流上定义一个条件，如果该条件为真，则选择该条顺序流执行。其图形表达方式为正常顺序流，同时在起点增加一个菱形，如图 9-12 所示。

图 9-12 条件顺序流显示

条件顺序流包含了 conditionExpression 子元素，目前仅支持 tFormalExpression，示例 XML 代码如下：

```
<sequenceFlow id = "flow1" sourceRef = "servicetask1" targetRef =
"servicetask2">
    <conditionExpression xsi:type = "tFormalExpression">
        <![CDATA[具体内容]]>
    </conditionExpression>
</sequenceFlow>
```

# 9.8 第一个流程示例

前面各节介绍了 BPMN 2.0 相关的基本知识，为了更加深入地理解这些理论知识，本节将结合用户任务示例进行讲解，以加深对前面讲解的开始事件、结束事件和用户任务的理解。

为了示例的简单性，首先创建 3 个用户，如表 9.6 所示。

**表 9.6 创建用户**

| 用　户 | 描　述 |
|---|---|
| zioer | 员工 |
| lee | 部门领导 |
| lobby | 财务部门人员 |

接着，在 Activiti Designer 中创建流程图，如图 9-13 所示。

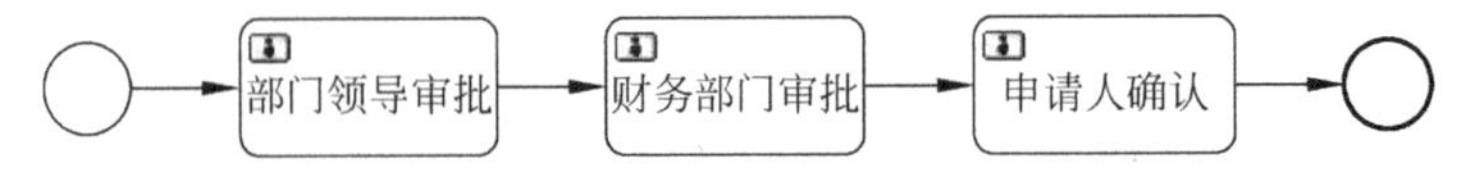


图 9-13 创建示例流程图

图 9-13 所示流程图很简单，以一条流水线作业完成业务。从开始节点创建流程开始，接着部门领导审批，完成后转交给财务部门人员审批，最后由申请人确认，完成整个业务。下面详细介绍设计过程。

开始事件的图形设计如图 9-14 所示。

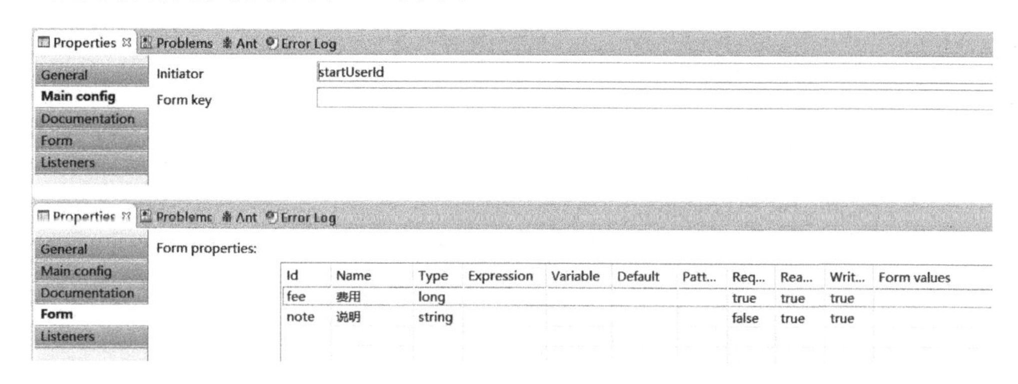


图 9-14 开始事件设计

在图 9-14 中，上半部分为 Main config 标签设计，设置其中重要的属性 initiator，该属性值具有重要性，表示事件的发起人；下半部分为 Form 标签设计，在这里使用了 Activiti 内置 Form，其特点是能够快速开发，能方便地说明本示例。对于 Activiti 中支持的表单方式将在后面章节中进行详细介绍。设计完成后，开始事件的 XML 代码如下所示：

```
<startEvent id="startevent1" name="Start" activiti:initiator="startUserId">
  <extensionElements>
    <activiti:formProperty id="fee" name="费用" type="long" required="true">
    </activiti:formProperty>
    <activiti:formProperty id="note" name="说明" type="string">
    </activiti:formProperty>
  </extensionElements>
</startEvent>
```

结合图 9-14，可很好地理解上面的 XML 代码，startEvent 元素中包含了 extensionElements 元素，而该元素的内容用于定义表单中需要的各个显示控件及说明。这里定义了两个输入控件：一个用于输入费用，另一个用于输入说明。

接着设计“部门领导审批”节点，图形设计如图 9-15 所示。

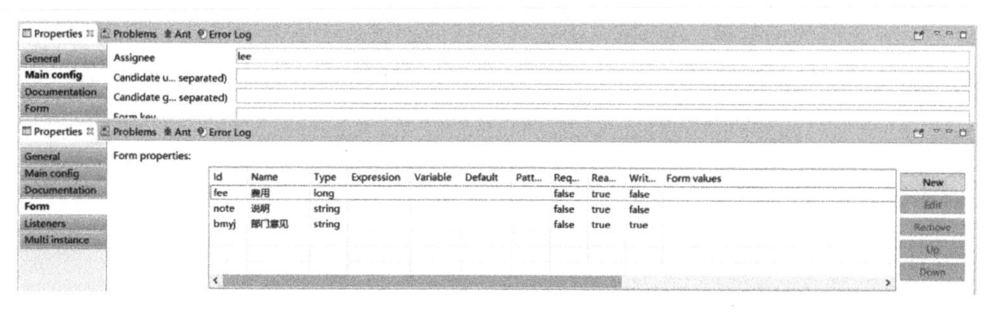


图 9-15 “部门领导审批”节点设计

在图 9-15 中，上半部分为 Main config 标签设计，其中定义了 Assignee 的属性，即表示该节点的办理人为 lee，当然直接指定办理人的方式失去了程序的灵活性，在这里只为了快速说明本示例；下半部分设计了在页面中该节点输入控件的名称、显示方式等。设计完成后，本节点用户任务的 XML 代码如下所示：

```
<userTask id = "departmentApprove" name = "部门领导审批"
   activiti:assignee = "lee">
  <extensionElements>
      <activiti:formProperty id = "fee" name = "费用"
        type = "long" writable = "false">
      </activiti:formProperty>
      <activiti:formProperty id = "note" name = "说明"
        type = "string" writable = "false">
      </activiti:formProperty>
      <activiti:formProperty id = "bmyj" name = "部门意见" type = "string">
      </activiti:formProperty>
  </extensionElements>
</userTask>
```

同理，“财务部门审批”节点和“申请人确认”节点的设计过程类似。下面的代码是第一个箭头的 XML 代码：

```
<sequenceFlow id = "flow1"
     sourceRef = "startevent1" targetRef = "departmentApprove">
</sequenceFlow>
```

上面的代码表示从源 startevent1 指向目标 departmentApprove。

以上完成了 BPMN 文件的创建，下面进行 Java 代码的开发。重要的一步是流程文件的部署。在 Activiti 中，流程部署的方式有多种，在这里采用快捷的部署方式，即让 Java 容器启动时，自动部署流程文件。

将以上设计的 BPMN 文件复制到项目的路径“/resources/workflow/”下，接着修改 Activiti 的配置文件 ApplicationContext-activiti. xml，在 id 为 processEngineConfiguration 的 bean 元素中加入下面的内容：

```
<property name = "deploymentResources" value = "classpath * :/workflow/ * .bpmn" />
```

上面 property 元素的含义是在启动时，自动部署 classpath 路径为“/workflow/”下的所有以 bpmn 为后缀的文件。Activiti 中流程文件的部署方式有多种方式，这里讲解的是最快捷的部署方式，但在实际使用中有一定的局限性，后面章节将会详细讲解流程文件的部署。

接着需要实现的是用户登录，以保证不同用户完成不同的任务。创建 LoginController. java 文件，处理用户的登录、退出等操作。该文件的主要内容如下所示：

```
@RequestMapping(value = "/")
public String add() {
    return "login";
}
```

```
@RequestMapping(value = "/out")
public String out(HttpSession session) {
    session.removeAttribute("userId");
    return "login";
}

@RequestMapping(value = "/save",method = RequestMethod.POST)
public String save(@RequestParam(value = "username") String username,
    @RequestParam(value = "password") String password,
    HttpSession session,HttpServletRequest request) {
    session.removeAttribute("userId");
    boolean canPass = identityService.checkPassword(username, password);

    if (canPass){
        session.setAttribute("userId", username);
    }else{
        return "redirect:/login/";
    }

    return "redirect:/form/list";
}
```

在上面的代码中，方法 add()用于引导访问登录页面，login.jsp 页面如图 9-16 所示。

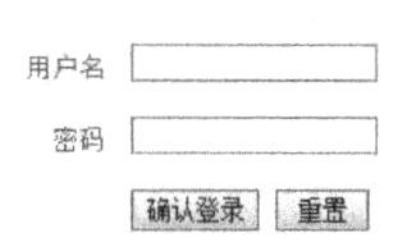


图 9-16 login.jsp 页面

在登录页面输入用户名和密码后，将访问 save()方法，该方法中首先清空 session 中的"userId"，然后使用 identityService.checkPassword()方法判断输入的用户名和密码是否正确，如果正确，将访问内容页，否则返回登录页。

接着，创建业务逻辑处理类 DyformController.java，该文件中的 add 方法用于启动流程，其代码如下所示：

```
@RequestMapping(value = "/add")
public String add(Model model,HttpSession session) {
    if (session.getAttribute("userId") == null){
        return "redirect:/login/";
```

```
        }

        ProcessDefinition processDefinition = repositoryService
            .createProcessDefinitionQuery()
            .processDefinitionKey("reimbursement")
            .latestVersion()
            .singleResult();
        StartFormData startFormData = formService
            .getStartFormData(processDefinition.getId());
        List<FormProperty> formProperties = startFormData.getFormProperties();

        model.addAttribute("list", formProperties);
        model.addAttribute("formData", startFormData);

        return "reimbursement_start";
    }
```

在上面的代码中，首先是安全性认证，如果没有用户登录，则返回登录页，接着使用repositoryService中的createProcessDefinitionQuery方法启动指定流程。注意后面的latestVersion()，表示只获取最新版本，这是由于用户在实际使用中，可能会对同一个流程文件修改后再进行部署，这样就会存在多个版本。formService. getStartFormData()表示启动指定流程的实例，startFormData. getFormProperties()表示获得其中的FormProperty。返回的页面是reimbursement_start. jsp，其主要代码如下所示：

```
<table border="0" cellpadding="2" cellspacing="1" style="width:100%">
<c:forEach items="${list}" var="var" varStatus="vs">
    <tr>
    <c:if test="${ var.getType().getName() == 'string'
        || var.getType().getName() == 'long'}">
        <td nowrap align="right" width="13%">${var.getName()}</td>
        <td><input type='text' id='${var.getId()}'
            name='${var.getId()}' value='${var.getValue()}' />
        </td>
    </c:if>
    </tr>
</c:forEach>
</table>
```

在上面的JSP页面代码中，对后台传递来的输入控件进行循环判断和输出，其显示页面如图9-17所示。

图9-17　新增页面

由此可知使用 Activiti 的内置 Form 方法控制用户输入时，需要在页面进行判断和按要求输出。在图 9-17 所示页面中，单击“保存”按钮，将触发 saveStartForm()方法，其主要代码如下所示：

```
@RequestMapping(value = "/start/save")
public String saveStartForm(Model model,
    HttpServletRequest request,HttpSession session) {
    …
    Map formProperties = PageData(request);

    try {
        identityService.setAuthenticatedUserId(userId);
        formService.submitTaskFormData(taskId, formProperties);
    } finally {
        identityService.setAuthenticatedUserId(null);
    }
    return "redirect:/form/list";
}
```

在上面的代码中，formProperties = PageData(request)用于获得页面传递的值，PageData()是自定义方法，用于获取页面的传递值；方法 setAuthenticatedUserId 用于设置流程发起人，即给 startUserId 赋值，接着使用 formService.submitTaskFormData 方法启动 Activiti 内置 Form 流程，返回到 list 方法，用于显示当前登录用户待办任务，其代码如下所示：

```
@RequestMapping(value = "/list"),
public String list(Model model,HttpSession session) {
    String userId = session.getAttribute("userId") == null ?
        null : session.getAttribute("userId").toString();
    if (userId == null){
        return "redirect:/login/";
    }
    List<Task> tasks = new ArrayList<Task>();
    //获得当前用户的任务
    tasks = taskService.createTaskQuery()
        .taskCandidateOrAssigned(userId)
        .active().orderByTaskId()
        .desc().list();

    model.addAttribute("list", tasks);

    return "reimbursement_list";
}
```

在上面的代码中，首先是安全性认证。如果没有用户登录，则返回登录页，接着使用 taskService 中的 taskCandidateOrAssigned 方法获取指定用户的待办以及分配的任务，访问页面 reimbursement_list.jsp，该页面主要内容如下所示：

```
<c:forEach items = "${list}" var = "var" varStatus = "vs">
```

```
<tr  <c:if test = "${vs.count % 2 == 0}">bgcolor = "#AAAABB"</c:if> align = "left" >
    <td>${var.id}</td>
    <td  height = "30">${var.name}</td>
    <td>${var.assignee}</td>
    <td><fmt:formatDate value = "${var.createTime}" type = "both"/></td>
    <td><a href = "<% = basePath %>form/startform/${var.id}">办理</a></td>
</tr>
</c:forEach>
```

单击“办理”链接，将访问方法 startform()，其代码如下所示：

```
@RequestMapping(value = "/startform/{taskId}")
public String StartTaskForm(@PathVariable("taskId") String taskId,
    Model model,HttpSession session) throws Exception {
    ...

    TaskFormData taskFormData = formService.getTaskFormData(taskId);

    List<FormProperty> formProperties = taskFormData.getFormProperties();
    String startUserId =
        (String) taskService.getVariable(taskId, "startUserId");
    model.addAttribute("formData", taskFormData);
    model.addAttribute("startUserId", startUserId);
    model.addAttribute("list", formProperties);

    return "reimbursement_edit";
}
```

在上面的代码中，方法 formService.getTaskFormData()用于获得指定任务的TaskFormData，接着获取其中的 FormProperty 列表，返回页面 reimbursement_edit.jsp，该页面与 reimbursement_start.jsp 页面类似，用于循环显示该任务节点内置的 Form。图 9-18 所示为 list 列表。

127.0.0.1:8080/9-1/form/list

Activiti示例-待办工作

新增流程 退出

当前用户办理工作列表

| 任务ID | 当前节点 | 办理人 | 创建时间 | 操作 |
| --- | --- | --- | --- | --- |
| 32510 | 部门领导审批 | lee | 2016-12-18 22:22:08 | 办理 |
| 27510 | 部门领导审批 | lee | 2016-12-18 11:34:48 | 办理 |
| 22510 | 部门领导审批 | lee | 2016-12-18 7:49:43 | 办理 |

图 9-18　待办工作列表

图 9-19 所示为部门领导办理页面。

以上示例代码详见本书配套资源中的源码 9-1。

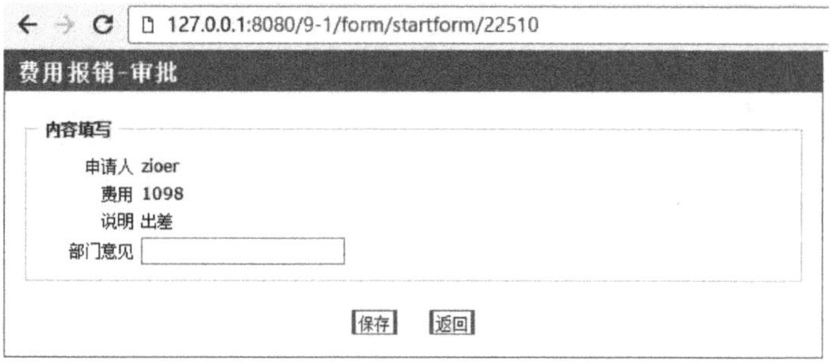

127.0.0.1:8080/9-1/form/startform/22510

费用报销-审批

内容填写

申请人 zioer

费用 1098

说明 出差

部门意见

保存 返回

图 9-19 办理页面

## 9.9 本章小结

本章讲解了 Activiti 流程相关的 BPMN 知识，但只涉及其中一部分，同时讲解了设计流程的 Activiti Designer 的使用。通过本章学习，可了解流程相关的一些基本符号及 XML 表示，在后面章节将逐渐讲解 BPMN 其他知识。为了帮助理解本章介绍的较枯燥的理论知识，完整演示了一个基于 Spring MVC 和 Activiti 的基本例子，该例子涉及了前面章节的知识，以及本章前面介绍的知识，当然只是初步接触，可以通过运行本章提供的源码进行演示和理解。运行完本章示例后，可能会产生疑问：完成后的流程怎么没有显示？这涉及 Activiti 的历史流程部分，后面章节将逐步讲解。

# 第10章 Activiti流程部署

本章将重点讲解 Activiti 中流程等资源的部署。

## 10.1 流程资源介绍

在 Activiti 中，定义了多种资源，如表 10.1 所示。

表 10.1 Activiti 的各种资源

| 名　　称 | 描　　述 |
| --- | --- |
| *.bpmn | 流程定义文件 |
| *.bpmn20.xml | 流程定义文件 |
| * .png | 流程定义文件的图片描述 |
| *.form | 表单文件 |
| * .drl | 规则定义文件 |

目前，Activiti 中资源的主要类型如表 10.1 所示，*.bpmn20.xml 和 *.bpmn 是流程定义文件，可被系统识别并进行解释，但目前最新版本的 Activiti Designer 保存的文件都是 *.bpmn，* .png 是流程定义文件的图片描述，图片内容和流程定义文件描述一致，可设置在 Activiti Designer 保存时，同时自动保存一个同名的 * .png 图片文件，目前，图片文件的后缀自动为 png。

除了上面介绍的几种资源文件外，资源文件还有两种格式：*.zip 和 *.bar，这两种资源文件主要用于打包表 10.1 所示的资源文件，以方便统一部署。例如有如下两个文件：

```
reimbursement.bpmn
reimbursement.png
```

开发人员为了方便部署，此时可以将其统一压缩为一个 zip 压缩文件，zip 压缩文件是通用的压缩格式，其优点是可以在多种操作系统下方便地进行解压缩，bar 文件也是一种压缩格式，但可以直接将后缀 zip 更改为 bar。例如，在 Windows 下，采用 WinRAR 压缩软件的压缩方法是：选中以上两个文件，然后右击，选择“添加到压缩文件”命令，弹出如图10-1所示窗口。

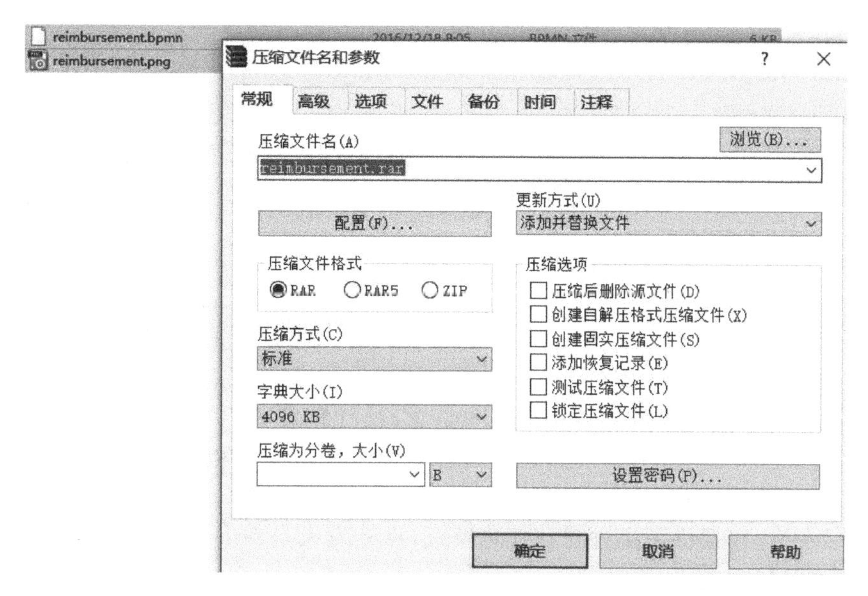


图10-1 压缩命令

修改其中的压缩文件名，并注意选择其中的压缩文件格式为ZIP，即可快速将两个文件生成为zip压缩文件。

Activiti提供了多种部署流程资源的方法，包括自动部署、classpath部署、输入流部署、zip/bar部署和上传部署等方式，下面分别进行详细介绍。

## 10.2 自动部署

在第9章的示例中，已经了解了流程的自动部署。在Activiti中，流程的自动部署方式可以加快开发系统的快速初始化、方便测试和改进实际开发完成后系统的体验。实际上，Activiti中流程是保存在数据库相应的表中，以加快流程的检索和调用。

采用自动部署方式，修改Activiti的配置文件ApplicationContext-activiti.xml，在id为processEngineConfiguration元素中增加下面内容：

```
<property name = "deploymentResources" value = "classpath * :/workflow/ * . bpmn" />
```

在上面的XML代码中，属性name为deploymentResources，表示自动部署资源，从而使Activiti随着Java服务的初次启动，执行自动部署资源代码；属性value表示待部署资源位置及文件，在这里采用classpath方式标记资源位置，文件的表示方式可以有下面几种：

*. bpmn 表示后缀为bpmn的文件；

*. form 表示后缀为form的文件；

*. * 表示所有文件；

reimbursement. bpmn 表示具体文件。

这为自动部署带来了灵活性，开发人员可根据需要进行自动部署。下面是 id 为 processEngineConfiguration 元素的完整示例代码：

```
<bean id = "processEngineConfiguration"
    class = "org.activiti.spring.SpringProcessEngineConfiguration">
    <property name = "dataSource" ref = "dataSource" />
    <property name = "transactionManager" ref = "transactionManager" />
    <property name = "databaseSchemaUpdate" value = "true" />
    <property name = "deploymentResources"
        value = "classpath * :/workflow/ * .bpmn" />
</bean>
```

上面的部署方式为默认的部署方式，即 Activiti 在自动部署时，会将匹配到的待部署文件部署为一个资源。如果开发的系统中只有一个资源组，这是一个比较好的方式，例如有流程定义文件，同时还包含 form 文件、png 文件等，这样的部署行为是比较好的方式，当然，png 文件不是必需的；如果待部署的流程定义文件没有包含 png 图片文件，Activiti 将会自动生成一个 png 图片文件。

实际上，Activiti 提供了多种自动部署模式，供开发人员在开发时，灵活进行选择应用，自动部署模式描述如表 10.2 所示。

**表 10.2　自动部署模式描述**

| 模式名称 | 描　　述 |
| --- | --- |
| default | 默认模式，将所有资源分配到一个部署资源中 |
| single-resource | 单资源模式，为每个匹配到的资源单独进行部署，产生多个部署资源 |
| resource-parent-folder | 文件夹区分资源组模式，以文件夹为资源组，为每个匹配的文件夹为部署资源组，进行资源部署 |

表 10.2 详细描述了多种自动部署模式。如果待部署资源为不同的 bpmn 流程定义文件，那么当需要部署为不同的资源时，采用 single-resource 模式最好。如果待部署的资源比较复杂，又有单个 bpmn 文件，同时还要部署包含了.form 等类型的资源组时，则有两种部署方式：一种方式是将各个待部署资源组放置到不同的文件夹中，采用 resource-parent-folder 模式进行自动部署资源；另一种方式是将各个待部署的资源组分别打包为 zip 或 bar 文件，选择 single-resource 模式进行自动部署。例如，采用 resource-parent-folder 模式进行部署的配置方法是在元素 processEngineConfiguration 中追加如下内容：

```
<property name = "deploymentMode" value = "resource - parent - folder" />
```

同时，Activiti 提供了过滤功能，以防止开发调试或实际运行中，因 Activiti 服务的重新启动而造成资源的重复部署。实际上，Activiti 在重新启动时，会扫描待自动部署文件，并和已部署文件进行比较，如果发现资源已经部署，并且没有发生过改变，则会忽略不进行重新部署；如果发生了改变，则会再进行部署，改变版本号，以和之前部署的资源进行区分。

## 10.3 classpath 部署

classpath 部署方式为采用代码进行部署，此时会接触到 RepositoryService 资源服务，下面是使用 classpath 方式部署资源的示例代码：

```
public void deployementProDef(){
    Deployment dep = repositoryService.createDeployment()
        .name("reimbursement")
        .category("http://www.zioer.com/reimbursement")
        .addClasspathResource("workflow/reimbursement/reimbursement.bpmn")
        .tenantId("AnyTenantId")
        .deploy();
    System.out.println("部署 ID: " + dep.getId());
    System.out.println("部署时间: " + dep.getDeploymentTime());
}
```

以上代码定义了部署资源方法，repositoryService.createDeployment()用于定义和创建部署对象实例，.name("reimbursement")用于定义流程资源名称，.category()用于指定用户类别，.addClasspathResource()用于加载待部署的资源，注意一次只能加载一个资源，资源路径的写法同 classpath 方式。该方法可以多次引用，所以在一个流程资源组中可能有多个资源，注意，如果没有加载 png 图片，则在部署时，会自动生成 png 图片资源，.tenantId()用于指定一个 tenant Id 值。最后.deploy()用于部署，完成 classpath 方式的部署。

上面给定的流程部署方法比较全面，但实际上在部署时，不需指定所有参数，例如，下面是简化后的部署代码：

```
public void deployementProDef(){
    Deployment dep = repositoryService.createDeployment()
        .addClasspathResource("workflow/reimbursement/reimbursement.bpmn")
        .deploy();
    System.out.println("部署 ID: " + dep.getId());
    System.out.println("部署时间: " + dep.getDeploymentTime());
}
```

即简化后的代码仅需要包含待部署的资源和部署命令即可。

## 10.4 输入流部署

Activiti 提供了按输入流(InputStream)方式部署资源。输入流的来源可以有多种，例如本地计算机、classpath 读取或是网络读取方式等。下面是读取本地计算机文件进行部署方式的示例代码：

```
public void deployementProDefByInS() throws FileNotFoundException{
    //获取资源相对路径
```

```
        String filePath = "D:/workflow/reimbursement/reimbursement.bpmn";
        FileInputStream fileInS = new FileInputStream(filePath);

        Deployment dep = repositoryService.createDeployment()
            .name("reimbursement")
            .addInputStream("reimbursement.bpmn", fileInS)
            .deploy();          //完成部署
        System.out.println("部署 ID: " + dep.getId());
        System.out.println("部署时间：" + dep.getDeploymentTime());
    }
```

在上面的自定义方法中，首先是获取服务器所在计算机的本地资源，接着创建部署对象实例，注意其中采用了 addInputStream()方法进行部署，一次只能加载一个资源，在部署中可以使用多个 addInputStream()方法，以同时部署多个资源为一个资源组。

## 10.5 zip/bar 部署

如果有多个资源需要部署为一个资源组，那么按照上面介绍的方式部署时，需要书写多次 addClasspathResource()或 addInputStream()方法，这样的问题是可能会发生漏写其中部分资源，或书写错误的情况。这时可以提前将需要部署为一个资源组的资源进行压缩打包，然后统一进行部署，其部署代码示例如下所示：

```
    public void deployementProDefByZIP() throws FileNotFoundException{
        String zipPath = "d:/reimbursement.zip";
        File f = new File(zipPath);
        InputStream in = new FileInputStream(f);

        ZipInputStream zipfileInS = new ZipInputStream(in);

        Deployment dep = repositoryService
            .createDeployment()     //获取流程定义和部署对象相关的 Service
            .name("reimbursement")
            .addZipInputStream(zipfileInS)
            .deploy();
        System.out.println("部署 ID: " + dep.getId());
        System.out.println("部署时间：" + dep.getDeploymentTime());
    }
```

在上面的代码中，首先获取了服务器所在计算机的本地文件输入流，注意该压缩包可以是 zip 或 bar 格式，接着创建 ZipInputStream 实例，最后创建部署对象实例时，使用了 addZipInputStream()方法，以部署一个压缩包格式输入流的资源组。

如果采用 classpath 方式进行部署，则将上面代码中的输入流代码更改为下面的代码：

```
    InputStream in = this.getClass()
        .getClassLoader()
        .getResourceAsStream("diagrams/helloworld.zip");
```

## 10.6 按字符串方式部署

采用字符串方式进行部署，实际是把一个字符串转换为字节流后进行部署。这也给开发人员提供了多一种部署方式。示例代码如下所示：

```
public void deployementProDefByStr() throws FileNotFoundException{
    String str =
"<?xml version=\"1.0\" encoding=\"UTF-8\"?><definitions>...</definitions>";

    Deployment deployment = repositoryService
        .createDeployment()    //获取流程定义和部署对象相关的 Service
        .name("reimbursement")
        .addString("reimbursement.bpmn", str)
        .deploy();
    System.out.println("部署 ID: " + deployment.getId());
    System.out.println("部署时间: " + deployment.getDeploymentTime());
}
```

在以上代码中，首先采用字符串形式定义了一个流程，然后创建部署对象实例，使用了addString()方法，加载刚才定义的字符串进行流程的部署。采用字符串进行部署的优点是可以通过用户界面定义一个流程，然后进行部署；或在测试时，直接将流程代码写入程序，进行流程部署。

## 10.7 动态 BPMN 模型部署

通过在程序中动态生成流程模型方式进行部署，是一种比较高级的方式。动态创建BPMN，需要在程序中指定每一个元素，并给出元素间的关系，最后将这些元素整合为一个完整的 BPMN。下面示例代码为一个完整的动态创建 BPMN 并部署的简单示例：

```
package com.zioer.controller;

import java.util.ArrayList;
import java.util.List;

import org.activiti.bpmn.model.BpmnModel;
import org.activiti.bpmn.model.EndEvent;
import org.activiti.bpmn.model.Process;
import org.activiti.bpmn.model.SequenceFlow;
import org.activiti.bpmn.model.StartEvent;
import org.activiti.bpmn.model.UserTask;
import org.activiti.engine.RepositoryService;
import org.activiti.engine.repository.Deployment;
import org.springframework.beans.factory.annotation.Autowired;
```

```
public class dyprocessController {
    @Autowired
    private RepositoryService repositoryService;

    public void deployementProDefByBPMN() {
        //创建 BPMN 模型实例
        BpmnModel bpmnModel = new BpmnModel();
        //创建开始事件
        StartEvent startEvent = new StartEvent();
        startEvent.setId("start1");
        startEvent.setName("动态创建开始节点");
        //创建用户任务
        UserTask userTask = new UserTask();
        userTask.setId("userTask1");
        userTask.setName("用户任务节点 1");
        //创建结束任务
        EndEvent endEvent = new EndEvent();
        endEvent.setId("endEvent1");
        endEvent.setName("动态创建结束节点");
        //定义连接
        List<SequenceFlow> sequenceFlows = new ArrayList<SequenceFlow>();
        List<SequenceFlow> toEnd = new ArrayList<SequenceFlow>();

        SequenceFlow s1 = new SequenceFlow();
        s1.setId("sequenceFlow1");
        s1.setName("开始节点指向用户任务节点");
        s1.setSourceRef("start1");
        s1.setTargetRef("userTask1");
        sequenceFlows.add(s1);
        SequenceFlow s2 = new SequenceFlow();
        s2.setId("sequenceFlow2");
        s2.setName("用户任务节点指向结束节点");
        s2.setSourceRef("userTask1");
        s2.setTargetRef("endEvent1");
        toEnd.add(s2);

        startEvent.setOutgoingFlows(sequenceFlows);
        userTask.setOutgoingFlows(toEnd);
        userTask.setIncomingFlows(sequenceFlows);
        endEvent.setIncomingFlows(toEnd);

        Process process = new Process();
        process.setId("process1");
        process.setName("test");
        process.addFlowElement(startEvent);
        process.addFlowElement(s1);
        process.addFlowElement(userTask);
        process.addFlowElement(s2);
        process.addFlowElement(endEvent);
        bpmnModel.addProcess(process);
        //自动布局
```

```
        new BpmnAutoLayout(bpmnModel).execute();
        //部署
        Deployment dep = repositoryService.createDeployment()
            .name("reimbursement")
            .addBpmnModel("dynamic-model.bpmn", bpmnModel)
            .deploy();  //完成部署

        System.out.println("部署 ID: " + dep.getId());        //1
        System.out.println("部署时间: " + dep.getDeploymentTime());
    }
}
```

在以上示例代码中，首先需要引入动态创建的元素，需要注意的是，应引入 org.activiti.bpmn.model.Process，因为在 Java 中有同样的元素，如果没有正确引入该元素，则会提示创建 Process 错误。方法 deployementProDefByBPMN()用于动态创建并部署，由于创建的动态模型比较简单，只包含了一个开始事件节点 startEvent、用户任务节点 userTask 和结束事件节点 endEvent，这里不再重复讲解创建过程，最后创建部署对象实例，使用了 addBpmnModel()方法，加入刚创建的动态 BPMN 模型 bpmnModel。

应重点注意的是，自动布局方法 BpmnAutoLayout()需要引入如下两个 jar 包：

```
mxgraph-all.jar
jgraphx-1.10.4.1.jar
```

以上两个 jar 包用于在自动布局中绘制 png 图。以上这种方法适合于高级应用，例如可以实现通过图形页面方式创建和部署流程。

## 10.8 相关数据表

流程部署后，流程相关的资源全部以数据流的形式存储到数据表中，实际运行中，流程的处理都是通过调用数据表中的相关资源进行处理的。下面介绍流程相关的数据表。

**1. 部署对象数据表：ACT_RE_DEPLOYMENT**

该数据表用于存放流程定义的名称、类别、tenant Id 和部署时间，部署一个流程就会增加一条记录，该表定义如图 10-2 所示。

| Name | Type | Length | Decimals | Not null | Virtual | |
|---|---|---|---|---|---|---|
| ID_ | varchar | 64 | 0 | ☑ | ☐ | 1 |
| NAME_ | varchar | 255 | 0 | ☐ | ☐ | |
| CATEGORY_ | varchar | 255 | 0 | ☐ | ☐ | |
| TENANT_ID_ | varchar | 255 | 0 | ☐ | ☐ | |
| DEPLOY_TIME_ | timestamp | 3 | 0 | ☐ | ☐ | |

图 10-2 数据表 ACT_RE_DEPLOYMENT 结构

其中，字段 ID_为关键字。

**2. 流程定义表：ACT_RE_PROCDEF**

该数据表用于存放流程定义相关的属性信息，部署的流程定义都会保存在数据表中。图 10-3 所示为其中数据记录。

| ID_ | REV_ | CATEGORY_ | NAME_ | KEY_ | VERSION_ | DEPLOYMENT_ID_ | RESOURCE_NAME_ | DGRM_RES | DESCRIPTION_ |
|---|---|---|---|---|---|---|---|---|---|
| process1:1:15009 | 1 | http://www.activiti.org/test | (Null) | process1 | 1 | 15007 | dynamic-model.bpm | (Null) | (Null) |
| process1:2:15012 | 1 | http://www.activiti.org/test | (Null) | process1 | 2 | 15010 | dynamic-model.bpm | (Null) | (Null) |

图 10-3　数据表 ACT_RE_PROCDEF 内容

在图 10-3 所示的数据表中，其中重要的有字段 DEPLOYMENT_ID_，对应的是数据表 ACT_RE_DEPLOYMENT 中的字段 ID_；字段 VERSION_表示流程版本号，当同一个流程更改后多次上传，将以版本号进行区分；字段 ID_为关键字。

**3. 资源文件表：ACT_GE_BYTEARRAY**

该数据表用于存放流程定义相关的部署信息。部署流程时，至少增加两条记录：一条记录是 BPMN 流程定义文件，一条记录是对应的 png 格式的流程图。假如在部署时，没有指定流程定义文件对应的 png 图片，则 Activiti 会在部署时解析流程定义文件内容而自动生成流程图，并以二进制形式存储在数据库中。如果部署的流程还包括其他资源，也会增加相应的记录，例如 form 表单文件等。

该数据表记录格式如图 10-4 所示。

| ID_ | REV_ | NAME_ | DEPLOYMENT_ID_ | BYTES_ | GENERATED_ |
|---|---|---|---|---|---|
| 15008 | 1 | dynamic-model.bpmn | 15007 | (BLOB) 1.25 KB | 0 |
| 15011 | 1 | dynamic-model.bpmn | 15010 | (BLOB) 1.25 KB | 0 |

图 10-4　数据表 ACT_GE_BYTEARRAY 内容

在图 10-4 所示的数据表中，字段 DEPLOYMENT_ID_对应的是数据表 ACT_RE_DEPLOYMENT 中的字段 ID_；BYTES_是存储文件的二进制。

## 10.9　解决生成图片乱码

在 Java 开发的程序中，经常伴随的是中文乱码问题。在 Activiti 中，同样存在乱码问题。产生中文乱码的地方是：部署流程后，其自动生成的 png 图片中，中文部分变成了乱码，如图 10-5 所示。

显然，在线查看时，中文部分是乱码很影响程序的功效。Activiti 中，图片的生成是在流程部署时就完成的，并将该图保存在数据表中，读取时，只是简单调用图片而已。通过查看 Activiti 中生存图片部分的源码可知，由于其默认的字体不支持中文，故造成生成图片时，中文无法正确识别。

图 10-5　部署流程图片中文乱码

解决图片生成时的中文乱码问题有下面几种方法：

手动生成图片。这种方法是在 Activiti Designer 中进行设置，即保存时，自动生成 png

图片,此种方法生成的图片,中文不会产生乱码。在部署时将流程文件 *.bpmn 和同名的 *.png 同时进行部署,Activiti 识别到有同名的 png 图时,将直接部署 png 图片,而不会再自动生成图片。这种方法的优点是:避免了乱码可能产生的干扰,对于能提前确定的流程,这种方法可行。

第二种方法是修改 Activiti 配置文件 ApplicationContext-activiti.xml,在 id 为 processEngineConfiguration 的 bean 元素中,增加如下内容:

```
<property name = "activityFontName" value = "宋体"/>
<property name = "labelFontName" value = "宋体"/>
```

修改完成并保存后,重启服务,再部署流程时,可解决中文乱码问题。注意,如果在重启之前,已经部署的流程中文还是乱码,这是因为流程图片已经产生,不会再重新生成。解决办法是重新部署。

以上元素 property 中的 value 值可配置为支持中文的任意字体,只要部署的服务器支持即可。部分计算机中,可能没有"宋体"字体,只需要替换为计算机操作系统支持汉字显示的字体即可。

第三种方法是修改 Activiti 生成图片部分的源码,但这是不值得推荐的一种方法,主要是因为不利于 Activiti 引擎的升级以及灵活性变得更差。

因此,解决图片中文乱码问题的方法推荐前两种,即部署前生成和修改 Activiti 配置文件的方法,但第二种方法并不一定能保证生成的图片中中文完全没有乱码。所以,第一种方法是最可靠的。

## 10.10 完整示例

本节的示例将完整示范流程资源部署和管理,包含本章前面各节介绍的所有知识。

首先,系统需要登录页面,登录成功后,返回到管理页面。

按照前面介绍的知识,创建 Activiti 的数据库,及运行创建数据表的 SQL 语句,在用户表插入用户,可以使用如下 Insert SQL 语句插入初始用户:

```
INSERT INTO 'test'.'act_id_user'
('ID_', 'REV_', 'FIRST_', 'LAST_', 'EMAIL_', 'PWD_', 'PICTURE_ID_')
VALUES
('zioer', '1', 'zioer', '', '', '1', NULL)
```

插入数据完成后,制作登录页面,登录页面方式前面章节已讲解过。登录后的主界面如图 10-6 所示。

主界面由 iframe 方式组成,左边显示菜单列表,右边为主要工作区域。单击"流程列表",右边主要工作区域会显示流程的列表页,如图 10-7 所示。

该页实现的功能有流程分页查看、流程记录的删除、流程的 XML 方式查看和 IMAGE 方式查看。

在源码包 com.zioer.controller 下建立控制类 ProcessController.java 文件,该文件用

图 10-6 主界面

流程管理->列表

流程列表

| ID | key | 部署ID | 名称 | 版本 | 操作 |
|---|---|---|---|---|---|
| process1:1:62504 | process1 | 62501 | test | 1 | XML查看 IMAGE查看 删除 |
| process1:2:62508 | process1 | 62505 | test | 2 | XML查看 IMAGE查看 删除 |
| reimbursement:1:57513 | reimbursement | 57510 | 费用报销 | 1 | XML查看 IMAGE查看 删除 |
| reimbursement:2:65004 | reimbursement | 65001 | 费用报销 | 2 | XML查看 IMAGE查看 删除 |

共 1 页 | 第 1 页 [首页 | 上一页 | 下一页 | 末页] 转至：

图 10-7 流程的列表页

于管理所有与流程资源相关的操作。

创建方法 listdeployed()，用于分页查看流程资源，主要代码如下所示：

```
@RequestMapping(value = "/list")
public ModelAndView listdeployed(HttpServletRequest request){
    ModelAndView mv  =  new ModelAndView();

    long pageSize  =  10;
    long page  =  0;
    long totalPage  =  0;
    long totalRows  =  0;
    long firstResult;                          //查询的起始记录数
    long maxResults  =  pageSize;              //查询的每页显示记录数
    ProcessDefinitionQuery processDefinitionQuery  =  repositoryService
           .createProcessDefinitionQuery();
    …
        List<ProcessDefinition> list  =  processDefinitionQuery
           .listPage((int)firstResult, (int)maxResults );

    mv.setViewName("process_list");
    mv.addObject("currentPage", page);
    mv.addObject("totalPage", totalPage);
    mv.addObject("data", list);
```

```
        return mv;
    }
```

在上面的示例代码中，省略了计算当前页和起始记录数的代码。在这里，开始接触ProcessDefinitionQuery类，其用于管理流程定义。首先创建实例processDefinitionQuery，调用了方法listPage()，实现数据的分页。在这里，processDefinitionQuery具有如表10.3所示的常用方法。

**表10.3 processDefinitionQuery常用方法**

| 方法 | 描述 |
| --- | --- |
| list() | 返回查询的全部记录，返回类型：List < ProcessDefinition > |
| listPage(first, max) | 返回指定起始记录，每页最大数的记录，即数据实现分页显示 |
| count() | 返回查询的记录总数 |
| orderByDeploymentId() | 查询结果集按DeploymentId排序 |
| orderByProcessDefinitionId() | 查询结果集按ProcessDefinitionId排序 |
| orderByProcessDefinitionKey() | 查询结果集按ProcessDefinitionKey排序 |
| orderByProcessDefinitionName() | 查询结果集按ProcessDefinitionName排序 |
| orderByProcessDefinitionVersion() | 查询结果集按ProcessDefinitionVersion排序 |
| orderByTenantId() | 查询结果集按TenantId排序 |
| Asc() | 查询结果集升序 |
| desc() | 查询结果集降序 |
| latestVersion() | 查询最新版本的流程定义 |
| processDefinitionId(arg0) | 查询DefinitionId为arg0的记录 |
| processDefinitionKey(arg0) | 查询DefinitionKey为arg0的记录 |
| processDefinitionName(arg0) | 查询DefinitionName为arg0的记录 |
| processDefinitionNameLike(arg0) | 查询DefinitionName包含arg0的记录 |
| processDefinitionResourceName(arg0) | 查询定义资源名称为arg0的记录 |
| processDefinitionVersion(arg0) | 查询定义版本为arg0的记录 |
| singleResult() | 查询单条记录记录 |

通过表10.3可知，processDefinitionQuery提供了很多查询用的方法，供开发人员使用，除了该表列出的方法外，还有很多类似的方法，旨在让开发人员通过Activiti提供的方法方便地操作相关数据表。

返回的页面process_list.jsp，操作返回的结果集，其主要代码如下所示：

```
<tr bgcolor = "#EEEEEE">
    <td width = "14%"> ID </td>
    <td width = "14%" height = "30"> key </td>
    <td width = "14%">部署 ID </td>
    <td >名称</td>
    <td width = "10%">版本</td>
    <td width = "25%">操作</td>
</tr>
<c:forEach items = "${data}" var = "var" varStatus = "vs">
<tr <c:if test = "${vs.count % 2 == 0}"> bgcolor = "#AAAABB"</c:if> align = "left" >
    <td height = "30">${var.id}</td>
```

```
        <td>${var.key}</td>
        <td>${var.deploymentId}</td>
        <td>${var.name}</td>
        <td>${var.version}</td>
        <td><a href =
            "<% = basePath %>process/resource/read?processDefinitionId = ${var.id}&reType =
    xml">XML 查看</a> 
            <a href =
            "<% = basePath %>process/resource/read?processDefinitionId = ${var.id}&reType =
    image">IMAGE 查看</a> 
            <a href =
            "<% = basePath %>process/delete/${var.deploymentId}">删除</a>
        </td>
    </tr>
    </c:forEach>
```

在上面的代码中，使用循环返回值 data，列出所有的部署资源记录。在该页面中单击“XML 查看”按钮，可查看其 XML 代码；单击“IMAGE 查看”按钮，可查看其图片。对应的 Java 代码如下所示：

```
@RequestMapping(value = "/resource/read")
public void readDep(@RequestParam("processDefinitionId")
    String processDefinitionId, @RequestParam("reType") String reType,
    HttpServletResponse response) throws Exception {
    ProcessDefinition processDefinition = repositoryService
        .createProcessDefinitionQuery()
        .processDefinitionId(processDefinitionId).singleResult();
    String resourceName = "";
    if (reType.equals("image")) {
        resourceName = processDefinition.getDiagramResourceName();
    } else if (reType.equals("xml")) {
        resourceName = processDefinition.getResourceName();
    }

    InputStream resourceAsStream = repositoryService
        .getResourceAsStream(processDefinition.getDeploymentId(),
            resourceName);
    byte[] b = new byte[1024];
    int len = -1;
    while ((len = resourceAsStream.read(b, 0, 1024)) != -1) {
        response.getOutputStream().write(b, 0, len);
    }
}
```

上面的代码用于读取数据表中存储的 XML 文档或 Image 图片，通过判断传递参数 reType 的值，而取 XML 或是 Image，注意取出的二进制为 InputStream。经过处理后，将直接显示在页面上，如图 10-8 所示为查看 Image 图片页面。

在图 10-7 中，单击“删除”链接，将删除该条流程资源，其对应 Java 代码如下所示：

```
@RequestMapping(value = "/delete/{deploymentId}")
```

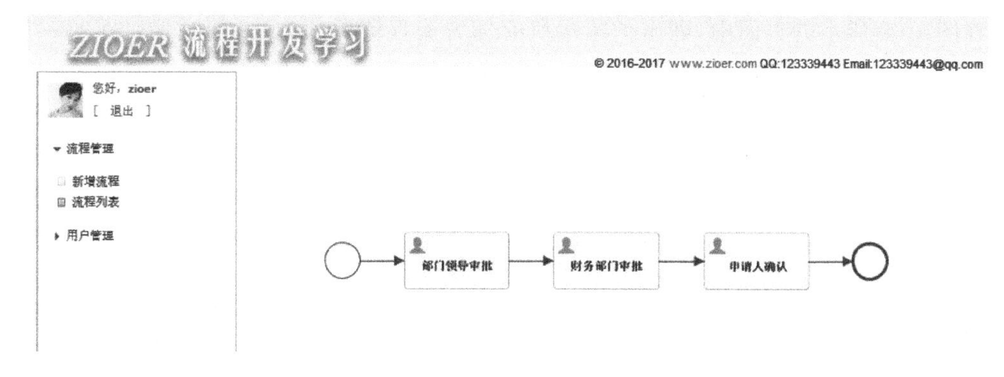


图 10-8　查看 Image 图片页面

```
public String deleteDeployed(@PathVariable String deploymentId) {
    try {
        repositoryService.deleteDeployment(deploymentId);
        //级联删除:同时删除启动的流程,删除和当前规则相关的所有信息,正在执行的流程,包括
          历史信息
        //repositoryService.deleteDeployment(deploymentId, true);
    } catch (Exception e) {

    }

    return "redirect:../list/";
}
```

上面的删除代码比较简单，值得注意的是删除有两种方式：一是普通删除，使用 deleteDeployment(deploymentId)方法，即只删除传递参数相关的资源；二是使用 deleteDeployment(deploymentId, true)删除，将同时删除运行中和历史相关的记录。

单击图 10-7 中左侧菜单的“新增流程”，将弹出新增界面，如图 10-9 所示。

流程管理->新增流程

上传新增

选择部署文件 浏览... 未选择文件。

支持文件类型 zip、bar、bpmn、bpmn20.xml

保存 返回

动态BPMN模型部署

提示：点击下面按钮，将触发动态BPMN模型，该模型写在Java代码中，请执行查看源码：

动态BPMN生成

自动部署

Activiti服务启动时，将自动进行部署，已在配置文件中元素processEngineConfiguration下，加入如下内容，同时可以参考源码配置文件

<property name="deploymentResources" value="classpath*:/workflow/*/*.*" />
<property name="deploymentMode" value="resource-parent-folder" />

图 10-9　新增流程页面

在图 10-9 所示的页面中，列出了本章所有部署流程资源的方法，同时增加了另一种常用方法，即通过页面上传资源的部署方式，主要 Java 代码如下所示：

```
@RequestMapping({"/uplaod_save"})
public String uploadDeployedsave( @RequestParam(value = "upFile",
    required = false) MultipartFile[ ] files) throws IOException{
    String fileOriginalname;

    if(files!= null&&files.length > 0){
        //循环获取 file 数组中的文件
        for(int i = 0;i < files.length;i++){
           MultipartFile file = files[i];
           fileOriginalname = file.getOriginalFilename();
            String extension = FilenameUtils.getExtension(fileOriginalname);

           InputStream fileInputStream = file.getInputStream();

           if (extension.equals("zip") || extension.equals("bar")) {
                ZipInputStream zip = new ZipInputStream(fileInputStream);
                repositoryService.createDeployment()
                    .addZipInputStream(zip).deploy();
           } else {
                repositoryService.createDeployment()
                .addInputStream(fileOriginalname, fileInputStream)
                .deploy();
           }
        }
    }
    return "redirect:list/";
}
```

在上面的示例代码中，用到了前面章节所讲的文件上传知识，在这里关键是上传文件后，判断处理的过程。实际上，上传文件后也是按照 InputStream 进行处理，这里提供了一种更加灵活的方式，即判断上传文件是否为压缩文件，如果是，则按照压缩文件来进行部署；否则按照输入流方式进行部署。代码比较好理解，主要是处理方法很重要。

## 10.11 本章小结

本章详细讲解了 Activiti 中流程资源部署的多种方式，第一印象可能是太复杂，实则是给程序开发带来了更大的灵活性。开发人员在开发中，可以根据实际需要选择其中的一种或多种部署方式进行部署和管理。本章最后结合 Spring MVC 为流程资源的部署和管理给出了完整示例，参见本书配套资源中的源码 10-1。通过示例的讲解，将有助于加深对本章知识的理解和掌握。

# 第11章 Activiti表单管理

本章讲解 Activiti 中表单的管理。表单是和用户进行交互的重要手段，为此，在 Activiti 中，提供了多种类型的表单，以便让开发人员能根据实际情况进行灵活的开发。

## 11.1 Activiti 中的表单类型

在 Web 开发中的表单，可以理解为用户交互的重要入口，用户通过表单输入，然后进行流程交互。Activiti 提供了多种类型的表单，如下所示：

- 内置表单
- 外置表单
- 业务表单

内置表单，即用 Activiti 提供的一种快速方式生成的表单。通过 Activiti 内置的多种表单元素，就可以开发出带流程管理的表单管理系统。缺点是，生成的 Web 表单界面比较单一。

外置表单，即给 Activiti 提供 Form Key，表单样式由开发人员预先确立，运行时，只需调用已设计好的 Form，完成操作。

业务表单，可理解为高级操作，只需给 Activiti 提供业务表单的关键字段，运行时，须由用户自行调用业务数据表完成操作。这需要和用户的业务系统结合。这种模式是最灵活的方式。

Activiti 提供的以上 3 种模式表单，都能完成用户的业务操作。区别在于开发人员掌握的熟练度，以及是否需要和已有的业务系统结合。简单的业务系统可以采用前两种方式完成，对于复杂的业务单据，还是采用业务表单居多。下面分别详细介绍以上 3 种表单。

## 11.2 内置表单

对内置表单在第 9 章已有了解。内置表单的优点是开发快捷。首先，了解 Activiti 内置表单支持的数据类型，如表 11.1 所示。

表 11.1 Activiti 支持的数据类型

| 数据类型 | 描述 |
| --- | --- |
| string | 字符串 |
| long | 整型 |
| enum | 枚举类型 |
| date | 日期型 |
| boolean | 布尔型 |

如果在定义数据类型时，使用了表 11.1 中没有的数据类型，那么在部署流程时，将会提示错误。

内置表单从流程定义开始事件开始进行设置和调用，下面通过扩展第 9 章中示例进行讲解。在表单属性定义中有如表 11.2 所示的配置项。

表 11.2 表单属性配置项

| 配置项 | 描述 |
| --- | --- |
| Id | 关键字描述 |
| Name | 表单属性名称 |
| Type | 数据类型 |
| Expression | 表达式 |
| Variable | 变量名称 |
| Default | 默认值 |
| Date pattern | 数据类型，例如，当数据类型为 date 时，可填写 date 类型 yyyy-MM-dd |
| Readable | 是否可读 |
| Writeable | 是否可写 |
| Required | 是否需要 |
| Form values | 当数据类型为 enum 时，为枚举值表 |

下面扩充开始事件中的 form，代码如下所示：

```
<startEvent id="startevent1" name="Start" activiti:initiator="startUserId">
    <extensionElements>
      <activiti:formProperty id="fee" name="费用" type="long"
          required="true"></activiti:formProperty>
      <activiti:formProperty id="note" name="说明"
          type="string"></activiti:formProperty>
      <activiti:formProperty id="type" name="费用类型" type="enum">
        <activiti:value id="1" name="差旅费"></activiti:value>
        <activiti:value id="2" name="书报费"></activiti:value>
        <activiti:value id="3" name="会议费"></activiti:value>
        <activiti:value id="4" name="其他费"></activiti:value>
      </activiti:formProperty>
      <activiti:formProperty id="feedate" name="发生日期"
          type="date" datePattern="yyyy-MM-dd" ></activiti:formProperty>
    </extensionElements>
</startEvent>
```

在上面的代码中，扩充了数据项，同时增加了数据类型。元素 activiti:formProperty 表示数据项，activiti:value 表示枚举值。例如 id 为 type 的数据项是枚举型，同时列举枚举值表，id 为 feedate 的数据项为日期型，同时指定日期类型为 yyyy-MM-dd。注意，以上代码格式为 XML 格式，在编辑时，更方便的方法是采用 Activiti Designer 进行图形化操作，如图 11-1 所示。

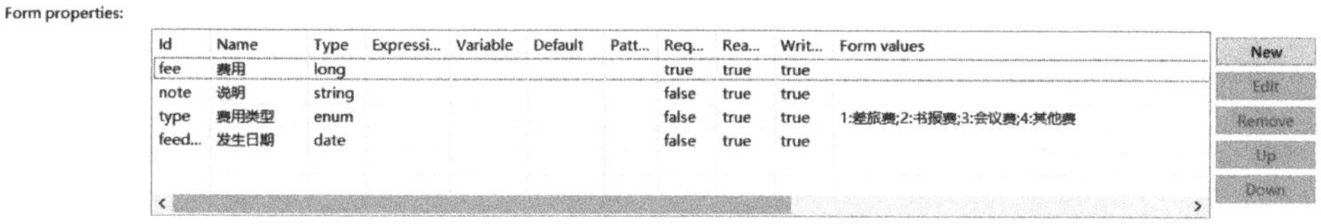

Form properties:

| Id | Name | Type | Expressi... | Variable | Default | Patt... | Req... | Rea... | Writ... | Form values |
|---|---|---|---|---|---|---|---|---|---|---|
| fee | 费用 | long | | | | | true | true | true | |
| note | 说明 | string | | | | | false | true | true | |
| type | 费用类型 | enum | | | | | false | true | true | 1:差旅费;2:书报费;3:会议费;4:其他费 |
| feed... | 发生日期 | date | | | | | false | true | true | |

New Edit Remove Up Down

图 11-1 表单数据描述

在图 11-1 中，单击 New 按钮，将弹出增加新的数据项窗口；单击列表中任一数据项，然后单击 Edit 按钮，将弹出修改该条数据记录的窗口；单击 Remove 按钮，将删除该数据记录；Up 和 Down 按钮用于调整数据项的顺序。对其他几个用户任务节点依次进行修改，修改完成后，注意保存。

**注意**：由于各个节点数据项基本相同，如果完全采用图形界面操作，工作量有所重复。简单的方法是，在 Activiti Designer 中，在左边列表中，右击流程文件，选择 Text Editor 命令打开文件，此时，可以在源码上进行复制和粘贴操作，快速完成各个节点表单数据项的修改。

修改完成后，采用第 10 章介绍的部署方法，快速进行流程部署。部署完成后，可以看到版本号发生变化，如图 11-2 所示。

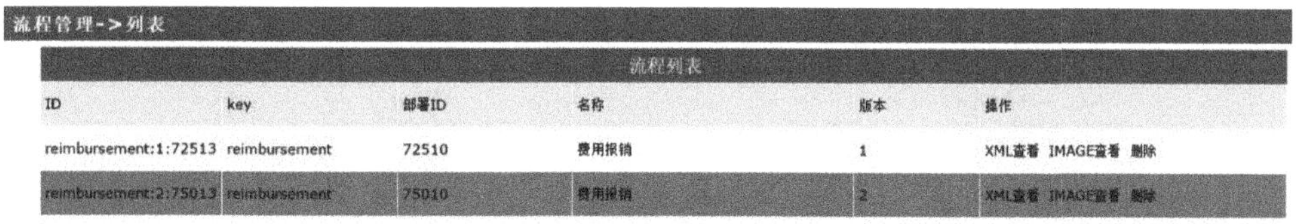

流程管理->列表

流程列表

| ID | key | 部署ID | 名称 | 版本 | 操作 |
|---|---|---|---|---|---|
| reimbursement:1:72513 | reimbursement | 72510 | 费用报销 | 1 | XML查看 IMAGE查看 删除 |
| reimbursement:2:75013 | reimbursement | 75010 | 费用报销 | 2 | XML查看 IMAGE查看 删除 |

图 11-2 部署完的流程列表

如果采用自动部署，Activiti 将发现新增流程和已部署流程有变化，此时进行新的部署，但版本号增加 1；如果采用上传部署，版本号同样会增加 1。需要提示的是，采用上传部署的方式，Activiti 将不进行校验工作，直接进行部署和版本号增加 1。

在上面的操作中，为流程增加了新的类型节点。下面修改 view 层 reimbursement_start.jsp，用以完善各种类型表单数据项的显示，下面是其主要代码：

```
<table border = "0" cellpadding = "2" cellspacing = "1" style = "width:100 % ">
<c:forEach items = " $ {list}" var = "var" varStatus = "vs">
<tr>
<c:choose>
    <c:when test = " $ { var.type.name == 'enum' }">
        <td nowrap align = "right" width = "13 % "> $ {var.getName()}</td>
        <td>
        <c:choose>
        <c:when test = " $ { var.isWritable()}">
```

```
                <select id = "${var.id}" name = "${var.id}">
                <c:forEach items = "${var.getType().getInformation('values')}"
var = "var2" varStatus = "vs2">
                    <option value = "${var2.key}">${var2.value}</option>
                </c:forEach>
                </select>
            </c:when>
            <c:otherwise>
                ${var.value}
            </c:otherwise>
            </c:choose>
            </td>
        </c:when>
        <c:when test = "${ var.type.name  == 'date' }">
            <td nowrap align = "right" width = "13%">${var.getName()}</td>
            <td>
            <c:choose>
                <c:when test = "${ var.isWritable()}">
                    <input type = 'text' id = '${var.id}' name = '${var.id}'
value = '${var.value}' onClick = "WdatePicker()"/>
                </c:when>
                <c:otherwise>
                    <c:forEach
items = "${var.getType().getInformation('values')}" var = "var2" varStatus = "vs2">
                        <c:if test = "${var.value  ==  var2.key}">
                            ${var2.value}
                        </c:if>
                    </c:forEach>
                </c:otherwise>
            </c:choose>
            </td>
        </c:when>
        <c:otherwise>
            <td nowrap align = "right" width = "13%">${var.name}</td>
            <td>
            <c:choose>
                <c:when test = "${ var.isWritable()}">
                    <input type = 'text' id = '${var.id}' name = '${var.id}'
value = '${var.value}' />
                </c:when>
                <c:otherwise>
                    ${var.value}
                </c:otherwise>
            </c:choose>
            </td>
        </c:otherwise>
</c:choose>
</tr>
</c:forEach>
</table>
```

上面的代码主要循环处理表单数据项，并且判断各种情况。一是判断数据类型是否为enum，如果是enum类型，则需要循环取出其枚举值表。这里用到了方法 var. getType(). getInformation('values')，该方法用于取出枚举值表，同时该方法也可用于取出数据类型：var. getType(). getInformation('datePattern')，例如，为了规范用户输入日期类型，这里使用了日期弹出控件，实现快速输入日期。注意枚举类型列表的显示方法。同时，还需要使用 var. isWritable()判断该数据项是否可写，如果不可写，则直接输出显示该数据项即可。例如，用户提交申请后，部门领导只能查看数据项，没有修改权限，所以，在这里判断数据项是否可写在流程管理中很重要。同理，var. isReadable()用于判断该数据项是否可读，var.. isRequired()用于判断数据项是否必须填写，这两个数据项的属性具有重要作用，限于篇幅，在上面的示例代码中，没有进行演示。

运行上面的示例代码，则用户在新增表单时的界面如图 11-3 所示。

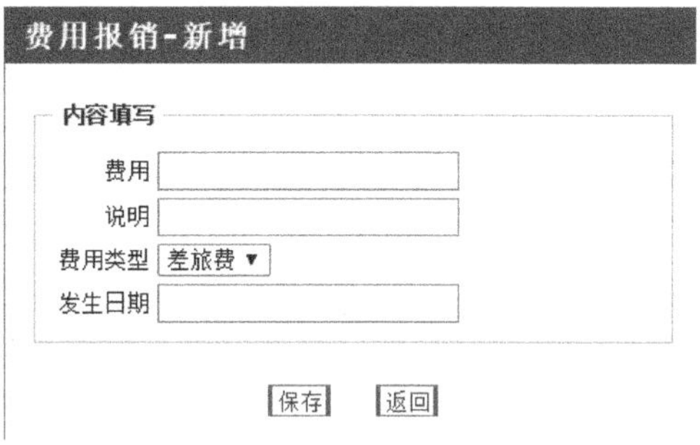

图 11-3 新增表单界面

同理，view 层 reimbursement_edit. jsp 修改方法如上。下面创建"我的历史"菜单，用于查看当前用户创建的流程的进度以及历史记录。

为了查看当前用户的流程以及历史记录，需要用到 historyService，该服务主要用于历史记录数据的查看等操作。首先，在 DyformController. java 文件中创建获取当前用户历史数据的方法，示例代码如下：

```
@RequestMapping(value = "/hlist")
public String historylist(Model model,HttpSession session) {
    String userId = session.getAttribute("userId") == null ? null :
        session.getAttribute("userId").toString();
    if (userId == null){
        return "redirect:/login/";
    }

    List<Map> hlist = new ArrayList<Map>();
    List historylist = historyService.createHistoricProcessInstanceQuery()
            .startedBy(userId).list();

    for (int i = 0;i<historylist.size();i++){
        Map<String, Object> map = new HashMap<String, Object>();
        HistoricProcessInstanceEntity hpe =
            (HistoricProcessInstanceEntity) historylist.get(i);
```

```
            map.put("id", hpe.getId());
            map.put("startUserId", hpe.getStartUserId());
            map.put("processInstanceId", hpe.getProcessInstanceId());
            map.put("endTime", hpe.getEndTime());
            map.put("startTime", hpe.getStartTime());
            if (hpe.getEndTime() == null){
                Task task =  taskService.createTaskQuery()
                    .processInstanceId(hpe.getProcessInstanceId())
                    .active().singleResult();
                if (task != null){
                    map.put("name", task.getName());
                }
            }else{
                map.put("name", "已完成");
            }
            hlist.add(map);
        }

        //获得当前用户的任务
        model.addAttribute("list", hlist);

        return "reimbursement_hlist";
    }
```

在上面的代码中，创建了变量 hlist，用于存储当前用户的所有相关记录；接着，使用 historyService.createHistoricProcessInstanceQuery()方法创建了获取历史数据的实例，方法 startedBy()表示由哪个用户创建的实例。在这里传递的 userId 表示当前登录的用户即可获取到当前用户创建的所有历史记录，包括完成和未完成的流程。

然后，通过循环处理，获取当前流程的属性，判断属性 endTime 是否为空，可以获知当前流程是否已经结束，如果当前流程未完成，还需要通过获取任务，得到当前所处节点。最后，传递变量 hlist 到 view 层，即 reimbursement_hlist.jsp，该 view 页面的处理就简单多了，主要代码如下所示：

```
<c:forEach items="${list}" var="var" varStatus="vs">
    <tr  <c:if test="${vs.count % 2 == 0}"> bgcolor="#AAAABB"</c:if>
        align="left" >
    <td>${var.id}</td>
    <td  height="30">${var.processInstanceId}</td>
    <td><fmt:formatDate value="${var.startTime}" type="both"/></td>
    <td><fmt:formatDate value="${var.endTime}" type="both"/></td>
    <td>${var.name}</td>
    <td><a href="<% =basePath %>form/hview/${var.processInstanceId}">
        查看</a></td>
    </tr>
</c:forEach>
```

在上面的代码中，主要通过 JSTL 循环处理传递到页面的值 list，显示流程的一些基本信息，运行该页面，结果如图 11-4 所示。

由图 11-4 可知当前用户分别有一个已完成和未完成的流程，同时，可以获知当前所处

费用报销管理-我的历史

| 我的工作历史列表 | | | | | |
|---|---|---|---|---|---|
| 任务ID | 实例ID | 开始时间 | 结束时间 | 当前节点 | 操作 |
| 75029 | 75029 | 2016-12-30 19:31:00 | 2016-12-30 19:41:37 | 已完成 | 查看 |
| 75056 | 75056 | 2016-12-30 20:42:52 | | 财务部门审批 | 查看 |

图 11-4　“我的历史”页面

节点位置。为了进一步完善，用户还需要知道流程的用户详细信息，即当用户单击“查看”按钮时，能获取历史表单的详细信息。

首先，在控制类 DyformController. java 文件中创建获取当前历史流程详细数据的方法，示例代码如下：

```
@RequestMapping(value = "/hview/{pId}")
public String historyView(@PathVariable("pId") String pId,
Model model,HttpSession session) {
    String userId = session.getAttribute("userId") == null ? null :
        session.getAttribute("userId").toString();
    if (userId == null){
        return "redirect:/login/";
    }

    List<HistoricDetail> details = historyService
            .createHistoricDetailQuery()
            .processInstanceId(pId)
            .orderByTime().asc()
            .list();

    model.addAttribute("list", details);
    return "reimbursement_hview";
}
```

在上面的代码中，获取历史表单数据项的方法是

```
historyService.createHistoricDetailQuery().processInstanceId(pId)
```

该方法能获取历史变量。实际上，在代码中，还应该和方法 formService. getStartFormData()进行结合，以获取表单属性的详细信息。这里只是简单地传递变量名称和值到页面 reimbursement_hview. jsp。运行后如图 11-5 所示。

了解 formService. getStartFormData() 的用法，请看本书配套资源中的源码 DyformController. java 文件中的方法 add()。

至此，便完成了内置表单的完整示例。

**注意**：使用内置表单进行流程设计时，如果设计表单时使用 date 类型，就会定义 date 数据类型，其默认形式为 dd/MM/yyyy，但这不符合我们的习惯，解决方法有两种：一种方式是在定义流程文件时，设置 datePattern="yyyy-MM-dd"；另一种方式是在配置文件中进行设置，代码如下所示：

```
<bean id = "processEngineConfiguration" class =
```

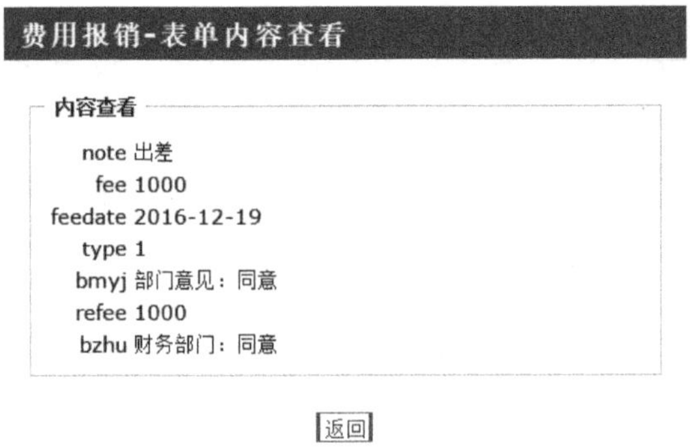

费用报销-表单内容查看

内容查看

note 出差
fee 1000
feedate 2016-12-19
type 1
bmyj 部门意见：同意
refee 1000
bzhu 财务部门：同意

返回

图 11-5　历史记录详细信息

```
        "org.activiti.spring.SpringProcessEngineConfiguration">
        ...
        <property name = "customFormTypes">
            <list>
                <bean class = "org.activiti.engine.impl.form.DateFormType">
                    <constructor - arg value = "yyyy - MM - dd" />
                </bean>
            </list>
        </property>
        ...
    </bean>
```

或者设置为其他类型的格式，这样可以保证在设计流程时，不会因忘记设置 date 数据类型而报错。

## 11.3　外置表单

外置表单方式，即先把表单内容写好并保存为.form 模板文件，然后配置流程中每个节点的 Form Key 属性。下面同样以“费用报销”流程为例进行说明。更改为外置表单方式，首先设置每个节点需要的表单。在这里需要设计 4 个.form 模板文件，下面是第一个 start.form 模板文件的示例代码：

```
<table border = "0" cellpadding = "2" cellspacing = "1" style = "width:100 % ">
    <tr>
    <td nowrap align = "right" width = "13 % ">费用</td>
    <td width = "19 % "><input type = 'text' id = 'fee' name = 'fee' value = '' /></td>
    <td width = "13 % " align = "right" nowrap>费用类型</td>
    <td width = "55 % "><select id = "type" name = "type">
      <option value = "差旅费">差旅费</option>
      <option value = "书报费">书报费</option>
      <option value = "会议费">会议费</option>
      <option value = "其他费">其他费</option>
    </select></td>
    </tr>
```

```
    <tr>
      <td nowrap align="right">发生日期</td>
      <td colspan="3"><input type='text' id='feedate' name='feedate' value='' onClick=
"WdatePicker()"/></td>
    </tr>
    <tr>
    <td nowrap align="right" width="13%">说明</td>
    <td colspan="3"><textarea id='note' name='note' rows="5" cols="50"></textarea></td>
    </tr>
</table>
```

上面的示例代码为 HTML 格式文件，即将需要的表单内容通过一种形式进行展示，例如可以将表单内容放置在表格或 div 等容器内。下面是 conform1. form 模板文件的示例代码：

```
<table border="0" cellpadding="2" cellspacing="1" style="width:100%">
    <tr>
    <td nowrap align="right" width="13%">申请人</td>
    <td  colspan="3">${startUserId}</td>
    </tr>
    <tr>
    <td nowrap align="right" width="13%">费用</td>
    <td width="19%">${fee}</td>
    <td width="13%" align="right" nowrap>费用类型</td>
    <td width="55%">${type}</td>
    </tr>
    <tr>
      <td nowrap align="right">发生日期</td>
      <td colspan="3">${feedate}</td>
    </tr>
    <tr>
    <td nowrap align="right" width="13%">说明</td>
    <td colspan="3">${note}</td>
    </tr>
    <tr>
    <td nowrap align="right" width="13%">部门领导意见</td>
    <td colspan="3"><textarea id='bmyj' name='bmyj' rows="5" cols="50"></textarea></td>
    </tr>
</table>
```

上面的代码文件用于“部门领导审批”节点，注意其中只需要显示在页面中的内容用“${}”进行显示。同样，布局可以随意设置，这里使用了表格形式进行展示。同理，设置 conform2. form 和 conform3. form 模板文件，分别用于“财务部门审批”和“申请人确认”节点。设计完成模板文件后，下面设计流程文件 reimbursement-1. bpmn，在 Activiti Designer 中新建一个 Activiti Diagram 文件，然后绘制如图 11-6 所示的节点。

图 11-6　流程文件设计

图 11-6 与前面的设计类似，关键的不同点在于每个节点的设置不同。首先，需要将流程的 Id 属性设置为不同值，例如 reimbursement-1，这样在部署时，Activiti 就会部署为新的流程，以便与之前的流程相区别。所以，在这里需要说明的是，并不是以流程文件的名称不同来确定不同的流程，而是以其中流程的 Id 属性来区别不同的流程；其次，设置“开始事件”的属性，如图 11-7 所示。

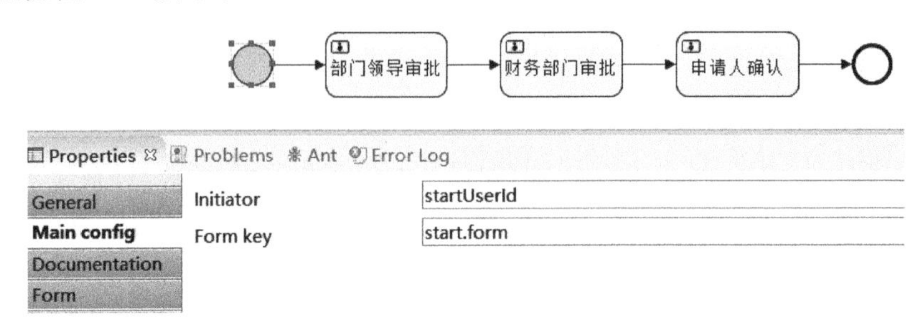


图 11-7 “开始事件”设置

在图 11-7 中，设置“开始事件”的 Form Key 属性为 start. form，即前面定义的模板文件名，不需要再设置 Form 的值；同理，设置其他 3 个节点的 Form Key 值。为了示例说明的方便，在此同样直接设置每个节点的办理人。设置完成的流程文件主要代码如下：

```
<process id = "reimbursement - 1" name = "费用报销 - 1" isExecutable = "true">
    <startEvent id = "startevent1" name = "Start"
        activiti:initiator = "startUserId" activiti:formKey = "start.form">
    </startEvent>
    <userTask id = "usertask1" name = "部门领导审批"
        activiti:assignee = "lee" activiti:formKey = "conform1.form"></userTask>
    <sequenceFlow id = "flow1" sourceRef = "startevent1"
        targetRef = "usertask1"></sequenceFlow>
    <userTask id = "usertask2" name = "财务部门审批" activiti:assignee = "lobby"
        activiti:formKey = "conform2.form"></userTask>
    <sequenceFlow id = "flow2" sourceRef = "usertask1"
        targetRef = "usertask2"></sequenceFlow>
    <userTask id = "usertask3" name = "申请人确认"
        activiti:assignee = "${startUserId}"
        activiti:formKey = "conform3.form">
    </userTask>
    <sequenceFlow id = "flow3" sourceRef = "usertask2"
        targetRef = "usertask3"></sequenceFlow>
    <endEvent id = "endevent1" name = "End"></endEvent>
    <sequenceFlow id = "flow4" sourceRef = "usertask3"
        targetRef = "endevent1"></sequenceFlow>
</process>
```

在上面的代码中，可以看到每个节点都设置了 activiti:formKey 属性值，表示该节点对应的模板文件，属性 activiti:initiator 表示开启流程的人员，activiti:assignee 为流程的办理人，例如指定为 lee，则办理人为 lee；最后，在 id 为 usertask3 的节点中，指定用户为 ${startUserId}，这里使用了变量形式，其对应了流程启动时的变量 startUserId。由此可知，在流程设置中，可以使用变量、表达式等进行处理，以保证流程的灵活性。

以上设置完成后就完成了流程文件的设置。下面将这几个文件打包,以便进行流程部署,如图 11-8 所示。

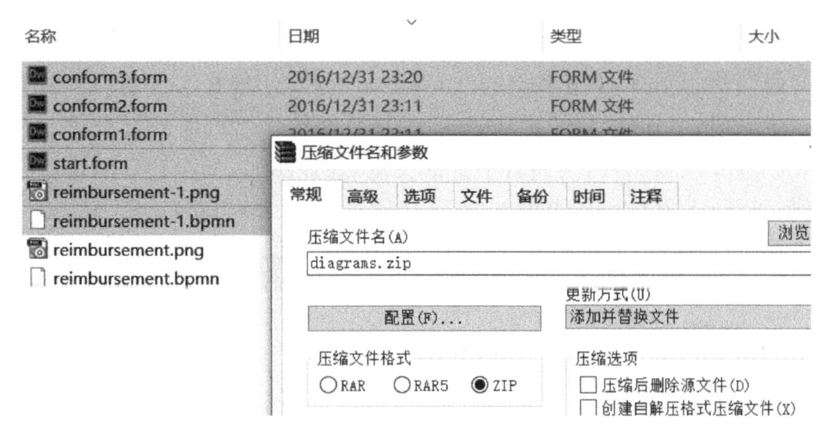


图 11-8 流程文件打包

部署流程的过程就比较简单了,可以采用之前介绍的流程文件部署的任一种方式进行部署。

下面在 Java 工程文件中,建立一个新的控制类文件 KeyformController.java,用于进行外置表单流程的处理。下面是方法 add()的示例代码:

```
@RequestMapping(value = "/add")
public String add(Model model,HttpSession session) {
    ...
    ProcessDefinition processDefinition =
        repositoryService.createProcessDefinitionQuery()
            .processDefinitionKey("reimbursement - 1")
            .latestVersion().singleResult();

    Object startForm =
        formService.getRenderedStartForm(processDefinition.getId());

    model.addAttribute("formData", startForm);
    return "reimbursement - 1_start";
}
```

在上面的示例代码中,首先使用 repositoryService 中的 processDefinitionKey 方法,取得 reimbursement-1 最新的流程文件定义;然后,使用方法 formService.getRenderedStartForm(),取得开始事件中 activiti:formKey 属性对应的模板文件内容,传递到 view 页面。view 页面 reimbursement-1_start.jsp 的主要代码如下所示:

```
<TABLE border = "0" cellpadding = "0" cellspacing = "0" style = "width:100 % ">
    <TR>
        <TD width = "100 % ">
            <fieldset style = "height:100 % ;">
            <legend>内容填写</legend>
                $ {formData}
```

```
            </fieldset>
        </TD>
    </TR>
</TABLE>
```

上面的代码简洁了不少，只使用 ${formData}便显示了模板文件的内容。实际上，有两个动作在这一步完成：一是变量的自动替换，二是数据传递给页面进行显示。例如，前面定义的 conform1. form 模板文件，里面有不少的变量，在显示时，变量会自动进行替换，页面显示的是实际值。运行上面代码的页面如图 11-9 所示。

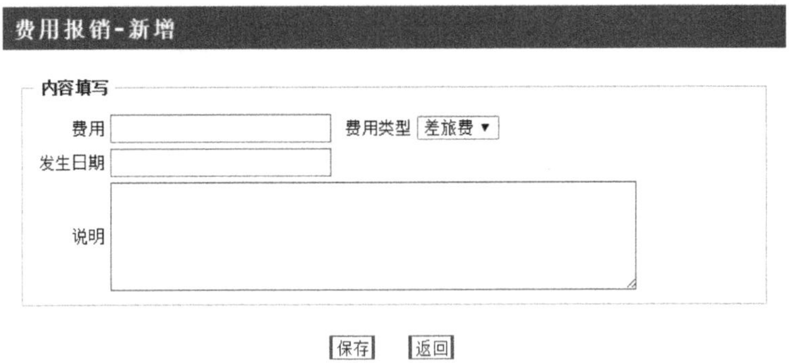

图 11-9　新增页面

由图 11-9 可知，采用模板形式进行控制的优点是，页面显示更随意，且便于后期的多次修改。其他页面的代码与此类似，在这里不再进行重复展示，可以查看源码以进一步理解和掌握。图 11-10 为部门领导审批界面。

图 11-10　部门领导审批界面

外置表单的最大好处就是提前定义好表单的模板文件，同时，不用再在外置表单的流程文件中定义 Form 的各个字段，这样减轻了流程定义 Form 的重复劳动，其次，模板文件可以定义各个字段显示位置，以及使用的 Form 控件，例如部门领导意见可以使用 textarea 控件，这在内置表单中无法做到精确控制。通过数据库的查看可知，采用内置表单和外置表单方式的流程、变量以及值都保存在数据库中。但采用外置表单时，需要注意的是值的判断，例如限制“费用”只能是数值，而不能为 string，这可以在页面使用 JavaScript 进行控制。

## 11.4 业务表单

在实际开发中，除了简单的业务逻辑外，还有更为复杂的业务，例如常见的主从表单，总之，采用 Activiti 提供的内置和外置表单方式无法完全表达业务逻辑。这时，可以采用业务表单模式。

在 Activiti 中，业务表单模式是最灵活的方式。最主要的特点是业务数据的存放不再以前面介绍的键值对形式存储在 Activiti 相关的数据表中，而是单独设计的业务数据表，同时，将业务表单的主键存放到 Activiti 数据表中。下面同样以“费用报销”为例，进行业务表单的设计。

首先，设计业务表单的数据表，其创建 SQL 语句如下所示：

```
CREATE TABLE 'z_reimbursement' (
    'id'  varchar(64) NOT NULL ,
    'pid'  varchar(64) NULL ,
    'userId'  varchar(64) NULL ,
    'fee'  decimal(10,2) NULL ,
    'note'  varchar(255) NULL ,
    'feedate'  date NULL ,
    'type'  varchar(255) NULL ,
    'bmyj'  varchar(255) NULL ,
    'refee'  decimal(10,2)  NULL ,
    'bzhu'  varchar(255) NULL ,
    'createdatetime'  datetime NULL ,
    PRIMARY KEY ('id')
);
```

在上面的 SQL 语句中，创建了一个 id 主键，表示该表的主键，一是为了标识本记录的唯一性，同时也是为了和 Activiti 数据表 act_ru_execution 中以 BUSINESS_KEY_开头的字段相对应，字段 pid 用于记录运行中实例的关键字，这样能保证业务表和运行中的实例一一对应，字段 userId 用于记录流程开始人；其余字段的设计和之前流程中设计的业务字段类似。

接着重新设计流程文件，该流程就比较简单了，代码如下所示：

```
<process id = "reimbursement - 2" name = "费用报销 - 2" isExecutable = "true">
    <startEvent id = "startevent1" name = "Start"
        activiti:initiator = "startUserId"></startEvent>
    <userTask id = "usertask1" name = "部门领导审批"
        activiti:assignee = "lee"></userTask>
    <sequenceFlow id = "flow1" sourceRef = "startevent1"
        targetRef = "usertask1"></sequenceFlow>
    <userTask id = "usertask2" name = "财务部门审批"
        activiti:assignee = "lobby"></userTask>
    <sequenceFlow id = "flow2" sourceRef = "usertask1"
        targetRef = "usertask2"></sequenceFlow>
```

```
        <userTask id="usertask3" name="申请人确认"
            activiti:assignee="${startUserId}"></userTask>
        <sequenceFlow id="flow3" sourceRef="usertask2"
            targetRef="usertask3"></sequenceFlow>
        <endEvent id="endevent1" name="End"></endEvent>
        <sequenceFlow id="flow4" sourceRef="usertask3"
            targetRef="endevent1"></sequenceFlow>
    </process>
```

在上面的代码中，需要注意的是 process 元素中的 id 属性被设置为一个不同的值，以表示一个新的流程，其中的每个节点中没有再定义 Form Key 或 Form 的值，因为业务表单不再需要这些，重点需要关注的是每个节点的 id 值，必须保证其在该流程文件中的唯一性，这在后面业务逻辑处理中非常重要。

流程文件设计完成后，在系统中进行部署。

然后在 Java 项目中设计该表的 Model 层、Server 层和 Dao 层，设计过程和前面章节所介绍的类似，采用 MyBatis 框架进行业务数据的持久化管理。这部分代码的原理在 MyBatis 相关章节有详细介绍，具体代码请查看源码。

下面创建 Controller 层，即 BussformController. java，其用于处理业务逻辑。首先是 add()方法，该方法用于启动一个新的流程。由于业务表单和流程逻辑无关，故其只是简单打开一个新增表单页面，其示例代码如下：

```
@RequestMapping(value = "/add")
public String add(Model model,HttpSession session) {
    return "reimbursement-2_start";
}
```

静态页面 reimbursement-2_start. jsp 简单列出了需要用户填写的表单项，运行后的结果如图 11-11 所示。

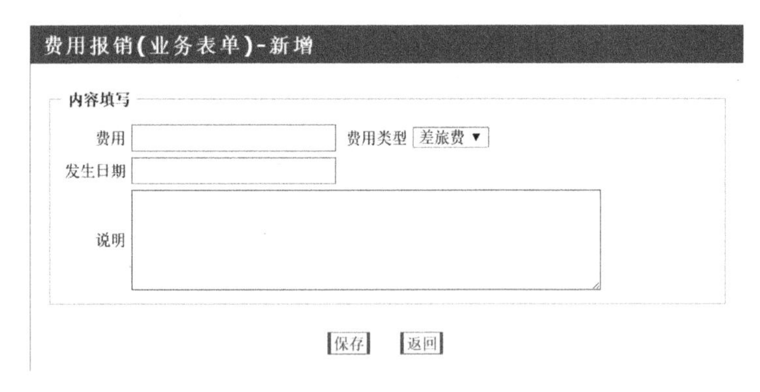


图 11-11　新增页面

在图 11-11 中，填写完相关内容后，单击“保存”按钮，将触发新增一个流程实例。即在保存事件中，需处理两件事情：一是流程的启用，二是业务数据的持久化，同时还需要互相保存关键字，保存事件方法的示例代码如下所示：

```
@RequestMapping(value = "/start/save")
public String saveStartForm(Model model,
```

```
        Reimbursement reimbursement,HttpSession session) {
        String userId = session.getAttribute("userId") == null ? null :
            session.getAttribute("userId").toString();
        if (userId == null){
            return "redirect:/login/";
        }
        Map<String, Object> variables = new HashMap<String, Object>();

        reimbursement.setUserId(userId);
        reimbursement.setCreatedatetime(new Date());
        reimbursementService.insert(reimbursement);
        String businessKey = reimbursement.getId();

        try{
            ProcessDefinition processDefinition = repositoryService
                    .createProcessDefinitionQuery()
                    .processDefinitionKey("reimbursement-2")
                    .latestVersion().singleResult();
            String processDefinitionId = processDefinition.getId();
            ProcessInstance processInstance = null;
            identityService.setAuthenticatedUserId(userId);
            processInstance = runtimeService
                .startProcessInstanceById(processDefinitionId,
                businessKey, variables);

            String pId = processInstance.getId();
            reimbursement.setPid(pId);
            reimbursementService.update(reimbursement);
        } finally {
             identityService.setAuthenticatedUserId(null);
        }

        return "redirect:/bussform/list";
    }
```

在上面的示例代码中，首先是获取用户提交的业务数据，设置业务表的启动人，并先保存业务数据，获取其保存的关键值至变量 businessKey，接着使用 repositoryService 的方法 processDefinitionKey()创建 ProcessDefinition 的一个实例，然后，使用 runtimeService 的 startProcessInstanceById()方法启动了运行实例，其中有 3 个参数：processDefinitionId 表示前面创建的实例；第二个参数 businessKey 是关键参数，表示业务数据表的关键字；第三个参数 variables 用于一些需要保存在流程引擎数据表中的键值对，可根据实际情况而定，最后，获取创建的运行实例 pId，并保存至业务数据表中。

至此，便建立了完整的一对一的数据表关系。

下面是如何进行节点的确认，即部门领导的确认等。这是通过业务传递任务 Id 到后台进行逻辑处理完成的。主要代码如下所示：

```
@RequestMapping(value = "/startform/{taskId}")
public String StartTaskForm(@PathVariable("taskId") String taskId,
```

```
Model model,HttpSession session) throws Exception {
    String userId = session.getAttribute("userId") == null ? null :
        session.getAttribute("userId").toString();
    if (userId == null){
        return "redirect:/login/";
    }
    Reimbursement reimbursement = null;
    String actId = null;
    try{
        Task task = taskService
            .createTaskQuery().taskId(taskId).singleResult();
        String pId = task.getProcessInstanceId();
        ProcessInstance pins = runtimeService.createProcessInstanceQuery()
            .processInstanceId(pId)
            .active().singleResult();

        String bId = pins.getBusinessKey();
        actId = pins.getActivityId();
        reimbursement = reimbursementService.selectByPrimaryKey(bId);
    }catch(Exception e){

    }

    model.addAttribute("data", reimbursement);
    model.addAttribute("taskId", taskId);
    model.addAttribute("actId", actId);

    return "reimbursement-2_edit";
}
```

在上面的代码中，通过 taskService 中的方法 taskId(taskId)，获取指定任务 Id 的任务实例，以获取其中的流程实例 Id，接着通过 runtimeService 中的方法 processInstanceId(pId)得到指定的流程实例，重要的是通过 getBusinessKey 方法获取的 bId，即可理解为业务数据表的关键字。最后，通过 bId 获得业务数据表中的数据，并返回给 view 层。这里为了逻辑处理的通用性，重要的是传递流程设计中每个节点的 id 属性给 view 层，这样 view 层便可知道当前是处于什么节点，以进行相应处理。在 view 层 reimbursement-2_edit.jsp 中，主要逻辑处理代码如下所示：

```
<c:choose>
<c:when test = "${actId == 'usertask1'}">
    <table border = "0" cellpadding = "2" cellspacing = "1" style = "width:100%">
        <tr>
        <td nowrap align = "right" width = "13%">申请人</td>
        <td  colspan = "3">${data.userId}</td>
        </tr>
        <tr>
        <td nowrap align = "right" width = "13%">费用</td>
        <td width = "19%">${data.fee}</td>
        <td width = "13%" align = "right" nowrap>费用类型</td>
```

```
        <td width="55%">${data.type}</td>
        </tr>
        <tr>
          <td nowrap align="right">发生日期</td>
          <td colspan="3">
            <fmt:formatDate type="date" value="${data.feedate}" />
          </td>
        </tr>
        <tr>
        <td nowrap align="right" width="13%">说明</td>
        <td colspan="3">${data.note}</td>
        </tr>
        <tr>
        <td nowrap align="right" width="13%">部门领导意见</td>
        <td colspan="3">
        <textarea id='bmyj' name='bmyj' rows="5" cols="50"></textarea>
        <input type="hidden" name="id" id="id" value="${data.id}" />
        </td>
        </tr>
    </table>
</c:when>
<c:when test="${actId=='usertask2'}">
    ...
</c:when>
<c:otherwise>
    ...
</c:otherwise>
</c:choose>
```

在上面的代码中，主要逻辑采用了JSTL的c:choose标签，通过Java代码传递的actId变量，判断当前所处的是哪个节点，以进行相应处理，例如判断actId=='usertask1'时，表示当前所处为“部门领导审批”节点。在上面的代码中，显示了该节点的处理过程，其余节点的处理方法类似。重点需要关注的是业务逻辑的正确处理，例如，哪些业务数据字段只需要展示？哪些需要用户的填写，并要控制数据的正确性？图11-12所示为“财务部门审批”节点信息。

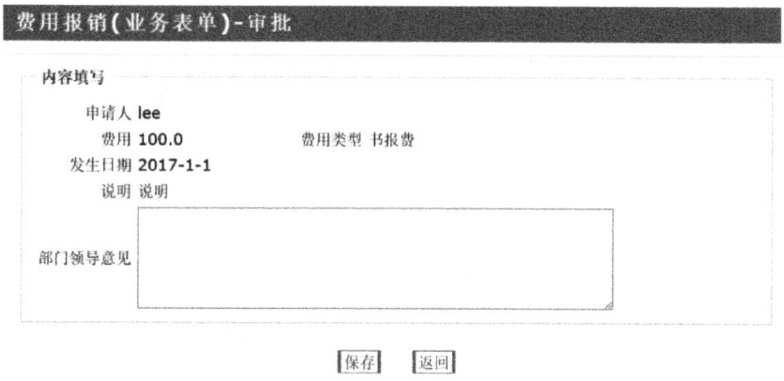

图11-12　“财务部门审批”节点信息

在图 11-12 中，当用户填写完节点数据后，单击“保存”按钮进行保存。其触发两个动作：一是流程逻辑的处理，二是业务数据的保存。处理的主要代码如下所示：

```
@RequestMapping(value = "/startform/save/{taskId}")
public String saveTaskForm(@PathVariable("taskId") String taskId,
    HttpSession session,Reimbursement reimbursement) {
    String userId = session.getAttribute("userId") == null ? null :
        session.getAttribute("userId").toString();
    …
    try {
        identityService.setAuthenticatedUserId(userId);
        Map<String, Object> map = new HashMap<String, Object>();
        taskService.complete(taskId, map);
        reimbursementService.update(reimbursement);
    } finally {
        identityService.setAuthenticatedUserId(null);
    }

    return "redirect:/bussform/list";
}
```

在上面的代码中，使用 taskService.complete()方法完成了当前节点的处理，然后使用 reimbursementService.update()方法完成业务数据的更新。

同理，在“我的历史”菜单中，需要根据实例 Id 到历史数据表中获取业务数据表的关键字 Id，然后再到业务数据表中查询相关的业务数据，主要代码如下所示：

```
@RequestMapping(value = "/hview/{pId}")
public String historyView(@PathVariable("pId") String pId,
    Model model,HttpSession session) {
    String bId = null;
    HistoricProcessInstance hpi = historyService
        .createHistoricProcessInstanceQuery()
        .processInstanceId(pId)
        .singleResult();

    bId = hpi.getBusinessKey();

    Reimbursement reimbursement = reimbursementService
        .selectByPrimaryKey(bId);

    model.addAttribute("data", reimbursement);
    return "reimbursement2_hview";
}
```

在上面的代码中，根据页面传递的参数 pId，使用 historyService 中的 createHistoricProcessInstanceQuery()方法创建 HistoricProcessInstance 实例，依据该实例的方法 getBusinessKey()获取其对应的 BusinessKey，然后是查询业务数据表，获取业务数据，传递到 view 层进行展示。展示示例如图 11-13 所示。

至此，便完成了业务表单的业务数据表设计、流程文件设计以及 Java 逻辑处理和业务展示的开发。详细代码请参考本书配套资源中的源码文件。

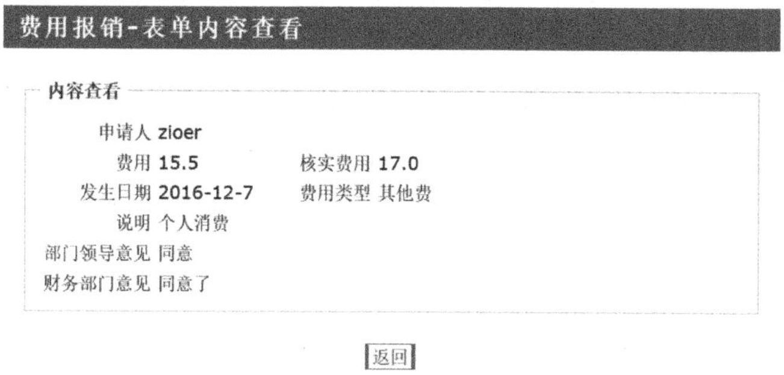

费用报销-表单内容查看

内容查看

申请人 zioer

费用 15.5 核实费用 17.0

发生日期 2016-12-7 费用类型 其他费

说明 个人消费

部门领导意见 同意

财务部门意见 同意了

返回

图 11-13 “历史数据”查看

## 11.5 持久化内置表单数据

由于内置或外置表单方式具有简单、可快速掌握等特点，所以很多开发人员很喜欢使用这种方式进行简单流程的开发。通过前面的讲解，这两种方式的数据都以键值对方式保存在 Activiti 引擎数据表中。在数据表中，字段的记录方式以行的方式进行存储，这给以后数据的处理和分析等都带来了巨大挑战。

解决的方式是采用业务数据的持久化存储，以释放 Activiti 引擎的压力。对于业务数据的持久化存储有多种方式，本节的讲解基于前面章节的知识，同样以 MyBatis 框架讲解如何将内置表单数据持久化到业务数据表中。

为了讲解的方便并利用前面各节的示例，在这里以“费用报销”的流程为例，讲解内置表单数据的可持久化操作。数据表的建立和 MyBatis 框架基础见前面小节。

在 Java 文件 ReimbursementServiceImpl.java 建立如下两个方法：

```
@Transactional
public Reimbursement saveReimbursement(DelegateExecution execution){
    String userId = execution.getVariable("startUserId").toString();
    Reimbursement reimbursement = new Reimbursement();

    reimbursement.setUserId(userId);
    reimbursement.setCreatedatetime(new Date());
    reimbursement.setPid(execution.getProcessInstanceId());
    reimbursement.setFee(Integer.parseInt(execution.getVariable("fee")
        .toString()));
    reimbursement.setNote(execution.getVariable("note").toString());
    reimbursement.setType(execution.getVariable("type").toString());
    reimbursement.setFeedate((Date)execution.getVariable("feedate"));

    insert(reimbursement);
    return reimbursement;
}
```

```
@Transactional
public void updateReimbursement(DelegateExecution execution){
    Reimbursement reimbursement = new Reimbursement();

    reimbursement = (Reimbursement)execution.getVariable("var");

    update(reimbursement);
    return ;
}
```

为了将业务数据单独保存至业务数据表，在上面的代码中，方法 saveReimbursement()用于在流程开始时，创建一个新的 Reimbursement 实例，并调用本类中的 insert()方法进行存储，updateReimbursement()方法用于在流程的各个用户任务完成时执行，用于保存各个部门的审批意见。在前面已经将 ReimbursementServiceImpl.java 所在包设置为自动扫描，故在此不必重新设置配置文件。

接着，重新建立一个流程文件，命名为 reimbursement-3.bpmn，设置 id 为 reimbursement-3，以表示一个新的流程。流程文件内容与 reimbursement.bpmn 相同，只需简单修改。

设置文件的监听器，增加 start 事件的监听器，代码如下所示：

```
${execution.setVariable('var', reimbursementServiceImpl
    .saveReimbursement(execution))}
```

在 Activiti Designer 中设置的位置如图 11-14 所示。

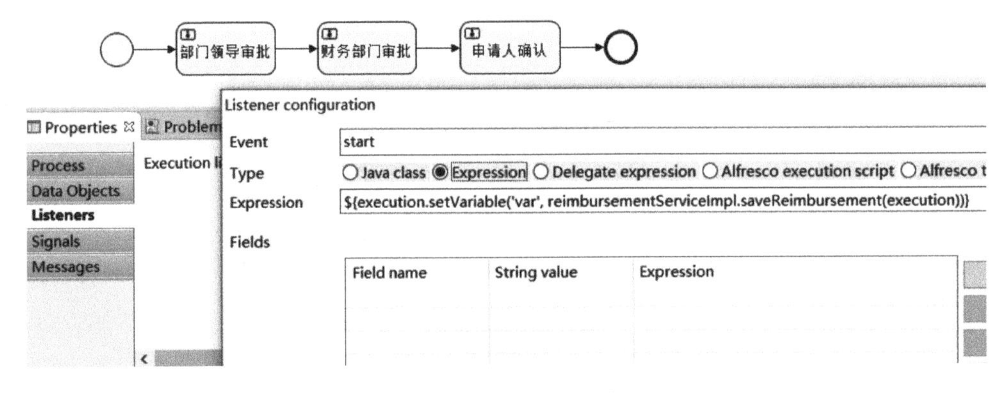


图 11-14　start 监听器设置

在图 11-14 中，文件的监听器中的 Event 选择 start，表示流程开始后执行；Type 选择 Experssion，Expression 中填写前面给出的代码；变量 execution 表示全局变量，不需进行设置，setVariable()方法表示给流程变量进行赋值，第二个参数表示执行前面定义的 bean 事件，即根据用户输入的业务数据创建一条数据记录，并保存初始值。

接着在用户任务"部门领导审批"节点增加完成事件的监听器，以便让该节点在执行完成时调用修改业务数据的事件。设置方式如图 11-15 所示。

在图 11-15 中，单击"部门领导审批"节点，在 Listeners 中，创建一个新的监听任务。Event 选择 complete，表示该节点完成时执行；Type 选择 Experssion，表示执行表达式，

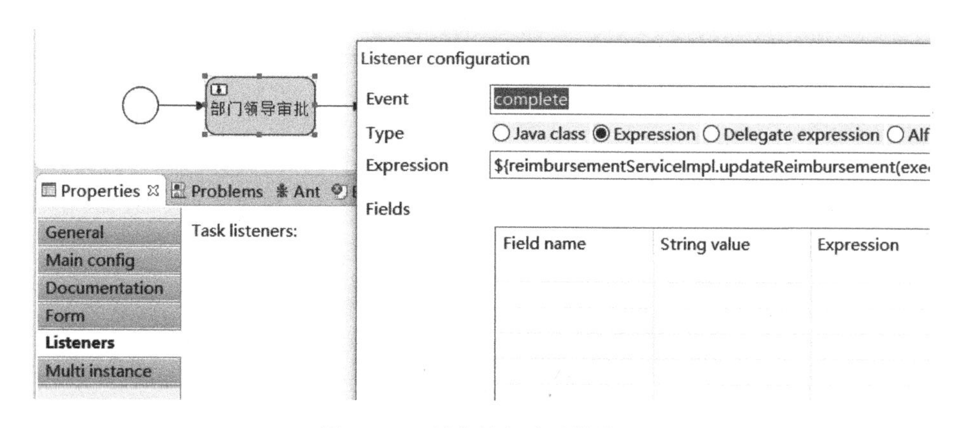


图 11-15　用户任务监听器设置

Experssion 填写内容如下所示：

```
${reimbursementServiceImpl.updateReimbursement(execution)}
```

其执行的方法即前面创建的方法 updateReimbursement()，即用于保存本节点新的信息到数据表中。同时，还需要设置 Form 中各个表单属性的 Experssion 值，如图 11-16 所示。

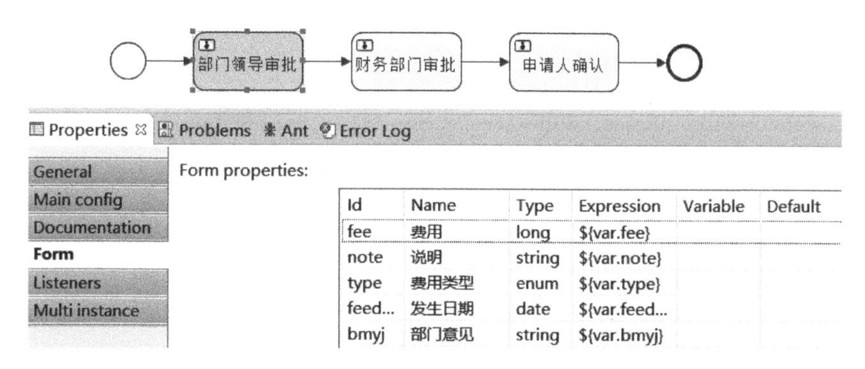


图 11-16　Form 表单属性 Expression 设置

在图 11-16 中，变量 var 即前面 start 事件中设置的流程变量。设置完成的流程文件主要代码内容如下所示：

```
<process id = "reimbursement - 3" name = "费用报销 - 3" isExecutable = "true">
<documentation>公司费用报销简易流程，数据持久化操作相关</documentation>
<extensionElements>
  <activiti:executionListener event = "start"
          expression = "${execution.setVariable('var',
          reimbursementServiceImpl.saveReimbursement(execution))}">
  </activiti:executionListener>
</extensionElements>
<startEvent id = "startevent1" name = "Start" activiti:initiator = "startUserId">
  <extensionElements>
      <activiti:formProperty id = "fee" name = "费用" type = "long"
          required = "true"></activiti:formProperty>
      <activiti:formProperty id = "note" name = "说明"
```

```
            type = "string"></activiti:formProperty>
                ...
        </extensionElements>
    </startEvent>
    <userTask id = "departmentApprove" name = "部门领导审批"
        activiti:assignee = "lee">
        <extensionElements>
            <activiti:formProperty id = "fee" name = "费用"
                type = "long" expression = " $ {var.fee}"
                writable = "false"></activiti:formProperty>
            <activiti:formProperty id = "note" name = "说明" type = "string"
                expression = " $ {var.note}" writable = "false">
            </activiti:formProperty>
                ...
            <activiti:taskListener event = "complete"
                expression = " $ {reimbursementServiceImpl.updateReimbursement(execution)}">
            </activiti:taskListener>
        </extensionElements>
    </userTask>
    <sequenceFlow id = "flow1" sourceRef = "startevent1"
        targetRef = "departmentApprove"></sequenceFlow>
    <userTask id = "reimburseApprove" name = "财务部门审批"
        activiti:assignee = "lobby">
        <extensionElements>
            <activiti:formProperty id = "fee" name = "费用" type = "long"
                expression = " $ {var.fee}"
                writable = "false"></activiti:formProperty>
            <activiti:formProperty id = "refee" name = "核实费用"
                type = "long" expression = " $ {var.refee}" required = "true">
            </activiti:formProperty>
                ...
            <activiti:taskListener event = "complete"
                expression = " $ {reimbursementServiceImpl.updateReimbursement(execution)}">
    </activiti:taskListener>
        </extensionElements>
    </userTask>
    <sequenceFlow id = "flow2" sourceRef = "departmentApprove"
        targetRef = "reimburseApprove"></sequenceFlow>
    <userTask id = "usertask1" name = "申请人确认"
        activiti:assignee = " $ {startUserId}">
        <extensionElements>
            <activiti:formProperty id = "fee" name = "费用" type = "long" writable = "false">
            </activiti:formProperty>
            <activiti:formProperty id = "refee" name = "核实费用" type = "long" writable = "false">
    </activiti:formProperty>
            ...
            <activiti:formProperty id = "bmyj" name = "部门意见" type = "string" writable =
    "false"></activiti:formProperty>
            <activiti:formProperty id = "bzhu" name = "备注" type = "string" writable = "false">
    </activiti:formProperty>
        </extensionElements>
```

```
</userTask>
...
</process>
```

在上面的代码中，需要注意的是为元素 process 设置不同的 id，设置 start 事件的监听器，为用户任务设置 complete 事件，同时为表单属性设置 expression 表达式。以上设置完成后，在系统中进行部署。

最后创建 Java 控制层文件 JpaformController. java，以实现对上面建立的流程调用以及查看，具体方法与前面的介绍类似，在此不再重复展示。实现的功能是：用户新建流程，在数据表 z_reimbursement 中新增一条记录，并记录初始值，接着，完成“部门领导审批”和“财务部门审批”用户任务节点时，将同步更新该数据表。整个流程完成后，该数据表中的业务数据将是完整的，同时在 Activiti 引擎中的数据表 act_hi_detail 中保存一份同样的数据。

至于是否需要同步删除数据表 act_hi_detail 中的记录，可以依据具体业务需求而定，例如可以定时删除数据表 act_hi_detail，不一定非在流程结束后即删除该数据表中的数据。

同理，外置表单逻辑可以采用类似的方法，将业务数据保存到业务数据表中进行存储，以实现业务数据和 Activiti 引擎数据分离，提高业务数据存储的安全性及数据检索的高效性。

## 11.6　自定义数据类型

在内置表单中，Activiti 支持的数据类型有 string、long、enum、date 和 boolean 共 5 种，但实际上，还有多种数据类型没有包含在内，并且有可能是用户自定义的复杂数据类型等。例如，在前面的示例代码中，“费用报销”流程代码中的“费用”字段，数据类型使用的是 long 类型，在实际应用中，“费用”有可能是小数，那么 long 类型不太适合。Activiti 提供了自定义数据类型，开发人员可以根据实际需要增加。下面以增加 double 数据类型为例进行说明。

在 Java 源码包 com. zioer. model 下建立 DoubleFormType. java 文件，主要代码如下所示：

```
import org.activiti.engine.form.AbstractFormType;

public class DoubleFormType extends AbstractFormType{
    private static final long serialVersionUID = 1L;

    @Override
    public String getName() {
            return "double";
    }
    @Override
    public Object convertFormValueToModelValue(String propertyValue) {
            return Double.valueOf(propertyValue);
    }
    @Override
```

```
    public String convertModelValueToFormValue(Object modelValue) {
            return modelValue != null ? modelValue.toString() : null;
    }
}
```

在上面的代码中，自定义类 DoubleFormType 继承了 Activiti 提供的抽象类 AbstractFormType，在自定义类 DoubleFormType 中，至少需要实现 3 个方法：一是返回当前自定义数据类型的名称；二是返回数据类型值，即将传入的值转换为 Double；三是获取数据类型值返回的 string 值，即如何将 Double 类型的值返回字符串。上面的代码简单地实现了 double 数据类型。

下面注册上述自定义的数据类型。在配置文件 ApplicationContext-activiti.xml 中，将上述代码的位置及名称写入 id 为 processEngineConfiguration 的 bean 元素中，方法如下所示：

```
<bean id = "processEngineConfiguration" class =
    "org.activiti.spring.SpringProcessEngineConfiguration">
    ...
    <property name = "customFormTypes">
        <list>
            ...
            <bean class = "com.zioer.model.DoubleFormType" />
        </list>
    </property>
</bean>
```

重启 Activiti，便完成了自定义 double 数据类型的注册；接着，在流程文件的定义中，就可以使用该数据类型了，示例代码如下所示：

```
<activiti:formProperty id = "fee" name = "费用" type = "double" required = "true">
</activiti:formProperty>
```

定义完流程后，便可以在表单中使用 double 数据类型了。其他数据类型可以采用与上面类似的方法进行建立以及注册。如果在流程文件中使用了未经注册的数据类型，则在部署使用时，将会提示数据类型错误。

## 11.7　外置表单增强

由 11.3 节的介绍可知，表单页面可提前采用静态布局方式并存储为模板文件(.form 文件)，然后通过与流程文件一起部署在数据库中。在实际运行中，每次调用都是在引擎数据表中提取相应的模板文件，然后发送到页面层进行显示。

模板文件的这种部署方式不利于该文件的修改，例如某一个.form 文件修改后，需要重新进行部署，给调试和安装带来了不便；同时，如在模板文件比较大的情况下，还会影响系统的效率。下面看流程定义文件中用户任务属性 activiti:formKey 的赋值：

```
<userTask id = "usertask1" name = "部门领导审批" activiti:assignee = "lee"
```

```
activiti:formKey = "conform1.form"></userTask>
```

取得模板文件 conform1.form 的 Java 语句如下所示：

```
Object startForm = formService
    .getRenderedStartForm(processDefinition.getId());
```

或

```
Object taskForm = formService.getRenderedTaskForm(taskId);
```

获取 activiti:formKey 的方法是：

```
String formkey = formService.getStartFormKey(processDefinition.getId());
```

或

```
String formkey =
    getTaskFormKey(String processDefinitionId, String taskDefinitionKey);
```

那么，可以不采用 Activiti 提供的内置渲染方法获取模板文件，而是采用自定义的方式获取模板文件，有如下两种方式：

一是，属性 activiti:formKey 用于存储模板文件的全路径，或是相对工程项目的相对路径，例如：

```
activiti:formKey = "/10 - 1/resources/workflow/reimbursement - 1/start.form"
```

这样，只需要获取 activiti:formKey 的值，然后读取该路径的模板文件，进行渲染，传递到 view 层。模板文件也可以为其他后缀，例如 jsp 等。

二是，属性 activiti:formKey 存储节点的关键字，这样，读取到关键字后，可以在 view 层对关键字进行判断，用于显示指定部分；或者，根据不同情况，更灵活地处理显示层，例如不同的 UI 显示技术等。

由于外置表单显示的重要性，本节专门讲解这部分内容，外置表单的处理实际上也可灵活多样，只是采用内置渲染方式相对简单得多，另外两种方式需要有更多的编程技巧和灵活性。

## 11.8 本章小结

表单是和用户沟通的重要入口，本章介绍了 Activiti 中几种常见的表单。一个流程引擎很重要的一点在于考虑到实际情况的复杂性，以及表单和引擎之间的耦合度问题。Activiti 在这方面是很优秀的，其提供了多种表单供开发人员使用。本章非常详细地介绍了各种表单的使用方法，并以同一个“费用报销”流程为例，提供了多种不同的流程定义方法，给出了不同的可实际操作的示例。

内置表单：优点是快速、容易上手、便于理解，且提供了用户自定义数据类型的方法，扩展性好；缺点是用户界面欠友好，内置的数据类型少，同时，默认业务数据保存在引擎数据库中，数据的可持久性和可查性较差。但经过后期扩展，同样能提供较优秀的性能。

外置表单：优点是用户可以自定义表单外观，界面开发更友好；缺点同样是数据存储在引擎数据库中，数据的可持久性和可查性较差；简便之处在于不需要在流程定义文件中定义各个表单数据项，但由此引发的问题是数据类型的不可控。

业务表单：优点是业务数据和引擎数据库可做到完全分离，业务数据和引擎之间只需要关键字做关联即可，这就使得业务数据的可控性增强，开发人员可以开发任意复杂度的业务逻辑，这就使得业务数据和 Activiti 引擎之间耦合度大大降低，扩展空间更强。

以上表单均有详细案例分析，同时，可参考本书配套资源中提供的源码，以帮助了解和掌握。

# 第12章 任务分配及网关管理

本章首先讲解 Activiti 中任务分配的多种方式，以及任务获取和完成等过程；接着讲解 Activiti 中的网关知识。网关在流程引擎中具有重要作用，可实现任务的分解、合并等多种操作。

## 12.1 任务分配介绍

在前面的章节中，对任务的分配已经有所接触，但为了讲解的方便，只是简单将任务分配给个人，这样做的优点是任务分配方便，只需指定人员参与完成即可；但在实际开发中，任务的分配方式比较复杂，如果只是简单将任务节点指定给了个人，那么会给后期流程的维护、应用开发造成很多困难。在开发中，任务分配有如下几种形式：

**任务直接指定给个人**：即将任务直接指定给个人，例如，“财务部门审批”直接指定给了业务员，那么该节点的处理只能由指定的业务员办理。

**任务动态指定给个人**：这种方式具有较大灵活性，例如，任务办理时，可选择指定下一个节点的办理人，这种方式在实际业务中也很常见，给使用人员一定的灵活度。

**任务指定参与人**：可以给任务指定一个或多个参与人。“参与”的意思是可以办理该项任务，可理解为抢占式，即哪个参与人看到了任务，需要确认该项任务，此时，任务变成了独占，只能由确认任务的参与人办理。例如，任务办理时，不指定下一个节点的办理人，但只能由一个参与人确认并办理该节点任务。

**任务指定参与组**：给任务指定一个或多个参与组，这样，该组内的所有人员都有资格参与该项节点的任务。同样，需要由参与人确认后再办理任务。

## 12.2 任务分配到人

由前面的示例可知，任务分配到人有直接指定的方法。下面是在流程定义中指定办理人的方法：

```
<userTask id = "usertask1" name = "部门领导审批" activiti:assignee = "lee"
    activiti:formKey = "conform1.form">
</userTask>
```

在上面的代码中，指定用户任务的办理人为 lee，属性 activiti：assignee 表示指定人。除了这种直接指定办理人的方式外，还可以使用参数形式指定办理人，例如：

```
<userTask id = "usertask3" name = "申请人确认"
    activiti:assignee = " ${startUserId}" activiti:formKey = "conform3.form">
</userTask>
```

以上代码指定的办理人用到了参数 ${startUserId}，即在该节点办理前，需要指定该参数。由前面章节的介绍可知，该参数是在开始事件节点中指定，例如：

```
<startEvent id = "startevent1" name = "Start" activiti:initiator = "startUserId"
    activiti:formKey = "start.form">
</startEvent>
```

在上面的代码中，属性 activiti：initiator 用于指定流程开始的启动人，该属性指定的是流程变量。需要注意的是，属性 activiti：initiator 和属性 activiti：assignee 中值的写法的区别。流程启动人的赋值方法应采用下面的方法：

```
identityService.setAuthenticatedUserId(userId);
```

采用上面的代码，一是给流程设置了启动人，同时给流程变量 startUserId 赋值为变量值 userId。同样，在任何任务节点，可以给任务节点执行者指定变量，例如：

```
<userTask id = "usertask4" name = " usertask4"
    activiti:assignee = " ${user1}" … >
</userTask>
```

在上面的代码中，给用户任务指定了属性 activiti：assignee，即当前任务的执行人为变量 user1。在 Java 代码中，需在该节点启动前，赋值给流程变量 user1，即该节点的办理人，示例代码如下所示：

```
Map map  =  new Map();
map.put("user1", "lobby");
taskService.complete(taskId, map);
```

在上面的代码中，定义了一个 Map 变量 map，设置其中的键 user1 的值为执行人 lobby，表示下一个节点的办理人为 lobby，提交后即可完成下一节点办理人的设置。

另一种设置方式为采用监听器的方式，首先在项目中设置一个监听器，Java 代码如下所示：

```
package com.zioer.service.Imp;

import org.activiti.engine.delegate.DelegateTask;
import org.activiti.engine.delegate.TaskListener;

public class AssigneeGive implements TaskListener{
    @Override
```

```
    public void notify(DelegateTask delegateTask) {
        if (delegateTask.getTaskDefinitionKey().equals("usertask1")){
            delegateTask.setVariable("user1", "lobby");
        }
    }
}
```

在上面的代码中，定义了一个监听器，其实现了 TaskListener 监听接口，并覆盖实现方法 notify()。

然后，在流程定义文件中，需设置“部门领导审批”用户任务的任务监听器，如图 12-1 所示。

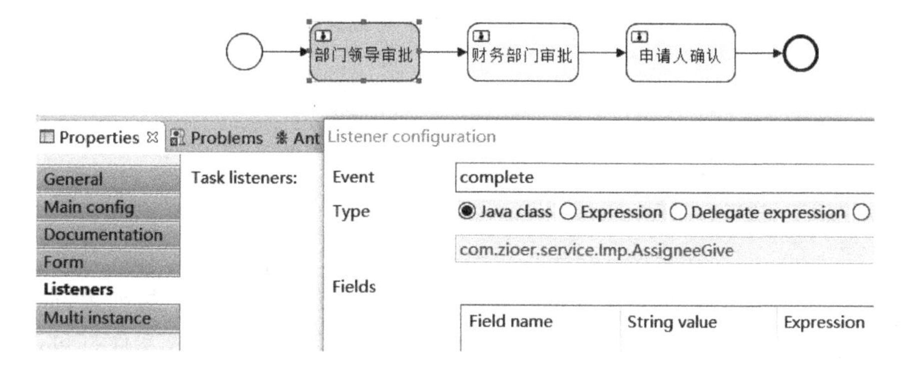


图 12-1 设置任务监听器

在图 12-1 中，单击“部门领导审批”节点，选择 Listeners 标签，设置 Task listeners，Event 事件选择 complete，Type 类型选择 Java class，设置其值为 com. zioer. service. Imp. AssigneeGive，这样便完成了该节点的监听器设置。设置完成后的 XML 代码如下：

```
<userTask id = "usertask1" name = "部门领导审批" activiti:assignee = "lee">
    <extensionElements>
        <activiti:taskListener event = "complete"
            class = "com.zioer.service.Imp.AssigneeGive">
        </activiti:taskListener>
    </extensionElements>
</userTask>
```

**注意**：采用 Activiti Designer 设置监听器的 Type 类型为 Java class 时，该值采用选择的方式进行赋值，但如果 Activiti Designer 仅作为设计流程图使用时，存在无法选择正确监听器类的问题。此时，最好的办法是先选择任意的 Java 类，然后再到流程图设计的源码中进行修改，如上面的代码所示。

以上介绍了两种分配任务到人的方法：一是直接在 XML 代码中指定办理人，这种方法在开发中可以使用，但在实际业务开发中，灵活性较差；二是将指定办理人设置为流程变量，运行中再灵活设置具体办理人，这样灵活性更强。为该流程变量设置值时也有两种方法：一是直接在代码中指定；二是采用任务监听器方式进行设置，在实际开发中，这两种方法都可以采用。

在下面的示例代码中，利用了前面示例的外置表单结构，但更改了表单模板 conform1.form，增加了“选择办理人”字段，主要代码如下所示：

```
<table border = "0" cellpadding = "2" cellspacing = "1" style = "width:100 % ">
    ...
    <tr>
    <td nowrap align = "right" width = "13 % ">部门领导意见</td>
    <td colspan = "3"><textarea id = 'bmyj' name = 'bmyj' rows = "5"
        cols = "50"></textarea>
    </td>
    </tr>
    <tr>
    <td nowrap align = "right" width = "13 % ">选择办理人</td>
    <td colspan = "3"><select id = "user1" name = "user1">
        <option>lee</option>
        <option>lobby</option>
        <option>zioer</option>
        </select></td>
    </tr>
</table>
```

为了示例说明的方便性，在上面的代码中，“选择办理人”使用了下拉列表，简单列举了系统中已有的 3 个用户，修改完成后，将其与其他相关流程文件和模板文件打包，部署到系统中。示例系统运行后，“部门领导审批”页面如图 12-2 所示。

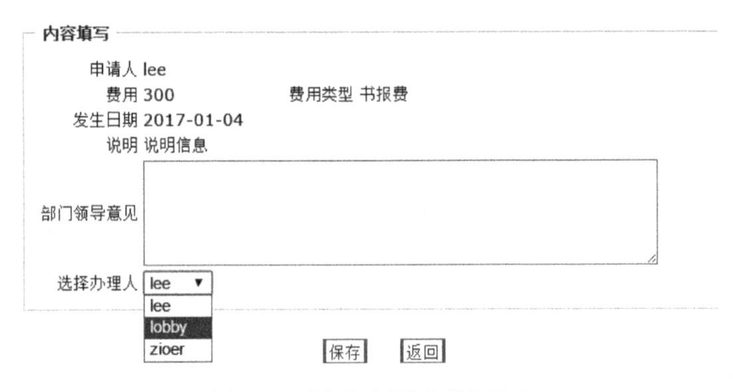


图 12-2 “部门领导审批”页面

**注意**：以上 Java 代码不需要做任何修改，便可完成自由选择办理人。想想为什么？在示例代码中，同时加上了任务监听器，只是将关键代码注释了，可以查看本书配套资源中的源码了解具体情况。

## 12.3 候选人和候选组

在流程引擎中，一个重要的概念是候选人和候选组，可理解为一个任务不是预先能确切地分配到办理人，而是可能办理该项任务的办理人，即候选人。候选组的概念和候选人类似，即不是把任务分配给一个或多个候选人，而是组。Activiti 支持将任务分配到一个或多个候选人，或是分配给一个或多个候选组。候选人或候选组内的人员能同时看到被分配的任务，此时，需要其中的一个人确认接收该任务，才能进行办理。任务被确认之后其他人员将不能再看到和办理该项任务。

图 12-3 所示为在 Activiti Designer 中设置候选人和候选组。

图 12-3　设置候选人和候选组

在图 12-3 中，显示为选中用户任务图例后的属性设置，单击 Main config 标签，右边第二项：Candidate users…为设置候选人，第三项 Candidate groups...为候选组，当需要设置多个候选人或候选组时，其间以逗号“,”分隔。例如下面为设置候选组和候选人的示例代码：

```
<userTask id = "usertask1" name = "用户任务"
    activiti:candidateUsers = "user1,user2"
    activiti:candidateGroups = "gourp1">
</userTask>
```

在以上示例代码中，在元素 userTask 中，属性 activiti:candidateUsers 表示设置候选人，其中设置了两个候选人：user1 和 user2，属性 activiti:candidateGroups 表示设置候选组，设置了一个候选组 gourp1。

为了进一步说明候选人和候选组的设置和开发，在数据库中建立表 12.1 所示的用户和组。

**表 12.1　用户及组**

| 用　户 | 所　在　组 | 描　　述 |
|---|---|---|
| zioer | usergroup | 普通用户组及成员 |
| hero | | |
| lee | leadergroup | 部门领导及成员 |
| han | | |
| lobby | feegroup | 财务部门及成员 |
| kitty | | |

在表 12.1 中，虚构了 6 个用户及其所在的 3 个组，下面配置流程定义文件。同样以外置表单为例进行讲解，新建流程文件 reimbursement-5. bpmn，主要代码如下所示：

```
<process id = "reimbursement - 5" name = "费用报销 - 5" isExecutable = "true">
    <startEvent id = "startevent1" name = "Start"
        activiti:initiator = "startUserId" activiti:formKey = "start.form">
    </startEvent>
    <userTask id = "usertask1" name = "部门领导审批"
        activiti:candidateGroups = "leadergroup"
        activiti:formKey = "conform1.form">
```

```
    </userTask>
    <sequenceFlow id="flow1" sourceRef="startevent1"
        targetRef="usertask1">
    </sequenceFlow>
    <userTask id="usertask2" name="财务部门审批"
        activiti:candidateUsers="lobby,kitty"
        activiti:formKey="conform2.form">
    </userTask>
    <sequenceFlow id="flow2" sourceRef="usertask1"
        targetRef="usertask2">
    </sequenceFlow>
    <userTask id="usertask3" name="申请人确认"
        activiti:assignee="${startUserId}"
        activiti:formKey="conform3.form">
    </userTask>
    <sequenceFlow id="flow3" sourceRef="usertask2"
        targetRef="usertask3">
    </sequenceFlow>
    <endEvent id="endevent1" name="End"></endEvent>
    <sequenceFlow id="flow4" sourceRef="usertask3"
        targetRef="endevent1">
    </sequenceFlow>
</process>
```

在上面的代码中，在 id 为 usertask1 的 userTask 元素中，设置 activiti:candidateGroups 的值 leadergroup，表示设置该用户任务的候选组为 leadergroup；同理，在 id 为 usertask2 的 userTask 元素中，设置 activiti：candidateUsers 的值 lobby 和 kitty，表示设置该用户任务的候选人为 lobby 和 kitty。设置完成后，将该流程定义文件部署到系统中。下面进行 Java 代码开发。

新建 Java 控制类文件 CandiformController.java，其中 add()类表示新增表单，其代码如下所示：

```
@RequestMapping(value = "/add")
public String add(Model model,HttpSession session) {
    if (session.getAttribute("userId") == null){
        return "redirect:/login/";
    }

    ProcessDefinition processDefinition = repositoryService
            .createProcessDefinitionQuery()
            .processDefinitionKey("reimbursement-5")
            .latestVersion().singleResult();

    Object startForm = formService
            .getRenderedStartForm(processDefinition.getId());

    model.addAttribute("formData", startForm);
    return "reimbursement-1_start";
}
```

以上代码中，注意 repositoryService 方法 processDefinitionKey()获取的流程定义文件为 reimbursement-5，即前面定义的流程，采用 formService 的 getRenderedStartForm()方法获取渲染后的表单，传递给 view 层。

下面重点讲解的代码是 list()方法，该方法用于展示待处理的表单，其代码如下所示：

```
@RequestMapping(value = "/list")
public String list(Model model, HttpSession session) {
    String userId = session.getAttribute("userId") == null ? null :
        session.getAttribute("userId").toString();
    if (userId == null){
        return "redirect:/login/";
    }
    List<Task> tasks = new ArrayList<Task>();

    //获得当前用户的任务
    tasks = taskService.createTaskQuery()
            .processDefinitionKey("reimbursement-5")
            .taskCandidateOrAssigned(userId)
            .active()
            .orderByTaskId().desc().list();

    model.addAttribute("list", tasks);

    return "reimbursement-1_list";
}
```

以上代码应该很熟悉了，使用了 taskService 中的 taskCandidateOrAssigned()方法，该方法在前面的示例中也出现多次，该方法和另外多个类似方法都具有很重要作用，详见表 12.2。

**表 12.2　taskService 中关于任务所属方法描述**

| 方法名称 | 描述 |
|---|---|
| taskAssignee(String arg0) | 获得所属指定办理人的任务 |
| taskAssigneeLike(String arg0) | 获得所属指定办理人(模糊查询)的任务 |
| taskAssigneeLikeIgnoreCase(String arg0) | 获得所属指定办理人(模糊查询，忽略大小写)的任务 |
| taskCandidateGroup(String arg0) | 获得候选组的任务 |
| taskCandidateGroupIn(List<String> arg0) | 获得所属候选(多个)组的任务 |
| taskCandidateUser(String arg0) | 获得候选人的任务 |
| taskCandidateOrAssigned(String arg0) | 获得候选人或候选组的任务 |

表 12.2 中描述了多个不同任务间的区别。在前面章节中由于没有候选的概念，所以使用 taskCandidateOrAssigned()或是 taskAssignee()方法均可，但在本节的示例中，出现了候选人和候选组的概念，所以这里只使用 taskCandidateOrAssigned()方法，更加方便，即在上面的查询中，查询出的可能是候选任务或是待办理任务。在 view 层，reimbursement-1_list.jsp 需要将这两种情况区别对待。reimbursement-1_list.jsp 页面的主要代码如下所示：

```
<tr bgcolor="#EEEEEE">
    <td width="10%" height="30">任务 ID</td>
```

```
        <td width="20%">当前节点</td>
        <td width="20%">办理人</td>
        <td width="36%">创建时间</td>
        <td width="17%">操作</td>
    </tr>
    <c:forEach items="${list}" var="var" varStatus="vs">
    <tr  <c:if test="${vs.count%2==0}">bgcolor="#AAAABB"</c:if> align="left" >
        <td>${var.id}</td>
        <td  height="30">${var.name}</td>
        <td>${var.assignee}</td>
        <td><fmt:formatDate value="${var.createTime}" type="both"/></td>
        <td>
        <c:choose>
            <c:when test="${empty var.assignee}">
                <a href="./claim/${var.id}">签收</a>
            </c:when>
            <c:otherwise>
                <a href="./startform/${var.id}">办理</a>
            </c:otherwise>
        </c:choose>
        </td>
    </tr>
    </c:forEach>
```

在上面的 HTML 代码中，重点在于如何区别待签收任务和待办理任务。此时，只需要判断每个任务的办理人是否为空，如果办理人为空，则表示该任务为待签收任务；否则为待办理任务。判断办理人是否为空的代码如下：

```
<c:when test="${empty var.assignee}">
```

那么，在 Java 代码中对应的签收任务代码如下所示：

```
@RequestMapping(value = "/claim/{taskId}")
public String claim(@PathVariable("taskId") String taskId,
HttpSession session) {
    String userId = session.getAttribute("userId") == null ? null :
        session.getAttribute("userId").toString();
    if (userId == null){
        return "redirect:/login/";
    }
    taskService.claim(taskId, userId);
    return "redirect:../list";
}
```

在上面的代码中，需要判断当前是否有用户登录，只有登录后的用户才具有签收资格，签收的代码很简单，即：

```
taskService.claim(taskId, userId);
```

claim()方法的第一个参数为待签收任务的任务 Id，第二个参数为用户 Id。该方法完成用户对一个任务的签收。

以上介绍了主要的方法和代码，其余代码可参考本书配套资源中的源码和前面的示例代码。实际运行后，任何用户都可新增表单。根据流程定义，只有属于 leadergroup 组的用户才可签收和办理部门领导审批，办理完成后，只有用户 lobby 和 kitty 才有资格签收和办理财务部门审批。通过理论分析应该如此，通过开发后的系统实际运行，其效果完全一样。图 12-4 所示为部门领导审批签收任务前后的两个状态。

费用报销管理-待办工作

当前用户办理工作列表

| 任务ID | 当前节点 | 办理人 | 创建时间 | 操作 |
|---|---|---|---|---|
| 250083 | 部门领导审批 | | 2017-1-5 13:32:28 | 签收 |

费用报销管理-待办工作

当前用户办理工作列表

| 任务ID | 当前节点 | 办理人 | 创建时间 | 操作 |
|---|---|---|---|---|
| 250083 | 部门领导审批 | han | 2017-1-5 13:32:28 | 办理 |

图 12-4 签收任务前后的区别

由图 12-4 可知，同一个任务在签收前的办理人为空，此时具有候选人资格的用户都可以进行查看，其操作为“签收”，但是一旦有用户签收后，例如用户 han 签收后，则其他用户不可再查看到该条任务，其操作也变成了“办理”。

由以上示例可知，候选人和候选组的概念在实际业务开发中具有很重要的作用，它们增加了系统开发的灵活度。

## 12.4 动态候选人和候选组

由 12.3 节可知，在 Activiti 中可设置候选人和候选组，增加流程定义的灵活性。但是，有用户会提出，能否更加灵活地设置候选人和候选组，例如，候选人和候选组也有可能提前未知，只有运行中才可能知道，在“费用报销”流程的定义中，“领导部门审批”环节中可能存在多个部门，不同的流程启用人对应不同的部门，故候选组只有在流程运行中才能确认。

比较友好的是，Activiti 支持动态设置候选人和候选组的方法。下面进行详细讲解。

动态设置候选人或候选组，首先是编辑流程定义文件，在待设置动态候选节点中，将候选人和候选组设置为流程变量，例如：

```
<userTask id = "usertask1" name = "部门领导审批"
    activiti:candidateGroups = " ${group1}"
    activiti:formKey = "conform1.form">
</userTask>
```

在上面的 userTask 元素中，将候选组属性 activiti:candidateGroups 的值设置为流程变量 ${group1}，注意写法；同样，如果需要将候选人设置为动态候选人，只需将候选人属性设置为流程变量，示例代码如下所示：

```
<userTask id="usertask1" name="部门领导审批"
    activiti:candidateUsers="${user1}"
    activiti:formKey="conform1.form">
</userTask>
```

在上面的 userTask 元素中，将候选人属性 activiti:candidateUsers 的值设置为流程变量 ${user1}。这样，就在流程定义文件中完成了动态候选人或候选组的设置。为了完成对动态候选人或候选组的指定，有两种方式进行赋值：一是直接在 Java 代码中对变量进行赋值；二是在流程定义文件中，在动态候选人或候选组所在节点的上一个节点设置任务完成监听器，在监听器的代码中完成对流程变量的赋值。

假设对用户任务节点"部门领导审批"设置了动态候选组为 ${group1}，在新建的 Java 控制类文件 DyCandiformController.java 中，完成对动态候选组的赋值，其中关键代码是对表单 start.form 的修改，增加了对候选组的选择，主要修改代码如下所示：

```
<table border="0" cellpadding="2" cellspacing="1" style="width:100%">
    …
    <tr>
    <td nowrap align="right" width="13%">选择待审批的组</td>
    <td colspan="3"><select name="group1" id="group1">
        <option>leadergroup</option>
        <option>feegroup</option>
        </select>
        </td>
    </tr>
    …
</table>
```

在上面的 HTML 代码中，增加了表单下拉列表，用于选择待审批的组，该页面运行后的效果如图 12-5 所示。

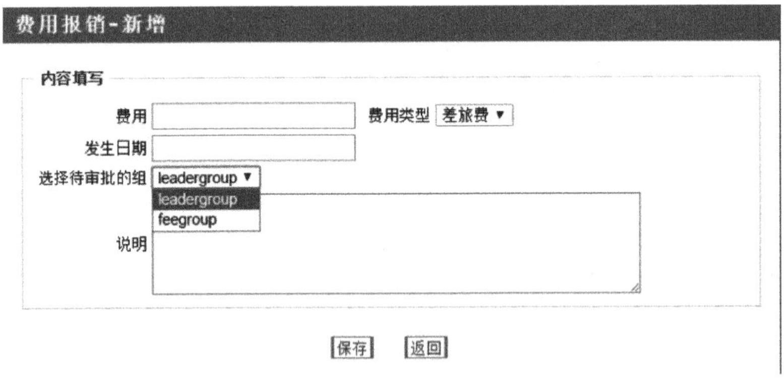

图 12-5 页面运行效果

在图 12-5 中，新增表单时，实现对待审批组的动态选择。单击"保存"按钮后的代码如下所示：

```
@RequestMapping(value = "/start/save")
public String saveStartForm(Model model,
```

```
        HttpServletRequest request, HttpSession session) {
        String userId = session.getAttribute("userId") == null ? null :
            session.getAttribute("userId").toString();

        Map formProperties = PageData(request);
        ProcessDefinition processDefinition = repositoryService
                .createProcessDefinitionQuery()
                .processDefinitionKey("reimbursement - 6")
                .latestVersion().singleResult();
        String processDefinitionId = processDefinition.getId();
        try {
            identityService.setAuthenticatedUserId(userId);
            formService.submitStartFormData(processDefinitionId,
                formProperties);
        } finally {
            identityService.setAuthenticatedUserId(null);
        }

        return "redirect:../list";
    }
```

以上代码实现了对 form 表单数据的获取和提交保存，但该代码中并没有对候选组的处理，其关键在于代码：

```
Map formProperties = PageData(request)
```

其作用是获取新增页面提交的数据，并以键值对的形式保存在 Map 形式的变量中，其中就包含了键为 group1、值为页面所选值的键值对，所以在这里不需要做任何代码上的更改。如果页面没有用于选择候选组的下拉列表，则需要在 Java 代码中包含为变量 group1 进行复制的地方，例如：

```
Map map = new HashMap();
map.put("group1", "group1");
```

同理，对动态候选人的赋值方法类似。以上示例代码请详见本书配套资源中的源码。

而第二种方法，采用监听器的方式对动态候选组或候选人赋值的方法和前面所讲类似，在此，不再重复讲解。

## 12.5 网关介绍

在 BPMN 中，有个重要概念是网关。网关可以理解为对流程分支和聚合的控制。在前面章节的示例和讲解中，并没有深入讲解涉及流程的分支和聚合问题，从本节开始，将讨论流程的分支和聚合问题，即网关。

在实际开发中，很多业务不会像前面所讲的由一条分支完成，实际上与程序开发中的逻辑判断语句 if 一样，存在很多分支。例如，在“费用报销”流程中，当费用小于 1000 时，需要部门领导审批；大于 1000 时，需要公司经理审批等，这就是分支。在 BPMN 中，网关有标准图例，即用菱形表示，其中有不同的图标，以表示不同类型的网关。表 12.3 所示为网关图例和描述。

**表 12.3　网关的描述**

| 符号表示 | 名　　称 | 描　　述 |
|---|---|---|
| | 并行网关<br>(ParallelGateway) | 表示流程中并行执行的多个分支。允许将流程分成多条分支，也可以把多条分支汇聚到一起 |
| | 排他网关<br>(ExclusiveGateway) | 基于数据的排他网关，在流程中用于实现决策 |
| | 包容网关<br>(InclusiveGateway) | 排他网关和并行网关的结合体 |
| | 事件网关<br>(EventGateway) | 允许根据事件判断流向 |

网关的重要性在于可使流程能够表现复杂的事件，满足实际业务的需要。下面将分别介绍各个网关。

## 12.6　排他网关

排他网关很好理解，即满足了条件的分支才得以运行，类似于程序开发中的 if 判断语句，只有判断条件为 true 的语句才能执行。Activiti 中排他网关的 XML 代码基本格式如下所示：

```
<exclusiveGateway id="exclusivegateway1" name="Exclusive Gateway">
</exclusiveGateway>
```

在上面的 XML 代码中，元素 exclusiveGateway 中的属性 id 值需要在该 bpmn 文档中具有唯一性，属性 name 为该排他网关的名称。图 12-6 所示为在 Activiti Designer 中设计的典型相关流程图。

在图 12-6 中，展示了一个起始事件和排他网关，及相关用户任务。运行到排他网关时，将自动对流程引擎中的条件进行判断，只有满足条件的分支才能够得以继续运行。图 12-6 所示流程图对应的 XML 代码如下所示：

```
<process id="myProcess" name="My process" isExecutable="true">
    <exclusiveGateway id="exclusivegateway1"
        name="Exclusive Gateway"></exclusiveGateway>
    <userTask id="usertask1" name="用户任务 1"></userTask>
    <userTask id="usertask2" name="用户任务 2"></userTask>
    <userTask id="usertask3" name="用户任务 3"></userTask>
    <sequenceFlow id="flow1" sourceRef="exclusivegateway1"
```

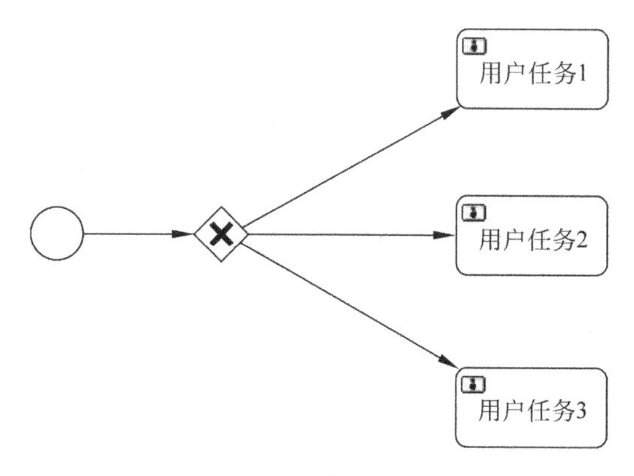


图 12-6　排他网关图例

```
        targetRef = "usertask1">
      < conditionExpression xsi:type = "tFormalExpression">
         <![CDATA[ ${state == 1}]]></conditionExpression>
    </sequenceFlow>
    < sequenceFlow id = "flow2" sourceRef = "exclusivegateway1"
        targetRef = "usertask3">
      < conditionExpression xsi:type = "tFormalExpression">
         <![CDATA[ ${state == 2}]]></conditionExpression>
    </sequenceFlow>
    < sequenceFlow id = "flow3" sourceRef = "exclusivegateway1"
        targetRef = "usertask2">
      < conditionExpression xsi:type = "tFormalExpression">
         <![CDATA[ ${state == 3}]]></conditionExpression>
    </sequenceFlow>
    < startEvent id = "startevent1" name = "Start"></startEvent>
    < sequenceFlow id = "flow4" sourceRef = "startevent1"
        targetRef = "exclusivegateway1"></sequenceFlow>
</process>
```

在上面的代码中，重要的是连接排他网关和用户任务间的序列流定义，指向 3 个用户任务的序列流分别定义了条件，例如：

```
<![CDATA[ ${state = 1}]]>
```

表示流程变量 state 等于 1 时，执行该条分支，即指从源 exclusivegateway1 对象指向目标 usertask1 对象的分支。有了这个基本概念，就很好理解上面的 XML 代码了。

在排他网关中还有个需要了解的概念是：默认执行分支，表示如果没有满足任何条件的分支时，将执行默认分支。

在 Activiti Designer 中设置方式是：单击选中排他网关图标，在属性设置面板中，单击 Default flow 下拉列表框，选择需要设置为默认序列流的 Id 即可，如图 12-7 所示。

该默认网关对应的 XML 代码如下所示：

```
< exclusiveGateway id = "exclusivegateway1" name = "Exclusive Gateway"
    default = "flow1">
</exclusiveGateway>
```

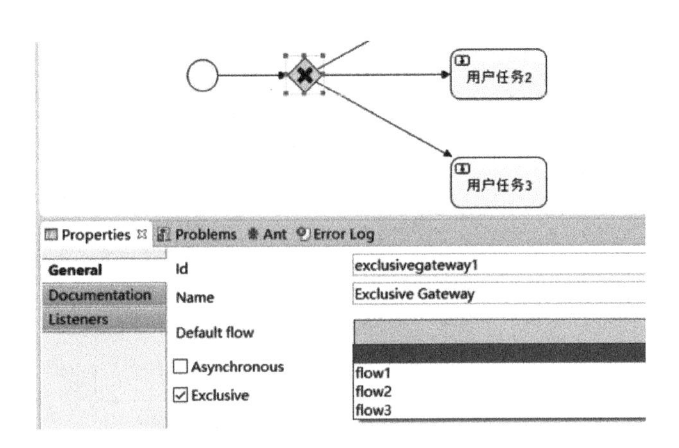


图 12-7　选择排他网关的默认序列流

其中，对于被设置为默认序列流的的分支，不需要再设置表达式了。开发人员关心的是：如果有多条分支被设置为了同一个条件，或是有多个分支满足同一个条件时，如何执行？此时，在 Activiti 中，排他网关的处理方式是，只执行满足条件的第一个分支。如果执行中，发现没有任何一条分支满足条件，则会抛出一个异常。

下面是增加了排他网关后的"费用报销"流程介绍。首先，修改流程定义文件，更名为 reimbursement-7.bpmn，如图 12-8 所示。

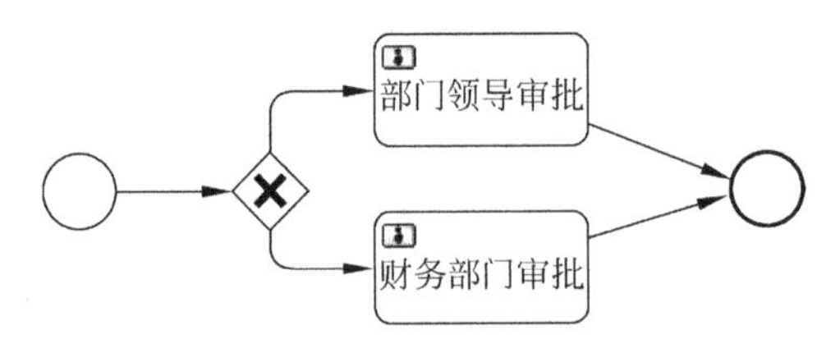


图 12-8　增加了排他网关后的"费用报销"流程

为了说明方便，在图 12-8 中，在流程开始后，就对流程进行分支处理，即当 fee 大于等于 1000 时，运行"部门领导审批"分支；fee 小于 1000 时，运行"财务部门审批"分支。该流程的 XML 代码如下所示：

```
<process id = "reimbursement - 7" name = "费用报销 - 7" isExecutable = "true">
    <startEvent id = "startevent1" name = "Start"
        activiti:initiator = "startUserId" activiti:formKey = "start.form">
    </startEvent>
    <userTask id = "usertask1" name = "部门领导审批"
        activiti:candidateGroups = "leadergroup"
        activiti:formKey = "conform1.form">
    </userTask>
    <userTask id = "usertask2" name = "财务部门审批"
        activiti:candidateGroups = "feegroup"
        activiti:formKey = "conform2.form">
    </userTask>
    <endEvent id = "endevent1" name = "End"></endEvent>
    <exclusiveGateway id = "exclusivegateway1"
        name = "Exclusive Gateway">
```

```
    </exclusiveGateway>
    <sequenceFlow id = "flow1" sourceRef = "startevent1"
        targetRef = "exclusivegateway1">
    </sequenceFlow>
    <sequenceFlow id = "flow2" sourceRef = "exclusivegateway1"
        targetRef = "usertask1">
        <conditionExpression xsi:type = "tFormalExpression">
            <![CDATA[ ${fee >= 1000}]]>
        </conditionExpression>
    </sequenceFlow>
    <sequenceFlow id = "flow3" sourceRef = "exclusivegateway1"
        targetRef = "usertask2">
        <conditionExpression xsi:type = "tFormalExpression">
            <![CDATA[ ${fee < 1000}]]>
        </conditionExpression>
    </sequenceFlow>
    <sequenceFlow id = "flow4" sourceRef = "usertask1"
        targetRef = "endevent1">
    </sequenceFlow>
    <sequenceFlow id = "flow5" sourceRef = "usertask2" targetRef = "endevent1">
    </sequenceFlow>
</process>
```

在上面的示例代码中，条件判断写在了 id 为 flow3 和 flow4 的序列流中。该代码基于外置表单进行开发，由代码中的属性 activiti:formKey 可知外置表单的名称。具体 Java 代码请查看本书配套资源中的源码文件。

实际运行效果如图 12-9 所示。

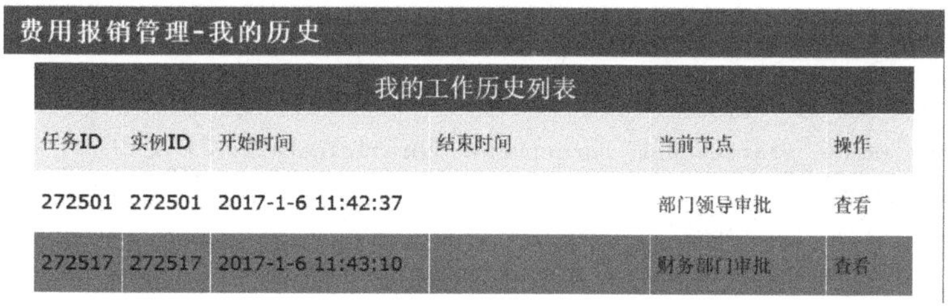

费用报销管理-我的历史

我的工作历史列表

| 任务ID | 实例ID | 开始时间 | 结束时间 | 当前节点 | 操作 |
|---|---|---|---|---|---|
| 272501 | 272501 | 2017-1-6 11:42:37 | | 部门领导审批 | 查看 |
| 272517 | 272517 | 2017-1-6 11:43:10 | | 财务部门审批 | 查看 |

图 12-9　运行排他网关示例

图 12-9 表示为：在实际运行中，在其中一张表单中填写 fee 为 2000，另一张表中的 fee 填写为 800，此时查看历史列表可知，这两张单据当前所处的节点是不同的。

## 12.7　并行网关

并行网关，即从其出来的分支不带任何条件，每条分支都需要运行，然后汇聚到并行网关。Activiti 中，并行网关的 XML 代码基本格式如下所示：

```
<parallelGateway id = "parallelgateway1" name = "Parallel Gateway">
```

```
</parallelGateway>
```

在上面的 XML 代码中，元素 parallelGatcway 中的属性 id 值需要在该 bpmn 文档中具有唯一性，属性 name 为该并行网关的名称。图 12-10 所示为在 Activiti Designer 中设计的典型并行网关流程图。

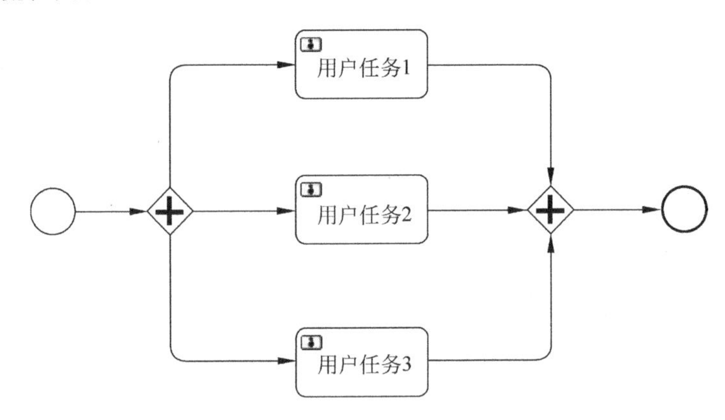


图 12-10　并行网关图例

在图 12-10 中，展示了一个起始事件开始运行流程，然后到并行网关，接着分别运行各个用户任务，最后汇聚完成整个流程。该简单流程图对应的 XML 代码如下所示：

```
<process id = "myProcess" name = "My process" isExecutable = "true">
    <userTask id = "usertask1" name = "用户任务 1"></userTask>
    <userTask id = "usertask2" name = "用户任务 2"></userTask>
    <userTask id = "usertask3" name = "用户任务 3"></userTask>
    <startEvent id = "startevent1" name = "Start"></startEvent>
    <parallelGateway id = "parallelgateway1" name = "Parallel Gateway">
    </parallelGateway>
    <sequenceFlow id = "flow1"
        sourceRef = "startevent1" targetRef = "parallelgateway1">
    </sequenceFlow>
    <sequenceFlow id = "flow2"
        sourceRef = "parallelgateway1" targetRef = "usertask1">
    </sequenceFlow>
    <sequenceFlow id = "flow3"
        sourceRef = "parallelgateway1" targetRef = "usertask2">
    </sequenceFlow>
    <sequenceFlow id = "flow4"
        sourceRef = "parallelgateway1" targetRef = "usertask3">
    </sequenceFlow>
    <parallelGateway id = "parallelgateway2"
        name = "Parallel Gateway">
    </parallelGateway>
    <sequenceFlow id = "flow5"
        sourceRef = "usertask1" targetRef = "parallelgateway2">
    </sequenceFlow>
    <sequenceFlow id = "flow6"
        sourceRef = "usertask2" targetRef = "parallelgateway2">
```

```
        </sequenceFlow>
        <sequenceFlow id = "flow7"
            sourceRef = "usertask3" targetRef = "parallelgateway2">
        </sequenceFlow>
        <endEvent id = "endevent1" name = "End"></endEvent>
        <sequenceFlow id = "flow8"
            sourceRef = "parallelgateway2" targetRef = "endevent1">
        </sequenceFlow>
    </process>
```

以上流程首先定义了几个用户任务、开始事件、结束事件和并行网关；接着是序列流的流向。序列流的流向是从属性 sourceRef 指向属性 targetRef。

在并行网关设置中，需要注意的是，对于从并行网关出来的序列流不需要设置条件，即便设置了条件，也不会起作用；对于到并行网关汇聚的分支，只有所有待汇聚的分支都运行结束后，才会流入下一个节点。

在图 12-10 中，并行网关的图标出现了两次，从左到右，第一个图标表示出度，即从该图标开始将有多条分支流程；第二个图标表示入度，即分支运行结束后，到该节点汇合，当判断所有并行分支都运行结束后，才会流入下一个节点。

那么，并行网关的出度和入度节点是否需要一一对应？这不一定，只要保证最后都汇聚到入度节点即可。

下面以“费用报销”流程为例进行说明，其流程定义如图 12-11 所示。

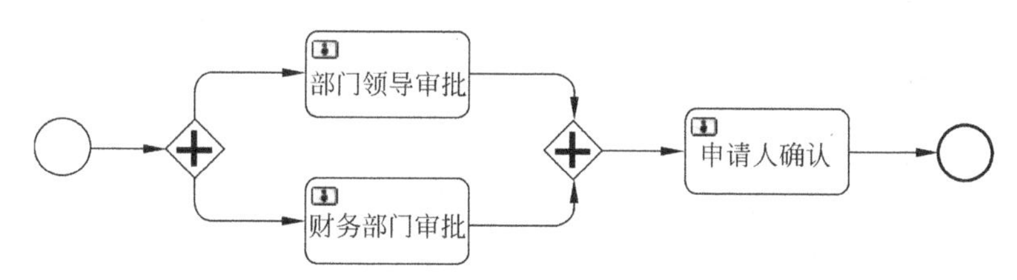


图 12-11　带并行网关的“费用报销”流程示例

在图 12-11 中，一旦开始“费用报销”流程，则“部门领导审批”分支和“财务部门审批”分支将同时并行运行，只有这两个分支都运行结束后，才会进入“申请人确认”节点。图 12-11 所示流程图的定义如下所示：

```
<process id = "reimbursement - 8" name = "费用报销 - 8" isExecutable = "true">
    <startEvent id = "startevent1" name = "Start"
        activiti:initiator = "startUserId" activiti:formKey = "start.form">
    </startEvent>
    <userTask id = "usertask1" name = "部门领导审批"
        activiti:candidateGroups = "leadergroup"
        activiti:formKey = "conform1.form">
    </userTask>
    <userTask id = "usertask2" name = "财务部门审批"
        activiti:candidateGroups = "feegroup"
        activiti:formKey = "conform2.form">
    </userTask>
    <userTask id = "usertask3" name = "申请人确认"
```

```
            activiti:assignee = "${startUserId}"
            activiti:formKey = "conform3.form">
        </userTask>
        <parallelGateway id = "parallelgateway1" name = "Parallel Gateway">
        </parallelGateway>
        <sequenceFlow id = "flow1"
            sourceRef = "startevent1" targetRef = "parallelgateway1">
        </sequenceFlow>
        <sequenceFlow id = "flow2"
            sourceRef = "parallelgateway1" targetRef = "usertask1">
        </sequenceFlow>
        <sequenceFlow id = "flow3"
            sourceRef = "parallelgateway1" targetRef = "usertask2">
        </sequenceFlow>
        <parallelGateway id = "parallelgateway2" name = "Parallel Gateway">
        </parallelGateway>
        <sequenceFlow id = "flow4"
            sourceRef = "usertask1" targetRef = "parallelgateway2">
        </sequenceFlow>
        <sequenceFlow id = "flow5"
            sourceRef = "usertask2" targetRef = "parallelgateway2">
        </sequenceFlow>
        <sequenceFlow id = "flow6"
            sourceRef = "parallelgateway2" targetRef = "usertask3">
        </sequenceFlow>
        <endEvent id = "endevent1" name = "End"></endEvent>
        <sequenceFlow id = "flow7" sourceRef = "usertask3" targetRef = "endevent1">
        </sequenceFlow>
    </process>
```

由以上的流程定义可知，该流程使用了外置表单方式，即在开始节点和用户任务节点定义了相关的表单，以上 XML 代码保存为文件 reimbursement-8. bpmn。各个表单文件的定义在这里不再列出。接着，建立 Java 控制类文件 ParagateformController. java，用于处理并行网关相关处理，处理代码在这里不再重复叙述，唯一有区别的地方是如下代码：

```
@RequestMapping(value = "/hlist")
public String historylist(Model model,HttpSession session) {
    String userId = session.getAttribute("userId") == null ? null :
        session.getAttribute("userId").toString();

    List<Map> hlist = new ArrayList<Map>();
    List historylist = historyService.createHistoricProcessInstanceQuery()
        .processDefinitionKey("reimbursement - 8")
        .startedBy(userId).list();

    for (int i = 0;i<historylist.size();i++){
        Map<String, Object> map = new HashMap<String, Object>();
        HistoricProcessInstanceEntity hpe =
            (HistoricProcessInstanceEntity) historylist.get(i);
```

```
            map.put("id", hpe.getId());
            map.put("startUserId", hpe.getStartUserId());
            map.put("processInstanceId", hpe.getProcessInstanceId());
            map.put("endTime", hpe.getEndTime());
            map.put("startTime", hpe.getStartTime());
            if (hpe.getEndTime() == null){
                List<Task> taskList =  taskService.createTaskQuery()
                    .processInstanceId(hpe.getProcessInstanceId())
                    .active().list();
                String taskName = "";
                for (int j = 0;j<taskList.size();j++){
                    if (taskList.get(j) != null){
                        taskName = taskName == "" ? taskList.get(j).getName() :
                            taskName + "," + taskList.get(j).getName();
                    }
                }
                if (taskName != ""){
                    map.put("name", taskName);
                }
            }else{
                map.put("name", "已完成");
            }
            hlist.add(map);
        }

        //获得当前用户的任务
        model.addAttribute("list", hlist);

        return "reimbursement_hlist";
    }
```

以上示例代码用于显示当前用户所有的实例,包括完成和未完成的。由于并行网关允许多个分支同时存在,所以在获取当前任务时需要使用如下代码:

```
List<Task> taskList =  taskService.createTaskQuery()
    .processInstanceId(hpe.getProcessInstanceId()).active().list();
```

获取任务所处节点需要用如下代码:

```
taskName = taskName == "" ? taskList.get(j).getName() :
    taskName + "," + taskList.get(j).getName();
```

将获取的所有任务列表发送到 view 层 reimbursement_hlist.jsp 进行处理,最终页面显示效果如图 12-12 所示。

费用报销管理-我的历史

我的工作历史列表

| 任务ID | 实例ID | 开始时间 | 结束时间 | 当前节点 | 操作 |
| --- | --- | --- | --- | --- | --- |
| 285065 | 285065 | 2017-1-6 23:25:17 | 2017-1-6 23:26:21 | 已完成 | 查看 |
| 285099 | 285099 | 2017-1-6 23:42:21 |  | 部门领导审批,财务部门审批 | 查看 |

图 12-12 “我的历史”显示并行网关结果

在图 12-12 中，可以正确显示基于并行网关类的实例中所有当前节点位置，这样，可以通过该页面跟踪未完成实例所处节点的位置。

## 12.8 包容网关

在理解了前面的排他网关和并行网关后，再理解包容网关就很容易了。包容网关可理解为同时包含了排他网关和并行网关的功能，即在并行的分支流程运行中，判断各个分支的运行条件，如果有多条分支都满足条件时，则这些分流程都运行，运行完成后，才会到下一个节点。在 Activiti 中，包容网关的 XML 代码基本格式表示如下所示：

```
<inclusiveGateway id="inclusivegateway1" name="Inclusive Gateway">
</inclusiveGateway>
```

在上面的 XML 代码中，元素 inclusiveGateway 中的属性 id 值需要在该 bpmn 文档中具有唯一性，属性 name 为该包容网关的名称。图 12-13 所示为在 Activiti Designer 中设计的典型相关流程图。

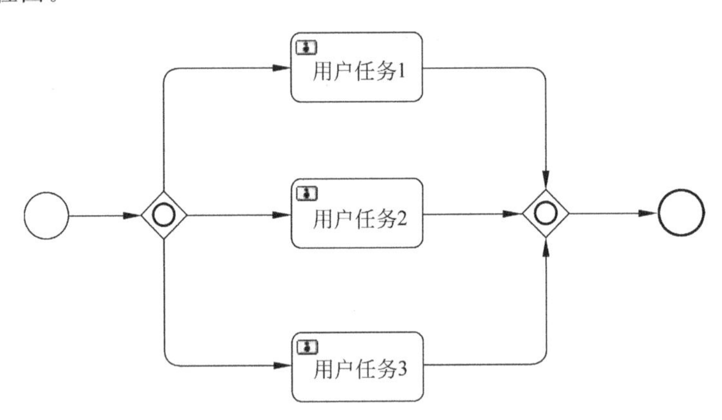


图 12-13 包容网关图例

在图 12-13 中，包容网关的图例和并行网关图例有些类似，同样，其包含了一个出度和一个入度的节点，出度和入度节点无须一一对应，只要保证分支流程最后都汇聚到入度节点即可。图 12-13 所示简单流程图对应的 XML 代码如下所示：

```
<process id="myProcess" name="My process" isExecutable="true">
    <userTask id="usertask1" name="用户任务 1"></userTask>
    <userTask id="usertask2" name="用户任务 2"></userTask>
    <userTask id="usertask3" name="用户任务 3"></userTask>
    <startEvent id="startevent1" name="Start"></startEvent>
    <endEvent id="endevent1" name="End"></endEvent>
    <inclusiveGateway id="inclusivegateway1" name="Inclusive Gateway">
    </inclusiveGateway>
    <inclusiveGateway id="inclusivegateway2" name="Inclusive Gateway">
    </inclusiveGateway>
    <sequenceFlow id="flow1" sourceRef="startevent1"
```

```
        targetRef = "inclusivegateway1">
    </sequenceFlow>
    <sequenceFlow id = "flow2" sourceRef = "inclusivegateway1"
        targetRef = "usertask1">
        <conditionExpression xsi:type = "tFormalExpression">
            <![CDATA[ ${state = 1}]]>
        </conditionExpression>
    </sequenceFlow>
    <sequenceFlow id = "flow3" sourceRef = "inclusivegateway1"
        targetRef = "usertask2">
       <conditionExpression xsi:type = "tFormalExpression">
            <![CDATA[ ${state = 2}]]>
        </conditionExpression>
    </sequenceFlow>
    <sequenceFlow id = "flow4"
        sourceRef = "inclusivegateway1" targetRef = "usertask3">
        <conditionExpression xsi:type = "tFormalExpression">
            <![CDATA[ ${state = 2}]]>
        </conditionExpression>
    </sequenceFlow>
    <sequenceFlow id = "flow5"
        sourceRef = "usertask1" targetRef = "inclusivegateway2">
    </sequenceFlow>
    <sequenceFlow id = "flow6"
        sourceRef = "usertask2" targetRef = "inclusivegateway2">
    </sequenceFlow>
    <sequenceFlow id = "flow7"
        sourceRef = "usertask3" targetRef = "inclusivegateway2">
    </sequenceFlow>
    <sequenceFlow id = "flow8"
        sourceRef = "inclusivegateway2" targetRef = "endevent1">
    </sequenceFlow>
</process>
```

在上面示例的XML代码中，对于出度的每条序列流，可以设置运行条件，id为flow3和flow4的两条序列流的条件都相同，即表示如果判断流程变量state=2时，这两条分支流都要求运行。在出度节点上，可以设置默认的序列流，即判断如果没有满足条件的分支流可运行时，将运行默认的分支流，设置方法是：选中出度节点，在属性Default flow中，选择需要设置为默认序列流的id，如图12-14所示。

在图12-14中，对于设置为默认序列流的分支，不需再设置判断条件。此时，包容网关的示例代码如下所示：

```
<inclusiveGateway id = "inclusivegateway1" name = "Inclusive Gateway" default = "flow2">
</inclusiveGateway>
```

在上面的代码中，属性default的值表示设置的默认序列流。下面以“费用报销”流程为例，其流程定义如图12-15所示。

设置条件是：报销费用小于800时，只需财务部门审批；费用为800～1000时，需要财务部门和部门领导同时审批；费用大于1000时只需要部门领导审批。在这里，就有一个区

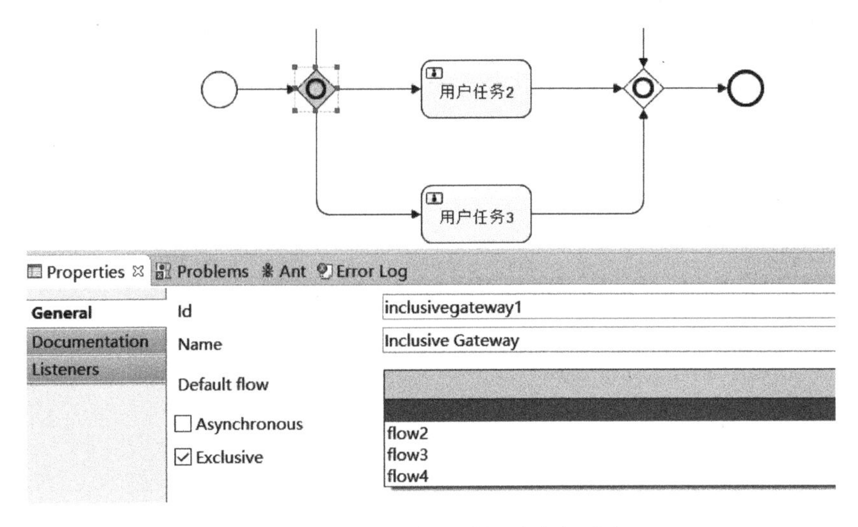


图 12-14　设置包容网关的默认序列流

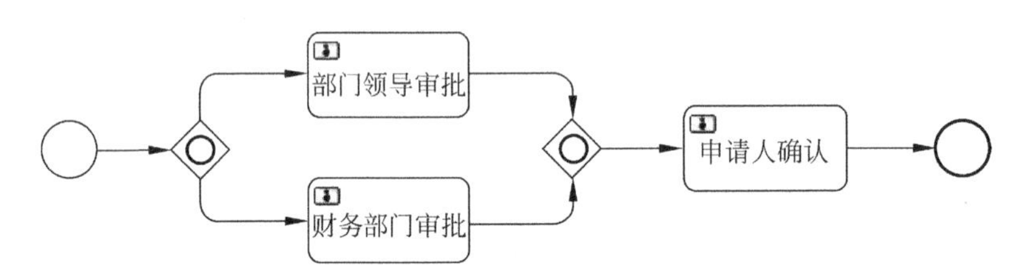


图 12-15　带包容网关的“费用报销”流程示例

间 800～1000 两条分支都运行的情况。其示例 XML 代码如下所示：

```
<process id = "reimbursement - 9" name = "费用报销 - 9" isExecutable = "true">
    <startEvent id = "startevent1" name = "Start" activiti:initiator = "startUserId" activiti:
formKey = "start.form">
    </startEvent>
    <userTask id = "usertask1" name = "部门领导审批"
        activiti:candidateGroups = "leadergroup"
        activiti:formKey = "conform1.form">
    </userTask>
    <userTask id = "usertask2" name = "财务部门审批"
        activiti:candidateGroups = "feegroup"
        activiti:formKey = "conform2.form">
    </userTask>
    <userTask id = "usertask3" name = "申请人确认"
        activiti:assignee = "${startUserId}" activiti:formKey = "conform3.form">
    </userTask>
    <endEvent id = "endevent1" name = "End"></endEvent>
    <sequenceFlow id = "flow7" sourceRef = "usertask3" targetRef = "endevent1">
    </sequenceFlow>
    <inclusiveGateway id = "inclusivegateway1" name = "Inclusive Gateway">
    </inclusiveGateway>
    <inclusiveGateway id = "inclusivegateway2" name = "Inclusive Gateway">
```

```
    </inclusiveGateway>
    <sequenceFlow id = "flow1"
        sourceRef = "startevent1" targetRef = "inclusivegateway1">
    </sequenceFlow>
    <sequenceFlow id = "flow2"
        sourceRef = "inclusivegateway1" targetRef = "usertask1">
        <conditionExpression xsi:type = "tFormalExpression">
            <![CDATA[ ${fee>= 800}]]>
        </conditionExpression>
    </sequenceFlow>
    <sequenceFlow id = "flow3"
        sourceRef = "inclusivegateway1" targetRef = "usertask2">
        <conditionExpression xsi:type = "tFormalExpression">
            <![CDATA[ ${fee<1000}]]>
        </conditionExpression>
    </sequenceFlow>
    <sequenceFlow id = "flow4"
        sourceRef = "usertask1" targetRef = "inclusivegateway2">
    </sequenceFlow>
    <sequenceFlow id = "flow5"
        sourceRef = "usertask2" targetRef = "inclusivegateway2">
    </sequenceFlow>
    <sequenceFlow id = "flow6"
        sourceRef = "inclusivegateway2" targetRef = "usertask3">
    </sequenceFlow>
</process>
```

在上面的示例代码中，设置了出度的两条分支运行条件，即 id 为 flow2 和 flow3 的序列流，注意其书写方式。将其保存为 reimbursement-9. bpmn 文件，并在系统中部署。接着，建立 Java 控制类文件 InclugateformController. java，用于处理以上包容网关示例流程，示例代码在这里不再重复列出。运行后，在新增表单中，建立了 3 个不同的表单，即 fee 分别为 100、900 和 1100 时，代表 3 个不同的状态，运行后，查看“我的历史”菜单，如图 12-16 所示。

费用报销管理-我的历史

我的工作历史列表

| 任务ID | 实例ID | 开始时间 | 结束时间 | 当前节点 | 操作 |
|---|---|---|---|---|---|
| 287625 | 287625 | 2017-1-7 11:44:34 | | 财务部门审批 | 查看 |
| 287641 | 287641 | 2017-1-7 11:44:44 | | 部门领导审批,财务部门审批 | 查看 |
| 287662 | 287662 | 2017-1-7 11:44:53 | | 部门领导审批 | 查看 |

图 12-16　运行“包容网关”示例后结果

由图 12-16 得知，运行结果和前面流程定义文件设置分支运行条件相符。以上运行示例代码请参见本书配套资源中的源码。

## 12.9 事件网关

事件网关是基于事件的网关，即根据事件来判断流程分支流向的网关。当流程到达事件网关时，流程将处于等待状态，暂停流程的执行，同时，为每个外出顺序流创建相应的事件订阅。在 Activiti 中使用事件网关，需要注意的是：

➢ 事件网关必须有两个或两个以上的外出序列流。

➢ 在事件网关之后，只能使用 intermediateCatchEvent 类型，Activiti 不支持在事件网关之后直接连接接收任务。

➢ 接在事件网关之后的 intermediateCatchEvent 只能有一条进入序列流。

➢ 事件网关的 XML 代码描述如下：

```
<eventBasedGateway id="eventgateway1" name="Event Gateway">
</eventBasedGateway>
```

在上面的 XML 代码中，元素 eventBasedGateway 中的属性 id 值需要在该 bpmn 文档中具有唯一性，属性 name 为该事件网关的名称。图 12-17 所示为在 Activiti Designer 中设计的典型相关流程图。

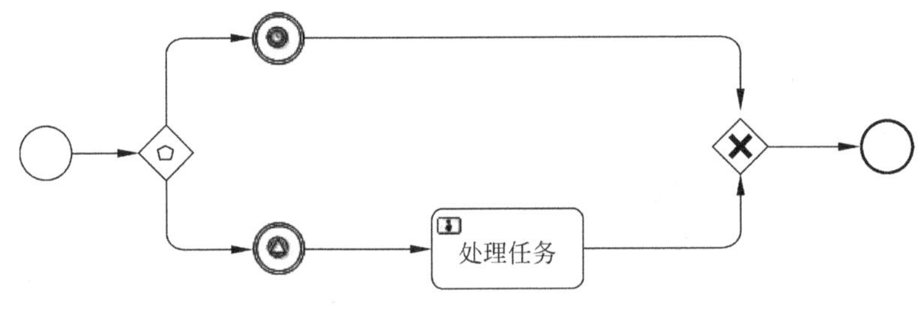


图 12-17 事件网关图例

在图 12-17 中，流程开始后便中断等待事件的发生，事件网关出度的上面的分支是一个定时中间事件，下面的分支是一个信号中间事件，例如在等待一定时间之内，触发了信号中间事件，将进入处理任务节点；如果在等待一定时间之内没有信号中间事件发生，则执行定时中间事件，流程结束。其对应的 XML 代码如下所示：

```
<signal id="alertSignal" name="alert"></signal>
<process id="myProcess" name="My process" isExecutable="true">
    <startEvent id="startevent1" name="Start"></startEvent>
    <endEvent id="endevent1" name="End"></endEvent>
    <intermediateCatchEvent id="timerintermediatecatchevent1"
        name="TimerCatchEvent">
        <timerEventDefinition>
          <timeDate>${myDate1}</timeDate>
        </timerEventDefinition>
    </intermediateCatchEvent>
    <userTask id="usertask1" name="处理任务"></userTask>
    <eventBasedGateway id="eventgateway1" name="Event Gateway">
```

```
    </eventBasedGateway>
    <sequenceFlow id = "flow1"
        sourceRef = "startevent1" targetRef = "eventgateway1">
    </sequenceFlow>
    <intermediateCatchEvent id = "signalintermediatecatchevent1"
        name = "SignalCatchEvent">
        <signalEventDefinition signalRef = "alertSignal">
        </signalEventDefinition>
    </intermediateCatchEvent>
    <exclusiveGateway id = "exclusivegateway1" name = "Exclusive Gateway">
    </exclusiveGateway>
    <sequenceFlow id = "flow2"
        sourceRef = "eventgateway1" targetRef = "timerintermediatecatchevent1">
    </sequenceFlow>
    <sequenceFlow id = "flow3"
        sourceRef = "eventgateway1"
        targetRef = "signalintermediatecatchevent1">
    </sequenceFlow>
    <sequenceFlow id = "flow4" sourceRef = "timerintermediatecatchevent1"
        targetRef = "exclusivegateway1">
    </sequenceFlow>
    <sequenceFlow id = "flow5" sourceRef = "signalintermediatecatchevent1"
        targetRef = "usertask1">
    </sequenceFlow>
    <sequenceFlow id = "flow6"
        sourceRef = "usertask1" targetRef = "exclusivegateway1">
    </sequenceFlow>
    <sequenceFlow id = "flow7"
        sourceRef = "exclusivegateway1" targetRef = "endevent1">
    </sequenceFlow>
</process>
```

在上面的代码中，首先定义了一个信号，接着定义流程，这里涉及了还没有讲解的定时中间事件和信号中间事件。在定时中间事件中使用了流程变量 myDate1，这是由用户指定等待的时间。这可理解为：事件网关等待出度上的任意一条序列流发生事件，然后执行，其余的分支将不再执行。

下面以“费用报销”流程为例进行说明，其流程定义如图 12-18 所示。

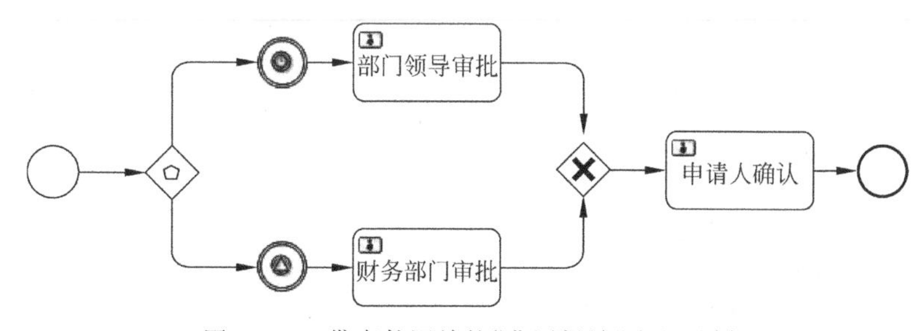


图 12-18　带事件网关的“费用报销”流程示例

在图 12-18 中，用户启动流程后，将进入等待状态，一条分支是定时中间事件，等待一段时间之后，如果没有发生信号中间事件，将触发该条序列流，进入“部门领导审批”节点；如果在等待的时间之内，定时中间事件发生，则进入“财务部门审批”节点。其主要 XML 代码如下所示：

```
<signal id = "alertSignal" name = "alert"></signal>
<process id = "reimbursement - 10" name = "费用报销 - 10" isExecutable = "true">
    <startEvent id = "startevent1" name = "Start"
        activiti:initiator = "startUserId"
        activiti:formKey = "start.form">
    </startEvent>
    <userTask id = "usertask1" name = "部门领导审批"
        activiti:candidateGroups = "leadergroup"
        activiti:formKey = "conform1.form">
    </userTask>
    <userTask id = "usertask3" name = "申请人确认"
        activiti:assignee = "${startUserId}"
        activiti:formKey = "conform3.form">
    </userTask>
    <endEvent id = "endevent1" name = "End">
    </endEvent>
    <sequenceFlow id = "flow7" sourceRef = "usertask3" targetRef = "endevent1">
    </sequenceFlow>
    <eventBasedGateway id = "eventgateway1" name = "Event Gateway">
    </eventBasedGateway>
    <sequenceFlow id = "flow8"
        sourceRef = "startevent1" targetRef = "eventgateway1">
    </sequenceFlow>
    <intermediateCatchEvent
        id = "timerintermediatecatchevent1" name = "TimerCatchEvent">
        <timerEventDefinition>
          <timeDuration>PT1M</timeDuration>
        </timerEventDefinition>
    </intermediateCatchEvent>
    <sequenceFlow id = "flow9"
        sourceRef = "eventgateway1" targetRef = "timerintermediatecatchevent1">
    </sequenceFlow>
    <sequenceFlow id = "flow10"
        sourceRef = "timerintermediatecatchevent1" targetRef = "usertask1">
    </sequenceFlow>
    <intermediateCatchEvent
        id = "signalintermediatecatchevent1" name = "SignalCatchEvent">
    <signalEventDefinition signalRef = "alertSignal">
    </signalEventDefinition>
    </intermediateCatchEvent>
    <userTask id = "usertask4" name = "财务部门审批"
        activiti:candidateGroups = "feegroup"
        activiti:formKey = "conform2.form">
    </userTask>
    <sequenceFlow id = "flow11" sourceRef = "eventgateway1"
        targetRef = "signalintermediatecatchevent1">
    </sequenceFlow>
```

```
    <sequenceFlow id = "flow12" sourceRef = "signalintermediatecatchevent1"
        targetRef = "usertask4">
    </sequenceFlow>
    <exclusiveGateway id = "exclusivegateway1" name = "Exclusive Gateway">
    </exclusiveGateway>
    <sequenceFlow id = "flow13" sourceRef = "usertask1"
        targetRef = "exclusivegateway1">
    </sequenceFlow>
    <sequenceFlow id = "flow14" sourceRef = "usertask4"
        targetRef = "exclusivegateway1">
    </sequenceFlow>
    <sequenceFlow id = "flow15" sourceRef = "exclusivegateway1"
        targetRef = "usertask3">
    </sequenceFlow>
</process>
```

在上面的代码中，首先定义了一个信号，接着定义流程，定时中间事件中使用了时间持续范围 timeDuration，其值 PT1M 表示持续 1 分钟，这只是为了测试方便，信号中间事件引用了流程定义中定义的 id 为 alertSignal 的信号。以上的流程定义保存为文件 reimbursement-10. bpmn，并在系统中进行部署。

这样，便开启了定时任务，否则，定时任务将不会起作用。新建 Controller 控制文件 TimeController. java，用于执行上面定义的流程。在 TimeController. java 中定义了一个新的方法，主要用于接收信号处理，其主要代码如下所示：

```
@RequestMapping(value = "/receive")
public String receive(Model model,HttpSession session) {
    ...
    ExecutionQuery executionQuery = runtimeService.createExecutionQuery();
    List<Execution> executions = executionQuery
        .signalEventSubscriptionName("alert").list();

    for (int j = 0;j<executions.size();j++){
       Execution execution = executions.get(j);
       if (execution != null){
         runtimeService.signalEventReceived("alert", execution.getId());
       }
    }
     ...
    return "reimbursement-1_list";
}
```

在上面的方法中，对当前信息进行了简单快速处理，即使用 runtimeService 中的方法 createExecutionQuery()获取当前待处理的信息，注意查询和获取信号名称为 alert 的列表，然后采用以下方法：

```
runtimeService.signalEventReceived("alert", execution.getId());
```

接收处理指定信号，只有接收处理信号后，才进入“财务部门审批”节点；否则等待 1 分钟后，将进入“部门领导审批节点”。在信号接收中，只是简单接收了所有未处理的指定信号。

本节其他相关代码请查看源码。

流程实例运行后在事件网关处将会暂停并处于任一分支状态，图 12-19 即运行中流程所处状态。

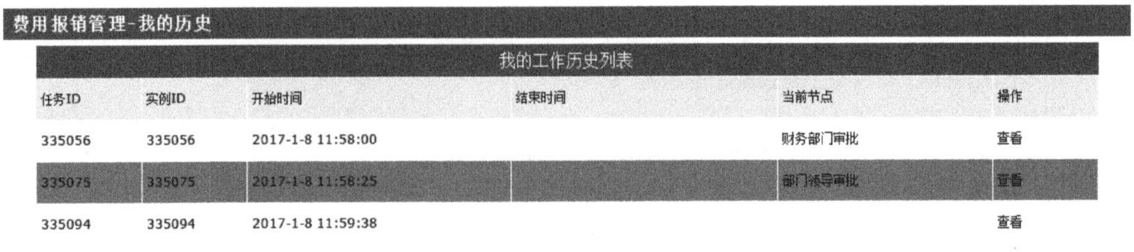

费用报销管理-我的历史

我的工作历史列表

| 任务ID | 实例ID | 开始时间 | 结束时间 | 当前节点 | 操作 |
|---|---|---|---|---|---|
| 335056 | 335056 | 2017-1-8 11:58:00 | | 财务部门审批 | 查看 |
| 335075 | 335075 | 2017-1-8 11:58:25 | | 部门领导审批 | 查看 |
| 335094 | 335094 | 2017-1-8 11:59:38 | | | 查看 |

图 12-19 事件网关实例中的 3 种状态

在图 12-19 中，由流程所处当前节点，可知流程的状态，最后一条记录即处于暂停状态。

## 12.10 本章小结

本章详细讲解了两个大的知识点：一是任务分配，解决任务分配中按指定办理人、动态指定办理人、参与人、参与组以及动态参与人和动态参与组等多种方式完成任务问题，特别需要掌握的是动态指定办理人或参与人和参与组方式，这种方式是最灵活和常见的方式；二是网关的问题，在任务办理中，总会存在各种判断和分支，例如流程可能由一个部门完成、或是不同部门组合方式完成等，网关分为排他网关、并行网关、包容网关和事件网关，这几种方式都具有重要性，其中只有事件网关具有和其他 3 种网关不同的特性，是以事件方式驱动的，本章所有示例代码请参看本书配套资源中的源码文件，源码的学习需要结合本章知识点逐步进行。

# 第13章
# 任务及中间事件管理

本章将讲解 Activiti 中的各种任务类型及处理，由于各种需要，任务被划分为多种类型，各种不同类型的任务将用于不同的场景，这是由于业务的需要而产生的；同样，中间事件也分为多种类型，并被用于不同的环境，以提高系统开发的灵活度。

## 13.1 服务任务

在前面章节中，对任务(Task)已有较多接触。在一个流程中，任务占据重要地位，特别是在和用户交互的过程中，用户任务很重要，但前面章节对用户任务(User Task)已有很多介绍，本章不再重复。

服务任务(Service Task)用于调用一个外部服务。Activiti 中，其 XML 代码基本格式表示如下：

```
< serviceTask id = "servicetask1" name = "Service Task"></serviceTask >
```

在上面的 XML 代码中，元素 serviceTask 中的属性 id 值需要在该 bpmn 文档中具有唯一性，属性 name 为该服务任务的名称。图 13-1 所示为在 Activiti Designer 中设计的典型相关流程图。

如图 13-1 所示，服务任务类似于用户任务，但区别是，用户任务需要人为参与，但服务任务一般不需要人为参与，可通过系统自动执行预定的方法。服务任务的类型有 3 种，在 Activiti Designer 中，单击服务任务图标，在属性设置窗口中，能选择服务任务的类型，如图 13-2 所示。

图 13-1　服务任务图例

如图 13-2 所示，服务任务具有 3 种类型，下面分别进行讲解。

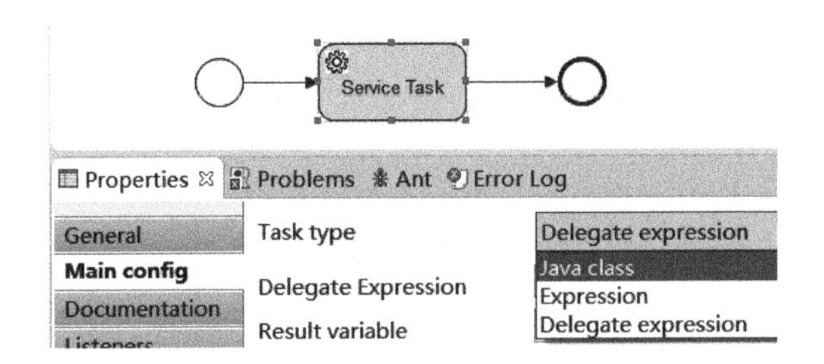


图 13-2　服务任务 3 种类型

## 13.1.1　Java class

第一种类型：Java class，选择该类型后，同时需要选择项目工程中需要运行的 Java 类，该 Java 类需要实现 JavaDelegate，同时覆盖实现 execute()方法，下面是创建的 Java 示例代码：

```
package com.zioer.service.Imp;

import org.activiti.engine.delegate.DelegateExecution;
import org.activiti.engine.delegate.JavaDelegate;

public class ServiceTaskDemo implements  JavaDelegate {
    @Override
    public void execute(DelegateExecution arg0) throws Exception {
        System.out.println(delegateExecution.getCurrentActivityId());
        System.out.println(delegateExecution.getCurrentActivityName());
    }
}
```

在上面示例创建的方法中，需要继承和实现 JavaDelegate，同时，至少包含方法 execute()。下面建立流程文件，以演示上面的服务任务中的 Java class 类型，示例代码如下：

```
<process id = "reimbursement - 11" name = "费用报销 - 11" isExecutable = "true">
      <startEvent id = "startevent1" name = "Start" activiti:initiator = "startUserId"
          activiti:formKey = "start.form"></startEvent>
      <endEvent id = "endevent1" name = "End">        </endEvent>
      <serviceTask id = "servicetask1" name = "Service Task"
          activiti:class = " com.zioer.service.Imp.ServiceTaskDemo"></serviceTask>
      <sequenceFlow id = "flow1" sourceRef = "startevent1"
          targetRef = "servicetask1"></sequenceFlow>
      <sequenceFlow id = "flow2" sourceRef = "servicetask1"
          targetRef = "endevent1"></sequenceFlow>
</process>
```

上面示例代码的图例如图 13-1 所示，流程很简单，当然只是为了说明 Java class 类型的服务任务运行，即启动流程后，调用服务任务，然后结束流程。上面 XML 内容保存为文件 reimbursement-11.bpmn，然后部署到系统中。接着，建立 Controller 文件 ServiceClassController.

java,以运行上面的流程。流程很简单,流程启动后,将运行服务任务节点,同时在控制台输出下面类似信息:

```
servicetask1
Service Task
```

接着结束流程。

### 13.1.2 Expression

第二种类型:Expression,支持表达式方式,Expression 表达式前面也有类似介绍,即将需要运算的表达式写在符号"${}"中:最常见的方式是:建立一个 Java 类,然后将该类注册为 Spring bean,接着在这里调用,参数可使用流程变量,如 execution。下面两种方式都可以:

```
${serviceTaskDemo2.print(execution)}
```

或

```
${execution.setVariable("user1",serviceTaskDemo2.getUser())}
```

上面第一种方式可用于将流程执行的中间结果输出处理,第二种方式可用于改变流程中的变量,例如对下一个节点的办理人重新赋值。下面是建立的示例 Java 类文件:

```
package com.zioer.service.Imp;

import java.io.Serializable;
import org.activiti.engine.runtime.Execution;

@Component
public class ServiceTaskDemo2 implements Serializable {
    private static final long serialVersionUID = 1L;
    public void pring(Execution execution) throws Exception {
        System.out.println(execution.getId());
        System.out.println(execution.getActivityId());
    }
}
```

在建立的指定类中,需要实现序列化,不需要实现 JavaDelegate。在本示例中,由于在 Java 配置文件中采用了自动扫描文件夹生成 bean 类,故不需要再在配置文件中进行 bean 的配置;采用自动扫描的方式,需要注意的是,一是在类上需要有标注@Component 或其子注解@Service 等;二是在引用时,类的首字母需要小写,见下面建立的流程定义文件。

```
<process id = "reimbursement - 12" name = "费用报销 - 12" isExecutable = "true">
    <startEvent id = "startevent1" name = "Start" activiti:initiator = "startUserId"
        activiti:formKey = "start.form"></startEvent>
    <endEvent id = "endevent1" name = "End"></endEvent>
    <serviceTask id = "servicetask1" name = "Service Task"
        activiti:expression = "${serviceTaskDemo2.print(execution)}">
```

```
        </serviceTask>
    <sequenceFlow id="flow1" sourceRef="startevent1"
        targetRef="servicetask1"></sequenceFlow>
    <sequenceFlow id="flow2" sourceRef="servicetask1"
        targetRef="endevent1"></sequenceFlow>
</process>
```

在上面的流程定义文件中，serviceTask节点采用了activiti:expression属性，定义了需要调用的表达式，其中调用类采用的是首字母小写形式。最后建立Controller文件EpController.java，以测试上面的流程定义文件。流程开始后，即调用上面定义的serviceTask节点，自动执行其中的表达式serviceTaskDemo 2.print(execution)，运行结束后，将在控制台输出类似下面的信息：

```
Id : 367506
ActivityId : servicetask1
```

流程结束。

### 13.1.3 Delegate expression

第三种类型：Delegate expression，支持代理表达式方式，同Expression类型比较类似，表达式放在符号“${}”中，需要建立一个Java类，类必须序列化和实现JavaDelegate，以及其中的方法execute()。

下面是建立的示例Java类文件：

```
package com.zioer.service.Imp;

import java.io.Serializable;
import org.activiti.engine.delegate.DelegateExecution;
import org.activiti.engine.delegate.JavaDelegate;
@Component
public class ServiceTaskDemo3 implements Serializable,JavaDelegate  {

    private static final long serialVersionUID = 1234L;

    @Override
    public void execute(DelegateExecution delegateExecution) throws Exception {
                System.out.println("Id : " + delegateExecution.getId());
                System.out.println("ActivityId : " +
                  delegateExecution.getCurrentActivityId());

    }
}
```

以上创建的类文件同样需要在Spring中注册为bean，上面采用的方式为自动扫描注册。接着，创建流程定义文件，如下所示：

```
<process id="reimbursement-13" name="费用报销-13" isExecutable="true">
    <startEvent id="startevent1" name="Start" activiti:initiator="startUserId"
```

```
        activiti:formKey = "start.form"></startEvent>
    <endEvent id = "endevent1" name = "End"></endEvent>
    <serviceTask id = "servicetask1" name = "Service Task"
        activiti:delegateExpression = "${serviceTaskDemo3}"></serviceTask>
    <sequenceFlow id = "flow1" sourceRef = "startevent1"
        targetRef = "servicetask1"></sequenceFlow>
    <sequenceFlow id = "flow2" sourceRef = "servicetask1"
        targetRef = "endevent1"></sequenceFlow>
</process>
```

在上面的流程定义文件中，serviceTask 节点采用了 activiti:delegateExpression 属性，其中值 serviceTaskDemo3 是前面定义的类文件 bean，用来执行代理。接着，建立 Controller 文件 DepController.java，用于测试上面建立的流程定义文件。运行流程后，将输出类似下面的信息：

```
Id : 375006
ActivityId : servicetask1
```

运行结束后，流程自动结束。

以上介绍了任务中的服务任务，并详细介绍了其 3 种类型。在实际开发中，可以根据具体业务场景灵活运用这 3 种类型。

## 13.2　脚本任务

脚本任务(scriptTask)属于自动运行任务，即当流程到达脚本任务时，将自动运行，无须人为参与。脚本任务的基本 XML 格式如下所示：

```
<scriptTask id = "scripttask1" name = "Script Task" scriptFormat = "javascript"
    activiti:autoStoreVariables = "false">
</scriptTask>
```

在上面的代码中，元素 scriptTask 中的属性 id 值需要在该 bpmn 文档中具有唯一性，属性 name 为该脚本任务的名称，属性 scriptFormat 表示脚本格式，其值只要是和 JSR-223 相兼容即可，例如，JavaScript 已经包含在任何 Java JDK 中，即不需要额外的 jar 包，当然也可以使用其他和 JSR-223 相兼容的脚本，只需在工程项目中引用相应的 jar 包。属性 activiti:autoStoreVariables 表示脚本中的变量是否自动保存为流程变量，默认为否，此时，如果需要将值保存为流程变量，则使用如下方法进行流程变量赋值：

```
execution.setVariable("var1", value);
```

其中 var1 表示流程变量，value 表示当前脚本中的临时变量，当然也可以是一个常量值。

如果愿意将脚本中的值默认都保存到流程变量中，则将属性 activiti:autoStoreVariables 设置为 true。建议无须将该值设置为 true，因为这样对于体验性和流程变量的控制不是很友好，只是在需要将值保存为流程变量值时，再使用 execution.setVariable()方法进行保存。

下面是使用 JavaScript 定义脚本书写的脚本任务代码：

```
<process id = "reimbursement - 14" name = "费用报销 - 14" isExecutable = "true">
    <startEvent id = "startevent1" name = "Start" activiti:initiator = "startUserId"
        activiti:formKey = "start.form"></startEvent>
    <endEvent id = "endevent1" name = "End"></endEvent>
    <scriptTask id = "scripttask1" name = "Script Task" scriptFormat = "javascript"
        activiti:autoStoreVariables = "false">
      <script>
      if (fee&gt;1000){
          execution.setVariable("bzhu", "超支");
      }else{
          execution.setVariable("bzhu", "正常");
      }
      </script>
    </scriptTask>
    <sequenceFlow id = "flow1" sourceRef = "startevent1"
        targetRef = "scripttask1"></sequenceFlow>
    <sequenceFlow id = "flow2" sourceRef = "scripttask1"
        targetRef = "endevent1"></sequenceFlow>
  </process>
```

以上流程定义不是很复杂，使用了脚本任务。脚本任务中使用了 script 属性，用于判断用户输入的 fee 值，如果超过了 1000，则在变量 note 中赋值"超支"；否则赋值为"正常"，逻辑很简单，如图 13-3 所示。

图 13-3　脚本任务图例

接着，创建 Java 控制类文件 ScriptController.java，用于测试上面的流程定义文件，在该文件中，唯一有变化的是如下方法：

```
@RequestMapping(value = "/hview/{pId}")
public String historyView(@PathVariable("pId") String pId,Model model,
    HttpSession session) {
    String userId = session.getAttribute("userId") == null ? null :
      session.getAttribute("userId").toString();
    if (userId == null){
    return "redirect:/login/";
    }

    List<HistoricVariableInstance> details = historyService
        .createHistoricVariableInstanceQuery()
        .processInstanceId(pId)
        .orderByProcessInstanceId()
        .asc().list();

    model.addAttribute("list", details);
    return "reimbursement_hview - 2";
}
```

在以上方法中，由于需要查看所有的历史变量，所以使用了 historyService.createHistoricVariableInstanceQuery()下的 processInstanceId(pId)方法，该方法用于查询所有指定实例的历史变量值，并传递到 view 层进行显示，运行后的效果如图 13-4 所示。

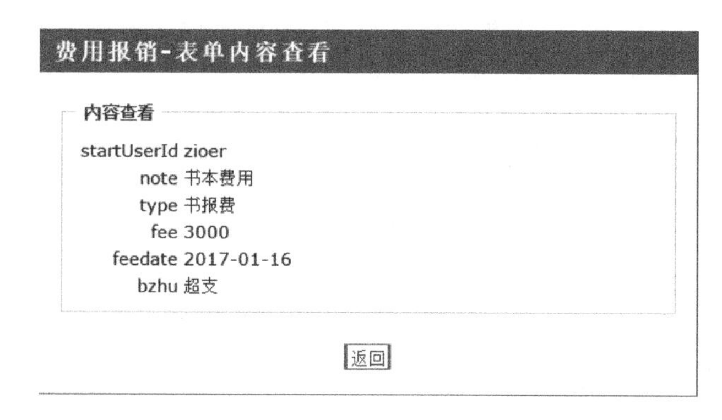


图 13-4 历史变量查看

在图 13-4 中，可以看到用户输入的 fee 值超过 1000 时，变量 note 的值为“超支”。

**注意**：由以上示例可知，在脚本任务的脚步中，可以直接引用流程变量的值，同时，也可很方便地将脚本中变量的值传递到流程变量。

## 13.3 接收任务

接收任务(Receive Task)，可理解为等待(暂停)任务，在流程到达接收任务时，它会等待消息的到达，然后才继续执行。接收任务的 XML 语法如下所示：

```
<receiveTask id = "receivetask1" name = "Receive Task"></receiveTask>
```

在上面的 XML 代码中，元素 receiveTask 中的属性 id 值需要在该 bpmn 文档中具有唯一性，属性 name 为该接收任务的名称。下面是建立的简单接收任务流程定义：

```
<process id = "reimbursement - 15" name = "费用报销 - 15" isExecutable = "true">
    <startEvent id = "startevent1" name = "Start" activiti:initiator = "startUserId"
        activiti:formKey = "start.form">
    </startEvent>
    <endEvent id = "endevent1" name = "End"></endEvent>
    <receiveTask id = "receivetask1" name = "Receive Task"></receiveTask>
    <sequenceFlow id = "flow1" sourceRef = "startevent1"
        targetRef = "receivetask1">
    </sequenceFlow>
    <sequenceFlow id = "flow2" sourceRef = "receivetask1"
        targetRef = "endevent1">
    </sequenceFlow>
</process>
```

以上定义的流程表示如图 13-5 所示。

由前面的定义可知，当流程运行到接收任务节点时，流程将暂停，等待指令，只有接收到指令后，才继续往下执行，那么让其继续执行的指令是：

图 13-5 接收任务图例

```
runtimeService.signal(processInstanceId);
```

变量 processInstanceId 表示实例 Id。接着，创建 Java 控制类类文件 ReceiveController.java，用于测试上面的流程定义文件，主要代码如下：

```
@RequestMapping(value = "/list")
    public String list(Model model,HttpSession session) {
    List<Execution> executions = runtimeService
            .createExecutionQuery()
            .processDefinitionKey("reimbursement-15").list();

    model.addAttribute("list", executions);
    return "reimbursement-1_list-2";
}
```

在上面代码中，采用 runtimeService 中的 createExecutionQuery(). processDefinitionKey() 方法，用于获取指定流程定义 key 的流程实例列表，将其传递到 view 层进行显示。

另一个重要的是处理指定流程的方法，示例代码如下所示：

```
@RequestMapping(value = "/active/{processInstanceId}")
public String active(@PathVariable("processInstanceId") String processInstanceId,
    HttpSession session) {
    runtimeService.setVariable(processInstanceId, "bzhu", "已检查,通过");
    //继续执行
    runtimeService.signal(processInstanceId);
    return "redirect:../list";
}
```

以上代码很简单，通过页面传递来的实例 id，一是赋值变量，然后再继续执行该流程，从接收任务节点流转至其下一个节点，在本示例中，即结束了整个流程。图 13-6 所示为流程结束后，查看流程变量。

图 13-6　流程结束后的变量信息

## 13.4　邮件任务

邮件任务即 Activiti 支持在流程中能自动发送邮件到指定人。邮件任务的 XML 描述如下所示：

```
<serviceTask id="mailtask1" name="Mail Task" activiti:type="mail"></serviceTask>
```

在上面的 XML 代码中，元素 serviceTask 中的属性 id 值需要在该 bpmn 文档中具有唯一性，属性 name 为该包容网关的名称，属性 activiti:type 表示类型，值为 mail 时表示邮件。图 13-7 所示为在 Activiti Designer 中设计的典型相关流程图。

图 13-7　邮件任务图例

在图 13-7 中，表示启动流程后，执行邮件任务节点，发送邮件，接着结束流程。为了支持在 Activiti 中发送邮件，首先需要在 Activiti 的配置文件 ApplicationContext-activiti. xml 中 id 为 processEngineConfiguration 的 bean 元素内增加相关的配置信息，相关配置内容如表 13.1 所示。

**表 13.1　邮件任务相关配置信息**

| 配置属性 | 是否必需 | 描　述 |
|---|---|---|
| mailServerHost | 可以不填写 | 邮件服务器，默认是 localhost，即本地计算机 |
| mailServerPort | 如果不是默认端口，则需要填写 | 邮件服务器中 SMTP 端口，默认 25 |
| mailServerDefaultFrom | 不是必需 | 发送给收件人的默认显示邮件地址，如果不填写，则收件方将看到来自：*activiti@activiti.org* |
| mailServerUsername | 不一定 | 多数邮件服务器需要授权用户名才能发送，不一定是必需的 |
| mailServerPassword | 不一定 | 多数邮件服务器需要授权用户名对应的密码才能发送，不一定是必需的 |
| mailServerUseSSL | 不一定 | 有些邮件服务器需要 ssl 通信。默认设置为 false |
| mailServerUseTLS | 不一定 | 有些邮件服务器需要 TLS 通信。默认设置为 false |

表 13.1 详细描述了支持邮件服务首先需要在 Activiti 配置文件中进行设置的属性，下面是简单设置的示例：

```
<bean id = "processEngineConfiguration" class =
    "org.activiti.spring.SpringProcessEngineConfiguration">
    ...
    <!-- 发送邮件配置 -->
    <property name = "mailServerHost" value = "smtp.163.com"/>
    <property name = "mailServerPort" value = "25"/>
    <property name = "mailServerUsername" value = "hero803"/>
    <property name = "mailServerPassword" value = " ** ** "/>
</bean>
```

上面的配置是基于 163 邮件服务器进行的，用户名和密码根据实际情况进行修改。提示：163 邮件服务器的设置需要进入 163 邮箱“POP3/SMTP/IMAP”窗口设置授权信息，如图 13-8 所示。

设置完成后，同时在项目中需要加入下面相关依赖包：

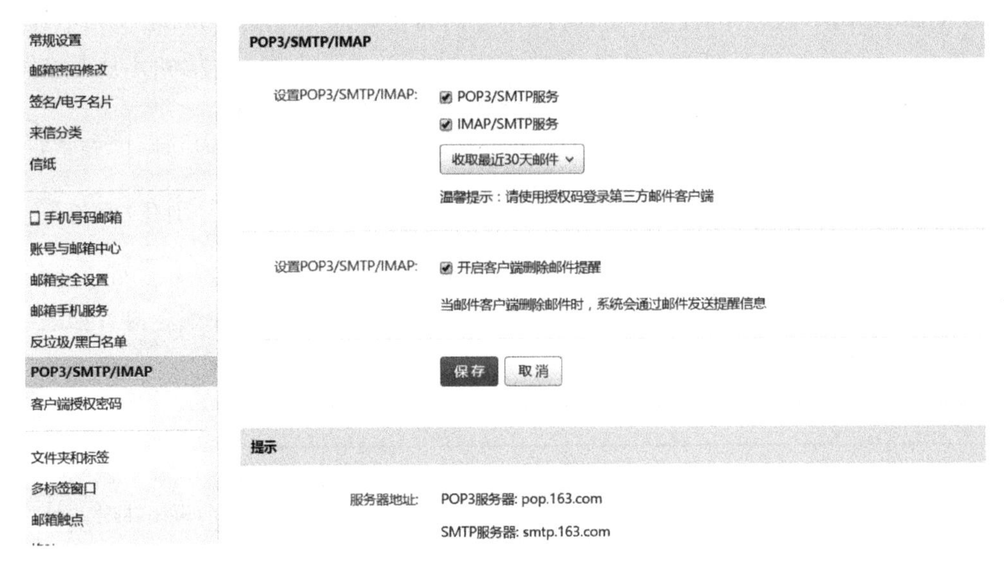


图 13-8　163 邮箱个人 SMTP 设置

```
commons-email-1.4.jar
```

和

```
javamail 1.4.7(mail.jar)
```

然后，在 Activiti Designer 中设计流程定义，代码如下：

```
<process id="reimbursement-16" name="费用报销-16" isExecutable="true">
    <startEvent id="startevent1" name="Start"
        activiti:initiator="startUserId" activiti:formKey="start.form">
    </startEvent>
    <endEvent id="endevent1" name="End"></endEvent>
    <serviceTask id="mailtask1" name="Mail Task" activiti:type="mail">
      <extensionElements>
        <activiti:field name="to">
          <activiti:expression><![CDATA[${toemail}]]></activiti:expression>
        </activiti:field>
        <activiti:field name="from">
          <activiti:string><![CDATA[hero803@163.com]]></activiti:string>
        </activiti:field>
        <activiti:field name="subject">
          <activiti:string><![CDATA[新的一封邮件]]></activiti:string>
        </activiti:field>
        <activiti:field name="html">
          <activiti:string><![CDATA[<html>
            <body>
             内容
            </body>
          </html>]]></activiti:string>
        </activiti:field>
      </extensionElements>
```

```
    </serviceTask>
    <sequenceFlow id = "flow1"
        sourceRef = "startevent1" targetRef = "mailtask1">
    </sequenceFlow>
    <sequenceFlow id = "flow2"
        sourceRef = "mailtask1" targetRef = "endevent1">
    </sequenceFlow>
</process>
```

在上面的内容中，${toemail}为接收邮件人，其是流程变量，元素 activiti:field 为邮件相关内容，例如 name 为 subject 表示邮件主题，name 为 html 表示邮件内容，以 html 表示，保存完以后，就可以在项目中进行测试。具体请查看源码。

**提示**：以上邮件服务器采用了 163 邮件服务器，有条件的话，可以自行搭建邮件服务器，例如内部局域网。

## 13.5 手动任务和业务规则任务

Activiti 中，手动任务(Manual Task)可理解为空任务，即某节点任务需要在引擎以外执行，引擎无须做任何操作，该节点可理解为传递活动，当引擎遇到手动任务时，将自动继续该过程。手动任务的 XML 语法如下所示：

```
<manualTask id = "manualtask1" name = "Manual Task"></manualTask>
```

在上面的代码中，元素 manualTask 中的属性 id 值需要在该 bpmn 文档中具有唯一性，属性 name 为该手动任务的名称，下面是建立的简单手动任务流程定义：

```
<process id = "myProcess" name = "My process" isExecutable = "true">
    <startEvent id = "startevent1" name = "Start"></startEvent>
    <endEvent id = "endevent1" name = "End"></endEvent>
    <manualTask id = "manualtask1" name = "Manual Task"></manualTask>
    <sequenceFlow id = "flow1"
        sourceRef = "startevent1" targetRef = "manualtask1">
    </sequenceFlow>
    <sequenceFlow id = "flow2"
        sourceRef = "manualtask1" targetRef = "endevent1">
    </sequenceFlow>
</process>
```

以上流程定义在 Activiti Designer 中设计的典型流程图示例如图 13-9 所示。

在图 13-9 中，流程启动后，引擎将直接通过手动任务节点而结束整个流程。

图 13-9 手动任务示例图

业务规则任务(businessRuleTask)即在任务节点中执行一定的规则，然后进入下一个节点。Activiti 内置支持 Drools 业务规则引擎，其用来执行业务规则。drools(JBoss Rules)是一个易于访问企业策略、调整以及管理的开源业务规则引擎，符合业内标准，具有速度快和效率高的特点。下面是业务规则任务的XML语法：

```
<businessRuleTask id = "businessruletask1" name = "Business rule task"
    activiti:ruleVariablesInput = " ${var1}"
    activiti:rules = "rule1"
    activiti:resultVariable = "output">
</businessRuleTask>
```

在上面的代码中，元素businessRuleTask中的属性id值需要在该bpmn文档中具有唯一性，属性name为该手动任务的名称，属性activiti:ruleVariablesInput表示业务规则的输入变量，属性activiti:rules表示要执行的规则，有多个规则时，使用符号"，"隔开，activiti:resultVariable表示输出值。典型的流程图如图13-10所示。

图13-10 业务规则任务示意图

业务规则需要单独写在一个文件中，写法需要按照drools语法编写，并保存为后缀为drl的文件，最后与流程定义文件一起部署到系统中。

为了让Activiti支持和解释业务规则，首先需要下载drools的jar，并放在项目lib文件夹中，drools的官网下载地址是：

https://download.jboss.org/drools/release/

在这里可下载最新的jar包，本节中下载的是6.5.0.Final最新版本，并将其中相关的jar放在项目的lib文件夹中。接着，修改配置文件ApplicationContext-activiti.xml，在id为processEngineConfiguration的bean元素中增加如下内容：

```
<property name = "customPostDeployers">
    <list>
      <bean class = "org.activiti.engine.impl.rules.RulesDeployer" />
    </list>
</property>
```

其目的是让Activiti能解析drools的语法。下面以"费用报销"流程为例，修改其流程如图13-11所示。

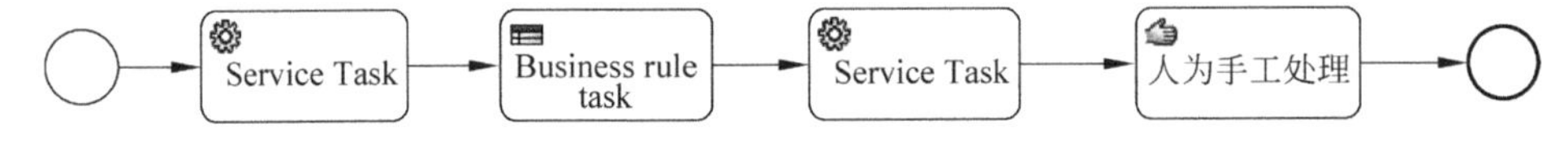

图13-11 含业务规则任务的"费用报销"流程图

在图13-11中，流程启动后，通过服务任务节点，封装数据到Java实例，并作为流程变量传递到业务规则任务节点，通过运算业务规则后，返回结果给第三个服务任务节点。通过运行Java实例，将其返回值作为流程变量，传递给第四个节点手动任务。在这里手动任务不做任何操作，直接结束整个流程。

在这个流程示例中，重点需要关注的是服务任务的作用，将需要业务规则处理的数据封装为一个Java实例，这是因为需要以Java实例方式传入所需的drools数据，同时，还演示了手动任务，手动任务可理解空节点，流程不做任何操作，直接进入下一个节点。下面代码是图13-11所示流程的主要内容：

```
<process id = "reimbursement - 17" name = "费用报销 - 17" isExecutable = "true">
```

```
    <startEvent id="startevent1" name="Start"
        activiti:initiator="startUserId" activiti:formKey="start.form">
    </startEvent>
    <endEvent id="endevent1" name="End"></endEvent>
    <businessRuleTask id="businessruletask1" name="Business rule task"
        activiti:ruleVariablesInput="${ruleInput}"
        activiti:rules="checkFee,checkFee2"
        activiti:resultVariable="ruleOutput">
    </businessRuleTask>
    <sequenceFlow id="flow1" sourceRef="startevent1"
        targetRef="servicetask1">
    </sequenceFlow>
    <sequenceFlow id="flow2" sourceRef="businessruletask1"
        targetRef="servicetask2">
    </sequenceFlow>
    <serviceTask id="servicetask1" name="Service Task" activiti:class =
        "com.zioer.service.rule.CreateReimbursementRuleDelegate">
    </serviceTask>
    <sequenceFlow id="flow3" sourceRef="servicetask1"
        targetRef="businessruletask1">
    </sequenceFlow>
    <serviceTask id="servicetask2" name="Service Task" activiti:class =
        "com.zioer.service.rule.OutputReimbursementDelegate">
    </serviceTask>
    <sequenceFlow id="flow4" sourceRef="servicetask2"
        targetRef="manualtask1">
    </sequenceFlow>
    <manualTask id="manualtask1" name="人为手工处理"></manualTask>
    <sequenceFlow id="flow5" sourceRef="manualtask1" targetRef="endevent1">
    </sequenceFlow>
</process>
```

在上面代码的元素businessRuleTask中，属性activiti:ruleVariablesInput的值表示传入的参数${ruleInput}，属性activiti:rules表示使用的规则，在这里使用了两个规则checkFee和checkFee2，属性activiti:resultVariable表示输出的值ruleOutput，注意其中值的写法。下面是规则文件rule.drl的代码：

```
package com.zioer.rules.checkUsers

import com.zioer.model.Reimbursement;
import com.zioer.service.rule.RuleOutput;

rule "checkFee"
when
    i : Reimbursement( fee < 1000 )
then
    System.out.println("小于1000");
    RuleOutput o = new RuleOutput();
    o.setResult("小于1000:由部门领导审批");
    insert(o);
```

```
end

rule "checkFee2"
when
    i : Reimbursement( fee >= 1000 )
then
    System.out.println("大于 1000 了");
    RuleOutput o = new RuleOutput();
    o.setResult("大于 1000: 由财务部门审批");
    insert(o);
end
```

以上代码是 drools 的语法表示，实现了两个规则 checkFee 和 checkFee2，即判断值 fee，如果小于 1000，则由部门领导审批；如果大于等于 1000，则由财务部门审批。接着，创建 Java 类 CreateReimbursementRuleDelegate.java，用于封装数据并作为流程变量，主要代码如下所示：

```
public class CreateReimbursementRuleDelegate implements JavaDelegate {
  public void execute(DelegateExecution execution) throws Exception {
      DateFormat fmt = new SimpleDateFormat("yyyy-MM-dd");
      Reimbursement reimbursement = new Reimbursement();
      reimbursement.setFee((Integer.parseInt( execution.getVariable("fee")
          .toString())));
      reimbursement.setType( execution.getVariable("type").toString());
      reimbursement.setNote(execution.getVariable("note").toString());
      try{
          reimbursement.setFeedate(fmt.parse( execution
          .getVariable("feedate")
          .toString()  ));
      }catch(Exception e){
      }
      execution.setVariable("ruleInput", reimbursement);
  }
}
```

在第一个服务任务节点调用上面的 Java 类后，封装后的值将作为流程变量 ruleInput 传递给业务规则任务节点处理，业务规则处理完成后，将返回 RuleOutput 实例给下一个服务任务节点进行处理，主要代码如下所示：

```
public class OutputReimbursementDelegate implements JavaDelegate {

  @SuppressWarnings("unchecked")
  public void execute(DelegateExecution execution) throws Exception {
    Collection<Object> outputList = (Collection<Object>) execution
        .getVariable("ruleOutput");
    for (Object object : outputList) {
      if(object instanceof RuleOutput) {
        execution.setVariable("bzhu", ((RuleOutput) object).getResult());
      }
    }
```

```
    }
}
```

上面的代码处理接收到的变量,并将其中的结果值保存为流程变量 bzhu。整个流程就完成了。以上整个过程很简单,只是简单对用户输入的 fee 数据进行判断和返回不同的字符串,在实际业务开发过程中,可以根据复杂的业务规则判断后,根据判断的结果决定下一个节点的去向等。以上示例代码请详细查看本书配套资源中的源码。运行以上示例系统后,结果查看页面如图 13-12 所示。

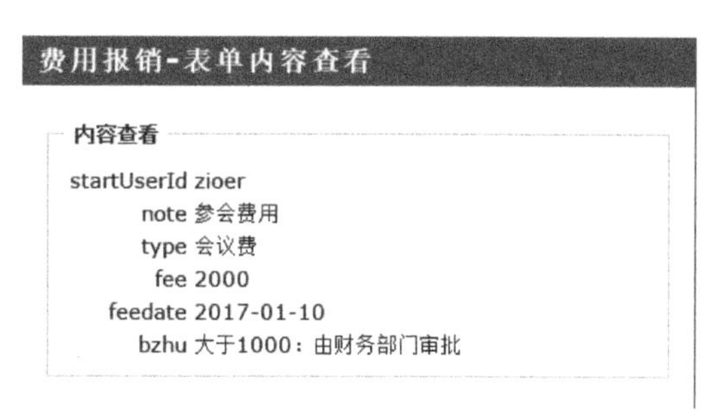


图 13-12　结果查看页面

在图 13-12 中,可以看到 bzhu 的内容是根据业务规则任务中判断 fee 值而定。

## 13.6　定时中间事件

在 Activiti 中,定时中间事件是指在流程中有一个定时器节点,当运行中的流程到达定时中间事件节点时,流程便会启动定时器,等待定时器触发后,然后流程才继续向下走。其 XML 代码基本格式表示如下所示:

```
<intermediateCatchEvent id="timerintermediatecatchevent1"
    name="TimerCatchEvent">
    <timerEventDefinition></timerEventDefinition>
</intermediateCatchEvent>
```

在上面的 XML 代码中,元素 intermediateCatchEvent 中的属性 id 值需要在该 bpmn 文档中具有唯一性,属性 name 为该包容网关的名称,其包含元素 timerEventDefinition 用于定义该中间事件的触发时间点。触发时间点有 3 种形式,如表 13.2 所示。

**表 13.2　触发时间点定义**

| 元素名称 | 描　述 | 示　例 |
|---|---|---|
| timeDate | 用于定义定时器触发时间 | <timerEventDefinition><br><timeDate>2017-03-12T10:35:10<br></timeDate><br></timerEventDefinition> |

续表

| 元素名称 | 描述 | 示例 |
|---|---|---|
| timeDuration | 用于定义过多久触发定时器 | <timerEventDefinition><br><timeDuration>PT5S</timeDuration><br></timerEventDefinition> |
| timeCycle | 用于定义定期启动定时器的间隔时间 | <timerEventDefinition><br><timeCycle>R2/PT1H</timeCycle><br></timerEventDefinition> |

表13.2中的触发时间点中时间的设置遵循ISO 8601格式，其中timeCycle的时间格式还可以使用Cron表达式，或是指定其结束时间属性activiti:endDate，例如：

```
<timeCycle activiti:endDate = "2017 - 12 - 16T13:30:30 + 00:00">PT1H</timeCycle>
```

表13.3所示为简单ISO 8601时间表达方式。

**表13.3 ISO 8601时间表达方式**

| 类型 | 表达示例 | 描述 |
|---|---|---|
| 日期和时间的组合表示法 | 2017-02-17T13:20:15+08:00 | 在时间前加一大写字母T，示例表示：北京时间2017年2月17日下午1点20分15秒 |
| 时间段表示法 | P1Y2M3DT3H2M10S | 在时间期间前加大写字母P，如包含时间描述，则需在时间前加大写字母T，示例表示：一年二个月三天三小时二分十秒 |
| 重复时间表示法 | R2/PT1H | 表达式前加上一大写字母R，示例表示：间隔1小时，并重复2次 |

同时，还需要设置的是Activiti的配置文件，打开任务执行调度，否则定时器调度任务将无法执行。方法是修改配置文件ApplicationContext-activiti.xml，在id为processEngineConfiguration的bean元素中增加如下内容：

```
<property name = "jobExecutorActivate" value = "true" />
```

保存后，重启应用即可开启任务自动调度。

定时中间事件在前面章节已有接触，如图13-13所示，表示定时事件的简单示例。

图13-13 定时事件的简单示例

在如图13-13所示的示例中，财务部门审批节点后加入了定时器，表示该节点执行后，将进入定时器等待事件，等待定时器触发后，才能进入申请人确认节点。其XML表示如下：

```
<process id = "reimbursement - 6" name = "费用报销 - 6" isExecutable = "true">
```

```
    ...
    <intermediateCatchEvent id = "timerintermediatecatchevent1"
        name = "TimerCatchEvent">
        <timerEventDefinition>
          <timeDuration>PT1M</timeDuration>
        </timerEventDefinition>
    </intermediateCatchEvent>
    ...
</process>
```

在上面的示例代码中，列出了主要代码，表示从执行完上一个节点，执行到定时器时，等待1分钟，才进入下一个定时器后面的节点运行。以上示例请看源码文件，运行效果是执行完财务部门审批节点后，将等待1分钟，才进入下一个节点。

定时中间事件可用于上面简单流程暂停示例，更重要的是可运行一些需由计算机自动运行的任务，例如定期备份数据任务、超时任务的定期邮件提醒等。

## 13.7　信号中间事件和信号中间抛出事件

信号中间事件，即在流程定义中引用一个命名的信号。该事件在前面章节的示例中已有接触。首先，信号的定义是在流程定义文件中进行全局定义，快捷方法是在Activiti Designer中打开一个流程文件，此时，其属性窗口中显示Signal标签，选择该标签，便可对信号进行编辑，如图13-14所示。

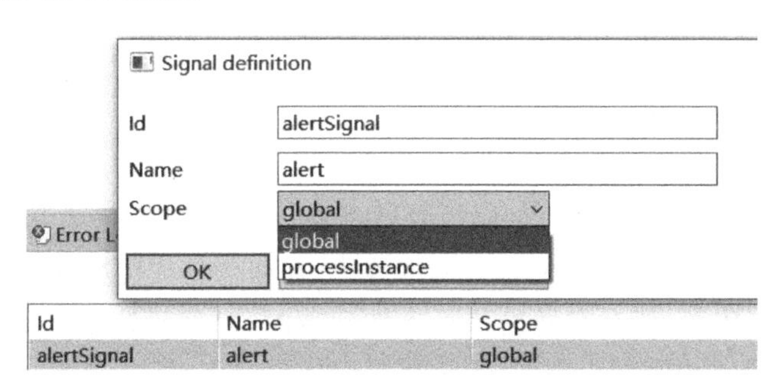


图13-14　信号定义编辑

在图13-14中，信号的定义比较简单，需要注意的是，属性Scope表示信号的作用范围，具体有两种方式：一是全局形式，二是流程实例范围。

默认的信号作用是全局性的，即整个流程引擎，例如，在同一个流程中有多个地方都有同一个信号，那么该信号触发时，则这几个地方的事件都会触发；但也可限制信号在发生事件的流程实例里。在图13-14中，Scope选择第二项：processInstance。

信号中间事件的XML代码描述如下：

```
<intermediateCatchEvent id = "signalintermediatecatchevent1"
    name = "SignalCatchEvent">
    <signalEventDefinition signalRef = "alertSignal"></signalEventDefinition>
</intermediateCatchEvent>
```

在上面的 XML 代码中，元素 intermediateCatchEvent 中的属性 id 值需要在该 bpmn 文档中具有唯一性，属性 name 为该信号中间事件的名称，其包含子元素 signalEventDefinition，用于指定相关信号；属性 signalRef 的值是信号的属性 id，用于指向一个信号。以上完成一个信号中间事件的简单定义，流程图表示见图 13-15。

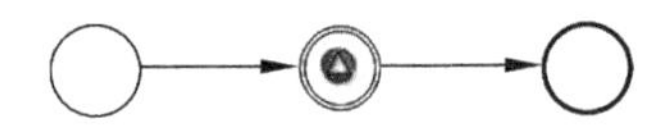

图 13-15　信号中间事件定义流程图

如图 13-15 所示，表示流程启动后，流程处于等待状态，其等待信号中间事件的发生，只有信号发生后，才触发流程的向下继续运行。那么信号的触发有两种方式：一种方式是在流程定义中定义，另一种方式是采用代码方法进行触发。

在流程中定义需要用到信号中间抛出事件。信号中间抛出事件用于在流程中抛出一个信号，其基本 XML 代码表示如下：

```
<intermediateThrowEvent id = "signalintermediatethrowevent1"
    name = "SignalThrowEvent">
    <signalEventDefinition signalRef = "alertSignal"></signalEventDefinition>
</intermediateThrowEvent>
```

在上面的 XML 代码中，元素 intermediateThrowEvent 中的属性 id 值需要在该 bpmn 文档中具有唯一性，属性 name 为该信号中间抛出事件的名称，其中包含子元素 signalEventDefinition 用于指向抛出信号，当缺失该子元素时，该信号中间抛出事件则为空中间抛出事件，流程图表示如图 13-16 所示。

如图 13-16 所示，表示流程启动后，将触发信号中间抛出事件，抛出一个指定信号，然后流程结束。如果是空中间抛出事件，则其流程图表示如图 13-17 所示。

图 13-16　信号抛出事件定义流程图

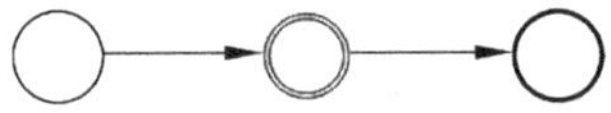

图 13-17　信号空抛出事件定义流程图

在 Activiti 中，信号的发布可以是同步或异步，并且被广播到所有活动的捕获信号事件中。如果信号是同步传送，则抛出流程实例将等待，直到信号被传递到所有信号捕获流程实例；如果信号是异步传送，那么在抛出信号事件到达时，已经确定哪些处理程序是活动的。如果流程中定义的是空中间抛出事件，则流程运行到该节点时，直接跳过。

下面是一个利用信号中间抛出事件和信号中间事件的例子，同样以费用报销流程为例，重新设计的流程图如图 13-18 所示。

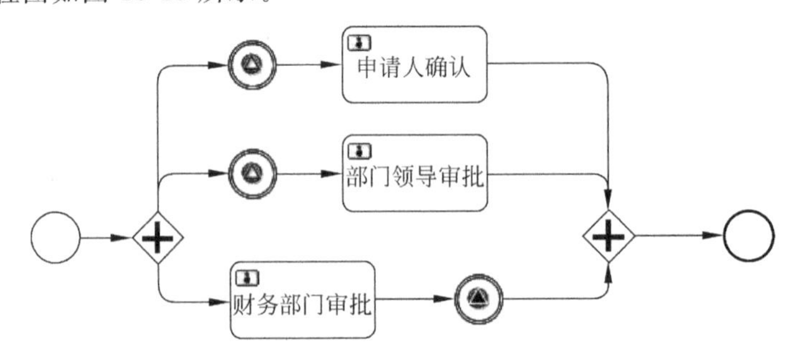


图 13-18　信号中间抛出事件示例

在图13-18中，设计了这样一个场景，流程启动后，生成了一张费用报销单，该单由3个并行流程组成。首先，运行财务部门审批分支，该分支上的财务部门审批节点运行后，才会抛出信号，该信号会由上面第一条和第二条分支同时接收，并触发这两条分支同时运行，只有这两条分支都运行完成后，整个流程才结束。其流程定义如下所示：

```
<signal id="signal" name="signalName" activiti:scope="global"></signal>
<process id="reimbursement-19" name="费用报销-19" isExecutable="true">
    <startEvent id="startevent1" name="Start" activiti:initiator="startUserId"
        activiti:formKey="start.form">
    </startEvent>
    <userTask id="usertask1" name="部门领导审批"
        activiti:candidateGroups="leadergroup" activiti:formKey="conform1.form">
    </userTask>
    <sequenceFlow id="flow1" sourceRef="startevent1"
        targetRef="parallelgateway1">
    </sequenceFlow>
    <userTask id="usertask2" name="财务部门审批"
        activiti:candidateUsers="lobby,kitty" activiti:formKey="conform2.form">
    </userTask>
    <userTask id="usertask3" name="申请人确认" activiti:assignee="${startUserId}"
        activiti:formKey="conform3.form">
    </userTask>
    <endEvent id="endevent1" name="End"></endEvent>
    <parallelGateway id="parallelgateway1" name="Parallel Gateway">
    </parallelGateway>
    <sequenceFlow id="flow8" sourceRef="parallelgateway1" targetRef="usertask2">
    </sequenceFlow>
    <intermediateCatchEvent id="signalintermediatecatchevent1"
        name="SignalCatchEvent">
        <signalEventDefinition signalRef="signal"></signalEventDefinition>
    </intermediateCatchEvent>
    <intermediateThrowEvent id="signalintermediatethrowevent1"
        name="SignalThrowEvent">
        <signalEventDefinition signalRef="signal"></signalEventDefinition>
    </intermediateThrowEvent>
    <parallelGateway id="parallelgateway2"
        name="Parallel Gateway">
    </parallelGateway>
    <intermediateCatchEvent id="signalintermediatecatchevent2"
        name="SignalCatchEvent">
        <signalEventDefinition signalRef="signal"></signalEventDefinition>
    </intermediateCatchEvent>
    …
</process>
```

在上面的代码中，重点需要关注的是信号是多播的，即同一个信号可被多个信号中间事件捕获。首先需要定义一个信号，然后在流程中id为signalintermediatecatchevent1、signalintermediatecatchevent2和signalintermediatethrowevent1的3个元素中的信号定义同时指向了前面定义的信号。示例代码比较简单，在这里不再重复叙述，代码运行请详见源码。

信号触发的另一种方式是采用代码方法，即在流程运行中的任意位置都可以进行触发信号，使用的代码如下所示：

```
RuntimeService.signalEventReceived(String signalName);
RuntimeService.signalEventReceived(String signalName, String executionId);
```

以上两种方式都可以触发指定名称的信号，上面第二个方法是指定 executionId 发出信号。查询活跃信号事件方法代码如下：

```
List<Execution> executions = runtimeService.createExecutionQuery()
        .signalEventSubscriptionName("signal")
        .list();
```

使用以上代码触发信号的方法在前面章节的示例中有介绍，在这里不再重复叙述。

## 13.8　消息中间事件

消息中间事件即在流程中引用一个已经命名的消息事件。与信号中间事件类似，消息是在流程定义文件中进行全局定义，在 activiti Designer 中定义的位置如图 13-19 所示。

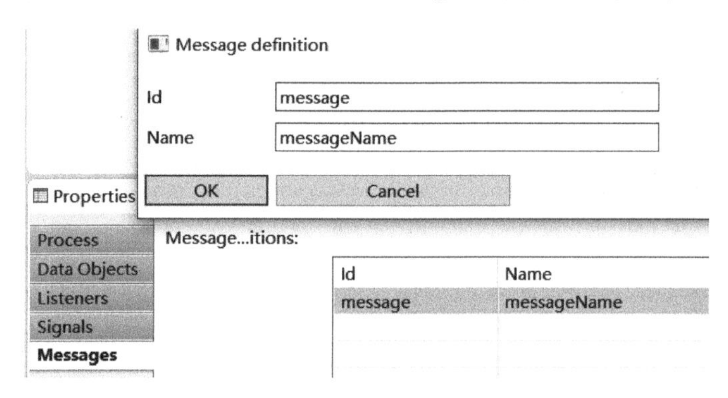


图 13-19　流程定义中的消息定义方法

消息的 XML 代码表示如下所示：

```
<message id="message" name="messageName"></message>
```

只有在流程中定义了消息，才能在流程中进行引用。消息中间事件和信号中间事件类似，需要触发消息，才能驱动流程的向下运行，但也有不同之处：信号中间事件中的信号是广播式，如果有多个节点引用了同一个信号，则这多个节点都会触发并运行；但消息事件是一对一的，即消息只指向一个消息中间事件。消息中间事件的 XML 代码如下所示：

```
<intermediateCatchEvent
    id="messageintermediatecatchevent1" name="MessageCatchEvent">
    <messageEventDefinition messageRef="message"></messageEventDefinition>
</intermediateCatchEvent>
```

在上面的 XML 代码中，元素 intermediateCatchEvent 中的属性 id 值需要在该 bpmn 文档中具有唯一性，属性 name 为该消息中间事件的名称，其包含子元素 messageEventDefinition，用于指向前面定义的消息，即属性 messageRef 的指向为定义消息的 id 值。图 13-20 所示为在 Activiti Designer 中设计的典型相关流程图。

图 13-20　流程定义示例流程图

图 13-20 所示为流程启动后，将等待消息接收，只有接收消息后，流程才继续执行。在 Activiti 中，消息的发送可以有多种方式，例如外部的 JMS 队列或 REST 请求等，而消息的接收则需要使用 Java 代码实现，语法如下所示：

```
void messageEventReceived(String messageName, String executionId);
```

或

```
void messageEventReceived(String messageName, String executionId,
    HashMap<String, Object> processVariables);
```

下面以费用报销为例，说明消息中间事件，如图 13-21 所示为更改后的流程示意图。

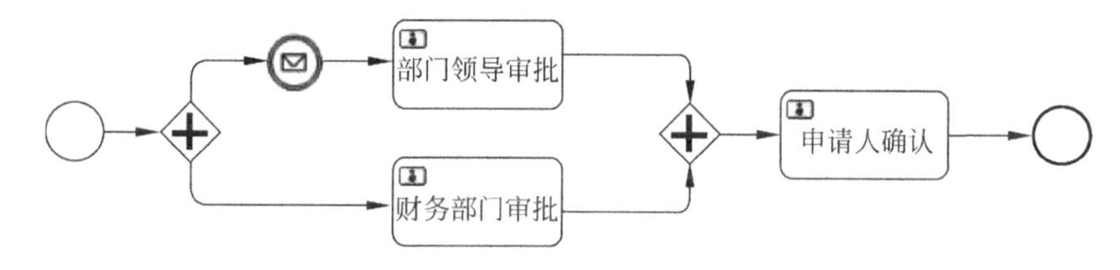


图 13-21　消息中间事件流程图

在图 13-21 中，流程启动后，加入并行网关，其中上面分支加入消息中间事件，下面分支中的“财务部门审批”节点执行完成后，再触发消息，以启动上面部门领导审批节点，执行完该节点后，最后才进入申请人确认节点。该流程图的示例代码如下所示：

```
<message id = "msg" name = "msgName"></message>
<process id = "reimbursement - 20" name = "费用报销 - 20" isExecutable = "true">
    <startEvent id = "startevent1" name = "Start" activiti:initiator = "startUserId"
        activiti:formKey = "start.form"></startEvent>
    <userTask id = "usertask1" name = "部门领导审批"
        activiti:candidateGroups = "leadergroup" activiti:formKey = "conform1.form">
    </userTask>
    <sequenceFlow id = "flow1" sourceRef = "startevent1" targetRef = "parallelgateway1">
    </sequenceFlow>
    <userTask id = "usertask2" name = "财务部门审批"
        activiti:candidateUsers = "lobby,kitty" activiti:formKey = "conform2.form">
    </userTask>
    <userTask id = "usertask3" name = "申请人确认"
        activiti:assignee = "${startUserId}" activiti:formKey = "conform3.form">
    </userTask>
    <endEvent id = "endevent1" name = "End"></endEvent>
    <parallelGateway id = "parallelgateway1" name = "Parallel Gateway">
    </parallelGateway>
```

```
    <sequenceFlow id="flow8" sourceRef="parallelgateway1" targetRef="usertask2">
    </sequenceFlow>
    <parallelGateway id="parallelgateway2" name="Parallel Gateway">
    </parallelGateway>
    <sequenceFlow id="flow13" sourceRef="usertask1" targetRef="parallelgateway2">
    </sequenceFlow>
    <sequenceFlow id="flow14" sourceRef="parallelgateway2" targetRef="usertask3">
    </sequenceFlow>
    <sequenceFlow id="flow15" sourceRef="usertask3" targetRef="endevent1">
    </sequenceFlow>
    <intermediateCatchEvent id="messageintermediatecatchevent1"
        name="MessageCatchEvent">
        <messageEventDefinition messageRef="msg"></messageEventDefinition>
    </intermediateCatchEvent>
    <sequenceFlow id="flow16" sourceRef="messageintermediatecatchevent1" targetRef=
"usertask1">
    </sequenceFlow>
    <sequenceFlow id="flow17" sourceRef="usertask2" targetRef="parallelgateway2">
    </sequenceFlow>
    <sequenceFlow id="flow18" sourceRef="parallelgateway1"
        targetRef="messageintermediatecatchevent1">
    </sequenceFlow>
</process>
```

在以上代码中，首先定义了 id 为 msg 的消息，接着在流程定义中的子节点 messageEventDefinition 中引用该消息。本来并行网关的出度分支并行执行，但在以上代码中，通过消息阻塞了其中一条分支，然后在另一条分支运行结束后，再触发被阻塞的分支，使其运行。主要的 Java 代码如下所示：

```
@RequestMapping(value = "/startform/save/{taskId}")
public String saveTaskForm(@PathVariable("taskId") String taskId,
    HttpSession session, HttpServletRequest request) {
    String userId = session.getAttribute("userId") == null ? null :
        session.getAttribute("userId").toString();
    if (userId == null){
        return "redirect:/login/";
    }

    Map formProperties = PageData(request);

    try {
        //获得当前用户的任务
        Task task = taskService.createTaskQuery()
            .processDefinitionKey("reimbursement-20")
            .taskCandidateOrAssigned(userId)
            .taskId(taskId)
            .active()
            .singleResult();

        if (task.getTaskDefinitionKey().equals("usertask2")){
```

```
            List<Execution> executions = runtimeService
                .createExecutionQuery()
                .processDefinitionKey("reimbursement-20")
                .processInstanceId(task.getProcessInstanceId())
                .messageEventSubscriptionName("msgName") // 监听 msg message
                .list();
            for(Execution execution : executions) {
                runtimeService.messageEventReceived("msgName",
                    execution.getId());
            }
        }

        identityService.setAuthenticatedUserId(userId);
        formService.submitTaskFormData(taskId, formProperties);
    } finally {
        identityService.setAuthenticatedUserId(null);
    }
    return "redirect:../../list";
}
```

上面的代码用于完成当前用户所在任务节点，重要的代码是判断如果当前所在节点是“财务部门审批”任务节点，则监听消息，以触发相关消息，最后完成当前节点。在实际运行示例代码时，新增表单后，当前处理节点是“财务部门审批”，只有该节点处理完成后，才能看到当前处理节点是“部门领导审批”。示例的完整代码请查看本书配套资源中的源码，由以上代码分析，可看出消息中间事件和信号中间事件的相同之处和不同之处。

## 13.9　本章小结

本章详细介绍了 Activiti 中两个大的内容：任务和中间事件。到本章为止，已介绍了关于任务的多个不同类型，不同类型的任务各有特点，并可用于不同的业务场景；中间事件可理解为作为流程中的一个节点独立存在，例如定时中间事件，用于按预定时间执行任务。注意对 Activiti 的配置文件修改，另外两个重要的中间事件是信号中间事件和消息中间事件，需要结合本章介绍及示例代码加深理解。

# 第14章 子流程与边界事件管理

前面的章节讲解了 Activiti 中各种主要元素，本章将继续讲解 Activiti 中其他一些重要知识，包括容器技术、子流程、边界事件、开始事件等，很多知识都是融合前面的基本概念进行复合处理，例如边界事件，它不是独立存在的，而是在一些基本元素上进行处理；消息开始事件是消息和基本开始事件的复合等。这些知识是基于多种事件与基本元素的组合，故在此统一称为复合事件。

## 14.1 子流程

当一个流程需要的节点很多时，可以将节点分组，即将业务细分为更小的子业务，而成为一个个子流程，使得流程更加清晰。在 Activiti 中，这种方式可以成为子流程，也是 BPMN 2.0 中支持的。那么，子流程在 Activiti 中有两种实现方式：一是内嵌子流程，二是调用子流程。

### 14.1.1 内置子流程

内嵌子流程，可简单理解为流程中的流程。这种子流程只能被其父流程调用，而不能被其他流程公用，其基本 XML 表达如下所示：

```
<subProcess id = "subprocess1" name = "Sub Process"></subProcess>
```

在上面的代码中，元素 subProcess 中的属性 id 值需要在该 bpmn 文档中具有唯一性，属性 name 为该子流程的名称。其图形化表示如图 14-1 所示。

在图 14-1 中，Sub Process 即内嵌子流程。此时，可在该方形框中加入任何需要的元素，以形成子流程的元素，那么代码表示方式是将内嵌子流程中的元素放在元素 subProcess 中。这样做的好处是将多个元素

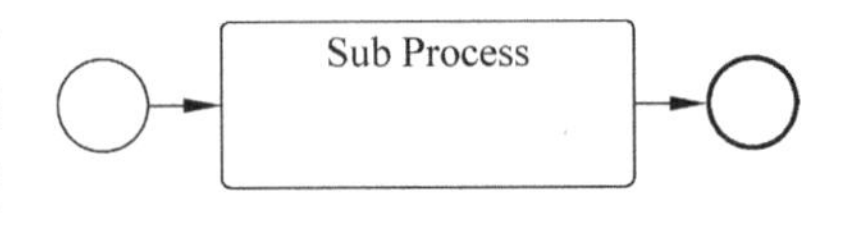


图 14-1 内嵌子流程图形化

进行分组，代码更加清晰，子流程相当于局部变量。

下面以“费用报销”流程为例进行说明，更改后的流程如图 14-2 所示。

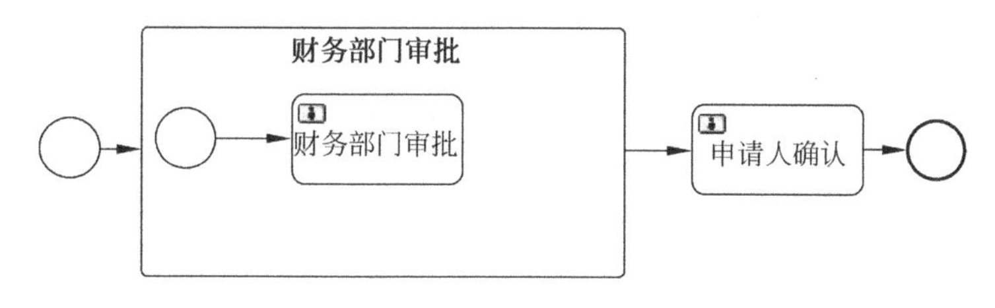


图 14-2 带内嵌子流程的费用报销流程实例

在图 14-2 中，是简化后的“费用报销”流程。在该流程中，将财务部门审批封装为一个内嵌子流程，假设在实际业务中，该子流程是很复杂的部分，将该部分封装为子流程，对于业务分析将更加清晰，该子流程运行完成后，才进行下一步操作。需要注意的是，在内嵌子流程中，必须有开始事件，可以不包含结束事件。该示例流程的 XML 代码如下所示：

```
<process id = "reimbursement - 21" name = "费用报销 - 21" isExecutable = "true">
    <startEvent id = "startevent1" name = "Start"
        activiti:initiator = "startUserId" activiti:formKey = "start.form">
    </startEvent>
    <userTask id = "usertask3" name = "申请人确认"
        activiti:assignee = " ${startUserId}" activiti:formKey = "conform3.form">
    </userTask>
    <endEvent id = "endevent1" name = "End"></endEvent>
    <sequenceFlow id = "flow15" sourceRef = "usertask3" targetRef = "endevent1">
    </sequenceFlow>
    <subProcess id = "subprocess1" name = "财务部门审批">
      <userTask id = "usertask2" name = "财务部门审批"
        activiti:candidateUsers = "lobby,kitty" activiti:formKey = "conform2.form">
      </userTask>
      <startEvent id = "startevent2" name = "Start"></startEvent>
      <sequenceFlow id = "flow21" sourceRef = "startevent2" targetRef = "usertask2">
      </sequenceFlow>
    </subProcess>
    <sequenceFlow id = "flow19" sourceRef = "startevent1" targetRef = "subprocess1">
    </sequenceFlow>
    <sequenceFlow id = "flow20" sourceRef = "subprocess1" targetRef = "usertask3">
    </sequenceFlow>
</process>
```

在上面的代码中，内嵌子流程封装在元素 subProcess 内，在内嵌子流程中也可以包含复杂流程，例如多种网关、用户任务或自动任务等，但一定要包含开始事件，否则在运行时会报错。以上流程部署后，开发中和正常流程的运行一样，上面的示例代码及相关的 Java 代码详见本节相关源码。

### 14.1.2 调用子流程

第二种方式是调用子流程，这种方式是将需要作为子流程的部分单独生成一个流程定义文件，这样，这个单独定义的子流程文件可以被多个流程调用，以提高其利用率。

调用子流程的运行方式和内嵌子流程方式有所不同：一是在调用子流程方式中，子流程的部署可以作为独立流程部署；二是在运行中，以子流程和主流程并行的方式进行运行；三是子流程可以作为独立流程进行运行。

下面同样以“费用报销”流程示例进行讲解。首先定义子流程，如图 14-3 所示。

图 14-3　子流程示意图

在图 14-3 中，子流程完成了一个子功能，即只负责财务部门审批。下面是其对应的主要 XML 代码：

```
<process id = "reimbursement - 23" name = "费用报销 - 23" isExecutable = "true">
    <endEvent id = "endevent1" name = "End"></endEvent>
    <userTask id = "usertask2" name = "财务部门审批"
      activiti:candidateUsers = "lobby,kitty" activiti:formKey = "conform2.form">
    </userTask>
    <startEvent id = "startevent2" name = "Start" activiti:initiator = "startUserId"
      activiti:formKey = "start.form">
    </startEvent>
    <sequenceFlow id = "flow21" sourceRef = "startevent2" targetRef = "usertask2">
    </sequenceFlow>
    <sequenceFlow id = "flow22" sourceRef = "usertask2" targetRef = "endevent1">
    </sequenceFlow>
</process>
```

在上面的代码中，定义元素 process 的 id 为 reimbursement-23，其他内容的定义就比较简单了，只包含了一个用户节点；其次，定义主流程，如图 14-4 所示。

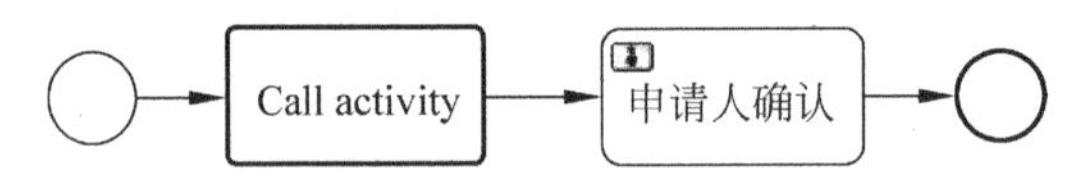

图 14-4　主流程示意图

在图 14-4 中，主流程完成了财务报销的简单流程，用户新建单据后，将进入调用子流程，调用子流程结束后，返回主流程，进行下一个用户任务节点的运行。下面是图 14-4 所示流程图对应的主要 XML 代码：

```
<process id = "reimbursement - 22" name = "费用报销 - 22" isExecutable = "true">
    <startEvent id = "startevent1" name = "Start" activiti:initiator = "startUserId"
      activiti:formKey = "start.form">
    </startEvent>
    <userTask id = "usertask3" name = "申请人确认"
      activiti:assignee = "${startUserId}" activiti:formKey = "conform3.form">
    </userTask>
    <endEvent id = "endevent1" name = "End"></endEvent>
    <sequenceFlow id = "flow15" sourceRef = "usertask3" targetRef = "endevent1">
    </sequenceFlow>
    <callActivity id = "callactivity1" name = "Call activity" calledElement = "reimbursement - 23">
      <extensionElements>
        <activiti:in source = "startUserId" target = "startUserId"></activiti:in>
        <activiti:in source = "fee" target = "fee"></activiti:in>
```

```
        <activiti:in source = "type" target = "type"></activiti:in>
        <activiti:in source = "note" target = "note"></activiti:in>
        <activiti:in source = "feedate" target = "feedate"></activiti:in>
        <activiti:out source = "refee" target = "refee"></activiti:out>
        <activiti:out source = "bzhu" target = "bzhu"></activiti:out>
      </extensionElements>
    </callActivity>
    <sequenceFlow id = "flow16" sourceRef = "startevent1" targetRef = "callactivity1">
    </sequenceFlow>
    <sequenceFlow id = "flow17" sourceRef = "callactivity1" targetRef = "usertask3">
    </sequenceFlow>
</process>
```

在上面的代码中，涉及调用子流程的元素 callActivity，该元素的基本形式如下所示：

```
<callActivity id = "callactivity1" name = "Call activity"
    calledElement = "调用流程文件 Id" >
</callActivity>
```

元素 callActivity 用于调用非本流程中定义的其他流程文件，属性 id 值需要在该 bpmn 文档中具有唯一性，属性 name 为该调用流程元素的名称，属性 calledElement 用于指定被调用流程文件，注意该值为流程文件的属性 id。另外，该 callActivity 元素还可以包含子元素，用于指定传入参数和传出参数，基本形式如下所示：

```
<extensionElements>
    <activiti:in source = "a" target = "b"></activiti:in>
    <activiti:out source = "c" target = "d"></activiti:out>
</extensionElements>
```

在上面的代码中，元素 activiti:in 表示从主流程传递参数给被调用子流程，属性 source 表示主流程中的参数，属性 target 表示被调子流程中的参数；同理，元素 activiti:out 表示从被调用子流程传递参数给主流程，属性 source 表示被调子流程中的参数，属性 target 表示主流程中的参数。传递的参数可以有多个，并且传递的参数被保存为流程中的变量，供流程的调用。另外，参数的传递除了直接传递值以外，还可以以表达式的方式进行传递。

通过以上的创建，完成了主流程文件和被调用子流程文件的定义。部署时，可以采用两种方式：一是分开部署这两个文件；二是将相关的文件打包为压缩文件进行部署，但是部署完成后，这两个流程文件将以独立的流程文件方式显示。

接着，进行 Java 代码的编写，由于调用子流程的方式有别于内嵌子流程的方式，在代码中编写需要注意获取当前用户相关的任务，例如下面的代码：

```
@RequestMapping(value = "/list")
public String list(Model model,HttpSession session) {
    …
    List<Task> tasks = new ArrayList<Task>();

    List<String> listKey = new ArrayList<String>();
    listKey.add("reimbursement-22");
    listKey.add("reimbursement-23");
```

```
        //获得当前用户的任务
        tasks = taskService.createTaskQuery()
            .processDefinitionKeyIn(listKey)
            .taskCandidateOrAssigned(userId)
            .active()
            .orderByTaskId().desc().list();

        model.addAttribute("list", tasks);
        return "reimbursement - 1_list";
    }
```

由于调用子流程是独立运行方式，故在获取当前用户相关的任务时，需要同时包含主流程和子流程；其他流程中需要有类似操作，例如在查看历史操作中。图 14-5 是新建表单后查看“我的历史”页面，从中可看到当前所处节点，即当前活动节点处于子流程中的节点，主流程处于暂停状态，只有等到子流程运行结束后，才会返回主流程中下一个节点。

费用报销管理-我的历史

我的工作历史列表

| 任务ID | 实例ID | 流程定义KEY | 上级ID | 开始时间 | 结束时间 | 当前节点 | 操作 |
| --- | --- | --- | --- | --- | --- | --- | --- |
| 637548 | 637548 | reimbursement-22 | | 2017-1-21 11:15:58 | | | 查看 |
| 637562 | 637562 | reimbursement-23 | 637548 | 2017-1-21 11:15:58 | | 财务部门审批 | 查看 |

图 14-5 “我的历史”页面

以上示例代码请查看本节相关源码。由以上代码分析可知，子流程单独部署的优点，还在于子流程可以独立运行，并可被不同流程调用和运行。

## 14.2 定时边界事件

在前面章节中，已经涉及了 Activiti 中重要的基本元素。本节开始讲解边界事件。边界事件可理解为附加到活动的捕获事件，即当活动运行时，事件用于监听某类触发器。边界事件可分为如下几类：

- 定时边界事件。
- 信号边界事件。
- 消息边界事件。
- 错误边界事件。
- 取消边界事件。
- 补偿边界事件。

定时边界事件的 XML 定义如下所示：

```
<boundaryEvent id = "boundarytimer1" name = "Timer"
        attachedToRef = "usertask1" cancelActivity = "true">
        <timerEventDefinition></timerEventDefinition>
</boundaryEvent>
```

在上面的定义中，元素 boundaryEvent 表示边界事件，其属性 id 值需要在该 bpmn 文档中具有唯一性，属性 name 为该边界事件的名称，属性 attachedToRef 的值指向附加的活动，定时边界事件可以附加到多种类型的活动，包括多种任务和容器等，属性 cancelActivity 用于设置当触发定时边界事件时，当前已注册的消息是否被删除：设置为 true 时，表示触发定时边界事件时，删除当前注册的消息；设置为 false 表示不删除，消息可以被重复触发。其包括的子元素 timerEventDefinition 用于定义时间，前面已介绍过定时中间事件，这里就很好理解定时边界事件的时间设置了，其触发时间设置有 3 种类型，如表 13.2 所示。

下面示例是 14.1 节的内置子流程边界增加定时边界事件，如图 14-6 所示。

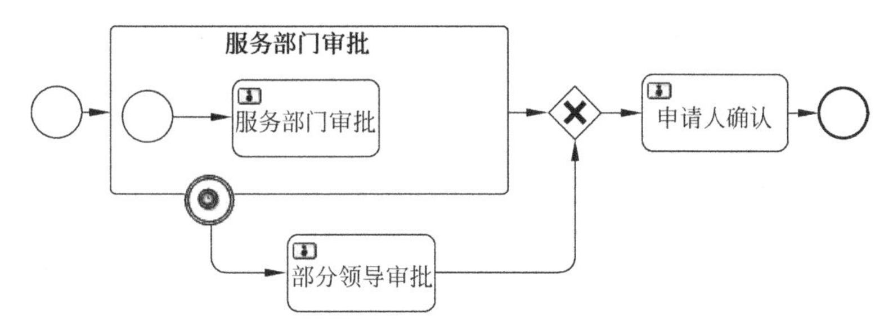


图 14-6　在内置子流程中加入定时边界事件流程图

在图 14-6 中，子流程“财务部门审批”加入了定时边界事件，即假设用户新建费用报销单据后，此时流程处于“财务部门审批”环节，一定时间后，财务部门没有进行审批，则触发定时边界事件，由部门领导审批，并中断原流程顺序的运行。主要 XML 代码如下所示：

```
<process id = "reimbursement - 21" name = "费用报销 - 21" isExecutable = "true">
    <startEvent id = "startevent1" name = "Start"
      activiti:initiator = "startUserId" activiti:formKey = "start.form"></startEvent>
    <userTask id = "usertask3" name = "申请人确认"
      activiti:assignee = "${startUserId}" activiti:formKey = "conform3.form">
    </userTask>
    <endEvent id = "endevent1" name = "End"></endEvent>
    <sequenceFlow id = "flow15" sourceRef = "usertask3" targetRef = "endevent1">
    </sequenceFlow>
    <subProcess id = "subprocess1" name = "财务部门审批">
      <userTask id = "usertask2" name = "财务部门审批"
        activiti:candidateUsers = "lobby,kitty" activiti:formKey = "conform2.form">
      </userTask>
      <startEvent id = "startevent2" name = "Start"></startEvent>
      <sequenceFlow id = "flow21" sourceRef = "startevent2" targetRef = "usertask2">
      </sequenceFlow>
    </subProcess>
    <sequenceFlow id = "flow19" sourceRef = "startevent1" targetRef = "subprocess1">
    </sequenceFlow>
    <sequenceFlow id = "flow20" sourceRef = "subprocess1"
        targetRef = "exclusivegateway1"></sequenceFlow>
    <boundaryEvent id = "boundarytimer1" name = "Timer"
      attachedToRef = "subprocess1" cancelActivity = "true">
      <timerEventDefinition>
        <timeDuration>PT1M</timeDuration>
```

```
        </timerEventDefinition>
      </boundaryEvent>
      <userTask id="usertask4" name="部门领导审批"
        activiti:candidateGroups="leadergroup" activiti:formKey="conform1.form">
      </userTask>
      <exclusiveGateway id="exclusivegateway1" name="Exclusive Gateway">
      </exclusiveGateway>
      <sequenceFlow id="flow22" sourceRef="exclusivegateway1" targetRef="usertask3">
      </sequenceFlow>
      <sequenceFlow id="flow23" sourceRef="boundarytimer1" targetRef="usertask4">
      </sequenceFlow>
      <sequenceFlow id="flow24" sourceRef="usertask4" targetRef="exclusivegateway1">
      </sequenceFlow>
    </process>
```

在上面的代码中，定时边界事件时间设置为1分钟后触发，这里只是为了测试用，在实际中可能会设置更长的时间，例如1天，并且定时边界事件指向子流程 subprocess1，以及运行边界事件时，中断原流程顺序。

运行以上流程文件的 Java 代码比较简单，具体请查看本节相关源码。在实际运行中，如果当前节点处于财务部门审批子流程，并且在定时时间1分钟内没有结束，则运行定时边界事件指向的任务节点，即部门领导审批节点。对于用户任务相关的定时边界事件与上面类似，流程示例图如图14-7所示。

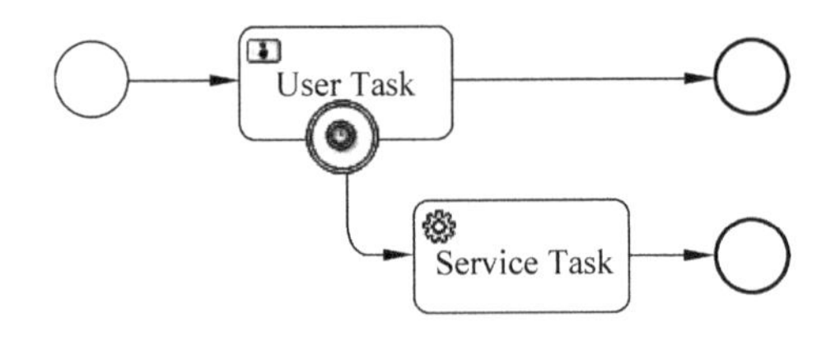


图14-7　用户任务定时边界事件示例

在图14-7中，给用户任务设置了一个定时边界事件，并指向一个服务任务，该类型的图例可用于如果用户任务没有操作时，定时给相关人员发送短信、邮件等方式进行督促其尽快完成。

**注意：**为了能正常运行定时边界事件，不要忘记对 Activiti 的配置文件进行相关设置。

## 14.3　信号边界事件

信号边界事件的 XML 定义如下所示：

```
<boundaryEvent id="boundarysignal1" name="Signal"
    attachedToRef="usertask1" cancelActivity="true">
    <signalEventDefinition signalRef="alert"></signalEventDefinition>
</boundaryEvent>
```

在上面的定义中，元素 boundaryEvent 表示边界事件，其属性 id 值需要在该 bpmn 文档中具有唯一性，属性 name 为该边界事件的名称，属性 attachedToRef 的值指向附加的活动，同样，其可以附加到多种类型的活动，包括多种任务和容器等。子元素 signalEventDefinition 用于定义信号源，在 13.7 节中，已详细介绍了信号和信号的定义，在这里，信号的含义与此类似。在信号边界事件中，信号只用于接收，而不能抛出。

下面以 14.2 节的"费用报销"流程为例，将边界的定时事件改为信号事件，如图 14-8 所示。

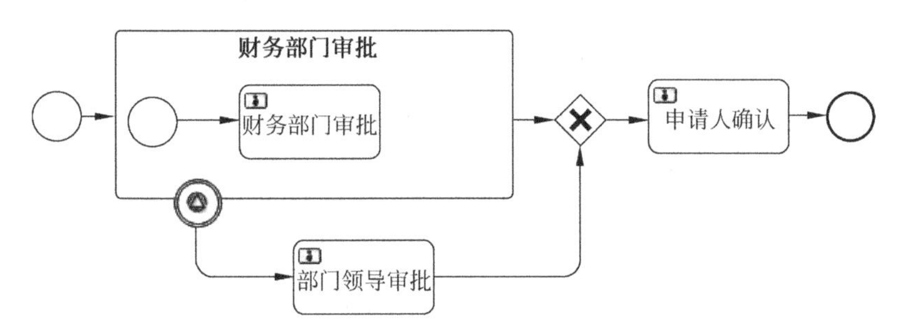


图 14-8 在内置子流程中加入信号边界事件流程图

在图 14-8 中，子流程"财务部门审批"加入信号边界事件，即假设用户新建费用报销单据后，此时流程处于"财务部门审批"环节，如果财务部门没有进行审批，则随时可抛出一个信号，触发信号边界事件，由部门领导审批，并中断原流程顺序的运行。该示例的 XML 代码如下所示：

```
<signal id = "alert" name = "alertName" activiti:scope = "global"></signal>
<process id = "reimbursement - 24" name = "费用报销 - 24" isExecutable = "true">
    <startEvent id = "startevent1" name = "Start"
      activiti:initiator = "startUserId" activiti:formKey = "start.form"></startEvent>
    <userTask id = "usertask3" name = "申请人确认" activiti:assignee = " ${startUserId}"
        activiti:formKey = "conform3.form">
</userTask>
    <endEvent id = "endevent1" name = "End"></endEvent>
    <sequenceFlow id = "flow8" sourceRef = "usertask3" targetRef = "endevent1">
    </sequenceFlow>
    <subProcess id = "subprocess1" name = "财务部门审批">
      <userTask id = "usertask2" name = "财务部门审批"
        activiti:candidateUsers = "lobby,kitty" activiti:formKey = "conform2.form">
      </userTask>
      <startEvent id = "startevent2" name = "Start"></startEvent>
      <sequenceFlow id = "flow2" sourceRef = "startevent2" targetRef = "usertask2">
      </sequenceFlow>
    </subProcess>
    <sequenceFlow id = "flow1" sourceRef = "startevent1" targetRef = "subprocess1">
    </sequenceFlow>
    <sequenceFlow id = "flow3" sourceRef = "subprocess1"
      targetRef = "exclusivegateway1"></sequenceFlow>
    <userTask id = "usertask4" name = "部门领导审批"
      activiti:candidateGroups = "leadergroup" activiti:formKey = "conform1.form">
      </userTask>
```

```
    <exclusiveGateway id = "exclusivegateway1"
      name = "Exclusive Gateway"></exclusiveGateway>
    <sequenceFlow id = "flow7" sourceRef = "exclusivegateway1"
      targetRef = "usertask3"></sequenceFlow>
    <sequenceFlow id = "flow6" sourceRef = "usertask4"
      targetRef = "exclusivegateway1"></sequenceFlow>
    <boundaryEvent id = "boundarysignal1" name = "Signal"
      attachedToRef = "subprocess1" cancelActivity = "true">
      <signalEventDefinition signalRef = "alert"></signalEventDefinition>
    </boundaryEvent>
    <sequenceFlow id = "flow5" sourceRef = "boundarysignal1"
      targetRef = "usertask4"></sequenceFlow>
</process>
```

在上面的示例代码中，首先定义了一个信号，接着定义流程。在流程定义中，重要的是信号边界事件的定义，见其中元素 boundaryEvent 的定义，正如前面介绍的信号的概念，在这里，信号的接收可以是全局性或只限于本流程内。这样，该流程中的信号中断可在执行财务部门审批流程子流程内，只需要传送一个指定信号。

在接收信号时，可使用如下 Java 代码接收信号：

```
runtimeService.signalEventReceived("alertName", execution.getId());
```

通过运行示例代码，可以查看接收信号前后的区别，如图 14-9 所示为新建单据后的状态。

| 我的工作历史列表 | | | | | | | |
|---|---|---|---|---|---|---|---|
| 任务ID | 实例ID | 流程定义KEY | 上级ID | 开始时间 | 结束时间 | 当前节点 | 操作 |
| 647535 | 647535 | reimbursement-25 | | 2017-1-23 21:27:36 | | 财务部门审批 | 查看 |

图 14-9　新建单据后的状态

如果此时在财务部门审批节点没有进行操作，而是接收了边界信号，则其当前节点改为接收边界信号后路径的节点，如图 14-10 所示。

| 我的工作历史列表 | | | | | | | |
|---|---|---|---|---|---|---|---|
| 任务ID | 实例ID | 流程定义KEY | 上级ID | 开始时间 | 结束时间 | 当前节点 | 操作 |
| 647535 | 647535 | reimbursement-25 | | 2017-1-23 21:27:36 | | 部门领导审批 | 查看 |

图 14-10　接收边界信号后的状态

在该示例中，由于在流程定义文件中的元素 boundaryEvent 中设置了属性 cancelActivity 为 true，则在边界信号接收后，原正常路径被终止，改为边界信号指定路径运行。如果设置属性 cancelActivity 为 false，则边界信号指定路径执行时，原正常路径还会正常运行，此时信号边界事件可理解为伴随事件，例如用于提醒操作等。

以上示例代码请见本节源码。

# 14.4 消息边界事件

消息边界事件的 XML 定义如下所示：

```
<boundaryEvent id = "boundarymessage1" name = "Message"
    attachedToRef = "usertask1" cancelActivity = "true">
    <messageEventDefinition messageRef = "message"></messageEventDefinition>
</boundaryEvent>
```

在上面的定义中，元素 boundaryEvent 表示边界事件，其属性 id 值需要在该 bpmn 文档中具有唯一性，属性 name 为该边界事件的名称，属性 attachedToRef 的值指向附加的活动，同样，其可以附加到多种类型的活动，包括多种任务和容器等。子元素 messageEventDefinition 用于定义消息源，在 13.8 节中，已详细介绍了消息的概念，在这里，消息的含义与此类似。同样，在消息边界事件中，消息的接收需要使用 Java 代码实现，语法如下所示：

```
void messageEventReceived(String messageName, String executionId);
```

或

```
void messageEventReceived(String messageName, String executionId,
    HashMap<String, Object> processVariables);
```

如图 14-11 所示为“费用报销”流程中，财务部门审批采用了消息边界事件。在该子流程中，通过接收边界信号，而触发消息边界事件的运行。

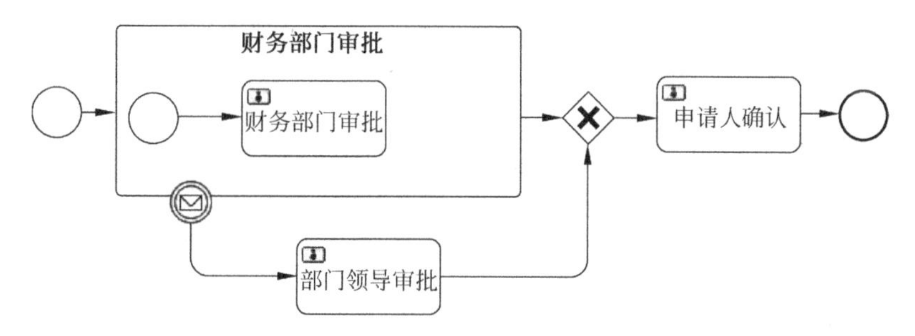


图 14-11　消息边界事件示例

图 14-11 的流程定义如下所示：

```
<message id = "msg" name = "msgName"></message>
<process id = "reimbursement - 26" name = "费用报销 - 26" isExecutable = "true">
    <startEvent id = "startevent1" name = "Start"
        activiti:initiator = "startUserId" activiti:formKey = "start.form">
    </startEvent>
    <userTask id = "usertask3" name = "申请人确认"
        activiti:assignee = "${startUserId}" activiti:formKey = "conform3.form">
    </userTask>
    <endEvent id = "endevent1" name = "End"></endEvent>
    <sequenceFlow id = "flow8"
```

```
            sourceRef = "usertask3" targetRef = "endevent1">
        </sequenceFlow>
        <subProcess id = "subprocess1" name = "财务部门审批">
          <userTask id = "usertask2" name = "财务部门审批"
            activiti:candidateUsers = "lobby,kitty"
            activiti:formKey = "conform2.form">
          </userTask>
          <startEvent id = "startevent2" name = "Start"></startEvent>
          <sequenceFlow id = "flow2" sourceRef = "startevent2" targetRef = "usertask2">
          </sequenceFlow>
        </subProcess>
        <sequenceFlow id = "flow1" sourceRef = "startevent1" targetRef = "subprocess1">
        </sequenceFlow>
        <sequenceFlow id = "flow3"
          sourceRef = "subprocess1" targetRef = "exclusivegateway1">
        </sequenceFlow>
        <userTask id = "usertask4" name = "部门领导审批"
          activiti:candidateGroups = "leadergroup" activiti:formKey = "conform1.form">
        </userTask>
        <exclusiveGateway id = "exclusivegateway1" name = "Exclusive Gateway">
        </exclusiveGateway>
        <sequenceFlow id = "flow7" sourceRef = "exclusivegateway1" targetRef = "usertask3">
        </sequenceFlow>
        <sequenceFlow id = "flow6" sourceRef = "usertask4" targetRef = "exclusivegateway1">
        </sequenceFlow>
        <boundaryEvent id = "boundarymessage1"
          name = "Message" attachedToRef = "subprocess1" cancelActivity = "true">
          <messageEventDefinition messageRef = "msg"></messageEventDefinition>
        </boundaryEvent>
        <sequenceFlow id = "flow9" sourceRef = "boundarymessage1" targetRef = "usertask4">
        </sequenceFlow>
      </process>
```

在上面的代码中，首先定义的是一个消息，然后定义流程，在流程中重要的是定义消息边界事件，其指向的是前面定义的子流程，并且消息定义指向了属性值为 msg 的消息元素。

## 14.5 错误结束事件与错误边界事件

错误边界事件只能使用在子流程、调用子流程等容器中。在子流程中，当执行到错误结束事件时，会结束该流程的运行并且抛出错误，该错误可以被错误边界事件捕获，并运行该子流程上的错误边界事件。故错误结束事件和错误边界事件需要一起使用。

这里涉及一个新的事件，即错误结束事件，其定义如下所示：

```
<endEvent id = "errorendevent1" name = "ErrorEnd">
   <errorEventDefinition errorRef = "error"></errorEventDefinition>
</endEvent>
```

在上面的定义中，元素 endEvent 表示结束事件，其包含子元素 errorEventDefinition

后，表示该事件为错误结束事件，属性 errorRef 表示错误指向，其可以指向流程定义文件中元素 process 以外的 error 元素，如下所示：

```
<error id = "error" errorCode = "code10001" />
```

或者在没有定义元素 error 情况下，可以直接将属性 errorRef 的值书写为 code10001，如下所示：

```
<errorEventDefinition errorRef = "code10001"></errorEventDefinition>
```

图 14-12 所示为错误边界事件的示例。

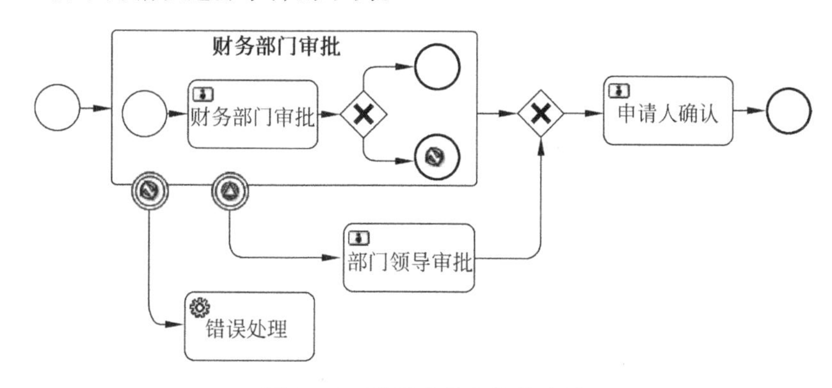


图 14-12　错误边界事件的示例

在图 14-12 中，财务部门审批子流程中，加入了排他网关，一条用于正常结束流程，另一条则进入错误结束，同时触发错误边界事件，进入错误处理节点运行。

## 14.6　本章小结

本章介绍了两个 Activiti 中的重要概念：一个重要概念是子流程，在这里，介绍了典型的内置子流程和调用子流程，实际上还有其他几种子流程，包括事件子流程和事务子流程，限于篇幅，在这里不再详细介绍，子流程在业务复杂情况下，可以起到流程绘制中简洁、直观和易于理解等作用；另一个重要概念是边界事件，边界事件是发生在活动边界的事件，主要是捕获事件的发生。有了前面章节介绍的中间事件概念，边界事件就很好理解了。本章介绍了常见的集中边界事件，包括定时边界事件、信号边界事件、消息边界事件和错误边界事件，实际上还有另外一个边界事件，即取消边界事件，该事件用在事务子流程中，但只要理解了前面几种事件，对该事件的理解是很容易的。本章配置了相关的源码，请结合源码理解本章知识。

# 第4篇 高级篇

# 第15章 JUnit测试

前面的章节采用业务实际运行方式介绍了 Activiti 中各个任务、事件等的运行方式，这种方式能加快和加深学习 Activiti 的内容。本章将介绍另一种学习的方式，即现在流行的测试方法 JUnit，尽管采用实际操作方式能模拟业务的运行，但是一旦修改或新增 Java 类和方法时，将不得不重启容器服务，降低开发速度。而测试方法的出现可加快开发中的测试过程，减少错误。Activiti 支持 JUnit 的测试，本章将重点介绍。

## 15.1 JUnit 介绍

JUnit 是一个开放源代码的 Java 测试框架，用于编写和运行可重复的测试，主要特点如下：

- 用于实施对应用程序的单元测试，加快程序编制速度；
- 提高编码的质量；
- 其提供的断言功能，能帮助开发人员快速定位到错误位置；
- MyEclipse 集成了 JUnit 相关组件，并对 JUnit 的运行提供了无缝的支持，在其中开发、运行 JUnit 测试相当简单。

目前其最新版本是 5，但 Activiti 支持 JUnit 3 和 JUnit 4，本章以版本 4 进行讲解。

为了正常使用 JUnit，首先是到官网下载对应版本，下载版本 4 的最新版本 4.12，同时需要下载其相关依赖 jar 包，如下所示：

```
junit-4.12.jar
hamcrest-core-1.3.jar
```

将以上两个 jar 包放入项目对应的 lib 目录下，完成 JUnit 环境的搭建。

JUnit 在测试中，使用注解的方式进行非常方便，常用注解如表 15.1 所示。

表 15.1　JUnit 常用注解

| 注解名称 | 描　述 |
| --- | --- |
| @BeforeClass | 被标记的方法必须是 static 的，在所有测试开始之前运行 |
| @AfterClass | 被标记的方法必须是 static 的，在所有测试结束之后运行 |
| @Before | 在每一个测试方法之前运行 |
| @After | 在每一个测试方法之后运行 |
| @Test | 测试方法，测试程序运行的方法，后边带参数时，表示不同的测试，例如，(expected=XXException.class)异常测试，(timeout=xxx)超时测试 |
| @Ignore | 被忽略的测试方法 |

在表 15.1 中，列举了在 JUnit 4 中经常用到的标记，例如在测试类中的方法上标记 @Test，则表示该方法是测试方法。下面列出在测试中经常用到的断言，断言可以帮助开发人员快速定位错误。

assertEquals(art1,art2)：判断两个值是否相等。

assertNotNull(art1)：判断值是否不为 null。

assertNull(art1)：判断值是否为 null。

assertTrue(art1)：判断值是否为 true。

assertFalse(art1)：判断值是否为 false。

以上断言在测试中比较常用，但还有其他一些断言和方法，具体请参考 JUnit 提供的 API。尽管在开发中会经常使用打印等多种方法查找错误，在打印输出的一堆日志中查找错误非常麻烦，在测试中提供了断言方法，大大提高了查找错误定位速度，有利于加快开发进度和提高软件质量。

下面以在 MyEclipse 中建立测试类为例进行介绍。首先建立测试类，类名可以根据项目需要指定，但文件名最后最好带有 Test 字样，以表示该类为测试类，并且最好单独存在于指定文件包下，利于管理。示例代码如下所示：

```
package test;
import static org.junit.Assert.*;
import org.junit.*;

public class aTest {
    @BeforeClass
    public static void beforeClass() {
    System.out.println("@BeforeClass");
    }
    @AfterClass
    public static void afterClass() {
    System.out.println("@AfterClass");
    }
    @Before
    public void beforeUp() throws Exception {
    System.out.println("@Before");
    }
    @After
```

```
    public void afterDown() throws Exception {
    System.out.println("@After");
    }
    @Test
    public void test() {
        int x = 2;
        assertEquals(3,x);
    }
}
```

以上代码以文件名 aTest 保存在文件包 test 下，如图 15-1 所示，代码很简单，但包含了常用要素。

运行该文件的技巧是：在该测试文件上右击，选择弹出菜单中的 Run As→JUnit Test 命令，如图 15-2 所示。

运行完成后，将在 Console、JUnit 窗口查看运行结果，如图 15-3 所示。

图 15-1 测试文件保存位置

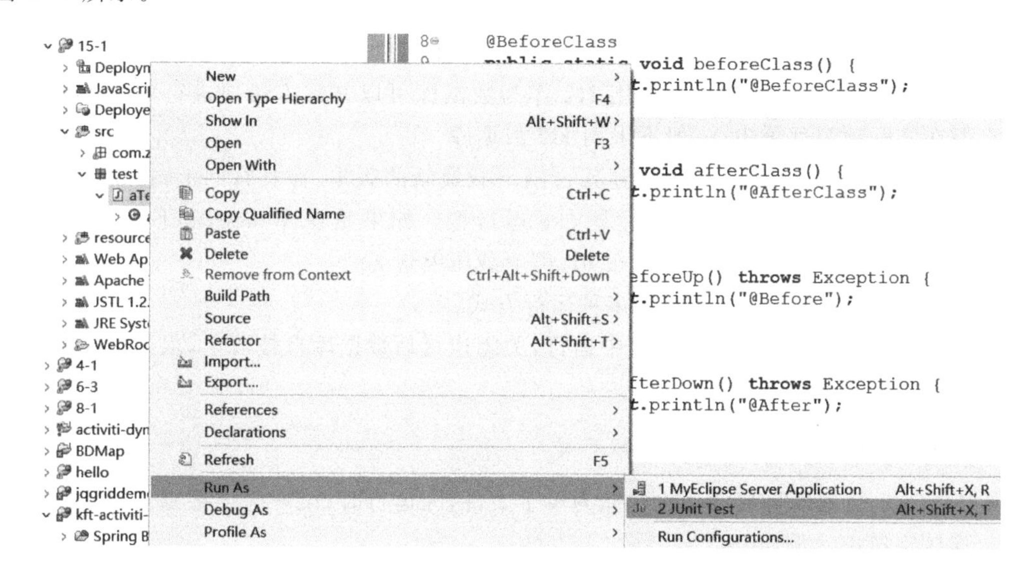


图 15-2 运行测试类

```
Console
<terminated> aTest [JUnit] C:\Program Files\Java\jdk1.8.0_91\bin\java
@BeforeClass
@Before
@After
@AfterClass

Properties  Progress  JUnit
Finished after 0.024 seconds
Runs: 1/1   Errors: 0   Failures: 1
test.aTest [R   Failure Trace
test (0.00    java.lang.AssertionError: expected:<3> but was:<2>
              at test.aTest.test(aTest.java:30)
```

图 15-3 测试类运行结果

在图 15-3 中，Console 窗口中显示了测试时方法运行的顺序，如表 15.1 所示。在 JUnit 窗口中，显示了一个错误，因为在前面所示的代码中，给出了一个明显断言错误：

```
assertEquals(3,x);
```

所以在该窗口中显示了错误类型和相应的位置。由此可知，JUnit 给出的测试方法加快了查找错误位置和错误原因的速度。同时，通过上面的介绍，知道了 MyEclipse 提供了 JUnit 测试的友好方法。

## 15.2 H2 数据库引擎介绍及配置

通过前面的介绍，我们已经知道 Activiti 支持 H2 数据库。在本节中将对 H2 数据库进行详细介绍。

H2 是一个开源并且嵌入式数据库引擎，其采用 Java 编写，兼容多种操作系统，并且其提供了一个十分方便的 Web 控制台以用于操作和管理数据库内容。同时，其也可以兼容主流的数据库，所以，在项目开发期，采用 H2 作为数据库可以非常方便地进行项目的开发和测试。但在实际项目部署中，一般不采用 H2 数据库。

要使用 H2 数据库引擎，首先是到其官网下载最新的版本，在其官网上，提供了两种形式的文件：一种是压缩包 zip，另一种是 exe 运行包。如果是在 Windows 下运行，可下载 exe 运行包；如果直接在 Java 项目中使用，可下载压缩包 zip。

H2 数据库引擎提供如下所示的多种运行方式。

内存运行方式：数据库只在内存中运行，关闭连接后数据库将被清空，很适合于测试环境。连接字符串示例如下：

```
jdbc:h2:mem:DataName;DB_CLOSE_DELAY=-1
```

嵌入模式：数据库将被持久化存储为单个文件，在运行时，第一次连接则会自动创建数据库。连接字符串示例如下：

```
jdbc:h2:file:~/.h2/DataName;AUTO_SERVER=TRUE
```

服务模式：数据库可以被以多种服务模式方式进行访问。连接字符串示例如下：

```
jdbc:h2:tcp://localhost/~/test
```

在连接字符串中，可能使用到如下所示的多种连接字符串参数。

AUTO_SERVER=TRUE：启动自动混合模式，允许开启多个连接，但该参数不支持在内存中运行模式；

DB_CLOSE_DELAY：要求最后一个正在连接的连接断开后，不要关闭数据库；

MODE=MySQL：兼容模式，H2 兼容多种数据库，该值可以为 DB2、Derby、HSQLDB、MSSQLServer、MySQL、Oracle、PostgreSQL；

AUTO_RECONNECT=TRUE：连接丢失后自动重新连接。

在本书中，H2 数据库引擎作为 Java 项目的测试数据库。下面将重点介绍如何在项目中进行配置和运行，H2 支持在 Spring 中进行配置，并能很好地兼容运行。

首先，创建数据库属性文件 db-test-config. properties，内容如下：

```
#database h2
db.url = jdbc:h2:file:~/activiti - h2 - demo;AUTO_SERVER = TRUE
db.username = sa
db.password =
db.dirverClass = org.h2.Driver
```

在上面的代码中，配置了数据库文件名、位置、运行方式等。由前面的介绍，配置的文件将以文件方式进行连接，文件位置为：~/activiti-h2-demo，"~"表示当前计算机登录用户所在目录，例如，Windows 下的路径示例为：

```
C:/Users/kitty
```

连接时的驱动为 org. h2. Driver，注意应将下载的 H2 驱动 h2-1. 4. 193. jar 复制到项目的 lib 目录下。

在以上的配置方式下，首次运行时，将在 C:/Users/kitty/目录下创建单个数据文件 activiti-h2-demo. mv. db，并连接该文件。

接着创建连接配置文件，为了不和 Web 连接配置文件冲突，重新在 config 文件包中创建两个配置文件，如图 15-4 所示。

resources
config
ApplicationContext-activiti.xml
ApplicationContext-test-h2.xml

图 15-4　新建配置文件位置

在图 15-4 中，新建两个配置文件的内容和之前建立的 Web 运行时的配置文件基本类似，但为了测试时正常运行，稍微做了一些修改，例如在 ApplicationContext-activiti. xml 中，增加如下 bean 内容：

```
<bean id = "activitiRule" class = "org.activiti.engine.test.ActivitiRule">
    <property name = "processEngine" ref = "processEngine" />
</bean>
```

Activiti 提供了测试用的专用类，通过其提供的 ActivitiRule 类，可以加快测试进度，该类提供了测试 Actitivi 时所需的多种方法。接着，在配置文件 ApplicationContext-test-h2. xml 中，修改连接数据库参数：

```
<bean id = "config"
  class = "org.springframework.beans.factory.config.PropertyPlaceholderConfigurer">
  <property name = "locations">
      <list>
         <value>classpath:db - test - config.properties</value>
      </list>
  </property>
</bean>
```

通过以上的简单修改，实现了连接 H2 数据库引擎的配置，接着在该配置文件中增加了如下内容，实现 H2 数据库引擎的内存运行方式：

```
<! -- unit test 环境 -->
<beans profile = "test">
```

```
    <context:property-placeholder ignore-resource-not-found="true"
        location="classpath:db-test-config.properties" />

    <!-- 嵌入式内存中数据库 -->
    <jdbc:embedded-database id="dataSource" type="H2">
        <jdbc:script location="classpath:sql/create/activiti.h2.create.engine.sql" />
        <jdbc:script location="classpath:sql/create/activiti.h2.create.history.sql" />
        <jdbc:script location="classpath:sql/create/activiti.h2.create.identity.sql" />
        <jdbc:script location="classpath:sql/sample-data.sql" />
    </jdbc:embedded-database>
</beans>
```

上面配置了 jdbc:embedded-database 元素，表示 H2 运行方式为内存运行方式，其子元素 jdbc:script 表示初始化运行的 SQL 文件位置，具体 SQL 内容请查看源文件。这就完成了内存运行数据库的配置，在运行测试时，选择不同的配置即可。内存数据库配置后的优点是：每次运行时，都将重新初始化数据库以及初始的 SQL 语句，这样可以保证测试时的干净环境。

H2 数据库的 SQL 语法在此不做过多介绍，对于熟悉 MySQL 操作的开发人员来说，SQL 语句基本相同。

## 15.3 JUnit+H2 的配置与运行

本节将讲解在具体实例中，如何配置 JUnit 和 Spring，实现 JUnit 和 H2 数据库的整合，完成在数据库中的操作。下面建立简单测试文件 bTest.java，内容如下所示：

```
package test;
import static org.junit.Assert.*;
...
import com.zioer.model.Reimbursement;
import com.zioer.service.ReimbursementService;

@RunWith(SpringJUnit4ClassRunner.class)
@ContextConfiguration(locations
{ "classpath*:/config/ApplicationContext-test-h2.xml"})
@ActiveProfiles("test")
@FixMethodOrder(MethodSorters.NAME_ASCENDING)
public class bTest {
    @Autowired
    private ReimbursementService reimbursementService;

    @Test
    public void test1() {
        Reimbursement rb = new Reimbursement();
        rb.setId("dfe3rfe");
        rb.setFee(300);
        reimbursementService.insert(rb);
```

```
        Reimbursement rb2 = reimbursementService.selectByPrimaryKey("dfe3rfe");
        assertNotNull(rb2);
        System.out.println("fee : " + rb2.getFee());
    }
}
```

在上面的示例代码中，类名上多了几个重要的注解。

@RunWith()：后面接具体的运行类，在这里由于需要结合 Spring 运行，所以接 Spring 提供的 SpringJUnit4ClassRunner.class，其后紧跟着的是需要运行的配置文件路径。

@ContextConfiguration()：配置文件的路径，其中的参数表示配置文件的具体路径，在这里使用的 classpath 方式。

@ActiveProfiles()：该注解可以不用提供，但当在配置文件中配置了多个数据源时，使用该注解可以实现快速切换多个数据源，这里的参数 test 即表示前面配置文件中的：

```
<beans profile = "test">…</beans>
```

@FixMethodOrder()：该注解可以不用提供，表示运行时顺序。因为在一个类中，可以有多个测试方法，如果不提供该方法，则运行时，多个方法的调用顺序可能不是我们需要的顺序，这时，可以采用该注解按照预定的顺序执行各个方法。可使用如下 3 个值：

MethodSorters.NAME_ASCENDING——表示运行时按照方法名称排序分别运行。

MethodSorters.JVM——表示根据 JVM 返回的顺序来决定 test 方法的执行顺序。

MethodSorters.DEFAULT——表示默认使用一个可确定，但是不可预测的顺序。

有了上面的解释，理解上面的示例代码就很容易了，该示例代码将使用 15.2 节中新建的配置文件，并且采用了内存数据库方式运行，即每次运行时，都将初始化数据库，从而保证了数据库的纯洁，同时运行了一个自定义示例 SQL 语句，该语句用于创建一个示例表 z_reimbursement。上面的测试文件内容比较简单，主要是在表 z_reimbursement 中插入一条记录，然后取出该条记录，使用断言的方式判断该记录是否为 Null，最后，打印出其中的一个字段值。关于本示例的数据表操作方式，见前面章节中的相关示例。

运行以上测试文件，如果配置正确，则不会有错误提示，并且可以多次反复运行，结果都是一致的。以上示例代码请参考源码。

由此，JUnit 可以很方便地整合 Spring+H2，实现数据库操作的测试工作，并且数据库的操作类可以重复利用，而并不是业务操作运行一套，测试时再创建一套，有效地实现了类的可复用性。数据库的初始化操作方式也很友好，开发人员可以将需要预先创建的数据表和测试数据预先编写成 SQL 文件，然后在 Spring 配置文件中简单配置，就能实现数据库的初始化操作。

## 15.4 Activiti 中用户管理测试

通过前面的介绍，基本掌握了 JUnit 的测试方法，以及其与数据库进行数据交互的方法。本节开始讲解如何进行 Activiti 相关的测试。在 Activiti 中进行预先测试的工作非常重要。尽管在前面用大量章节讲解了 Activiti 实际业务操作，增加了感性认识，并由此可以开发出流程相关的业务在线 Web 系统。但为了加快业务系统开发，提高代码质量，减少在开发中反复重启 Tomcat 服务而增加的时间成本，由此引入 JUnit 测试是很有必要的。

在这里不再重复讲解用户管理的操作，其实用户管理的测试工作具有较强的重要性，例如，在进行用户信息保存操作时，可测试当输入非法字符时，系统是否还能正确保存用户信息等操作。下面是用户管理的测试示例代码：

```
package test;
import static org.junit.Assert.*;
...

@RunWith(SpringJUnit4ClassRunner.class)
@ContextConfiguration(locations
{ "classpath*:/config/ApplicationContext-test-h2.xml"})
@ActiveProfiles("test")
@FixMethodOrder(MethodSorters.NAME_ASCENDING)
public class cTest {
    @Autowired
    @Rule
    public ActivitiRule activitiRule;

    @Test
    public void test1() {
        IdentityService identityService = activitiRule.getIdentityService();
        User user1 = identityService.newUser("zioer");
        identityService.saveUser(user1);
        User user2 = identityService.newUser("kitty");
        identityService.saveUser(user2);

        List<User> users = identityService.createUserQuery().list();

        assertEquals(2,users.size());
    }

    @Test
    public void test2() {
        IdentityService identityService = activitiRule.getIdentityService();
        identityService.deleteUser("kitty");

        List<User> users = identityService.createUserQuery().list();

        assertEquals(1,users.size());
    }

    @Test
    public void test3() {
        IdentityService identityService = activitiRule.getIdentityService();
        Group group = identityService.newGroup("leader");
        identityService.saveGroup(group);
```

```
        List<Group> groups = identityService.createGroupQuery().list();

        assertEquals(1,groups.size());          //确认增加了组
        identityService.createMembership("zioer", "leader");

        List<User> users = identityService.createUserQuery()
                .memberOfGroup("leader").list();
        assertEquals(1,users.size());           //确认指定组中用户数为1
    }
}
```

在以上示例代码中，由于涉及 Activiti 的操作，所以需要对 Activiti 数据库进行初始化，初始化方式是运行官方提供的 SQL 语句文件，这些 SQL 语句文件采用 Spring 配置方式运行，详见源码文件。在上面的代码中，定义了 3 个测试方法，并且按照指定顺序进行，这样做的好处是，这 3 个测试文件可以内容相关，例如 test1 方法中，创建了两个新用户，并采用断言方式判断数据表中存在两条用户记录；在 test2 方法中，简单删除了一个用户，并判断用户数据表中是否只有一条记录；在 test3 方法中，创建了一个新组并保存在数据表中，并断言判断该组表中记录为 1，最后，关联了一个用户和组，并断言判断该组中的用户数为 1。由此，采用 Activiti 提供的 ActivitiRule 类中方法，可以快速完成用户管理的测试。

## 15.5 Activiti 流程服务测试

实际上，除了采用 Activiti 提供的 ActivitiRule 类进行测试以外，还可以实际采用各个 Activiti 提供的服务分别创建实例的方式进行，例如，下面的示例代码：

```
package test;

import static org.junit.Assert.assertNotNull;
…
@RunWith(SpringJUnit4ClassRunner.class)
@ContextConfiguration(locations
{ "classpath*:/config/ApplicationContext-test-h2.xml"})
public class ProcessEngineTest {

    @Autowired
    private RepositoryService repositoryService;
    @Autowired
    private RuntimeService runtimeService;
    @Autowired
    private FormService formService;
    @Autowired
    private IdentityService identityService;
    @Autowired
    private TaskService taskService;
    @Autowired
    private HistoryService historyService;
```

```
    @Autowired
    private ManagementService managementService;

    @Test
    public void test1() {
        assertNotNull(repositoryService);
        assertNotNull(runtimeService);
        assertNotNull(formService);
        assertNotNull(identityService);
        assertNotNull(taskService);
        assertNotNull(historyService);
        assertNotNull(managementService);
    }
}
```

在上面的示例代码中，测试了 Activiti 提供的各个服务创建的实例是否不为 Null，即在测试中，可以直接采用上面示例代码方式进行代码的测试工作，而不是一定要强制采用 ActivitiRule 类的方式进行；当然，在实际中，采用 ActivitiRule 方式的一大优点是：可以将测试与实际业务运行的配置文件分开，采用不同的配置文件，一个针对真实业务环境，而另一个针对测试环境。

## 15.6 文件部署和简单流程测试

前面介绍过流程文件的部署，在测试中也是适用的，例如自动部署方式，只需要将待部署的资源在 Spring 配置文件中进行配置即可；但另一种方式，即采用上传部署的方式可能不太适用。

采用 JUnit 测试方式时，还可以采用@Deployment 注解方式，实现资源的快速部署。下面以一个简单流程为例讲解资源文件的部署和全流程测试方法，流程如图 15-5 所示。

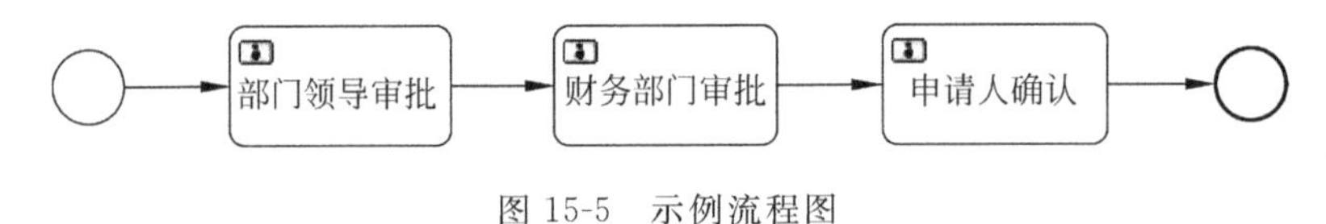


图 15-5 示例流程图

该流程图在前面章节已有介绍，具体 XML 代码请参见源码，下面是建立的测试代码：

```
package test;
import static org.junit.Assert.*;
...

@RunWith(SpringJUnit4ClassRunner.class)
@ContextConfiguration(locations
{ "classpath*:/config/ApplicationContext-test-h2.xml"})
@ActiveProfiles("test")
@FixMethodOrder(MethodSorters.NAME_ASCENDING)
public class dTest {
```

```
@Autowired
@Rule
public ActivitiRule activitiRule;

@Test
@Deployment(resources = "deployment/a/MyProcess.bpmn")
public void test1(){
//验证是否部署成功
    long count = activitiRule.getRepositoryService()
        .createProcessDefinitionQuery().count();
    assertEquals(1, count);

//设置当前用户
    String startUserId = "zioer";
    IdentityService identityService = activitiRule.getIdentityService();
    identityService.setAuthenticatedUserId(startUserId);

    Map<String, String> map = new HashMap<String, String>();
    map.put("fee", "200");
    map.put("note", "reasom");

    ProcessDefinition pdf = activitiRule.getRepositoryService()
        .createProcessDefinitionQuery()
        .processDefinitionKey("reimbursement").singleResult();
    assertNotNull(pdf);
    //启动流程
    ProcessInstance pin = activitiRule.getFormService()
            .submitStartFormData(pdf.getId(), map);
    assertNotNull(pin);
    //一级审批
    Task task = activitiRule.getTaskService()
            .createTaskQuery()
            .taskAssignee("lee").singleResult();
    assertNotNull(task);
    map = new HashMap<String, String>();
    map.put("bmyj", "aggree");
    activitiRule.getFormService()
          .submitTaskFormData(task.getId(), map);
    //财务部门审批审批
    task = activitiRule.getTaskService()
            .createTaskQuery()
            .taskAssignee("lobby").singleResult();
    assertNotNull(task);
    map = new HashMap<String, String>();
    map.put("bzhu", "yes");
    map.put("refee", "350");
    activitiRule.getFormService()
        .submitTaskFormData(task.getId(), map);
    //申请人确认
    task = activitiRule.getTaskService()
            .createTaskQuery()
```

```
                .taskAssignee(startUserId).singleResult();
        assertNotNull(task);
        map = new HashMap<String, String>();
        activitiRule.getFormService()
            .submitTaskFormData(task.getId(), map);
        //查看历史记录
        HistoricProcessInstance hpi = activitiRule.getHistoryService()
                .createHistoricProcessInstanceQuery()
                .processDefinitionKey("reimbursement")
                .finished()
                .singleResult();
        assertNotNull(hpi);

        List<HistoricVariableInstance> list = activitiRule
            .getHistoryService()
                .createHistoricVariableInstanceQuery()
                .processInstanceId(hpi.getId()).list();
        for (HistoricVariableInstance var : list) {
            System.out.println("变量: " + var.getVariableName() +
                " = " + var.getValue());
        }
    }
}
```

在以上代码中，采用了@Deployment注解方式部署测试用流程资源；接着，在测试方法test1中，首先验证流程资源是否部署成功，然后设置起始用户并启动流程实例，下面是一步步正常操作，直至流程的结束；最后，打印输出流程的实例变量及值。整个流程过程不是很复杂，特别是在前面章节知识的基础上，更加容易理解。需要注意的是，在重要的地方应判断值是否和预期相符，例如判断流程是否启动成功、任务是否正常获取等。这主要依据实际业务需要而定。

同时，通过以上测试，可知流程的启动和运行，Activiti并不再去判断用户是否存在，在上面的测试中，没有创建用户数据，只是在启动时，以及后面获取指定用户对应的任务时，用到了用户数据。

## 15.7 测试文件的整合

通过上面的讲解，已经能熟练掌握JUnit的测试过程和方法，并能驾驭Activiti流程等的测试。但同时，产生了多个测试文件。当此类测试文件过多时，把这些测试文件交给其他开发人员使用时，也需要打开一个个文件并进行测试。这将给开发工作带来诸多不便。鉴于此，JUnit提供了便利的整合功能，可以将多个测试文件进行打包后整体测试，对于修改了多个类文件，要查看是否对其他功能产生影响的情况，最好将所有相关测试类文件都运行一遍时，加快运行速度。

在编辑界面左侧的项目树中，右击项目中的任意文件，在弹出快捷菜单中，选择 New→Other 命令，在弹出的 New 窗口中，选择 JUnit Test Suite 选项后，单击 Next 按钮，选择需要同时批量运行的测试类，如图 15-6 所示。

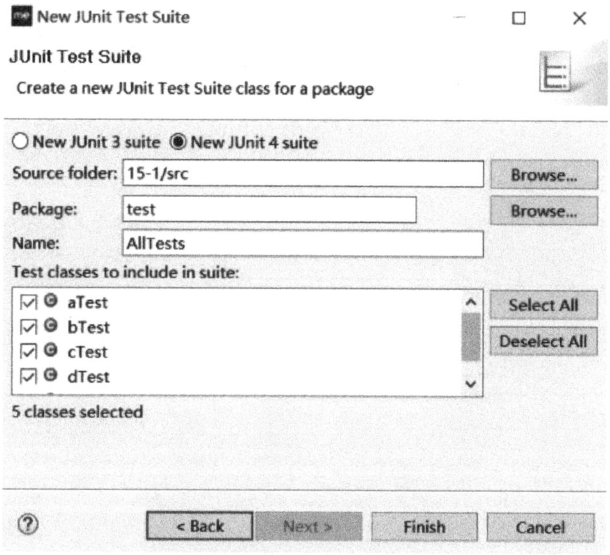

图 15-6　选择批量运行的测试类

填写完成后，单击 Finish 按钮，完成新建一个测试类，示例代码如下所示：

```
package test;

import org.junit.runner.RunWith;
import org.junit.runners.Suite;
import org.junit.runners.Suite.SuiteClasses;

@RunWith(Suite.class)
@SuiteClasses({ aTest.class, bTest.class,   cTest.class, dTest.class, ProcessEngineTest.
class })
public class AllTests {
}
```

上面的示例代码很简单，类 AllTests 中的内容为空，这里不需要填写任何方法等，注意注解@RunWith 使用了 Suite.class 类，注解@SuiteClasses 列举了需要批量运行的测试类，在这里可以根据需要调整运行类的前后顺序。编辑完成后，单击 JUnit 运行方式，实现批量运行测试类，大大加快测试的进度。

## 15.8　本章小结

本章重点讲解了 JUnit 测试相关内容，这部分内容放在高级篇进行讲解，说明其具有较高的重要性。利用前面各章节知识的讲解，足以完成完整项目的开发。但 JUnit 在开发过程中，对于单元的测试具有快速查错的功能，例如很多常见的逻辑错误可以预期性地被提前发现；同时，为了测试 Activiti 流程，本章还涉及了 H2 数据库引擎知识，H2 数据库对于开发工作的重要性，在于其可以作为内存数据库，整个数据库在内存中运行，加快了测试工作，可以快速实现数据库的初始化，减少测试时各种噪声数据的干扰；最后，讲解了综合的案例，说明了如何进行 Activiti 用户管理及完整流程的测试。本章相关示例代码请见本书提供的源码。

# 第16章 多实例和系统用户集成

本章将讲解 Activiti 中多实例的概念和应用，以及用户管理和其他应用系统的集成。

## 16.1 多实例介绍

BPMN 2.0 中有多实例的概念，Activiti 中实现了多实例。从概念上理解，一个多实例活动是限定用于在业务流程中某些步骤重复的方法。从示例业务中理解，一个业务中的某些环节需要多人协作共同完成，例如，在前面示例中的“费用报销”流程中，单据需要多人审批，只有经过多人审批后的单据才能进入下一个流程；会议室审批，同样需要多人或多个部门的审批，才能使用；在单位中，重要文件的下发，也需要多人审批后，才能进行下发等。现实中很多业务都是类似的，需要多人共同参与或部分人员的参与后才能完成。

多实例的概念是一个步骤的多次重复执行。在 Activiti 中，支持如下活动的多实例：

- 用户任务
- 脚本任务
- Java 服务任务
- Web 服务任务
- 业务规则任务
- 电子邮件任务
- 手动任务
- 接收任务
- (嵌入式)子流程
- 调用活动

**注意**：网关或者事件没有多实例。

多实例的特点是：一个任务或过程可以反复执行，增加了业务开发的灵活性；它和并行网关有相似和区别之处：并行网关是多个确定分支的并发运行，并发分支可以运行不同的任务，尽管各分支可以运行相同的任务，但其缺乏分配人员的灵活性；而多实例在人员分配和参与中有更大的灵活性，但只限于相同任务或过程的参与，并可以灵活指定结束该任务节点的条件。

## 16.2 多实例配置

为了更好地理解 Activiti 中多实例的运行，本节通过用户任务的多实例讲解其配置方法。

在 Activiti Designer 的工作区中，单击任一用户任务图标，在其属性配置中，有 Multi instance 标签，该标签专用于设置用户任务的多实例，如图 16-1 所示。

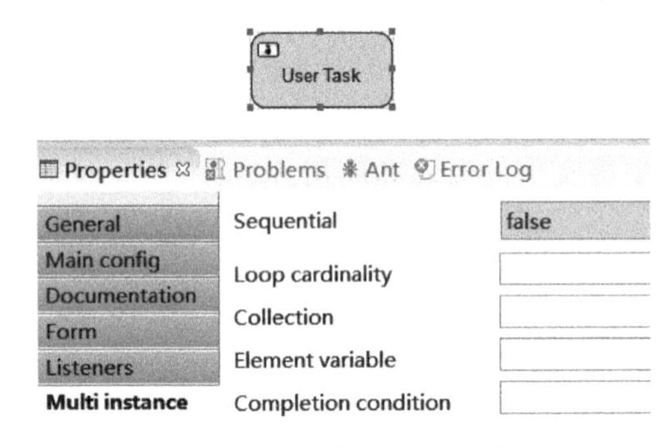


图 16-1 用户任务多实例设置

在图 16-1 中，Multi instance 标签中列出了多实例配置的重要属性，介绍如下：

Sequential——是否顺序执行。设置为 true 时，各个实例将以串行方式运行；设置为 false 时，各个实例以并行方式运行。

Loop cardinality——指定实例的数量。

Collection——用于指定该步骤各实例参与的对象，必须是数组对象，不能是字符串。

Element variable——用于指定各实例的变量，对应 Collection 中的各值。

Completion condition——用于指定该步骤的结束条件，当该条件为空时，表示各实例都需要运行完成后才结束该步骤，但可以指定一定条件提前结束。

为了和正常的用户任务相区别，当设置用户任务为多实例后，显示图标和正常图标会有所区别，设置 Sequential 为 true 时的图标如图 16-2 所示。

设置 Sequential 为 false 时的图标如图 16-3 所示。

图 16-2 串行运行方式时图标　　　图 16-3 并行运行方式时图标

用户任务设置为并行方式运行时的 XML 代码示例如下：

```
<userTask id = "usertask1" name = "User Task">
    <multiInstanceLoopCharacteristics isSequential = "false"
        activiti:collection = "users" activiti:elementVariable = "user">
```

```
    </multiInstanceLoopCharacteristics>
</userTask>
```

在上面的代码中，可知设置用户任务为多实例后，实际是在元素 userTask 中加入了子元素 multiInstanceLoopCharacteristics，其属性 isSequential 为 false 时，表示以并行方式运行多实例，属性 activiti:collection 即为前面介绍 Collection 时填写的值，表示传入数组为 users；属性 activiti:elementVariable 的值 user 表示数组 users 中每一个值的变量，实际运行时，将在每个实例中体现。

在创建了实例后，将在多实例步骤执行中创建以下几个流程变量：

nrOfInstances——多实例的总数；

nrOfCompletedInstances——多实例中，当前已完成的实例数量；

nrOfActiveInstances——当前活动的实例数量，即未完成的实例数量(注意：对于设置为顺序执行的多实例，其值将始终为 1)；

loopCounter——多实例执行时，其所在循环中的索引。

下面的示例 XML 代码通过子元素 loopCardinality 直接指定运行时的实例数量为 3：

```
<userTask id = "usertask1" name = "User Task">
  <multiInstanceLoopCharacteristics isSequential = "false">
    <loopCardinality> 3 </loopCardinality>
  </multiInstanceLoopCharacteristics>
</userTask>
```

下面的示例 XML 代码通过指定结束条件来完成多实例所在环节：

```
<userTask id = "usertask2" name = "User Task">
  <multiInstanceLoopCharacteristics isSequential = "false">
    <completionCondition> ${nrOfCompletedInstances/nrOfInstances &gt; = 0.5}
    </completionCondition>
  </multiInstanceLoopCharacteristics>
</userTask>
```

在上面的 XML 代码中，通过指定子元素 completionCondition 中的表达式，即完成的实例数和全部实例数的比大于 0.5 时，结束该多实例环节。指定结束条件在实际业务中具有实际意义，例如投票环节，只需要 70%投票完成，不一定非要所有参与人都完成，这样能在一定程度上提高工作效率。

## 16.3　用户任务的多实例

通过 16.2 节的讲解，了解了如何配置多实例，以及在运行多实例环节时，其产生的多个流程变量的重要意义。本节通过配置一个完整的基于用户任务的多实例来说明多实例的运行。

下面的示例基于“费用报销”流程，如图 16-4 所示。

在以前类似的示例中，采用了两级审批，现在更改为多人审批，即允许灵活设置审批人员，不一定非要采用两级审批。在这里，“多人审批”环节采用了并行运行多实例方式。该流

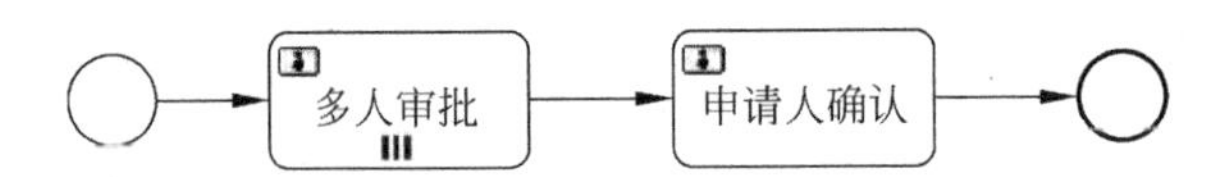


图 16-4 用户任务多实例的示例

程的 XML 代码如下所示：

```
<process id="reimbursement-30" name="费用报销-30" isExecutable="true">
    <documentation>多人审批示例</documentation>
    <startEvent id="startevent1" name="Start" activiti:initiator="startUserId">
      <extensionElements>
        <activiti:formProperty id="fee" name="费用" type="long" required="true">
        </activiti:formProperty>
        <activiti:formProperty id="note" name="说明" type="string">
        </activiti:formProperty>
        <activiti:formProperty id="type" name="费用类型" type="enum">
          <activiti:value id="差旅费" name="差旅费"></activiti:value>
          <activiti:value id="书报费" name="书报费"></activiti:value>
          <activiti:value id="会议费" name="会议费"></activiti:value>
          <activiti:value id="其他费" name="其他费"></activiti:value>
        </activiti:formProperty>
        <activiti:formProperty id="feedate" name="发生日期" type="date"
          datePattern="yyyy-MM-dd"></activiti:formProperty>
        <activiti:executionListener event="end"
          class="com.zioer.service.Imp.AssginMultiInstancePeople">
        </activiti:executionListener>
      </extensionElements>
    </startEvent>
    <userTask id="countersign" name="多人审批" activiti:assignee="${user}">
      <extensionElements>
        ...
      </extensionElements>
      <multiInstanceLoopCharacteristics isSequential="false"
        activiti:collection="${users}" activiti:elementVariable="user">
      </multiInstanceLoopCharacteristics>
    </userTask>
    <userTask id="send" name="申请人确认" activiti:assignee="${startUserId}">
      <extensionElements>
        ...
      </extensionElements>
    </userTask>
    ...
</process>
```

在上面的示例 XML 代码中，采用了内置表单方式，为了节省篇幅，省略了一些不太重要的代码。首先，在开始事件中定义了完成时的监听器，开始事件完成后，进入多实例环节，该监听器对应的 Java 代码如下所示：

```
package com.zioer.service.Imp;
...
```

```
public class AssginMultiInstancePeople implements  JavaDelegate{
    @Override
    public void execute(DelegateExecution delegateExecution) throws Exception {
        System.out.println("设置多实例参与人员");
        String[] str = StringUtils.split("lee,lobby,kitty,lucy", ",");
        delegateExecution.setVariable("users", Arrays.asList(str));
    }
}
```

上面这段Java代码的作用是：在开始任务结束后，设置多实例环节的参与者。在这里，设置了4个参与者，需要注意的是，传递给流程变量users的是字符串数组形式。接着，在"多人审批"环节，设置该用户任务为多实例并行运行，设置属性activiti:collection的值为users，即对应前面监听器设置的流程变量users；设置属性activiti：elementVariable的值为user，对应流程数组变量users中的每一个值，以生成不同的实例；同时，设置activiti：assignee的值为${user}，即指定每个实例的参与人是传递数组中的每一个值。在这里，需要注意各个属性值的写法。本示例中，没有指定多实例的结束条件，表示每个参与者都需要完成后，该多实例环节才会结束。编辑完成上面流程的定义后，将其保存为reimbursement-30.bpmn文件。

下面应用第15章讲解的单元测试方法，测试上面的用户任务的多实例示例，Java代码如下所示：

```
package test;
import static org.junit.Assert.*;
...
@RunWith(SpringJUnit4ClassRunner.class)
@ContextConfiguration(locations
{ "classpath*:/config/ApplicationContext-test-h2.xml"})
@ActiveProfiles("test")
@FixMethodOrder(MethodSorters.NAME_ASCENDING)
public class eTest {
    @Autowired
    @Rule
    public ActivitiRule activitiRule;

    @Test
    @Deployment(resources = "deployment/a/reimbursement-30.bpmn")
    public void test1(){
        //验证是否部署成功
        long count = activitiRule.getRepositoryService()
            .createProcessDefinitionQuery().count();
        assertEquals(1, count);
        //设置流程开始用户
        String startUserId = "zioer";
        IdentityService identityService = activitiRule.getIdentityService();
        identityService.setAuthenticatedUserId(startUserId);

        Map<String, String> map = new HashMap<String, String>();
        //设置内置表单的值
```

```
        map.put("fee", "300");
        map.put("note", "个人说明");
        map.put("type", "差旅费");
        map.put("feedate", "2017 - 1 - 20");

        ProcessDefinition pdf = activitiRule.getRepositoryService()
                .createProcessDefinitionQuery()
                .processDefinitionKey("reimbursement - 30").singleResult();
        assertNotNull(pdf);
        //启动流程
        ProcessInstance pIn = activitiRule.getFormService()
                .submitStartFormData(pdf.getId(), map);
        assertNotNull(pIn.getId());
        //获取"多人审批"环节的多任务实例
        List<Task> list = activitiRule.getTaskService().createTaskQuery()
                .processDefinitionKey("reimbursement - 30").list();
        //并行运行多实例时,该值为参与者数量
        assertEquals(4, list.size());
        //循环输出每个任务实例值,并试图结束该实例
        for (Task task : list) {
            System.out.println("================");
            System.out.println(task.getId());
            System.out.println(task.getName());
            System.out.println(task.getAssignee());
            try {
                Map<String,Object> vars = activitiRule.getTaskService()
                        .getVariables(task.getId());
                for (String variableName : vars.keySet()) {
                    Object val = vars.get(variableName);
                    System.out.println("task 变量: " + variableName + " = " + val);
                }
                map = new HashMap<String, String>();
                //提交实例
                activitiRule.getFormService().submitTaskFormData(task.getId(), map);
            } catch (Exception e) {
                //当设置了多实例结束条件时,跳过的任务将不再执行
                System.out.println("被跳过的任务 : " + task.getName() + "  " + task.
getAssignee());
            }
        }
        //进入"申请人确认"环节
        list = activitiRule.getTaskService().createTaskQuery().list();
        assertEquals(1, list.size());
        Task task = list.get(0);
        System.out.println("-------------");
        System.out.println(task.getName());
        System.out.println(task.getAssignee());

        map = new HashMap<String, String>();
        activitiRule.getFormService().submitTaskFormData(task.getId(), map);
        //获取历史记录
```

```
        HistoricProcessInstance hpi = activitiRule.getHistoryService()
                .createHistoricProcessInstanceQuery()
                .processDefinitionKey("reimbursement - 30")
                .finished()
                .singleResult();
        assertNotNull(hpi);
        //获取历史变量值,并打印输出
        List<HistoricVariableInstance> list2 = activitiRule.getHistoryService()
                .createHistoricVariableInstanceQuery()
                .processInstanceId(hpi.getId()).list();
        System.out.println("++++++++++++ + ");
        for (HistoricVariableInstance var : list2) {
            System.out.println("历史变量: " + var.getVariableName() + " = " + var.
getValue());
        }
    }
}
```

在上面的Java测试代码中,完整测试了整个流程。代码比较长,但在重要地方都有详细注释。首先,在测试开始前,部署了流程定义文件,然后模拟运行整个流程,重点是在"多人审批"环节中的实例。这里,参与者为4人,注意,在前面的流程定义中,将属性isSequential设置为false,即同时生成了4个实例,由于在流程定义文件中没有设置该环节的结束条件,所以需要每一个实例都运行结束后,该环节才会结束。最后,流程运行结束后,通过获取历史流程,并输出整个流程变量进行查看。以上完整代码请查看和运行本章对应的源码。

第二种情况,设置了多实例环节结束的条件,示例XML代码如下所示:

```
<multiInstanceLoopCharacteristics isSequential = "false"
    activiti:collection = "${users}" activiti:elementVariable = "user">
    <completionCondition>${nrOfCompletedInstances/nrOfInstances &gt; = 0.5}
    </completionCondition>
</multiInstanceLoopCharacteristics>
```

在上面的代码中,子元素completionCondition的内容表示,只要完成实例数量等于或超过总实例数量的一半时,则该多实例环节提前结束。依据前面的假定,该多实例环节有4个参与者,那么当有2个参与者完成实例后,该环节就结束而进入下一个流程环节。该部分代码请参考源码reimbursement-31.bpmn和Java测试代码fTest.java。

## 16.4 Java服务的多实例

在前面的介绍中,用户任务的多实例用于和用户的交互,主要用于实现多个用户共同协作完成流程中的环节。Java服务的多实例不同于用户任务的多实例,Java服务的多实例不需要和用户进行交互,而是自动完成多实例的运行,可用于需要自动运行的多实例,例如向多用户发送短信、提醒以及进行批处理等操作。

下面以Java服务为例,说明自动运行的多实例操作。Java服务多实例的流程示例如

图 16-5 所示。

图 16-5 所示为 Java 服务多实例的简单示例。该示例开始流程后，即进入多实例环节，自动运行完成后，便完成整个流程。其 XML 代码如下所示：

图 16-5 Java 服务多实例

```
<process id = "reimbursement - 32" name = "费用报销 - 32" isExecutable = "true">
    <documentation>服务任务多实例示例</documentation>
    <startEvent id = "startevent1" name = "Start" activiti:initiator = "startUserId">
      <extensionElements>
          <activiti: executionListener event = " end" class = " com. zioer. service. Imp.
AssginMultiInstancePeople"></activiti:executionListener>
      </extensionElements>
    </startEvent>
    <endEvent id = "endevent1" name = "End"></endEvent>
    <sequenceFlow id = "flow1" sourceRef = "startevent1" targetRef = "servicetask1">
        </sequenceFlow>
    <serviceTask id = "servicetask1" name = "服务任务"
        activiti:class = "com. zioer. service. Imp. ServiceTaskDemo">
        <multiInstanceLoopCharacteristics
            isSequential = "false"
            activiti:collection = " $ {users}" activiti:elementVariable = "user">
        </multiInstanceLoopCharacteristics>
    </serviceTask>
    <sequenceFlow id = "flow2" sourceRef = "servicetask1" targetRef = "endevent1">
    </sequenceFlow>
</process>
```

在上面的代码中，有两个需要注意的地方：一是开始任务完成时，调用了完成监听器，给多实例进行赋值操作；二是服务任务多实例环节采用了运行 Java 类的形式，以自动运行该环节的各个实例。类 ServiceTaskDemo 的示例代码如下所示：

```
package com. zioer. service. Imp;
import org. activiti. engine. delegate. DelegateExecution;
import org. activiti. engine. delegate. JavaDelegate;

public class ServiceTaskDemo implements  JavaDelegate {
    @Override
    public void execute(DelegateExecution delegateExecution) throws Exception {
    System. out. println("当前节点名称 : " +
        delegateExecution. getCurrentActivityName());
    System. out. println("传递值 : " +
        delegateExecution. getVariable("user"). toString());
    }
}
```

上面的示例代码仅打印输出当前实例中的主要参数值，重点需要掌握的是参数的传递和输出方法。可完成的操作根据具体业务进行。下面 Java 代码用于测试该流程定义：

```
package test;
import static org. junit. Assert. * ;
```

```
...
@RunWith(SpringJUnit4ClassRunner.class)
@ContextConfiguration(locations
{ "classpath*:/config/ApplicationContext-test-h2.xml"})
@ActiveProfiles("test")
@FixMethodOrder(MethodSorters.NAME_ASCENDING)
public class gTest {
    @Autowired
    @Rule
    public ActivitiRule activitiRule;

    @Test
    @Deployment(resources = "deployment/a/reimbursement-32.bpmn")
    public void test2(){
        //验证是否部署成功
        long count = activitiRule
            .getRepositoryService().createProcessDefinitionQuery().count();
        assertEquals(1, count);

        //设置流程开始用户
        String startUserId = "zioer";
        IdentityService identityService = activitiRule.getIdentityService();
        identityService.setAuthenticatedUserId(startUserId);

        Map<String, String> map = new HashMap<String, String>();

        ProcessDefinition pdf = activitiRule.getRepositoryService()
            .createProcessDefinitionQuery()
            .processDefinitionKey("reimbursement-32").singleResult();
        assertNotNull(pdf);

        ProcessInstance pIn = activitiRule.getFormService()
            .submitStartFormData(pdf.getId(), map);

        assertNotNull(pIn.getId());

        //查看历史记录
        HistoricProcessInstance hpi = activitiRule.getHistoryService()
            .createHistoricProcessInstanceQuery()
            .processDefinitionKey("reimbursement-32")
            .finished()
            .singleResult();
        assertNotNull(hpi);

        List<HistoricVariableInstance> list2 = activitiRule.getHistoryService()
            .createHistoricVariableInstanceQuery()
            .processInstanceId(hpi.getId()).list();
        System.out.println("++++++++++++");
        for (HistoricVariableInstance var : list2) {
            System.out.println("历史变量: " + var.getVariableName() +
                " = " + var.getValue());
```

```
            }
        }
    }
```

在上面的测试示例代码中，可看到处理过程很简单，开始流程后，便自动进入 Java 服务多实例操作，完成后，结束整个流程，输出的 Console 显示如图 16-6 所示。

```
Console
<terminated> gTest [JUnit] C:\Program Files\Java\jdk
设置多实例参与人员
当前节点名称： 服务任务
传递值： lee
当前节点名称： 服务任务
传递值： lobby
当前节点名称： 服务任务
传递值： kitty
```

图 16-6　Console 结果显示

在图 16-6 中，显示了部分运行结果，即运行时各实例传入的参数值。以上示例请参见本节源码。

对于其他自动运行的服务，例如脚本服务、接收任务服务等，操作与此类似。自动运行多实例任务的优点是不需要用户参与，通过提前指定规则批量完成任务。

## 16.5　子流程的多实例

前面章节介绍了子流程的概念和相关示例。子流程的重要性在于将复杂流程进行分组，对相似功能进行划分，利于复杂问题的简单化，同时便于对流程的整体把握。在 Activiti 中，支持子流程的多实例则具有重要性，尽管可以对单节点进行多实例化，但确实有很多现实业务需要对其中一段事务进行多实例化。例如，“费用报销”流程，审批过程需要多个部门协作审批，只有审批都完成后，才能进入下一个环节。多个部门审批流程具有相似的地方，且可以同时进行，为了使这部分工作更通用化，用子流程表达方式更具说服力。其示例如图 16-7 所示。

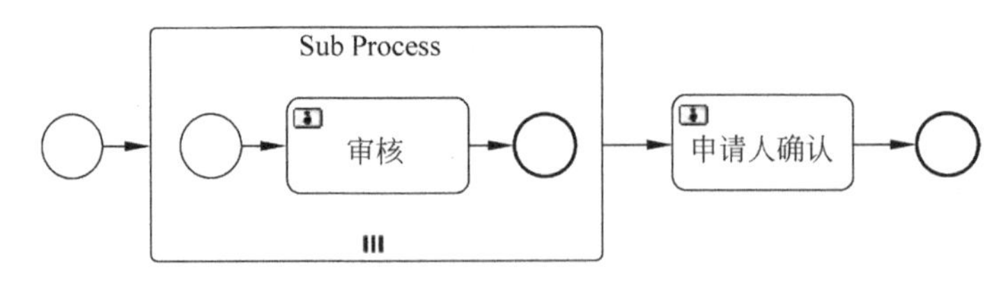


图 16-7　子流程的多实例示例

在图 16-7 中，为了简单说明，审批子流程中只设计了一个用户节点，即流程开始后，进入子流程，该环节将根据传递参数决定生成子流程实例的数量，完成后，才进入下一个环节。其 XML 示例代码如下所示：

```
<process id = "reimbursement - 33" name = "费用报销 - 33" isExecutable = "true">
    <documentation>子流程多实例示例</documentation>
```

```
    <startEvent id="startevent1" name="Start" activiti:initiator="startUserId">
      <extensionElements>
        <activiti:formProperty id="fee" name="费用" type="long"
            required="true"></activiti:formProperty>
        <activiti:formProperty id="note" name="说明"
        type="string"></activiti:formProperty>
        <activiti:executionListener event="end"
            class="com.zioer.service.Imp.AssginMultiInstancePeople">
        </activiti:executionListener>
      </extensionElements>
    </startEvent>
    <endEvent id="endevent2" name="End"></endEvent>
    <subProcess id="subprocess1" name="Sub Process">
      <multiInstanceLoopCharacteristics isSequential="false"
      activiti:collection="users"
activiti:elementVariable="user"></multiInstanceLoopCharacteristics>
      <startEvent id="startevent2" name="Start"></startEvent>
      <userTask id="usertask2" name="审核" activiti:assignee="${user}"></userTask>
      <endEvent id="endevent3" name="End"></endEvent>
      <sequenceFlow id="flow4" sourceRef="startevent2"
          targetRef="usertask2"></sequenceFlow>
      <sequenceFlow id="flow5" sourceRef="usertask2"
          targetRef="endevent3"></sequenceFlow>
    </subProcess>
    <sequenceFlow id="flow1" sourceRef="startevent1"
          targetRef="subprocess1"></sequenceFlow>
    <userTask id="usertask1" name="申请人确认"
          activiti:assignee="${startUserId}"></userTask>
    <sequenceFlow id="flow2" sourceRef="subprocess1"
          targetRef="usertask1"></sequenceFlow>
    <sequenceFlow id="flow3" sourceRef="usertask1"
          targetRef="endevent2"></sequenceFlow>
</process>
```

上面的代码尽管比较长，但不是太复杂，重点需要关注的是，子流程的多实例环节参数的设置。在元素 subProcess 中，子元素 multiInstanceLoopCharacteristics 设置方法和前面的介绍一样，但元素 subProcess 没有参与者的概念，所以，需要在其第一个子元素 usertask2 中设置属性 activiti:assignee 的值为 ${user}。下面是测试子流程的多实例示例的 Java 代码：

```
package test;
import static org.junit.Assert.*;
...
@RunWith(SpringJUnit4ClassRunner.class)
@ContextConfiguration(locations
{ "classpath*:/config/ApplicationContext-test-h2.xml"})
@ActiveProfiles("test")
@FixMethodOrder(MethodSorters.NAME_ASCENDING)
public class hTest {
    @Autowired
```

```
@Rule
public ActivitiRule activitiRule;

@Test
@Deployment(resources = "deployment/a/reimbursement-33.bpmn")
public void test1(){
    //验证是否部署成功
    long count =
      activitiRule.getRepositoryService().createProcessDefinitionQuery().count();
    assertEquals(1, count);

    //设置流程开始用户
    String startUserId = "zioer";
    IdentityService identityService = activitiRule.getIdentityService();
    identityService.setAuthenticatedUserId(startUserId);

    Map<String, String> map = new HashMap<String, String>();
    map.put("fee", "300");
    map.put("note", "个人说明");

    ProcessDefinition pdf = activitiRule.getRepositoryService()
            .createProcessDefinitionQuery()
            .processDefinitionKey("reimbursement-33").singleResult();
    assertNotNull(pdf);

    ProcessInstance pIn = activitiRule.getFormService()
            .submitStartFormData(pdf.getId(), map);
    assertNotNull(pIn.getId());

    //获取"审批"子流程环节的多任务实例
    List<Task> list = activitiRule.getTaskService().createTaskQuery()
            .processDefinitionKey("reimbursement-33").list();
    //并行运行多实例,该值为参与者数量
    assertEquals(4, list.size());

    //循环输出每个任务实例变量,并试图结束该实例
    for (Task task : list) {
        System.out.println("================");
        System.out.println(task.getId());
        System.out.println(task.getName());
        System.out.println(task.getAssignee());
        try {
            Map<String,Object> vars =
                activitiRule.getTaskService().getVariables(task.getId());
            for (String variableName : vars.keySet()) {
                Object val = vars.get(variableName);
                System.out.println("task 变量: " + variableName + " = " +val);
            }
            map = new HashMap<String, String>();
            activitiRule.getFormService().submitTaskFormData(task.getId(), map);
        } catch (Exception e) {
```

```
                //当设置了多实例结束条件时，跳过的任务将不再执行
                System.out.println("被跳过的任务 : " + task.getName() + "  "
                    + task.getAssignee());
            }
        }
        //结束子流程多实例运行后，进入"申请人确认"环节
        list = activitiRule.getTaskService().createTaskQuery().list();
        assertEquals(1, list.size());
        Task task = list.get(0);
        System.out.println("-------------");
        System.out.println(task.getId());
        System.out.println(task.getName());
        System.out.println(task.getAssignee());

        map = new HashMap<String, String>();
        activitiRule.getFormService().submitTaskFormData(task.getId(), map);

        //查看历史记录
        HistoricProcessInstance hpi = activitiRule.getHistoryService()
                .createHistoricProcessInstanceQuery()
                .processDefinitionKey("reimbursement-33")
                .finished()
                .singleResult();
        assertNotNull(hpi);

        List<HistoricVariableInstance> list2 = activitiRule.getHistoryService()
                .createHistoricVariableInstanceQuery()
                .processInstanceId(hpi.getId()).list();
        System.out.println("++++++++++++");
        for (HistoricVariableInstance var : list2) {
            System.out.println("历史变量: " + var.getVariableName() +
                " = " + var.getValue());
        }
    }
}
```

本节完整给出了子流程的多实例示例，限于篇幅，子流程中只完成了一个任务节点，但在实际开发中，子流程可能具有多个不同任务的节点或网关等。重要的是，Activiti 支持子流程的多实例，能减少开发工作量，以及使得流程图更加简洁。

## 16.6 用户集成

作为工作流程引擎，Activiti 同时包含了用户管理。很多业务系统已经包含了自成体系的用户管理。Activiti 作为工作流引擎集成到已有的业务系统中，需要改造 Activiti 中已有的用户管理，否则，一个系统中便会有两个用户管理模块，这会给开发和后期的管理带来麻烦。

目前，Activiti 与其他系统集成时出现的用户集成问题有多种解决方式。

一种方法是，在业务系统开发中，对用户进行编辑操作时，同步修改 Activiti 中的用户信息。例如，在业务系统中增加用户时，同时调用 Activiti 中的下面方法：

```
identityService.saveUser()
```

完成新用户的保存。同理，需要同步操作的数据还包含组，以及用户和组的关系等，在前面章节有详细介绍。由此可知，该方法要保证两个用户管理数据表的一致性，特别是在业务系统中已存在用户数据时，需要使用同步方法同步用户数据。这对于后期的维护操作，增加了烦琐性。

另一个方法是 Activiti 官方提供的方法，即使用自定义方法覆盖 Activiti 提供的用户、组管理方法。根据实际业务需要，可以只覆盖其中的部分方法，例如，通过前面章节的学习，使用最多的方法是查询用户、组以及它们之间的关系。下面进行详细介绍。

首先，在已有的业务系统中，已经存在一套比较完善的用户和角色管理。当然，在本示例中，还不存在用户和角色关系，所以需要创建一张用户和角色的数据表，其数据项关系可以与 Activiti 中的用户和组相同。简单示例 SQL 创建语句如下所示：

```
CREATE TABLE 'zz_user' (
'user_id' varchar(64) NOT NULL ,
'role_id' varchar(64) ,
'username' varchar(64) NULL ,
'psd' varchar(64) NULL ,
PRIMARY KEY ('user_id')
);
CREATE TABLE 'zz_role' (
'role_id' varchar(64) NOT NULL ,
'rolename' varchar(64) NULL ,
PRIMARY KEY ('role_id')
);
```

以上 SQL 语句创建了用户和角色的数据表，并在表中创建了关联。为了加快测试和运行，以上 SQL 创建语句放置在数据初始文件 sample-data. sql 中，并添加了初始数据，这样就能随项目的启动自动创建数据表。

基于快速和方便管理的原则，用户和角色数据表采用 MyBatis 进行管理，创建方法请参考前面的章节，例如用户管理需要创建如下文件：

Zzuser. java——实体类。

ZzuserMapper. java——Mapper 接口层。

ZzuserService. java——服务接口层。

ZzuserServiceImpl. java——服务接口实现层。

ZzuserMapper. xml——数据表操作 XML 文件。

具体实现代码请参考本书配套资源中的源码。接着，创建用户和角色的管理类，这部分主要继承 Activiti 中相应的类，并覆盖需要重写的方法，以便在访问某些方法时，能实现调用用户创建的用户或角色数据表。例如，用户管理继承自 Activiti 提供的 UserEntityManager 类，并覆盖其中的部分方法，示例代码如下所示：

```
package com.zioer.controller;
```

```
...

public class ZioerUserManager extends UserEntityManager{
    @Autowired
    private ZzuserService zzuserService;
    ...

    @Override
    public List<User> findUserByQueryCriteria(UserQueryImpl query, Page page) {
        List<User> userList = new ArrayList<User>();
        UserEntity  user = new UserEntity ();
        if (query.getId() != null){
          Zzuser tempUser = zzuserService.selectByPrimaryKey(query.getId());
          if (tempUser != null){
              user.setId(tempUser.getUser_id());
              user.setFirstName(tempUser.getUsername());
              user.setPassword(tempUser.getPsd());
              userList.add(user);
          }
        }
        if (query.getGroupId() != null){
          List<Zzuser> tempUsers = zzuserService.listByRoleId(query.getGroupId());
          for (Zzuser tempUser : tempUsers) {
              user = new UserEntity ();
              user.setId(tempUser.getUser_id());
              user.setFirstName(tempUser.getUsername());
              user.setPassword(tempUser.getPsd());
              userList.add(user);
          }
        }
        return userList;
    }

}
```

在上面的代码中，自定义类 ZioerUserManager 继承自 Activiti 中提供的 UserEntityManager 类，并且覆盖了其中的方法 findUserByQueryCriteria()，该方法主要用于自定义查询。在 Activiti 中，该方法用于从其内置的用户数据表中查询数据，但在这里进行了重写，即实现从自定义的用户数据表中按照相关条件查询数据。当然，在这里只实现了部分查询，例如通过用户 id 查询指定数据，或通过组 id 查询指定角色中所有的用户。

接着，创建用户管理的工厂类，该类需要实现 Activiti 提供的 SessionFactory 工厂类，主要用于 Activiti 进行调用。主要代码如下所示：

```
package com.zioer.controller;
...
public class ZioerUserManagerFactory implements SessionFactory{
    ZioerUserManager zioerUserManager = new ZioerUserManager();

    public void setZioerUserManager(ZioerUserManager zioerUserManager) {
```

```
                this.zioerUserManager = zioerUserManager;
        }

        @Override
        public Class <?> getSessionType() {
                return UserIdentityManager.class;
        }

        @Override
        public Session openSession() {
                return zioerUserManager;
        }
}
```

在上面的代码中，主要实现了类 SessionFactory 工厂类中的两个方法，并返回了前面自定义的类 zioerUserManager。系统在运行中，自动调用该类后，就可实现访问用户自定义的用户和类数据表。创建自定义组访问的方法与此类似，具体代码请见本书配套资源中的源码。

接着，编辑 Activiti 配置文件，实现访问自定义用户和组管理方法。在这里，修改的是测试用例的 Activiti 配置文件 ApplicationContext-activiti.xml，增加了两个自定义 bean，如下所示：

```
<bean id = "zioerGroupManager" class = "com.zioer.controller.ZioerGroupManager" />
<bean id = "zioerUserManager" class = "com.zioer.controller.ZioerUserManager" />
```

上面创建的两个 bean 很重要，即将前面自定义的用户和组管理的两个类交给 Spring 管理。下面修改 id 为 processEngineConfiguration 的 bean，即允许自定义的工程类运行：

```
<bean id = "processEngineConfiguration"
class = "org.activiti.spring.SpringProcessEngineConfiguration">
...
    <property name = "customSessionFactories">
      <list>
        <bean class = "com.zioer.controller.ZioerGroupManagerFactory">
          <property name = "zioerGroupManager" ref = "zioerGroupManager" />
        </bean>
        <bean class = "com.zioer.controller.ZioerUserManagerFactory">
          <property name = "zioerUserManager" ref = "zioerUserManager" />
        </bean>
      </list>
    </property>
</bean>
```

以上代码配置了 Activiti 运行时能使用自定义的用户和组管理的工厂类。编辑完成，保存即可。在实际开发中，可以在测试正确无误后，再修改实际运行时的配置文件。

最后，创建测试类 iTest.java，以测试调用用户和组访问方法时，能成功调用用户自定义数据表中的数据。测试代码如下所示：

```
package test;
...
```

```
@RunWith(SpringJUnit4ClassRunner.class)
@ContextConfiguration(locations
{ "classpath*:/config/ApplicationContext-test-h2.xml"})
@ActiveProfiles("test")
@FixMethodOrder(MethodSorters.NAME_ASCENDING)
public class iTest {
    @Autowired
    @Rule
    public ActivitiRule activitiRule;

    @Test
    public void test1() {
        User user = activitiRule.getIdentityService()
            .createUserQuery().userId("a").singleResult();
        assertNotNull(user);
        System.out.println("user : " + user.getId());
    }

    @Test
    public void test2() {
        Group group = activitiRule.getIdentityService()
            .createGroupQuery().groupId("001").singleResult();
        assertNotNull(group);
        System.out.println("group : " + group.getName());
    }

    @Test
    public void test3() {
        List<User> users = activitiRule.getIdentityService()
            .createUserQuery().memberOfGroup("001").list();
        assertNotNull(users);
        for(User user : users){
            System.out.println("user : " + user.getId() + " " + user.getFirstName());
        }
    }
}
```

在上面的测试代码中，创建了3个测试示例：第一个测试查询指定用户id的数据，第二个测试查询指定组id的数据，第三个测试查询指定组id的用户数据，并分别打印输出显示。由于数据表的创建、测试数据的输入都会写入初始文件中，所以只需要运行即可方便地测试。显示部分结果如图16-8所示。

在图16-8中，显示了测试时运行的SQL语句，并输出打印结果。以上完整示例代码请见本书配套资源中的源码。

由以上分析可知，Activiti在用户管理上，无论是对自身管理还是和其他业务系统集成管理，都提供了很大的方便。如果是一个新建的业务系统，可以直接采用Activiti提供的用户管理；如果是集成方式，可以采用以上的继承和实现Activiti相关类的方式进行管理。

```
Console ×
<terminated> iTest [JUnit] C:\Program Files\Java\jdk1.8.0_91\bin\javaw.exe (2017年2月4日 下午3:41:36)
*************
findUserByQueryCriteria
2017-02-04 15:41:45 -0     [main] DEBUG   - ==>  Preparing: SELECT user_id,role_id,username,psd
2017-02-04 15:41:45 -87    [main] DEBUG   - ==> Parameters: a(String)
2017-02-04 15:41:45 -103   [main] DEBUG   - <==      Total: 1
user : a
***************
findGroupByQueryCriteria
2017-02-04 15:41:45 -178   [main] DEBUG   - ==>  Preparing: SELECT role_id,rolename from zz_rol
2017-02-04 15:41:45 -180   [main] DEBUG   - ==> Parameters: 001(String)
2017-02-04 15:41:45 -184   [main] DEBUG   - <==      Total: 1
group : 经理组
.............
```

图 16-8　测试用户管理结果

## 16.7　本章小结

本章介绍了 Activiti 中的两个高级知识点——多实例和用户的集成管理。多实例主要分为两类：需要用户参与的多实例和自动运行的多实例。这两方面知识在现实业务中都具有典型的应用，开发人员很好地掌握后，可提高工作流开发的效率；用户集成管理在实际业务开发系统中是一个很常见的问题，现有多个不同的业务系统，不同业务系统又有自成体系的用户管理，如何整合各个业务系统的用户管理是个很现实的问题，不过，Activiti 提供了多种很好的解决方案，通过本章的讲解，可以掌握用户集成的重要方法，了解如何集成到 Spring 中，并且配合 MyBatis 等，这些知识都具有很强的实践意义。建议阅读本章时，同时结合本章运行提供的测试源码，以加深印象。

# 第17章 REST支持

REST 是一种新型的软件架构，在现代 Web 开发应用中，使用越来越多，Activiti 作为一款开源的工作，其提供了 REST 的支持。实际上，通过 REST 接口，可以完成几乎 Activit 提供的所有功能，并能随时根据需要进行扩展支持。本章将重点介绍 Activiti 中的 REST，包括安装、配置、集成和应用。

## 17.1 REST 介绍

REST(Representational State Transfer)即表述性状态传递，是一种针对网络应用的设计和开发方式，它是 Roy Fielding 博士 2000 年在其博士论文中提出的一种软件架构风格。

REST 定义了一组体系架构原则，开发人员根据这些原则来设计以系统资源为中心的 Web 服务，并可使用不同编程语言编写客户端应用。目前，REST 已成为最主要的 Web 服务设计模式。其目的是降低开发的复杂性，提高系统的可伸缩性。

表述性状态传递是一组架构约束条件和原则，只要满足这些约束条件和原则的应用程序或设计就是 RESTful。REST 通常基于使用 HTTP、URI、XML 以及 HTML。

REST 的原则是：服务器和客户端的交互在请求之间是无状态的。从客户端到服务器的每个请求都必须包含理解请求所必需的信息。如果服务器在请求之间的任何时间点重启，客户端不会得到通知。此外，无状态请求可以由任何可用服务器回答，这十分适合于云计算之类的环境。当然，客户端可以缓存数据以改进性能。

在服务器端，应用程序状态和功能可以分为各种资源。资源是一个概念实体，其向客户端公开。资源的例子包括应用程序对象、数据库记录、算法等。每个资源都使用 URI (Universal Resource Identifier)得到一个唯一的地址。所有资源都共享统一的界面，以便在客户端和服务器之间传输状态。使用的是标准的 HTTP 方法，例如 GET、POST、PUT 和 DELETE。

另一个重要的 REST 原则是分层系统，这表示组件无法了解与之交互的中间层以外的组件。通过将系统知识限制在单个层，可以限制整个系统的复杂性，促进了底层的独立性。

统一界面简化了整个系统架构，改进了子系统之间交互的可见性。REST 简化了客户端和服务器的实现。

REST 具有的规范有：

- 统一接口。REST 架构风格的核心特征就是强调组件之间有一个统一的接口，这表现在 REST 将网络上所有的事物都抽象为资源，然后通过通用的链接器接口对资源进行操作。其优点是保证系统提供的服务都是解耦的，极大地简化了系统的设计，从而改善了系统的交互性和可重用性。
- 分层系统。分层系统规则的加入提高了各种层次之间的独立性，为整个系统的复杂性设置了边界，通过封装遗留的服务，使新的服务器免受遗留客户端的影响，提高了系统的可伸缩性。
- 按需代码。REST 允许对客户端功能进行扩展。但这只是 REST 的一个可选的约束。

REST 架构的主要原则有：

- 网络上的所有事物都可被抽象为资源(Resource)。
- 每个资源都有一个唯一的资源标识符(Resource Identifier)。
- 同一资源具有多种表现形式(XML、JSON 等)。
- 对资源的各种操作不会改变资源标识符。
- 所有的操作都是无状态的(Stateless)。

REST 架构的优点有：

- 可以利用缓存 Cache 来提高响应速度。
- 通信本身的无状态性可以让不同的服务器处理一系列请求中的不同请求，提高服务器的扩展性。
- 浏览器可作为客户端，简化软件需求。
- 相对于其他叠加在 HTTP 协议之上的机制，REST 的软件依赖性更小。
- 不需要额外的资源发现机制。
- 在软件技术演进中长期的兼容性更好。

## 17.2 Activiti 中的 REST

Activiti 提供了很好的 REST 支持，开发人员可以直接拿来使用，同时，可以根据需要扩展其提供的 REST 功能，或整合进自己的项目。

在下载的 Activiti 包中，有个 wars 文件夹，该文件中包含了 REST 示例 war 文件：

```
activiti-rest.war
```

使用该文件的最简单方式是：将其部署到 servlet 容器内，例如 Tomcat 的 webapps 文件夹中，然后重新启动 Tomcat，其将自动解压该 war 文件为同名称文件夹，完成部署。

默认情况下，Activiti 将连接到内存 H2 数据库，其目的是希望开发人员在不进行任何配置的情况下，快速部署和体验其提供的 REST 功能。

为了理解其启动过程以及加载的路径，在其部署路径 activiti-rest\WEB-INF\classes 中用记事本打开 log4j 日志的配置文件 log4j. properties，在第一行后面增加“,D”，接着在该文件后面追加相关配置，完成后的日志文件如下所示：

```
log4j.rootLogger = INFO, CA,D
…
### log file ###
log4j.appender.D = org.apache.log4j.DailyRollingFileAppender
log4j.appender.D.File = d:/rest-log.log
log4j.appender.D.Append = true
log4j.appender.D.Threshold = INFO
log4j.appender.D.layout = org.apache.log4j.PatternLayout
log4j.appender.D.layout.ConversionPattern = [ %p]
[ % -d{yyyy-MM-dd HH:mm:ss}] %C.%M(%L)  |  %m%n
```

修改该配置文件的目的是将其启动过程记录到日志文件 d:/rest-log. log，当然可以根据实际情况修改为其他路径和文件。接着重启 Tomcat 服务，完成日志文件的配置修改。打开日志文件 rest-log. log，可以看到如图 17-1 所示的内容。

```
Mapped "{[/history/historic-activity-instances],methods=[GET],params=[],headers
Mapped "{[/query/historic-activity-instances],methods=[POST],params=[],headers=
Mapped "{[/history/historic-detail],methods=[GET],params=[],headers=[],consumes
Mapped "{[/history/historic-detail/{detailId}/data],methods=[GET],params=[],hea
Mapped "{[/query/historic-detail],methods=[POST],params=[],headers=[],consumes=
Mapped "{[/history/historic-process-instances],methods=[GET],params=[],headers=
Mapped "{[/history/historic-process-instances/{processInstanceId}/comments],met
Mapped "{[/history/historic-process-instances/{processInstanceId}/comments],met
Mapped "{[/history/historic-process-instances/{processInstanceId}/comments/{com
Mapped "{[/history/historic-process-instances/{processInstanceId}/comments/{com
Mapped "{[/history/historic-process-instances/{processInstanceId}/identitylinks
Mapped "{[/query/historic-process-instances],methods=[POST],params=[],headers=[
Mapped "{[/history/historic-process-instances/{processInstanceId}],methods=[DEL
Mapped "{[/history/historic-process-instances/{processInstanceId}],methods=[GET
Mapped "{[/history/historic-process-instances/{processInstanceId}/variables/{va
Mapped "{[/history/historic-task-instances],methods=[GET],params=[],headers=[],
Mapped "{[/history/historic-task-instances/{taskId}/identitylinks],methods=[GET
Mapped "{[/query/historic-task-instances],methods=[POST],params=[],headers=[],c
Mapped "{[/history/historic-task-instances/{taskId}],methods=[GET],params=[],he
Mapped "{[/history/historic-task-instances/{taskId}],methods=[DELETE],params=[]
Mapped "{[/history/historic-task-instances/{taskId}/variables/{variableName}/da
Mapped "{[/history/historic-variable-instances],methods=[GET],params=[],headers
Mapped "{[/history/historic-variable-instances/{varInstanceId}/data],methods=[G
Mapped "{[/query/historic-variable-instances],methods=[POST],params=[],headers=
```

图 17-1 启动 activiti-rest. war 日志

由于 Activiti REST 基于 Spring MVC，由图 17-1 可知，启动 Tomcat 服务后，activiti-rest 将映射到指定的路径上。进一步检验是否安装正确，在浏览器中输入如下地址：

http://localhost:8080/activiti-rest/service/management/properties

进行访问，初次访问 REST 服务时，会提示输入用户名和密码，如图 17-2 所示。

Activiti REST 使用了 Spring Security 验证方式，在这里输入 Activiti 提供的示例用户名和密码，即在用户名和密码框中都输入 Kermit，单击“确定”按钮，浏览器显示如图 17-3 所示 JSON 内容。

由图 17-3 可知，Activiti REST API 使用了 JSON 格式进行表达。为了安全性，在默认情况下，所有 REST 资源都需要一个有效的 Activiti 用户进行身份验证。

需要验证

http://localhost:8080 正在请求您的用户名和密码。站点称："Realm"

用户名：

密码：

确定 取消

图 17-2 输入验证窗口

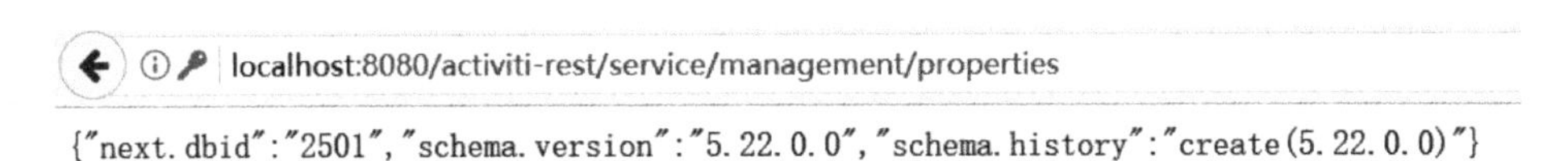


图 17-3 显示 JSON 内容页面

## 17.3 Activiti REST 方法

17.2 节介绍了 Activiti 中 REST 示例配置和访问，并通过第一个简单示例，快速得到了以 JSON 格式提供的 Activiti 版本内容等，这实在是太棒了，只通过简单的一条 URL，便获得了 Activiti 提供的数据。由此可知，Activiti 提供了一整套 REST 访问的方法。下面介绍 REST 的基本原则。

在前面介绍 REST 时，可知为了简洁明了，REST 要求 URL 提供标准的 HTTP 方法，这是为了统一性，和便于不同开发人员间的理解。实际上，Activiti 实现了 GET、POST、PUT 和 DELETE 4 种方法，如表 17.1 所示。

**表 17.1 REST 方法**

| 方　法 | 描　述 |
| --- | --- |
| GET | 获取资源 |
| POST | 创建新资源，或用于复杂请求结构的资源查询，以适应一条 GET 请求的 URL 查询 |
| PUT | 更新现有资源的属性，或用于调用现有资源上的操作 |
| DELETE | 删除一个已有资源 |

在表 17.1 中，描述了 Activiti 提供和实现的 4 种方法。在 17.2 节的示例中，在提交 URL 时，没有提供任何方法，则其采用默认方法 GET，即获取资源。只有理解了 REST 提供的方法，才能更好地掌握和灵活运用 REST。同样，HTTP 方法的返回值描述也很重要，例如，用户提交了一条 REST URL，要想知道其返回了正确或错误的值，那么就有必要先掌握 REST 返回值代码和描述，以便在开发中灵活运用，如表 17.2 所示。

**表 17.2 REST 返回代码及描述**

| 返 回 值 | 描　述 |
| --- | --- |
| 200 | 已完成：用于 GET 和 PUT 请求方法中，表示操作已完成并且已返回数据 |
| 201 | 已创建：用于 POST 请求方法中，表示操作已成功，实体已创建，并已返回正文中 |

续表

| 返 回 值 | 描 述 |
|---|---|
| 204 | 无内容：用于 DELETE 请求方法中，表示操作已成功，实体已被删除，返回空值 |
| 401 | 未经授权：表示操作失败，该操作需要设置一个验证头。在一个需要验证的请求中，提供的凭据是无效的，或者用户没有被授权来执行此操作 |
| 403 | 禁止访问：表示操作是禁止的，不应该重新尝试。这并不意味着一个与身份验证不授权的问题，这是一个不允许的操作。例如，删除一个任务，但这是一个运行过程中的一部分，所以是不允许被删除的，并且将永远不会被允许，不管用户或进程/任务状态如何 |
| 404 | 未找到：表示操作失败，未找到所需资源 |
| 405 | 方法不被允许：表示操作失败，该资源不允许使用此方法。例如，如要更新(PUT 方法)一个已部署的资源，将导致 405 状态 |
| 409 | 冲突：表示操作失败。操作导致另一个操作更新的资源更新，这使得更新不再有效 |
| 415 | 不支持的媒体类型：表示操作失败。请求主体包含一个不支持的媒体类型。当请求主体 JSON 包含未知属性或值的格式/类型不正确时，也会发生这种情况 |
| 500 | 内部服务器错误：表示操作失败。在执行操作时发生异常，响应主体包含错误的详细信息 |

为了快速学习 REST，建议使用 Chrome 浏览器，在其中安装插件 Advanced REST Client，该插件用于发送 http、https 和 WebSocket 请求等，对于获得的 JSON 数据，其已经是格式化后的内容。安装方法是：在 Chrome 浏览器中，进入 Chrome 商店，搜索 Advanced REST Client，即可找到，如图 17-4 所示，并进行安装。如果在网络不太好的情况下，也可下载离线安装包进行安装。

图 17-4 安装 Advanced REST Client 插件

安装完成后，在 Chrome 浏览器的地址栏中输入 chrome://apps/，可快速定位到商店界面，单击安装完成后的插件 Advanced REST Client，便可打开并正常使用该插件，其运行界面如图 17-5 所示。

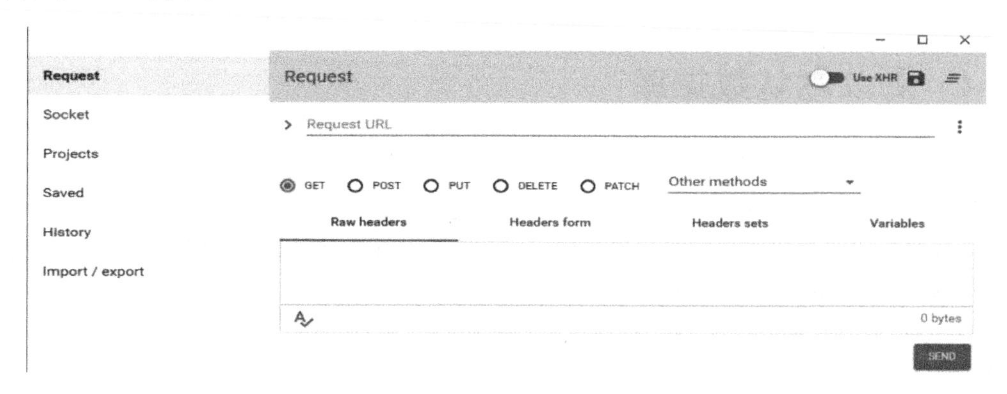


图 17-5 Advanced REST Client 使用界面

在该界面中，可以完成 REST 相关的操作，在 Request URL 输入框中输入 URL 地址，接着选择 GET、POST、PUT 和 DELETE 等请求方法，并可根据需要输入传输需要的 Header 变量信息、上传变量值或上传文件等内容。最后单击 SEND 按钮完成操作。

例如，在 Request URL 输入框中输入 17.2 节中的 REST 地址：

```
http://localhost:8080/activiti-rest/service/management/properties
```

访问方法选择 GET 类型，然后进行访问，返回页面内容如图 17-6 所示。

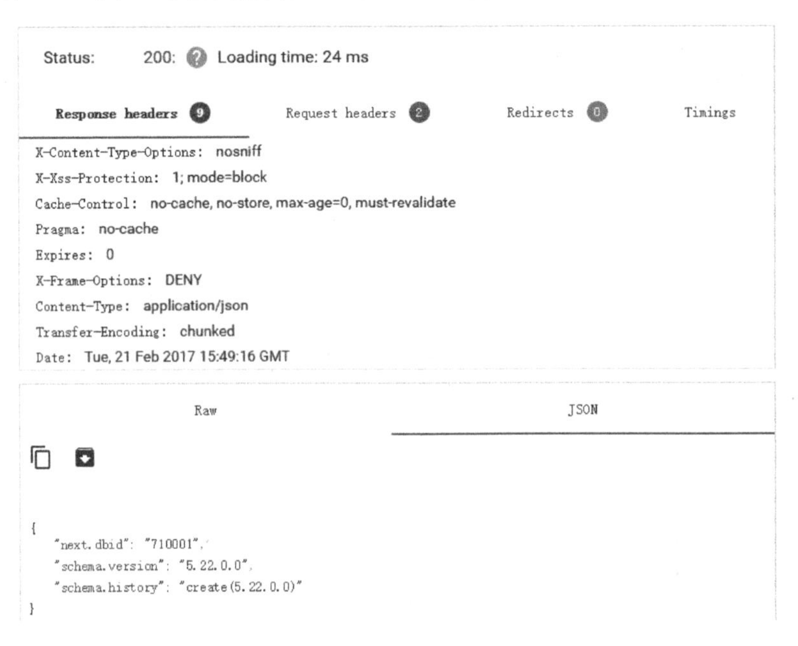


图 17-6 访问 REST URL 后返回值内容

在图 17-6 所示的结果页面中，可以查看到返回的状态代码、请求/返回头部信息，响应时间以及格式化后 JSON 内容。这对于 REST 的调试带来了很大的方便。

当然，除了使用 Chrome 插件 Advanced REST Client 外，还可以使用其他的一些类似插件，例如 Firefox 浏览器中的 RESTClient 插件，通过该插件也可以很直观地查看格式化后的 JSON 内容，唯一不足之处是无法进行上传文件的测试。

## 17.4 更改默认数据库

Activiti 提供的 REST 示例 activiti-rest.war 文件，可以让开发人员快速部署，并立即使用其提供的功能。其默认使用了 H2 数据库，并在启动装载时，自动加入了初始数据。但这仅可作为测试和体验使用。在实际使用时，还需要更改其默认连接数据库为自己开发中的数据库，提高其实用性并和实际应用系统保持数据的一致性。

Activiti 支持连接数据库的配置修改，这样就可以实现 REST 数据和实际开发系统的数据一致性。下面进行数据库连接信息的修改，以便与开发项目数据库进行连接。

首先，展开部署后的文件夹 activiti-rest\WEB-INF\classes，该文件夹中存放了示例项目 activiti-rest 所需的基本配置文件等。编辑连接数据库配置文件 db. properties，修改其内容如下所示：

```
db = MariaDB
jdbc.driver = org.mariadb.jdbc.Driver
jdbc. url = jdbc: mariadb://127. 0. 0. 1: 3307/test? autoReconnect = true&useUnicode =
true&characterEncoding = utf8
jdbc.username = root
jdbc.password = root
```

修改完成后保存该配置文件。接着，修改配置文件 engine. properties，将如下 3 项设置为 false：

```
reate.demo.users = false
create.demo.definitions = false
create.demo.models = false
```

其目的是取消加载时，同时向数据库中注入测试数据。完成配置文件的修改后，将如下 jar 包复制到文件夹 activiti-rest\WEB-INF\lib 下：

```
mariadb - java - client - 1.5.5.jar
```

重新启动 Tomcat 服务，以完成与数据库 MariaDB 连接的配置并生效。在 Advanced REST Client 中，输入下面的 URL，测试连接的正确性：

```
http://localhost:8080/activiti - rest/service/identity/users
```

上面的 URL 用于获取当前系统中所有的用户信息，显示结果如图 17-7 所示。

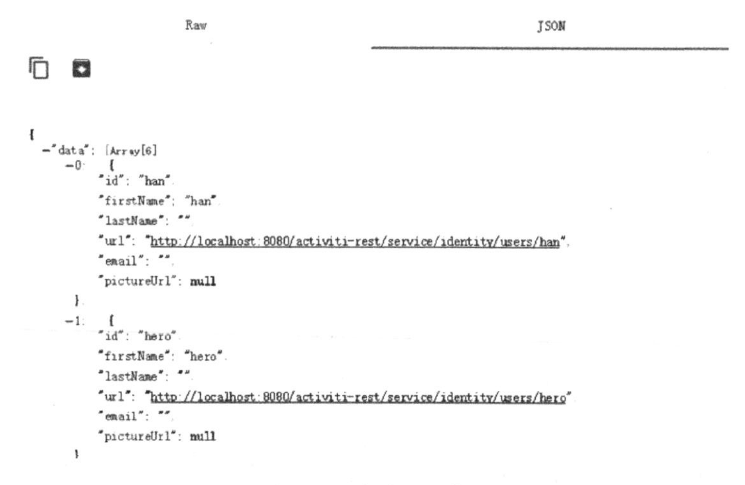


图 17-7 当前用户信息

图 17-7 中显示了当前系统中所有的用户信息，即前面章节所创建的用户信息。这样就完成了项目 activiti-rest 数据库连接信息的修改。这在实际中的意义是，只需要单独部署 activiti-rest. war 文件，并修改其中的连接数据库信息，就可实现和已有系统的无缝连接，并且不需要做任何对代码的修改。

# 17.5 REST API

在本章前面的各节中，已了解到 REST 带来的多种好处，并通过 Activiti 提供的 REST 地址和方法，体会到了 REST 所带来的简便——只需要通过访问简洁的 URL 便可完成一系列操作。本节将深入探知 Activiti 提供的 REST API，了解如何通过其提供的 API 完成一系列业务工作流程相关的操作，并使用 Advanced REST Client 插件进行演示。

## 17.5.1 数据库表操作

通过 Activiti 提供的关于数据库表操作的一系列 REST API，可完成对 Activiti 引擎数据库表结构以及数据的获取，常用 API 见表 17.3。

**表 17.3 数据库操作相关 REST URL**

| 方　　法 | URL | 描　　述 |
| --- | --- | --- |
| GET | management/tables | 获取数据表列表 |
| GET | management/tables/{tableName} | 获取单张表描述 |
| GET | management/tables/{tableName}/columns | 获取单张表列信息 |
| GET | management/tables/{tableName}/data | 获取单张表数据 |

表 17.3 描述了关于 Activiti 引擎数据库表的操作 REST URL，主要完成的只是获取操作，包括数据表列表、单张表描述、单张表列信息及数据，符号"{}"内表示传递参数。例如，下面示例代码获取数据表 ACT_ID_USER 的列信息。

```
http://localhost:8080/activiti - rest/service/management/
tables/ACT_ID_USER/columns
```

运行结果如图 17-8 所示。

```
{
  "tableName": "ACT_ID_USER",
 -"columnNames": [Array[7]
     0:   "ID_",
     1:   "REV_",
     2:   "FIRST_",
     3:   "LAST_",
     4:   "EMAIL_",
     5:   "PWD_",
     6:   "PICTURE_ID_"
  ],
 -"columnTypes": [Array[7]
     0:   "VARCHAR",
     1:   "INT",
     2:   "VARCHAR",
     3:   "VARCHAR",
     4:   "VARCHAR",
     5:   "VARCHAR",
     6:   "VARCHAR"
  ],
}
```

图 17-8 获取单张数据表列信息

## 17.5.2 用户及组操作

Activiti 提供了一整套关于用户操作的 REST URL，通过这些 URL，可以轻松完成对用户、组及其关系的处理，如表 17.4 所示。

**表 17.4 用户操作 REST URL**

| 方　　法 | URL | 描　　述 | 传 递 内 容 |
| --- | --- | --- | --- |
| GET | identity/users | 获取用户列表 | |
| GET | identity/users/{userId} | 获取指定用户 | |

续表

| 方　法 | URL | 描　述 | 传递内容 |
|---|---|---|---|
| POST | identity/users | 创建用户 | {<br>"id":"id",<br>"firstName":"first",<br>"lastName":"last",<br>"email":"email",<br>"password":"pwd"<br>} |
| PUT | identity/users/{userId} | 更新用户 | {<br>"firstName":"first",<br>"lastName":"last",<br>"email":"email",<br>"password":"pwd"<br>} |
| DELETE | identity/users/{userId} | 删除用户 | |
| GET | identity/users/{userId}/picture | 获取用户图片 | |
| GET | identity/users/{userId}/info | 获取用户信息列表 | |
| GET | identity/users/{userId}/info/{key} | 获取用户指定 key 对于信息 | |
| POST | identity/users/{userId}/info | 创建用户信息 | {<br>"key":"key1",<br>"value":"value1"<br>} |
| DELETE | identity/users/{userId}/info/{key} | 创建用户指定 key 信息 | |
| GET | identity/groups | 获取组列表 | |
| GET | identity/groups/{groupId} | 获取指定组信息 | |
| POST | identity/groups | 创建组 | {<br>"id":"group1",<br>"name":"groupname",<br>"type":"type1"<br>} |
| PUT | identity/groups/{groupId} | 更新指定组 | {<br>"name":"groupname",<br>"type":"type1"<br>} |
| DELETE | identity/groups/{groupId} | 删除指定组 | |
| POST | identity/groups/{groupId}/members | 为指定组添加成员 | {<br>"userId":"kermit"<br>} |
| DELETE | identity/groups/{ groupId }/members/{userId} | 删除指定组成员 | |

在表 17.4 中，列出了部分关于用户及组操作的 REST URL，该表涉及了多种操作方法：GET、POST、PUT 和 DELETE，以完成获取、创建、更新和删除动作。需要注意的是，创建和更新操作时，传递的内容为 JSON 格式。图 17-9 所示为创建一个新用户。

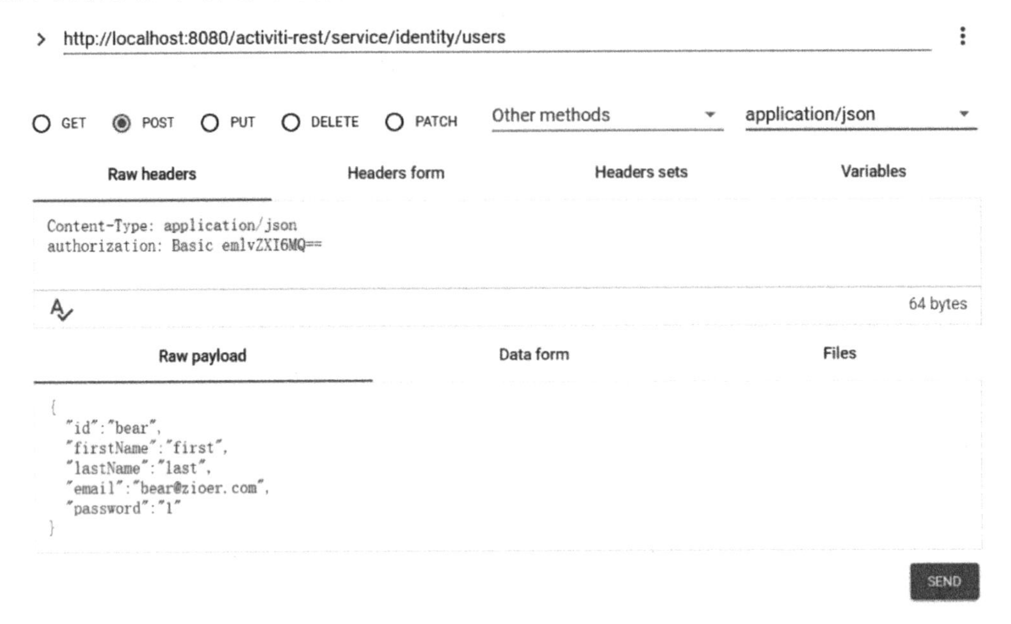


图 17-9　创建新用户

在图 17-9 中，注意选择方法为 POST，并且选择上传内容格式为 application/json，然后在 Raw payload 输入框中输入新创建用户信息，单击 SEND 按钮完成用户的创建，创建返回代码为 201，并且返回新创建用户信息，如图 17-10 所示。

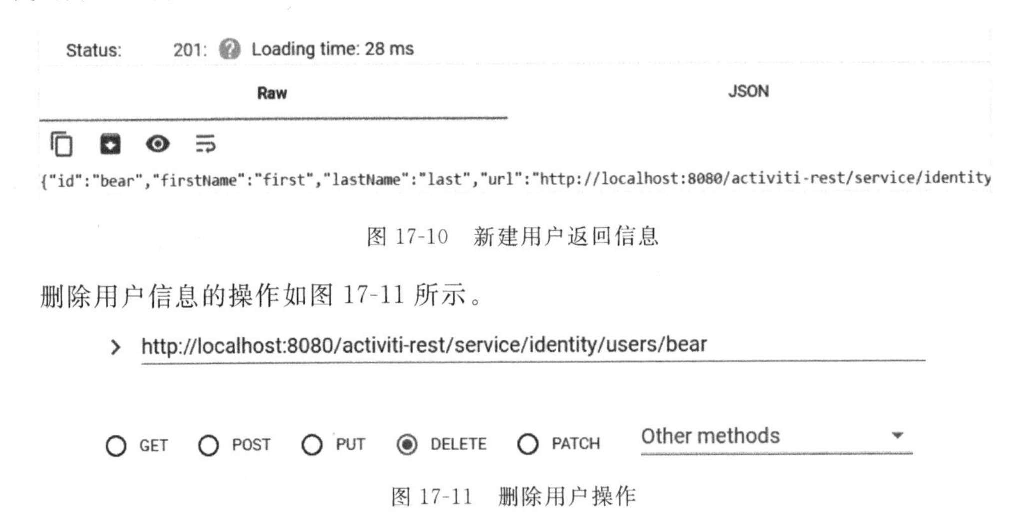


图 17-10　新建用户返回信息

删除用户信息的操作如图 17-11 所示。



图 17-11　删除用户操作

在图 17-11 中，在 URL 中传递需要删除的用户 Id，注意选择方法为 DELETE，删除完成后，返回代码为 204，无内容返回。

通过上面的示例可知，通过 REST 方式操作时，选择正确的方法很重要，即使同样的 URL，不一样的操作方式，其结果是不同的，例如在图 17-11 中，选择方法为 GET 时，将返回指定用户的信息。

### 17.5.3　部署资源和流程操作

在前面章节已详细介绍了资源的部署和流程相关操作，本节将介绍如何通过 REST URL 完成这些操作，例如资源的部署、检索等，常用 URL 如表 17.5 所示。

**表 17.5　部署资源和流程操作 REST URL**

| 方法 | URL | 描　述 | 传递内容 |
|---|---|---|---|
| GET | repository/deployments | 获得部署列表 | |
| GET | repository/deployments/{deploymentId} | 获得指定部署信息 | |
| POST | repository/deployments | 创建一个新部署 | 上传待部署文件或压缩包 |
| DELETE | repository/deployments/{deploymentId} | 删除一个指定部署 | |
| GET | repository/deployments/{deploymentId}/resources | 列举指定部署内资源 | |
| GET | repository/deployments/{deploymentId}/resources/{resourceId} | 获取指定部署资源 | |
| GET | repository/deployments/{ deploymentId }/resourcedata/{resourceId} | 获取部署资源内容 | |
| GET | repository/process-definitions | 获得流程定义列表 | |
| GET | repository/process-definitions/{processDefinitionId} | 获得指定流程定义 | |
| PUT | repository/process-definitions/{processDefinitionId} | 更新流程定义列表 | { "category" : "newc" } |
| GET | repository/process-definitions/{processDefinitionId}/resourcedata | 获得指定流程定义资源 | |
| GET | repository/process-definitions/{processDefinitionId}/model | 获得指定流程模型 | |
| PUT | repository/process-definitions/{processDefinitionId} | 暂停流程定义 | |
| PUT | repository/process-definitions/{processDefinitionId} | 激活流程定义 | { "action" : "activate", " includeProcessInstances" : "true", "date" : "激活日期" } |
| GET | repository/process-definitions/{processDefinitionId}/identitylinks | 获得流程的所有候选启动者 | |

续表

| 方法 | URL | 描　　述 | 传递内容 |
| --- | --- | --- | --- |
| POST | repository/process-definitions/{processDefinitionId}/identitylinks | 为流程添加一个候选启动者 | {<br>"user" : "zioer"<br>} |
| DELETE | repository/process-definitions/{processDefinitionId}/identitylinks/{family}/{identityId} | 删除流程定义的候选启动者 | |
| GET | repository/process-definitions/{processDefinitionId}/identitylinks/{family}/{identityId} | 获得流程定义的候选启动者 | |

表 17.5 列举了大部分 Activiti 提供的关于资源和流程操作的 REST URL。在该表中，比较重要的操作是创建一个新部署操作，该操作涉及 REST 中的文件上传操作，在该操作中，一次只允许上传一个资源，如果一个部署中由多个不同文件组成，那么需要将这些资源打包为一个 zip 或 bar 文件，再部署。图 17-12 所示为在 Advanced REST Client 插件中创建一个新部署示例。

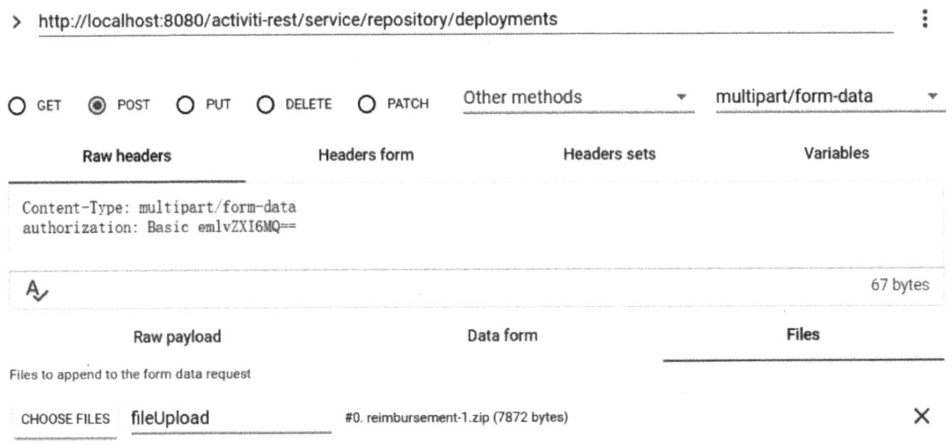

图 17-12　创建一个新部署示例

在图 17-12 中，创建一个新部署时，注意选择方式为 POST，类型选择为 multipart/form-data，表示上传一个文件，同时，选择一个待部署的 zip 压缩文件，然后单击 SEND 按钮完成新部署的操作，正确部署时，返回代码值 201，并返回部署的详细信息，如图 17-13 所示。

图 17-13 所示为部署成功后返回内容值，可知其部署 id 为 710001，图 17-14 所示为浏览该部署资源信息的操作。

图 17-15 所示为删除该部署，返回代码值为 204，内容体为空。

通过以上两个小示例，可知尽管 URL 完全相同，但由于选择处理方法的不同，而会产生不同的结果：一个用于获取信息，而另一个用于删除部署。

关于资源和流程操作的 REST URL 其他操作与此类似。

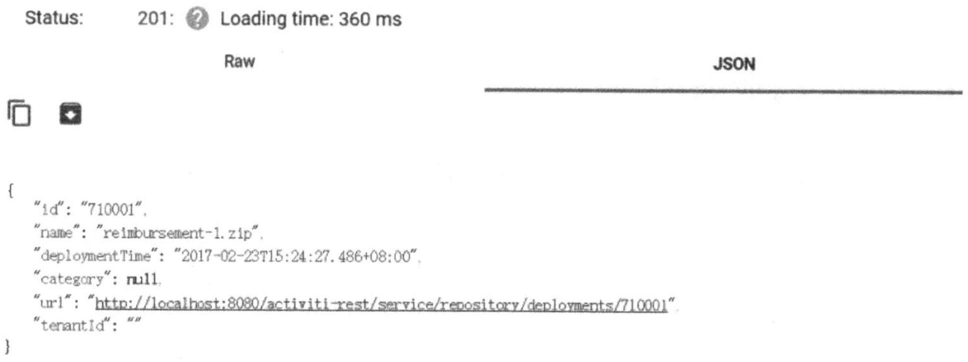

Status: 201: Loading time: 360 ms

Raw JSON


```
{
  "id": "710001",
  "name": "reimbursement-1.zip",
  "deploymentTime": "2017-02-23T15:24:27.486+08:00",
  "category": null,
  "url": "http://localhost:8080/activiti-rest/service/repository/deployments/710001",
  "tenantId": ""
}
```


图 17-13 部署完成后的返回信息

> http://localhost:8080/activiti-rest/service/repository/deployments/710001

◉ GET ○ POST ○ PUT ○ DELETE ○ PATCH Other methods

图 17-14 获得指定部署信息

> http://localhost:8080/activiti-rest/service/repository/deployments/710001

○ GET ○ POST ○ PUT ◉ DELETE ○ PATCH Other methods

图 17-15 删除指定部署

### 17.5.4 REST API 小结

Activiti 中 REST API 遵循 REST 规范，将常用的 API 接口封装为标准的 URL，由 URL 段进行分隔，便于开发人员的记忆和理解，例如：

```
http://localhost:8080/actviti - rest/service/repository/deployments/{deploymentId}
```

上面的 URL 包含了主机地址部分以及 REST 提供的 API 部分，只需要稍微熟悉 REST API 规则，就能大概知道其作用为关于指定资源{deploymentId}，或为获取信息，或为删除该资源，该 URL 中最后一部分{deploymentId}表示资源 ID，即为变量标识。同时，REST API 部分允许使用“? start=3”形式来传递多个变量值，例如在获取列表时，进行分页操作，或是进行模糊查询。

在以上关于 REST API 的各节中，只介绍了 Activiti 提供的部分功能，实际上，其还提供了关于运行时、历史、表单和作业等部分的操作，限于篇幅，本书介绍其中部分内容，只起到抛砖引玉作用，但在这些介绍中，讲解了几个典型的示例，通过这些示例，应该掌握 REST API 操作的多种方法，例如 GET、POST、PUT 和 DELETE 方法。

## 17.6 整合到业务系统

Activiti 提供了 activiti-rest. war 包，可以直接部署 REST 并使用。但对于一些要求苛刻的人员，则希望 REST 和业务系统整合并能采用一次性部署方式，以便能够同时部署 REST 和业务系统，以减少部署和后期维护工作。

本节将讲解如何将 REST 集成到业务系统中。首先，从 github. com 上下载 Activiti 提供的源码，其下载地址如下：

```
https://github.com/Activiti/Activiti
```

下载后的源码，主要用到和 REST 相关的配置，该源码内容较多，与 REST 相关的源码和配置参考目录为：

```
modules\activiti - webapp - rest2
```

接着，新建一个 Java Web 项目 17-1，加入 Activiti 相关的 jar 包至项目的"/WebRoot/WEB-INF/lib"中，与 Activiti REST 密切相关的 jar 包是 activiti-rest-5. 22. 0. jar，该 jar 包中包含了前面介绍的 REST API。

下面编辑项目配置文件 web. xml，在这里，与前面章节的配置方式有所区别，在 web-app 元素内加入下面的内容：

```
<context - param>
    <param - name>contextConfigLocation</param - name>
    <param - value>classpath * :/config/ApplicationContext - mvc.xml</param - value>
</context - param>
```

上面的配置用于在启动 Web 项目时读取其中的配置文件。其中配置文件 ApplicationContext-mvc. xml 包含了启动 Activiti 项目的配置，例如数据库连接等。

接着，加入如下内容：

```
<servlet>
    <servlet - name>RestServlet</servlet - name>

<servlet - class>org.springframework.web.servlet.DispatcherServlet</servlet - class>
    <init - param>
        <param - name>contextConfigLocation</param - name>
        <param - value>/WEB - INF/config/spring - mvc - rest.xml</param - value>
    </init - param>
    <load - on - startup>1</load - on - startup>
</servlet>
<servlet - mapping>
    <servlet - name>RestServlet</servlet - name>
    <url - pattern>/rest/ * </url - pattern>
</servlet - mapping>
```

将上面的内容加入 REST 接口，配置文件 spring-mvc-rest. xml 中的内容用于扫描指定目录的组件，其内容如下所示：

```
<context:component - scan base - package = "org.activiti.rest">
    <context:include - filter type = "annotation"
        expression = "org.springframework.stereotype.Controller" />
</context:component - scan>
<mvc:annotation - driven />
```

在配置文件/resources/config/ApplicationContext-mvc. xml 中，加入如下语句：

```
<context:component - scan
        base - package = "org.activiti.conf,org.activiti.rest.service">
    <context:exclude - filter type = "annotation"
        expression = "org.springframework.stereotype.Controller"/>
</context:component - scan>
```

以上配置信息用于扫描组件和配置信息，同时将源码包

```
modules\activiti - webapp - rest2\src\main\java\org\activiti\rest\conf\
```

中的 Java 配置文件

```
RestConfiguration.java 和 JacksonConfiguration.java
```

复制到下面的项目包内：

```
/src/org/activiti/conf/
```

注意修改这两个 Java 文件的 package 路径，以保证 Web 项目启动时，能自动配置 REST 需要的 bean。

该项目的其他配置信息和前面章节所介绍的示例类似，在此不再重复叙述。配置完成后，启动项目。

在浏览器地址栏中输入如下地址进行访问：

```
http://localhost:8080/17 - 1/rest/management/properties
```

出现如图 17-16 所示的结果，表示配置成功。

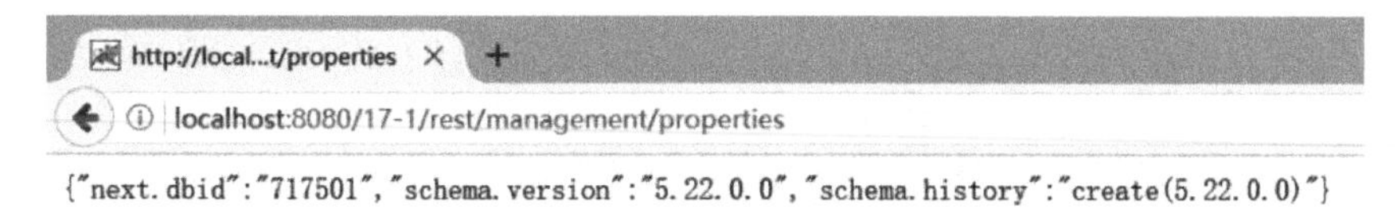


图 17-16　整合进业务系统成功访问

这里可能会有另一个疑问，即没有输入任何用户名和密码便访问了，安全性得不到保证。这是因为在这里还没有配置访问拦截。

在前面已有介绍，Activiti REST 的安全性是整合了 Spring Security ，那么在自己的业务中加入安全访问控制，也有两种方式：一种是加入自己业务系统的安全访问控制，另一种就是使用 Spring Security 。在这里介绍第二种方式，其优点是直接利用了 Activiti 提供的安全访问控制访问，无须再单独配置一套。

首先，将源码包

```
modules\activiti-webapp-rest2\src\main\java\org\activiti\rest\conf\
```

中的 Java 配置文件

```
SecurityConfiguration.java
```

复制到下面项目包内：

```
/src/org/activiti/conf/
```

接着，在 Web 项目配置文件 web.xml 中元素 web-app 中增加下面的内容：

```
<!-- spring security 过滤器 -->
<filter>
    <filter-name>springSecurityFilterChain</filter-name>
    <filter-class>
        org.springframework.web.filter.DelegatingFilterProxy
    </filter-class>
</filter>
<filter-mapping>
    <filter-name>springSecurityFilterChain</filter-name>
    <url-pattern>/rest/*</url-pattern>
    <dispatcher>ERROR</dispatcher>
    <dispatcher>REQUEST</dispatcher>
</filter-mapping>
```

配置完成后，重启 Tomcat 服务，在浏览器的地址栏中输入如下 URL：

```
http://localhost:8080/17-1/rest/management/properties
```

此时，弹出需要验证的对话框，只有输入正确的用户名和密码，才能正确访问，表示配置 Spring Security 成功。

以上配置成功后，开发人员会发现，这种配置过于简单，只需要有访问权限，那么一旦知道了所有 URL 地址，便都能访问，并可对数据库中的数据进行非授权访问。

这里，需要进一步对 Spring Security 进行配置，Spring Security 是针对角色进行控制。下面修改 SecurityConfiguration.java 文件中的 config 方法：

```
@Override
protected void configure(HttpSecurity http) throws Exception {
    http.authenticationProvider(authenticationProvider())
      .sessionManagement().sessionCreationPolicy(SessionCreationPolicy.STATELESS).and()
      .csrf().disable()
      .authorizeRequests()
      .antMatchers(HttpMethod.GET,"/**/management/properties")
          .hasAuthority("admin")                    //查看引擎信息
      .antMatchers(HttpMethod.POST,"/**/identity/users")
          .hasAuthority("admin")                    //创建用户
      .antMatchers(HttpMethod.PUT,"/**/identity/users/{userId}")
          .hasAuthority("admin")                    //更新用户
      .antMatchers(HttpMethod.DELETE,"/**/identity/users/{userId}")
          .hasAuthority("admin")                    //删除用户
      .antMatchers(HttpMethod.PUT,"/**/identity/users/{userId}/info/{key}")
          .hasAuthority("admin")                    //更新用户的信息
```

```
    ...
    .antMatchers(HttpMethod.GET,"/**/identity/users")
        .hasAuthority("admin")                    //查看权限
    .anyRequest()
    .authenticated().and().httpBasic();
}
```

在上面的配置信息中，对一些特定的 URL 访问权限设定角色名称为"admin"，例如对查看引擎信息的 URL，创建、更新和删除用户等重要的 URL 进行保护。这样，能保证只有指定角色的合法用户才能访问指定资源。例如，当没有角色 admin 的用户访问了受控资源，将提示如图 17-17 所示的禁止访问错误。

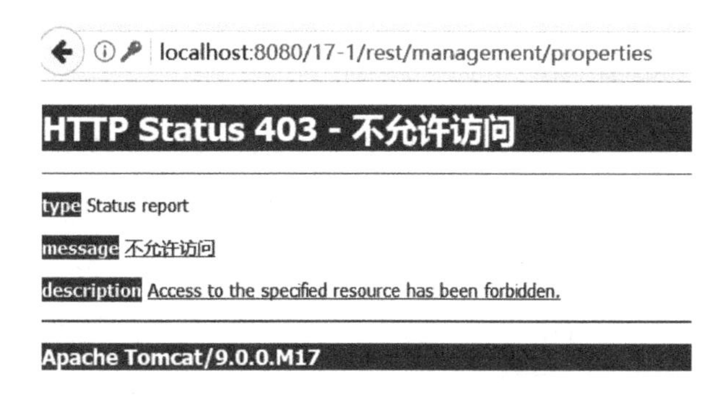


图 17-17　禁止访问页面

至此，便完成了 Spring Security 的配置。注意，以上配置只是简单示例，在实际开发中，可根据需要对一些特定的 URL 进行访问控制，或者指定为不同的角色名称。

那么，角色在 Activiti 中是如何控制和关联的呢？在 Activit 中，在对组的控制中，内置了一个特定的类别 security-role，被指定为该类别的组，才具有角色的作用，如图 17-18 所示，将组 admin 的类别指定为 security-role。

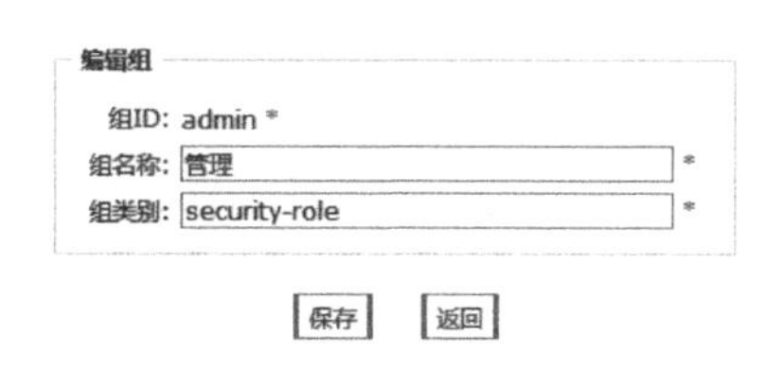


图 17-18　指定组类别为 ecurity-role

至此，组 admin 中的用户就具有访问控制权限，可以访问 Spring Security 中角色 admin 指定的资源了。

所以，Activiti 已经考虑到了 REST API 的访问安全控制，同时，这也是非常重要的一部分，尽管在其提供的示例中，这部分知识没有进行重点讲解。但在实际开发中，可以扩充其功能，提高 REST 的安全性。

## 17.7　Java 访问 REST API

通过本章前面各节的介绍可知，REST 作为一种服务，访问方式简单，并且其返回的数据格式可为固定的 JSON，这对于统一访问和多种编程语言的调用提供了便利。Activiti 作为工作流引擎，其目标可建立流程控制中心，即统一管理流程，对外提供服务，其他开发语言可随时调用其服务，以实现流程的统一管理。本节将讲解 Java 访问 Activiti REST API 的方法。

Java 访问 REST 的方法有多种，下面介绍一种简单方法，即 Java 提供的 HttpURLConnection 方式进行访问。

下面的 Java 示例即采用了这种访问方式：

```
package com.test;
import java.io.BufferedReader;
import java.io.IOException;
import java.io.InputStreamReader;
import java.net.HttpURLConnection;
import java.net.URL;
import org.apache.commons.codec.binary.Base64;
public class tt {
    private static final String targetURL = "http://localhost:8080/17-1/rest/management/
properties";
    public static void main(String[] args) throws IOException {
        URL url = new URL(targetURL);
        HttpURLConnection connection = (HttpURLConnection)
        url.openConnection();
        String username = "zioer";
        String password = "1";
        String input = username + ":" + password;
        String encoding = Base64.encodeBase64String(input.getBytes());  //加密方式
        connection.setRequestProperty("Authorization", "Basic " + encoding);
        connection.setRequestMethod("GET");
        connection.setRequestProperty("Accept", "application/json");
        try{
            connection.connect();
            BufferedReader responseBuffer = new BufferedReader(new InputStreamReader(
                (connection.getInputStream())));
            String output;
            while ((output = responseBuffer.readLine()) != null) {
                System.out.println(output);
            }
        }catch(Exception e){
            System.out.println("ErrorCode : " + e.getMessage());
        }finally{
            connection.disconnect();
        }
    }
}
```

在上面的示例中，重点在于建立连接之前，需要提供加密的用户名和密码，并作为 connection 的头部属性，同时需要指定请求方式，例如 GET 方式，然后在 try 块中，输出打印接收的返回结果。通过输出打印的结果，返回的信息格式同样为 JSON 格式，在 Java 中，对于这种格式的处理就很简单了。

在 Java 中访问 URL 的另一种使用频率较高的方法是 HttpClient ，它是 Apache

Jakarta Common 下的子项目，可以用来提供高效的、最新的、功能丰富的支持 HTTP 协议的客户端编程工具包，并且它支持 HTTP 协议最新的版本和建议。在 Java 项目中使用 HttpClient 时，需要首先从其官网上下载最新版本，其下载地址如下所示：

```
http://hc.apache.org/downloads.cgi
```

下载完成后，将其提供的 jar 包加入 Java 本地项目的路径中。下面的示例代码是使用 HttpClient 访问 Activiti REST URL 的方法：

```
package com.test;
import java.io.BufferedReader;
import java.io.InputStreamReader;
import org.apache.commons.codec.binary.Base64;
import org.apache.http.HttpEntity;
import org.apache.http.client.methods.CloseableHttpResponse;
import org.apache.http.client.methods.HttpGet;
import org.apache.http.impl.client.CloseableHttpClient;
import org.apache.http.impl.client.HttpClients;
import org.apache.http.util.EntityUtils;

public class restTest {
    public static void main(String[] args) throws Exception {
        CloseableHttpClient httpclient = HttpClients.createDefault();
        try {
            HttpGet httpGet = new
HttpGet("http://localhost:8080/17-1/rest/management/properties");
            CloseableHttpResponse response1 = null;
            try {
                String username = "zioer";
                String password = "1";
                String input = username + ":" + password;
                String encoding = Base64.encodeBase64String(input.getBytes());
                httpGet.setHeader("Authorization", "Basic " + encoding);
                response1 = httpclient.execute(httpGet);
                HttpEntity entity1 = response1.getEntity();
                BufferedReader reader = new BufferedReader(new
                    InputStreamReader(entity1.getContent(), "UTF-8"));
                String line = null;
                while ((line = reader.readLine()) != null) {
                    System.out.println("内容 : " + line);
                }
                EntityUtils.consume(entity1);
            } finally {
                response1.close();
            }
        } finally {
            httpclient.close();
        }
    }
}
```

在以上的示例代码中，使用了 HttpClient 方式访问 REST URL。需要注意的是，访问时，需要设置 Header 的信息，即访问的用户名和密码，并且经过加密处理；在 try 块中，输出打印访问的结果信息，同样为 JSON 格式。

由以上示例可知，在 Java 中可以非常容易地访问 REST URL。这种方式可以非常容易地整合到任何 Java 项目中，访问取得结果后，只需要对 JSON 进行处理即可。

## 17.8 AJAX 访问

作为一个流程中心，需要做到可以处处随时访问。实际上，在现代 Web 项目开发中，REST 作为服务进行调用，AJAX 访问方式最为频繁，也是最为重要的。特别是作为敏捷开发的一部分，例如，同时需要开发适合于 Android 和 iOS 的 Web 应用系统，此时，应用最广的便是基于 Web 的内嵌开发。那么，最常用的调用后台服务的方式便是 REST 方式。

AJAX，即 Asynchronous JavaScript and XML（异步的 JavaScript 和 XML），其并不是一种新的编程语言，而是一种使用现有标准的新方法；并且，AJAX 是与服务器交换数据并更新部分网页的技术，可实现在不重新加载整个页面的情况下，达到更新页面数据的目的。

下面是 HTML 页面中，AJAX 访问的示例：

```
<script src = "js/jquery - 1.11.2.min.js"></script>
<script type = "text/javascript">
    function ajaxButton() {
      $ .ajax({
        url: "http://localhost: 8080/17 - 1/rest/management/properties",
        async: false,
        dataType: "JSON",
        type:"GET",
        beforeSend: function () {
            $ ("#span_content").text("数据处理中...");
        },
        success: function (msg) {
            $ ("#span_content").text( JSON.stringify(msg) );
        },
        error: function(msg){                    //失败后回调
            $ ("#span_content").text( JSON.stringify(msg) );
        }
      });
    }
</script>
```

在以上 HTML 页面中，首先需要加入 jQuery 文件，然后自定义了一个函数，在其中调用 AJAX 方法，访问指定的 URL，返回成功后，将在 success 中进行显示和处理。在这里，没有加入访问的用户名和密码，如果访问的 URL 具有访问控制，则需要加入访问的用户名和密码，加入的方法有两种。一是直接在 URL 中指定，代码如下所示：

```
http://zioer:1@localhost:8080/17 - 1/rest/management/properties
```

即在 URL 的前面以符号“:”分隔用户名和密码，并以符号“@”分隔 URL。这样就可以访问到需要授权的页面信息。

二是在访问前加入 Header 信息。这种访问方式和前面所介绍的示例有点类似，稍后给出示例。

AJAX 访问确实给开发带来了很大的便利，例如，直接通过 HTML 页面就可方便地访问 REST 的数据，而不需要提前进行编译，反复调试过程。这种方式受到了开发人员的青睐。但是，一个主要问题是 AJAX 访问方式不能进行跨域访问，这是由于 XMLHttprequest 对象不能跨域请求。这个不能跨域的问题主要是由于 JavaScrpit 出于安全性的考虑。

如果不能跨域进行 AJAX 访问，那么 Activiti 就只局限在本地同一个域中，也就失去了通用流程中心的意义。那么，解决 AJAX 跨域访问有多种方法，以下两种方法都可进行参考。

### 17.8.1 JSONP 访问

一种方法是采用 JSONP，简单理解，JSON 数据格式不能跨域访问，但 JavaScript 函数却可以跨域访问，那么，只需要将 JSON 数据伪装为类似 JavaScript 函数传递，这样在目标浏览器中便可访问这个 JavaScript 函数，即封装后的 JSON 数据。

Activiti 已考虑到 JSON 访问限制，其支持 JSONP 的访问方式，在源码的下面路径：

```
modules\activiti-webapp-explorer2\src\main\java\org\activiti\explorer\servlet
```

复制如下 3 个文件：

```
FilterServletOutputStream.java
GenericResponseWrapper.java
JsonpCallbackFilter.java
```

至项目的下面的路径：

```
/src/org/activiti/explorer
```

注意，修改文件的包路径。然后，修改项目的配置文件 web.xml，在元素 web-app 中增加下面的内容：

```
<!-- JSONP -->
<filter>
    <filter-name>JSONPFilter</filter-name>
    <filter-class>org.activiti.explorer.JsonpCallbackFilter</filter-class>
</filter>
<filter-mapping>
    <filter-name>JSONPFilter</filter-name>
    <url-pattern>/rest/*</url-pattern>
</filter-mapping>
```

修改完成后，重启 Tomcat 服务，以使上述配置生效。在 Advanced REST Client 中输入下面的地址：

```
http://localhost:8080/17-1/rest/management/properties?callback=func
```

**注意**：在以上地址中加入了参数 callback=func，即用于返回的函数，如果访问正确，将得到如图 17-19 所示的结果。

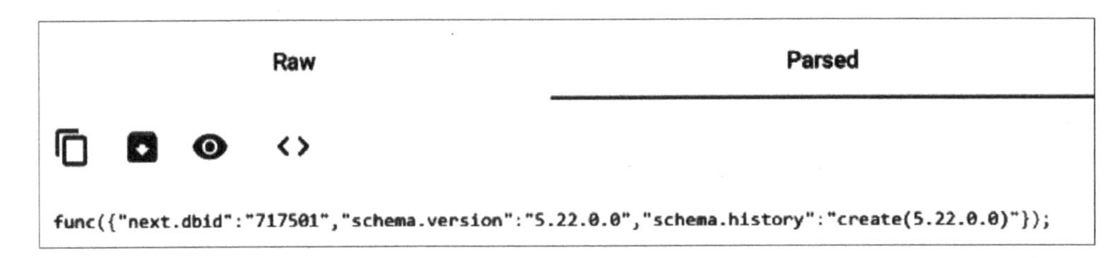


图 17-19 JSONP 访问结果

在图 17-19 中，返回结果是以传递参数值伪装的 JavaScript 函数。这样，便可以在任意 AJAX 中进行访问，示例代码如下所示：

```
<script type="text/javascript">
    function JsonpAjax() {
        $.ajax({
            url: "http://zioer:1@localhost:8080/17-1/rest/management/properties",
            async: false,
            dataType: "jsonp",
            jsonp: "callback",
            type:"GET",
            beforeSend: function (jqXHR) {
                $("#jsonp_content").text("数据处理中...");
                console.info("这是 info");
            },
            success: function (msg) {
                $("#jsonp_content").text( JSON.stringify(msg) );
            },
            error: function(msg){                //失败后回调
                $("#jsonp_content").text( JSON.stringify(msg) );
            }
        });
    }
</script>
```

在以上示例的 HTML 代码中，实现了以 JSONP 方式访问 REST URL。以 JSONP 方式访问 REST 给开发带来了极大便利，但也有弱点：一是，传递用户名和密码方式不能以请求的 Header 方式传递，只能写在 URL 中；二是，请求只能以 GET 方式进行，不能以 POST 方式进行传递。

如果知道了 JSONP 方式的几个弱点，那是一件比较令人沮丧的事情，例如，有时必须采用 POST 方式传递，而不能采用 GET 方式，那么，还有没有其他方式解决同源问题？

### 17.8.2 Access-Control-Allow-Origin 访问

实际上，很多方法都在请求时，通过设置 Access-Control-Allow-Origin 来实现跨域访问。例如：

```
//指定允许其他域名访问
header('Access - Control - Allow - Origin: * ');
//响应类型
header('Access - Control - Allow - Methods:POST');
//响应头设置
header('Access - Control - Allow - Headers:x - requested - with,content - type');
```

这样，就可以实现 AJAX POST 跨域访问了。

在 Tomcat 的配置中，需要增加“Access-Control-Allow-Origin：* ”，但也可以在 Spring 中实现一个拦截器。这些方法都比较烦琐，其实只需要理解上面的简单原理即可。

为了实现跨域访问，已有开发人员将这部分封装为 jar 包，我们只是需要将该 jar 包引入项目中，然后简单配置即可。下面是两个需要的 jar 包：

```
cors - filter - 2.4.jar
java - property - utils - 1.9.1.jar
```

将以上两个 jar 包放入项目的 lib 目录中，然后修改项目配置文件 web. xml，在元素 web-app 中加入下面的内容：

```
<! -- CORS -->
<filter>
  <filter - name>CORS</filter - name>
  <filter - class>com.thetransactioncompany.cors.CORSFilter</filter - class>
  <init - param>
      <param - name>cors.supportedMethods</param - name>
      <param - value>GET, POST, HEAD, PUT, DELETE</param - value>
  </init - param>
  <init - param>
      <param - name>cors.maxAge</param - name>
      <param - value>3600</param - value><! -- 单位秒 -->
  </init - param>
  <init - param>
      <param - name>cors.exposedHeaders</param - name>
      <param - value>Content - Range</param - value><! -- 允许客户端 js 访问的 header -->
  </init - param>
</filter>
<filter - mapping>
      <filter - name>CORS</filter - name>
      <url - pattern>/*</url - pattern>
</filter - mapping>
```

配置完成后，重启 Tomcat 服务，以使设置生效，验证配置是否正确。在 HTML 页面中输入下面代码：

```
<script type = "text/javascript">
    function make_base_auth(user, password) {
      var tok = user + ':' + password;
      var hash = btoa(tok);
```

```
            return "Basic " + hash;
        }
        function CorsAjax() {
            $.ajax({
                url: "http://localhost:8080/17-1/rest/management/properties",
                headers: {
                    Authorization: make_base_auth("zioer","1")
                },
                async: false,
                crossDomain:true,
                dataType: "JSON",
                type:"GET",
                beforeSend: function (jqXHR) {
                    $("#span_content").text("数据处理中...");
                },
                success: function (msg) {
                    $("#span_content").text( JSON.stringify(msg) );
                },
                error: function(msg){                //失败后回调
                    $("#span_content").text( JSON.stringify(msg) );
                }
            });
        }
    </script>
```

在上面的示例代码中，重要的是，在 AJAX 请求的 Header 部分加入了访问权限，然后在本地运行以上代码，可以实现跨域 JSON 数据的访问，这种访问方式的优点是克服了 JSONP 的所有弱点。并且这种访问方式的兼容性强，基本适用于现代最新的各种浏览器，并对于移动端的访问具有很好的兼容性。

## 17.9 本章小结

本章以抛砖引玉的方式讲解了 Activiti 提供的 REST API，Activiti 的目标是建立流程中心，那么 REST API 很适合这样的一种方式，并且它提供了很全面的 API，通过这些 API，可以完成流程所需的大部分操作。本章首先介绍了 Activiti 自身提供的 REST DEMO，这种方式让开发人员能够理解 REST 概念；接着，讲解了 REST API，尽管只是其中一部分，但是涉及了其提供的多数方法，例如 GET、POST、PUT 和 DELETE，这些方法具有通用性，认真掌握后，其他 API 也将便于理解；讲解了如何集成到业务系统中，集成是很重要的一块，这里很详细地介绍了集成的方法；最后讲解了两种典型的访问方式，介绍 Java 访问的目的是，需要预编译的开发语言可以容易地访问 Activiti REST，例如 C# 等，都可以实现轻松访问 REST，AJAX 访问方式是当前开发中，重要的访问 REST 方式，其语句简单，处处运行，而且不需要预先编译，故受到广大开发人员的喜爱，这里重点介绍了如何解决跨域访问问题。本章同样提供示例分析，详见本书配套资源中的源码。

# 第18章 图形化支持

在线进行模型设计和部署流程可以给开发人员带来便利。Activiti 提供了图形化的支持，并且可以很容易地集成到业务系统中。本章将讲解 Activiti 提供的图形化支持、集成以及在线展示技术。

## 18.1 Activiti Explorer 部署

Activiti Explorer 是 Activiti 提供的在线图形化编辑模型的工具，通过该工具，可以通过浏览器以远程的方式，快速进行流程的新增、编辑等操作。为了让开发人员快速体验和掌握这种在线编辑流程工作，Activiti 提供了编译后的 war 包，只需要简单部署，便可进行体验和使用。

首先，在下载的 Activiti 包中，有个 wars 文件夹，该文件夹中包含了 Activiti Explorer 示例 war 文件：

```
activiti - explorer.war
```

将该文件部署到 servlet 容器内，例如复制到 Tomcat 的 webapps 文件夹中，然后重新启动 Tomcat，其将自动解压为与该 war 文件同名的文件夹，完成部署。默认情况下，使用的是 H2 数据库，并完成数据的初始化工作。

完成部署后，在浏览器中输入如下类似网站，进行访问：

```
http://127.0.0.1:8080/activiti - explorer/
```

其中，activiti-explorer 是部署后的目录，正常情况下，部署成功后，访问该网址，将打开如图 18-1 所示的界面。

在默认的配置环境下，将创建如表 18.1 所示的 3 个示例用户。

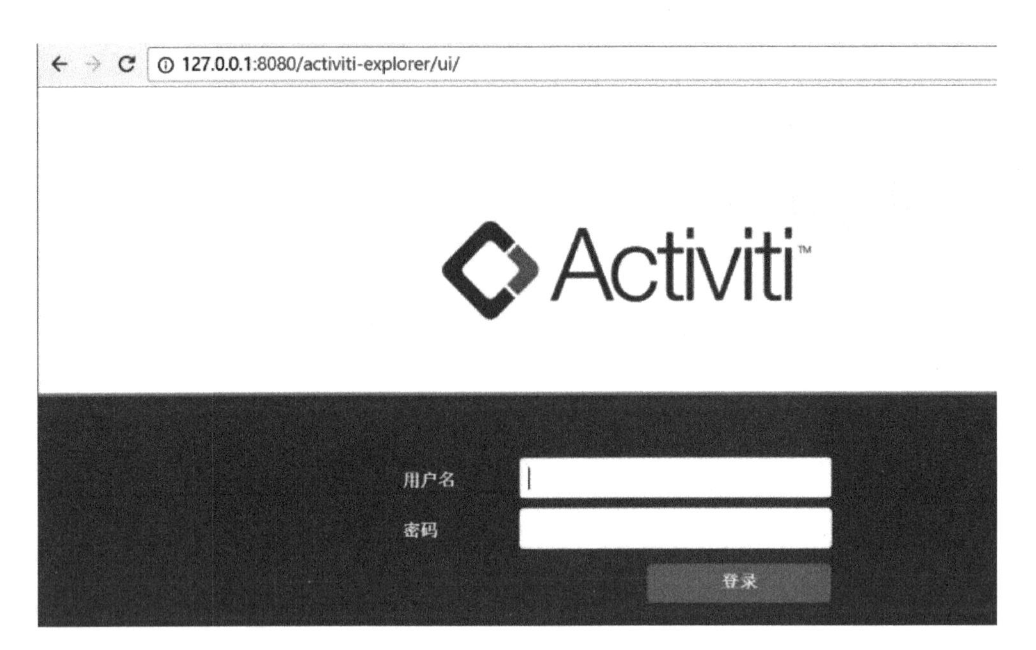


图 18-1 访问 ActivitiExplorer

**表 18.1 示例用户**

| 用 户 名 | 密 码 | 所 属 组 |
|---|---|---|
| kermit | kermit | management，sales，marketing，engineering，user，admin |
| gonzo | gonzo | management，sales，marketing，user |
| fozzie | fozzie | marketing，engineering，user |

创建示例用户、组等信息可参见位置：

```
modules\activiti-webapp-explorer2\src\main\java\org\activiti\explorer\conf
```

中的初始配置文件 DemoDataConfiguration.java。

使用用户 kermit 登录后，可查看 Activiti Explorer 提供的所有功能，如图 18-2 所示。

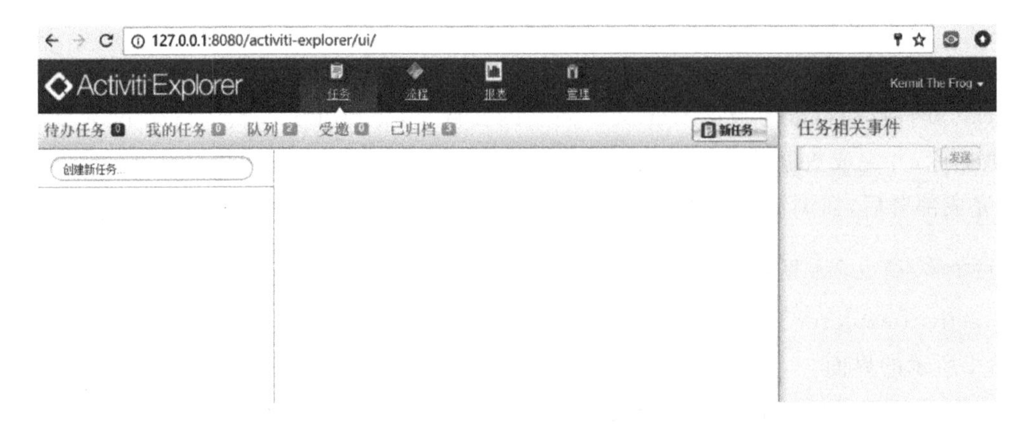


图 18-2 Activiti Explorer 提供的功能页面

出现图 18-2 所示页面后，表示 Activiti Explorer 部署成功，此时，可以尝试使用其中的功能。

## 18.2 模型设计

Activiti Explorer 最重要的功能有两个：一是帮助开发人员快速体验、学习工作流的流程；二是在线设计流程模型。在线流程模型的设计允许开发人员随时在线对流程模型进行编辑，并可多人协作共同对模型完成操作。

在图 18-2 中，单击“流程”标签页，单击“流程设计工作区”按钮，进入模型管理页面，如图 18-3 所示。

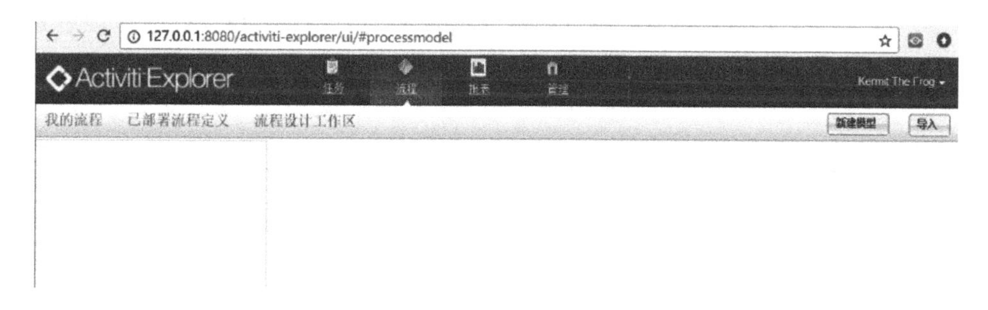


图 18-3 模型管理

Activiti 中有两个概念：一个是模型，即采用 Activiti Editor 编辑和设计中的状态；另一个是部署后的流程。可以理解为：由模型部署后才产生流程；流程不能进行编辑，流程只有转换为模型才能进行编辑；模型不能启动，流程才能启动。在引擎数据库中，有专门存放模型的数据表。

在图 18-3 所示页面中，单击“新建模型”按钮，将弹出新建模型向导，在弹出的页面中，填写模型名称，选择设计器类型为 Activiti Modeler 后，单击“创建”按钮，进入 Activiti Editor 编辑页面，如图 18-4 所示。

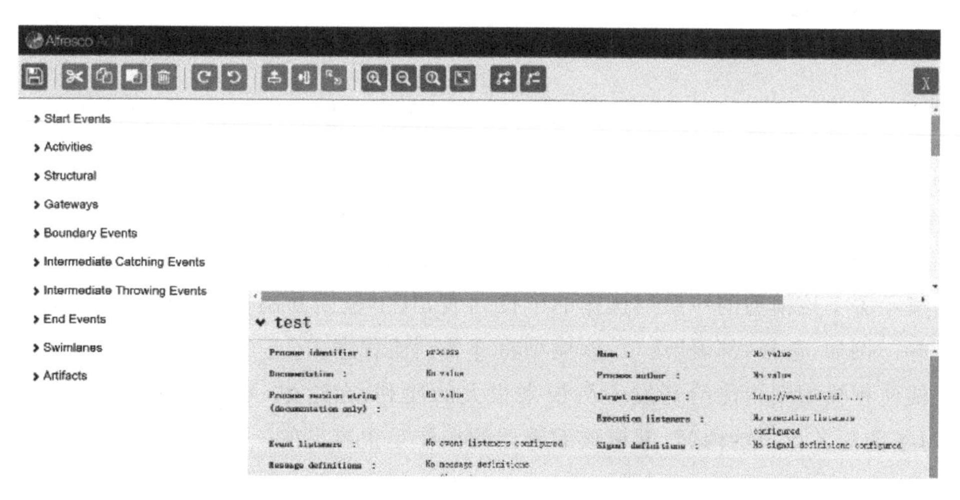


图 18-4 Activiti Editor 编辑页面

图 18-4 所示页面和前面章节介绍的 Activiti Designer 很相似，该页面的左边列表列出了流程中的所有元素，例如开始事件、活动、网关等。操作时，将相关元素拖曳到右边主编辑区即可。该页面的右下角显示了页面或选择元素后的属性信息。

在主编辑区中，选中任一元素后，将在该元素周围出现快捷图片按钮，图 18-5 所示为选择“开始事件”后的快捷图片按钮。

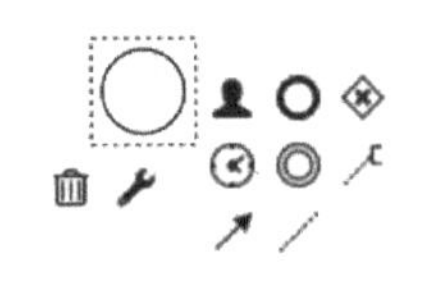

图 18-5 选择“开始事件”

在图 18-5 所示中的“开始事件”图标周围显示了一些很常用的快捷图标按钮，例如用户任务、网关、结束事件和删除等，通过这些快捷图标可以快速生成相关的元素。图 18-6 所示为单击“开始事件”图标后，主编辑区右下角显示的相关属性。

在图 18-6 中，单击每一个属性对应的值，可进入编辑状态，或弹出编辑框进行编辑。通过前面章节的讲解，很容易理解这部分内容，并熟悉其中的属性。编辑方法以及属性的描述和 Activiti Designer 有异曲同工之处。

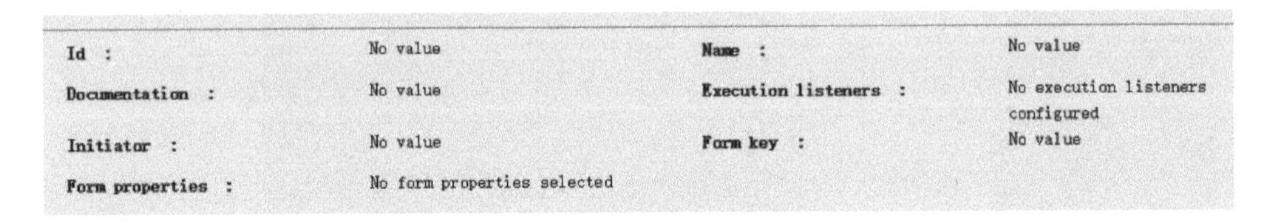


图 18-6 “开始事件”相关属性

图 18-7 所示为通过 Activiti Editor 编辑的简单流程图。

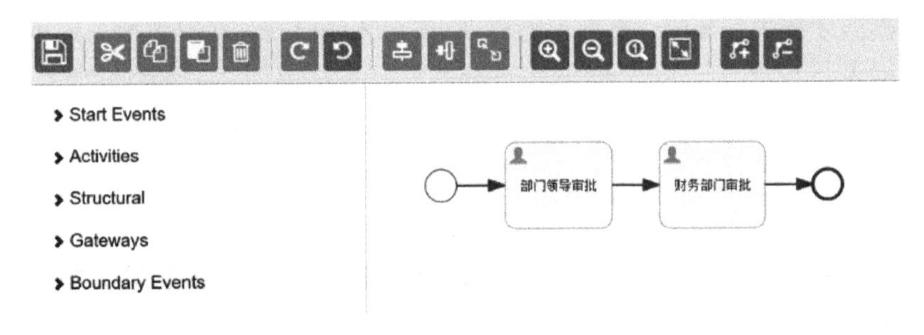


图 18-7 Activiti Editor 编辑的流程

编辑完成后，单击该图左上角的 Save Model 图标，完成模型的编辑，返回到模型管理区，如图 18-8 所示。

在图 18-8 中，左边列表显示编辑保存后的模型，右边以图片形式显示该模型，同时，在右上角显示关于该模型的一系列操作的下拉列表，其中包括复制模型、删除模型、部署和导出模型等。例如，选择“部署”选项，该模型将部署到流程库中。

在线流程模型编辑能给开发人员带来很大的便利，在这里，不对该编辑器进行过多介绍，学习了前面各章节的内容，掌握该编辑器的操作是很容易的一件事。

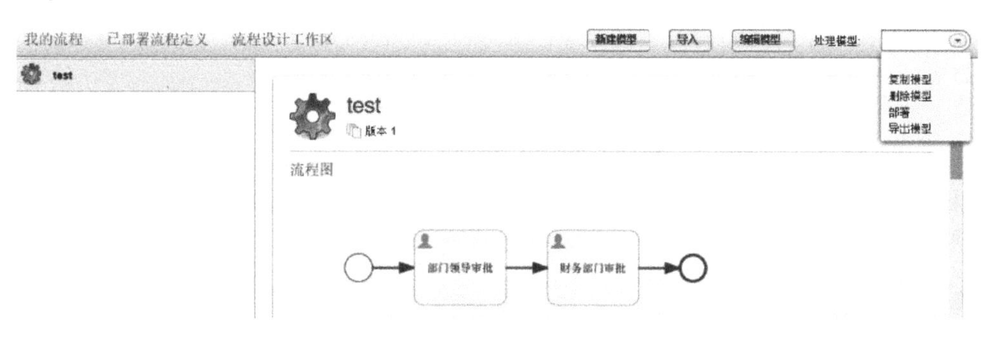


图 18-8 模型管理区

## 18.3 更改默认数据库

为了和业务系统数据库相融合，就需要将其连接数据库配置根据实际情况进行修改，并设置为禁止其进行初始化数据操作。

首先，在部署后的目录中，进入下面的路径：

```
activiti-explorer\WEB-INF\classes
```

打开数据库连接配置文件 db. properties，默认情况下，该文件配置为连接 H2，根据实际情况进行修改，例如修改为下面的内容：

```
db = MariaDB
jdbc.driver = org.mariadb.jdbc.Driver
jdbc.url = jdbc:mariadb://127.0.0.1:3307/test?autoReconnect = true&useUnicode = true&characterEncoding = utf8
jdbc.username = root
jdbc.password = root
```

保存后，接着修改引擎配置文件 engine. properties，修改其中创建示例的数据库语句为 false，如下所示：

```
create.demo.users = false
create.demo.definitions = false
create.demo.models = false
create.demo.reports = false
```

以上操作完成了相关配置，接着，将与相关数据库连接的 jar 文件复制到 lib 目录下，如下所示：

```
mariadb-java-client-1.5.5.jar
```

以上配置连接为当前 mariadb 数据库。

最后，重新启动 Tomcat 服务，以使上面的配置生效。再次访问 Activiti Explorer 登录页面，以业务系统的用户名和密码登录，例如 zioer 和 1，进入“已部署流程定义”页面，将显示开发人员自定义的所有流程，如图 18-9 所示。

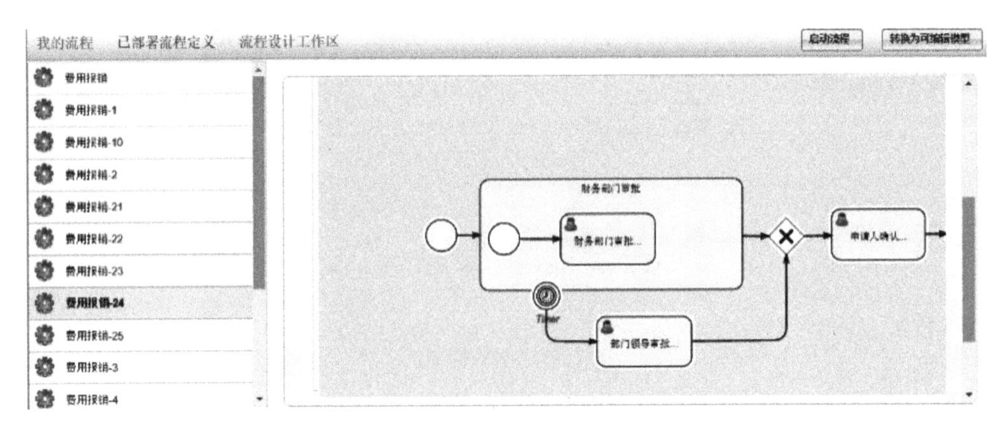


图 18-9　业务系统中流程显示

## 18.4　整合到业务系统

将 Activiti Model 编辑功能整合到实际业务中，将是一个很大的亮点，尽管在线编辑和 Eclipse 插件 Activiti Designer 在使用上有所区别，但在线编辑模型的功能也能满足大部分开发要求。

整合 Model 编辑功能到业务系统中有两种方式：一种方法是直接利用 Activiti 提供的 war 包，按照 18.3 节提供的修改数据库连接设置方法，修改连接方法为实际的连接数据库配置即可。这种方法是可行的，只是在部署时会增加配置的工作量。

另一种方法是整合其中部分关键源码到业务系统中，实现在业务系统中直接创建、部署模型。下面详细介绍整合方法。

首先，按照前面介绍的方法，建立一个新的 Web 项目 18-1。

然后，在下载的 Activiti 源码目录中，进入下面的路径：

```
modules\activiti-webapp-explorer2\src\main\webapp
```

将其中的文件 modeler.html 和文件夹 editor-app 复制到项目的下面路径：

```
/WebRoot
```

进入 Activiti 源码目录：

```
modules\activiti-webapp-explorer2\src\main\resources
```

将其中的文件 stencilset.json 复制到项目的下面路径：

```
/resources
```

根据源码中路径

```
modules\activiti-webapp-explorer2\src\main\java\org\activiti\explorer\servlet
```

中的配置文件信息，增加配置文件/WebRoot/WEB-INF/config/spring-mvc-modeler.xml，

其主要内容如下：

```
<context:component-scan base-package="org.activiti.rest.editor">
</context:component-scan>
```

修改项目配置文件 web.xml，增加下面的内容：

```
<servlet>
    <servlet-name>ModelServlet</servlet-name>
    <servlet-class>org.springframework.web.servlet.DispatcherServlet</servlet-class>
    <init-param>
        <param-name>contextConfigLocation</param-name>
        <param-value>/WEB-INF/config/spring-mvc-modeler.xml</param-value>
    </init-param>
    <load-on-startup>1</load-on-startup>
</servlet>
<servlet-mapping>
    <servlet-name>ModelServlet</servlet-name>
    <url-pattern>/service/*</url-pattern>
</servlet-mapping>
```

经过以上的修改，便完成了项目级别的配置。下面进行 Modeler Editor 的配置，在项目中打开下面的文件：

```
/WebRoot/editor-app/app-cfg.js
```

在这里，修改上下文的根目录位置，可根据实际项目进行修改，示例代码如下：

```
'contextRoot' : '/18-1/service',
```

接着，修改关闭模型编辑窗口后返回的页面位置，打开如下配置文件：

```
/WebRoot/editor-app/configuration/toolbar-default-actions.js
```

找到如下内容：

```
closeEditor: function(services) {
    window.location.href = "./";
},
```

将其值改为用户指定的位置，例如：

```
closeEditor: function(services) {
    window.location.href = "./model/list";
},
```

以上代码表示关闭模型编辑后返回的页面，在这里，便是返回模型列表；同理，还需要修改模型编辑完成保存并关闭的返回位置代码，找到如下内容：

```
$scope.saveAndClose = function () {
    $scope.save(function() {
        window.location.href = "./";
    });
};
```

将其中的 windows 位置改为实际返回位置，例如：

```
window.location.href = "./model/list";
```

以上修改完成后，最好隐藏模型编辑器上边的 logo 标题栏，并且在样式中把显示的空白栏去掉。打开模型编辑文件：

```
/WebRoot/modeler.html
```

找到 body 中的第一个 div 元素，即：

```
<div class="navbar navbar-fixed-top navbar-inverse" role="navigation" id="main-header">
    ...
</div>
```

在该元素的属性中加上如下内容：

```
style="display:none;"
```

即在运行时，隐藏该 logo 标题栏。接着，打开如下 css 文件：

```
/WebRoot/editor-app/css/style-common.css
```

找到下面的样式：

```
.wrapper.full {
    padding: 40px 0px 0px 0px;
    overflow: hidden;
    max-width: 100%;
    min-width: 100%;
}
```

将其 padding 部分修改为如下内容：

```
padding:0px 0px 0px 0px;
```

修改完成后，保存。

经过以上的修改，便完成了 js、css 部分的修改。下面增加 Model 的 Controller 部分，完成 Model 的新增、修改、删除和部署等操作。

在项目路径/src/com/zioer/controller 下新增 Model 控制类文件 ModelController.java，该文件主要负责接收用户从页面传递的指令，完成与 Model 相关的操作，示例代码如下：

```
@RequestMapping(value = "/save", method = RequestMethod.POST)
public void save(HttpServletRequest request, HttpServletResponse response) {
    Map formData = PageData(request);
    String modelName = formData.get("modelName").toString();
    String modelDescription = formData.get("modelDescription").toString();
    modelDescription = StringUtils.defaultString(modelDescription);

    try {
        ObjectMapper objectMapper = new ObjectMapper();
```

```
        ObjectNode oNode = objectMapper.createObjectNode();
        ObjectNode namespaceNode = objectMapper.createObjectNode();
        namespaceNode.put("namespace", "http://b3mn.org/stencilset/bpmn2.0#");

        oNode.put("id", "canvas");
        oNode.put("resourceId", "canvas");

        oNode.put("stencilset", namespaceNode);

        org.activiti.engine.repository.Model model = repositoryService.newModel();

        ObjectNode modelNode = objectMapper.createObjectNode();
        modelNode.put(ModelDataJsonConstants.MODEL_NAME, modelName);
        modelNode.put(ModelDataJsonConstants.MODEL_REVISION, 1);

        modelNode.put(ModelDataJsonConstants.MODEL_DESCRIPTION,
            modelDescription);

        model.setMetaInfo(modelNode.toString());
        model.setName(modelName);

        repositoryService.saveModel(model);
        repositoryService.addModelEditorSource(model.getId(),
            oNode.toString().getBytes("utf-8"));

        response.sendRedirect(request.getContextPath() +
"/modeler.html?modelId=" + model.getId());
    } catch (Exception e) {
                System.out.println("error: " + e);
    }
}
```

以上 save()方法用于接收用户传递的模型名称和描述参数值，创建一个新的模型，创建模型结束后，转到模型编辑器页面，如图 18-10 所示。

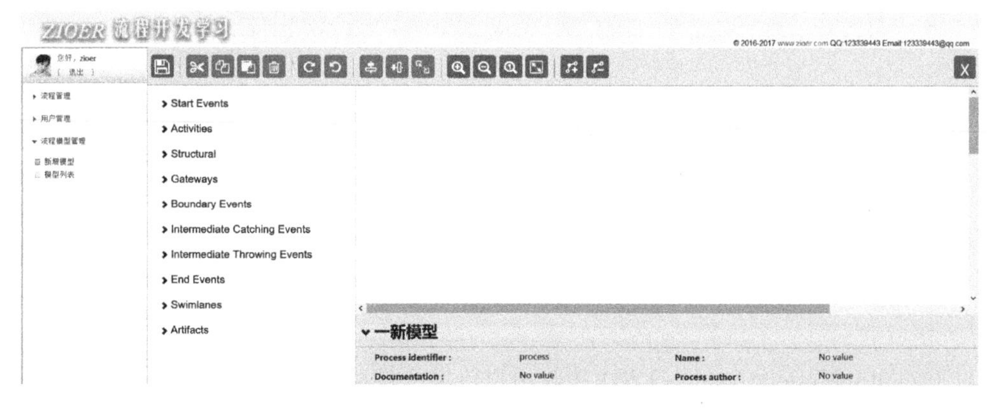


图 18-10 整合后的模型编辑器

由图 18-10 可知，整合模型编辑器后的页面已嵌入到系统框架中，并且取消了其头部 logo 的显示，这样，它和整个业务系统便成为了一体。在该页面，创建完模型后，返回到模型列表页，其方法如下所示：

```
@RequestMapping(value = "/list")
public String list(Model model) {
    List<org.activiti.engine.repository.Model> datas = repositoryService
        .createModelQuery()
        .list();
    model.addAttribute("models", datas);
    return "model_list";
}
```

以上方法简单列出了系统中的所有模型，将列表值返回到页面 model_list.jsp 进行显示。删除模型的方法如下所示：

```
@RequestMapping(value = "/delete/{id}")
public String delete(@PathVariable String id){
    repositoryService.deleteModel(id);
    return "redirect:/model/list";
}
```

在上面的代码中，方法 delete()接收用户传递的参数值 id，调用资源服务 repositoryService 中的 deleteModel()删除值 id 对应的模型。下面方法用于将模型转换为流程：

```
@RequestMapping(value = "/deploy/{id}")
public String deployModelerModel(@PathVariable String id){
    try {
        org.activiti.engine.repository.Model modelData =
repositoryService.getModel(id);
        ObjectNode modelNode = (ObjectNode) new
ObjectMapper().readTree(repositoryService.getModelEditorSource(modelData.getId()));
        org.activiti.bpmn.model.BpmnModel model = new
BpmnJsonConverter().convertToBpmnModel(modelNode);
        byte[] bpmnBytes = new BpmnXMLConverter().convertToXML(model);
        String processName = modelData.getName() + ".bpmn20.xml";

        repositoryService.createDeployment()
          .name(modelData.getName())
          .addString(processName, new String(bpmnBytes,"UTF-8"))
          .deploy();
    } catch (Exception e) {
    }
    return "redirect:/model/list";
}
```

以上 deployModelerModel()方法接收用户传递的模型 id，将该 id 对应的模型转换为流程，该方法抽取自源码。以上是 ModelController.java 中的主要代码。其余代码参见源码。如图 18-11 所示为模型管理页面。

模型管理->模型列表

| 模型详细列表 | | | | |
|---|---|---|---|---|
| 模型ID | 模型名称 | KEY | 版本号 | 操作 |
| 705037 | Demo model | | 1 | 编辑 部署 删除 |
| 742504 | 一新模型 | | 1 | 编辑 部署 删除 |

图 18-11 模型管理页面

通过以上多个步骤，便完成了模型编辑页整合到业务系统的操作，并实现了模型的增加、修改、删除和部署等操作。

## 18.5 标注当前活动节点

在前面的章节中，在流程部署成功后，实现了以图例方式显示当前流程。这在一定程度上方便了流程的图形化管理。但作为用户，更希望的是在流程执行中，也能以图例方式展示当前流程，因为在实际系统中，流程很多，并且各个流程不相同，那么以图例方式能更加直观地展示当前流程，最好能以一种醒目的方式显示当前节点在流程中的位置。

Activiti 提供了图例显示当前流程的 API，并且能高亮显示当前活动节点。下面的自定义方法实现了调用 Activiti 提供的生成当前流程并高亮显示当前节点的图例：

```
public InputStream generateImage(String processInstanceId){
    Task task = taskService.createTaskQuery()
        .processInstanceId(processInstanceId).singleResult();
    if (task == null) return null;
    //流程定义
    BpmnModel bpmnModel = repositoryService
        .getBpmnModel(task.getProcessDefinitionId());
    //正在活动节点
    List<String> activeActivityIds = runtimeService
        .getActiveActivityIds(task.getExecutionId());

    ProcessDiagramGenerator pdg = processEngine
        .getProcessEngineConfiguration().getProcessDiagramGenerator();
    //生成流图片
  InputStream inputStream = pdg.generateDiagram(bpmnModel, "PNG",
activeActivityIds, activeActivityIds,
    processEngine.getProcessEngineConfiguration().getActivityFontName(),
    processEngine.getProcessEngineConfiguration().getLabelFontName(),
    processEngine.getProcessEngineConfiguration().getActivityFontName(),
    processEngine.getProcessEngineConfiguration().getProcessEngineConfiguration().
getClassLoader(), 1.0);

  return inputStream;
}
```

在上面的代码中，根据传递的 processInstanceId，查找到当前实例中的活动节点，调用

ProcessDiagramGenerator 类中的 generateDiagram()方法，生成高亮显示当前活动节点的流程图，返回的是输入流 inputStream。同时，在上面的方法中，解决了生成图片时产生中文乱码的问题。下面的方法调用上面的生成图例方法并输出。

```
@RequestMapping(value = "/trace/{executionId}")
public void readActPic(@PathVariable("executionId") String executionId,
HttpServletResponse response) throws Exception {
    InputStream inputStream = generateImage(executionId);
    if (inputStream == null) return;
    // 输出到页面
    byte[] b = new byte[1024];
    int len;
    while ((len = inputStream.read(b, 0, 1024)) != -1) {
    response.getOutputStream().write(b, 0, len);
    }
}
```

以上自定义方法比较简单，首先，调用生成图例方法，然后将值 inputStream 输出到页面，直接进行显示，如图 18-12 所示。

图 18-12　高亮显示当前活动节点

在图 18-12 中，以红色(中间)边框高亮显示了当前活动节点。这种方式可以帮助用户快速和以直观的方式了解当前活动在流程中所处的位置。在前面的章节中，只是在“我的历史”菜单中以文字方式显示了当前活动节点，在本节中，同时加上了这种图例显示方式。具体操作详见本书配套资源中的源码。

## 18.6　本章小结

本章介绍了 Activiti 中的高级部分，即图形化支持。从前面章节中，已经了解到可以通过 Eclipse 插件，以图形化方式快速生成流程。Activiti 同时提供了以 Web 方式生成流程模型，并在线进行部署。在实际开发中，这两种方式可以结合使用，也可只使用其中一种。本章还介绍了高亮显示当前活动节点的方法，这种方法也是 Activiti 提供的。在此，将其加入到业务系统中，增加了代码的灵活性，可以让用户以直观方式掌握当前活动节点所处的流程位置，在实际业务系统中，有的流程涉及很复杂的流程，因此这种显示方式具有重要性。本章所介绍示例请详见本书配套资源中的源码。

# 第19章 综合案例

本章将结合前面讲解的知识,分析并实现一个综合案例。

## 19.1 需求分析

在前面各章节中,分别介绍了一个 Web 系统开发的各个知识点。在实际的业务系统开发中,需要考虑的事情非常多,包括业务逻辑分析、后端数据库设计、Java 代码设计以及前端交互设计等。本章将结合一家虚拟的公司进行探讨,如何实现一个简单的 Web 系统。

假设有一家叫 Zioer 的公司,该公司由多个部门组成,部门内部有需要共同完成的业务处理,为了简化分析处理,假定其需要完成的业务包括用户管理、派车管理和休假出差管理 3 个部分。公司的构成如图 19-1 所示。

在图 19-1 中,该公司由 5 个部门构成,在各个部门中有若干人员,并分为多个不同职务。为了简化操作,每个部门包含两个不同职务,如图 19-2 所示。

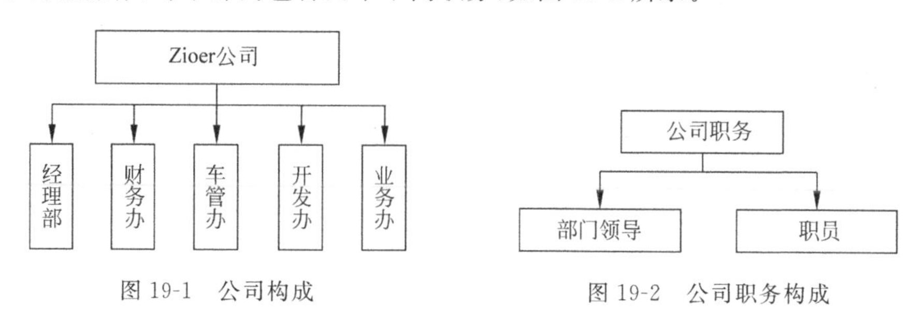


图 19-1　公司构成　　图 19-2　公司职务构成

在图 19-2 中,简化了公司部门职务,在实际的公司构成中,可能在不同的部门会有不同的职务,但不影响本系统的业务逻辑设计和开发。公司领导要求在部门业务逻辑设计和实现中采用灵活的流程设计方式,以方便系统以后的扩展和维护。实际上就是要求业务数据和流程数据进行分开,使得系统的灵活性更强。

为了更加真实地展示实际业务系统的开发,经过分析,Activiti 能满足公司的业务流程设计部分,但是其用户管理部分不够灵活和方便,所以用户管理部分也需要独立。这就涉及用户管理的整合。

通过以上的简单业务分析，本系统的开发需要如下几个部分：

➢ 用户管理的设计，包括部门、职务和人员设计，以及用户管理的整合；
➢ 派车流程的设计；
➢ 休假出差流程的设计。

下面各节分别进行设计和开发。

## 19.2 用户管理设计

由第8章的介绍，可知在Activiti中，用户管理分为组管理和用户管理两个部分，但在设计业务开发中，可能更加复杂。根据前面的分析，在具体公司的人员管理构成中，还包含职务部分等。故用户管理需要单独进行设计，并和Activiti的用户管理整合。

下面的SQL代码用于生成职务表：

```
CREATE TABLE zz_role (
    role_id varchar(64) NOT NULL ,
    rolename varchar(64) ,
    PRIMARY KEY (role_id)
);
```

在上面的SQL代码中，各字段含义如表19.1所示。

**表19.1 职务表各字段含义**

| 序　号 | 字　段 | 描　述 |
|---|---|---|
| 1 | role_id | 职务表关键字，职务id |
| 2 | rolename | 职务名称 |

下面的SQL代码用于生成部门表：

```
CREATE TABLE zz_department (
    department_id  varchar(64) NOT NULL ,
    departmentname  varchar(64) ,
    PRIMARY KEY (department_id)
);
```

在上面的SQL代码中，各字段含义如表19.2所示。

**表19.2 部门表各字段含义**

| 序　号 | 字　段 | 描　述 |
|---|---|---|
| 1 | department_id | 部门表关键字，部门id |
| 2 | departmentname | 部门名称 |

下面的SQL代码用于生成用户表：

```
CREATE TABLE zz_user (
```

```
    user_id   varchar(64) NOT NULL ,
    department_id   varchar(64) ,
    role_id   varchar(64) ,
    username   varchar(64) ,
    psd   varchar(64) ,
    PRIMARY KEY (user_id)
);
```

在上面的 SQL 代码中，各字段含义如表 19.3 所示。

**表 19.3　用户表字段含义**

| 序　号 | 字　段 | 描　述 |
|---|---|---|
| 1 | user_id | 用户表关键字，用户 id |
| 2 | department_id | 指向部门表关键字，表示部门 id |
| 3 | role_id | 指向职务表关键字，表示职务 id |
| 4 | username | 用户名称 |
| 5 | psd | 用户密码 |

下面进行 Java 代码设计，包含几个步骤：建立 Model 层，以职务管理为例，为其建立 Model 的 Java 代码如下所示：

```
package com.zioer.model;
...

public class Zzrole implements Serializable{
    private static final long serialVersionUID = 1L;
    private String role_id;
    private String rolename;
    private int firstResult;
    private int maxResults;
    ...

}
```

以上代码简单明了，省略了部分 get 和 set 代码。同理，可以快速建立部门和用户管理的 Model 代码。

建立完成后，下面是建立 dao 层，代码如下所示：

```
package com.zioer.dao;
import java.util.List;
import com.zioer.model.Zzrole;

public interface ZzroleMapper {
    public int insertZzrole(Zzrole record);
    public int deleteBykey(String id);
    public int updateZzrole(Zzrole record);
    public List<Zzrole> listAll(Zzrole record);
    public Zzrole findByKey(String id);
}
```

在上面的代码中，主要建立了职务操作相关的接口部分，包括插入、删除、更新、列举和查找角色的接口。下面建立 MyBatis 层的 XML 代码。

```
<mapper namespace = "com.zioer.dao.ZzroleMapper">
    <resultMap id = "ZzroleResultMap" type = "Zzrole" >
        <id column = "role_id" property = "role_id" />
        <result column = "rolename" property = "rolename" />
    </resultMap>

    <sql id = "selectBaseColumn">
        role_id,rolename
    </sql>

    <select id = "findByKey" parameterType = "String" resultMap = "ZzroleResultMap">
        SELECT
          <include refid = "selectBaseColumn"></include>
        from
        zz_role
        where role_id  =  #{role_id}
    </select>
    ...
</mapper>
```

在上面的 XML 代码中，展示了部分代码，id 为 findByKey 的 select 元素展示了查找指定 role_id 的角色信息，其他相关代码请见相关源码。下面的代码是建立 service 层：

```
package com.zioer.service;
import java.util.List;
import com.zioer.model.Zzrole;

public interface ZzroleService {
    int insert(Zzrole record);
    int deleteByPrimaryKey(String id);
    int update(Zzrole record);
    Zzrole selectByPrimaryKey(String id);
    List<Zzrole> listAll(Zzrole record);
}
```

以上代码提供了 5 个服务接口，包括插入、删除、更新、查找和获得列表，下面是实现以上服务接口的部分 Java 代码。

```
package com.zioer.service.Imp;
...

@Service
public class ZzroleServiceImpl implements ZzroleService{
    @Resource(name  =  "sqlSessionTemplate")
    private SqlSessionTemplate sqlSessionTemplate;

    @Override
    public int insert(Zzrole record) {
```

```
        ZzroleMapper mapper = sqlSessionTemplate
            .getMapper(ZzroleMapper.class);
        return mapper.insertZzrole(record);
    }
    ...
}
```

以上代码展示了部分实现 Service 层接口的具体方法。通过以上方法，可以快速掌握如何有效结合 Model 层、Dao 层、MyBatis 层和 Service 层，以实现数据库中数据的操作。下面是实现职务管理 Controller 类的部分 Java 代码：

```
package com.zioer.controller;
...

@Controller
@RequestMapping(value = "/role")
public class ZzroleController {
    @Autowired
    protected IdentityService identityService;
    @Autowired
    protected ZzroleService zzroleService;

    @RequestMapping(value = "/add")
    public ModelAndView add() {
        ModelAndView mv = new ModelAndView();
        mv.setViewName("role_add");

        return mv;
    }

    @RequestMapping(value = "/save")
    public String save(HttpServletRequest request) {
        String role_id = request.getParameter("role_id").trim();
        String rolename = request.getParameter("rolename").trim();

        Zzrole sql_role = new Zzrole();

        sql_role.setRole_id(role_id);
        sql_role.setRolename(rolename);
        zzroleService.insert(sql_role);

        return "redirect:/role/list";
    }
    ...

}
```

在以上代码中，展示了当用户在浏览器访问类似路径 http://127.0.0.1/19-2/role/add 时，浏览器将直接导航到新增职务页面，部分代码如下所示：

```
<form action = "save" method = "post" name = "fom" id = "fom">
```

```
        <table border = "0" cellpadding = "0" cellspacing = "0" style = "width:100 % ">
          <TR>
            <TD width = "100 % ">
              <fieldset style = "height:100 % ;">
              <legend>添加职务</legend>
              <table border = "0" cellpadding = "2" cellspacing = "1" style = "width:100 % ">
                <tr><td nowrap align = "right" width = "13 % ">职务 ID:</td>
                <td width = "41 % "><input name = "role_id" id = "role_id" class = "text"
style = "width:250px" type = "text" size = "40" /></td>
                </tr><tr>
                  <td nowrap align = "right" width = "13 % ">职务名称:</td>
                  <td width = "41 % "><input name = "rolename" id = "rolename" class = "text"
style = "width:250px" type = "text" size = "40" /></td></tr>
              </table>
              </fieldset>
            </TD>
          </TR>
        </TABLE>
        <TD colspan = "2" align = "center" height = "50px">
            <input type = "submit" name = "Submit" value = "保存" class = "button"/>
            <input type = "button" name = "Submit2" value = "返回" class = "button"
onclick = "window.history.go( - 1);"/>
        </TD>
      </tr>
    </table>
    </div>
    </form>
```

以上 HTML 代码只是静态展示了“新增职务”页面，如图 19-3 所示。

图 19-3 “新增职务”页面

在图 19-3 中，单击“保存”按钮时，浏览器将访问路径 http://127.0.0.1/19-2/role/save，完成数据的保存，并自动导航到 list 页面，展示所有职务信息，其控制类主要代码如下所示：

```
@RequestMapping(value = "/list")
public String list(Model model) {
    List<Zzrole> datas = zzroleService.listAll(null);
    model.addAttribute("groups", datas);
    return "role_list";
}
```

以上代码用于获取所有职务信息，并将值作为参数返回给页面 role_list。该页面主要处理传递参数值，在页面层进行展示，主要 HTML 代码如下所示：

```
<table width = "100 % " border = "0" cellpadding = "4" cellspacing = "1"
bgcolor = " # FFFFEE" class = "newfont03">
    <tr bgcolor = " # EEEEEE">
        <td width = "15 % " height = "30">职务 ID</td>
        <td width = "40 % ">职务名称</td>
        <td width = "">操作</td>
    </tr>
    <c:forEach items = " $ {groups}" var = "var" varStatus = "vs">
    <tr  <c:if test = " $ {vs.count % 2 == 0}"> bgcolor = " # AAAABB"</c:if> align = "left" >
        <td > $ {var.getRole_id()}</td>
        <td  height = "30"> $ {var.getRolename()}</td>
        <td ><a href = "<% = basePath %> role/view/ $ {var.getRole_id()}">查看</a>  
        <a href = "<% = basePath %> role/edit/ $ {var.getRole_id()}">编辑</a>  
        <a href = "<% = basePath %> role/delete/ $ {var.getRole_id()}">删除</a>  
        </td>
    </tr>
    </c:forEach>
</table>
```

以上代码主要对传递到页面的参数 groups 进行循环处理，并展示，页面效果如图 19-4 所示。

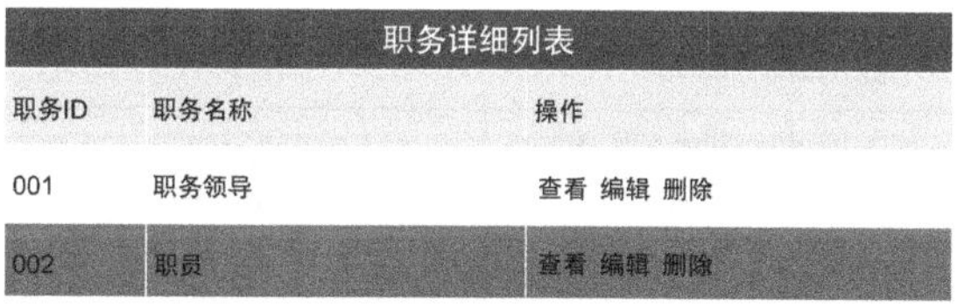

| 职务详细列表 | | |
|---|---|---|
| 职务ID | 职务名称 | 操作 |
| 001 | 职务领导 | 查看 编辑 删除 |
| 002 | 职员 | 查看 编辑 删除 |

图 19-4 职务列表

图 19-4 中展示了本示例演示使用的两个职务，在该页面可完成对任一条职务记录的查看、编辑和删除操作。

同理，根据以上操作方式，可以完成对部门管理的设计工作。表 19.4 展示了本示例中演示使用的部门信息。

**表 19.4 部门列表信息**

| 部门 Id | 部 门 信 息 |
|---|---|
| 001 | 经理部 |
| 002 | 财务办 |
| 003 | 车管办 |
| 004 | 开发办 |
| 005 | 业务办 |

## 19.3 用户管理整合

根据前面的讲解，完成了职务、部门和用户基本信息数据表的设计，并完成了对职务和部门的 MVC 操作。本节将继续讲解整合用户管理以及用户的展示操作。

本系统演示的示例具有一定的典型和现实意义，即一个用户由两个维度来进行确认，即部门和职务共同来确认用户的归属，但在 Activiti 的用户管理中，只有一个维度，即 group（组）来确认用户的归属。所以，必须完成这两者之间的对应关系，如图 19-5 所示。

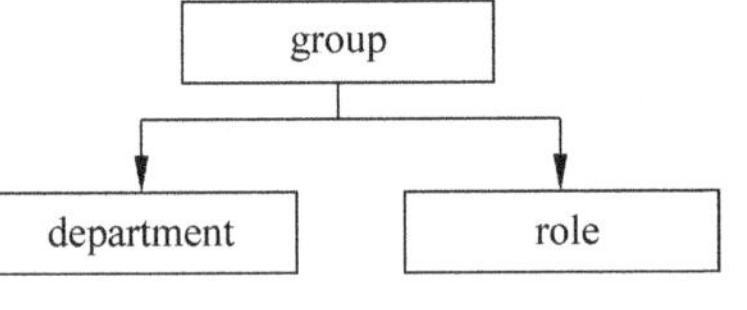

图 19-5　对应关系图

图 19-5 展示了对应关系，即一个 group 由 department 和 role 共同组成，并且信息的构成由关键字组成，可以保证数据的唯一性。department 和 role 之间由符号“:”隔离，但在实际开发中，可以根据需要，由其他任意符号代替。设计完成的对应关系表如表 19.5 所示。

**表 19.5　对应关系表**

| group Id | group 名称 | department Id | role Id |
| --- | --- | --- | --- |
| 001:001 | 经理部：部门领导 | 001 | 001 |
| 001:002 | 经理部：职员 | 001 | 002 |
| 002:001 | 财务办：部门领导 | 002 | 001 |
| 002:002 | 财务办：职员 | 002 | 002 |
| 003:001 | 车管办：部门领导 | 003 | 001 |
| 003:002 | 车管办：职员 | 003 | 002 |
| 004:001 | 开发办：部门领导 | 004 | 001 |
| 004:002 | 开发办：职员 | 004 | 002 |
| 005:001 | 业务办：部门领导 | 005 | 001 |
| 005:002 | 业务办：职员 | 005 | 002 |

在表 19.5 中，完成了 Activiti 中 group 和本演示系统中 department、role 之间的对应关系，因此可以确认某个用户的归属。

在整合用户管理之前，需要完成对用户信息的 MVC 设计和开发操作，整个设计和开发工作和 19.2 节类似，唯一需要注意的是，展示某一用户所属 group 时，需要在页面 HTML 设计时，进行简单拼接操作，示例 HTML 代码如下所示：

```
<table width = "100 % " border = "0" cellpadding = "4" cellspacing = "1"
bgcolor = " # FFFFEE" class = "newfont03">
    <tr class = "CTitle" >
        <td height = "22" colspan = "12" align = "center" style = "font - size:16px">用户详细
列表</td>
    </tr>
    <tr bgcolor = " # EEEEEE">
        <td width = "10 % " height = "30">用户 ID</td>
```

```
        <td width = "15 % ">用户姓名</td>
        <td width = "15 % ">所属部门</td>
        <td width = "15 % ">所属职务</td>
        <td width = "15 % ">所属组 ID </td>
        <td width = "15 % ">所属组名称</td>
        <td >操作</td>
    </tr>
    <c:forEach items = " $ {users}" var = "var" varStatus = "vs">
    <tr   <c:if test = " $ {vs.count % 2 == 0}"> bgcolor = " # AAAABB"</c:if > align = "left" >
        <td > $ {var.getUser_id()}</td>
        <td   height = "30"> $ {var.getUsername()}</td>
        <td > $ {var.getDepartmentname()}</td>
        <td > $ {var.getRolename()}</td>
        <td > $ {var.getDepartment_id()} : $ {var.getRole_id()}</td>
        <td > $ {var.getDepartmentname()} : $ {var.getRolename()}</td>
        <td >< a href = "< %  = basePath % > user/view/ $ {var.getUser_id()}">查看</a >  
        <a href = "< %  = basePath % > user/edit/ $ {var.getUser_id()}">编辑</a >  
        <a href = "< %  = basePath % > user/delete/ $ {var.getUser_id()}">删除</a ></td>
    </tr>
    </c:forEach>
</table>
```

页面展示效果如图 19-6 所示。

| 用户详细列表 | | | | | | |
|---|---|---|---|---|---|---|
| 用户ID | 用户姓名 | 所属部门 | 所属职务 | 所属组ID | 所属组名称 | 操作 |
| apple | apple | 车管办 | 职员 | 003:002 | 车管办:职员 | 查看 编辑 删除 |
| bear | bear | 财务办 | 部门领导 | 002:001 | 财务办:部门领导 | 查看 编辑 删除 |
| dave | dave | 开发办 | 职员 | 004:002 | 开发办:职员 | 查看 编辑 删除 |
| giraffe | giraffe | 开发办 | 部门领导 | 004:001 | 开发办:部门领导 | 查看 编辑 删除 |
| kitty | kitty | 经理部 | 职员 | 001:002 | 经理部:职员 | 查看 编辑 删除 |
| lucy | lucy | 财务办 | 职员 | 002:002 | 财务办:职员 | 查看 编辑 删除 |

图 19-6 用户列表信息

通过图 19-6，可以直观地了解用户的基本信息，包括用户所属组 Id 和组名称，利于后面的流程操作。下面整合 Activiti 的用户管理和本示例的用户管理。

根据前面的讲解，首先创建用户操作类 ZioerGroupManager. java，主要示例代码如下所示：

```
package com.zioer.controller;
...

public class ZioerGroupManager extends GroupEntityManager{
    @Autowired
    private ZzroleService zzroleService;
    @Autowired
    private ZzdepartmentService zzdepartmentService;
```

```
    @Autowired
    private ZzuserService zzuserService;

    @Override
    public List<Group> findGroupByQueryCriteria(GroupQueryImpl query, Page page) {
    List<Group> groupList = new ArrayList<Group>();
    GroupEntity  group  =  new GroupEntity ();
    String userId  =  query.getUserId();
    String groupId  =  query.getId();
    String departmentId;
    String roleId;

    if (groupId != null){
        departmentId  =  groupId.split("\\:")[0].toString();
        roleId  =  groupId.split("\\:")[1].toString();

        Zzdepartment tempDepartment  =  zzdepartmentService.selectByPrimaryKey(departmentId);
        Zzrole tempRole  =  zzroleService.selectByPrimaryKey(roleId);

        if (tempRole != null && tempDepartment != null){
            group.setId(tempDepartment.getDepartment_id()  +  ":"  +  tempRole.getRole_id());
            group.setName(tempDepartment.getDepartmentname()  +  ":"  +  tempRole.getRolename());
            groupList.add(group);
        }
    }else if (userId != null){
        Zzuser tempUser  =  zzuserService.selectByPrimaryKey(userId);
        departmentId  =  tempUser.getDepartment_id();
        roleId  =  tempUser.getRole_id();

        Zzdepartment tempDepartment  =
zzdepartmentService.selectByPrimaryKey
(departmentId);
        Zzrole tempRole  =  zzroleService.selectByPrimaryKey(roleId);

        if (tempRole != null && tempDepartment != null){
            group.setId(tempDepartment.getDepartment_id()  +  ":"  +  tempRole.getRole_id());
            group.setName(tempDepartment.getDepartmentname()  +  ":"  +  tempRole.getRolename());
            groupList.add(group);
        }
    }else{
        List<Zzdepartment> tempDepartments  =  zzdepartmentService.listAll(null);
        List<Zzrole> tempRoles  =  zzroleService.listAll(null);

        for(Zzdepartment tempDepartment : tempDepartments ){
            for(Zzrole tempRole : tempRoles ){
                group  =  new GroupEntity ();
                group.setId(tempDepartment.getDepartment_id()  +  ":"  +
tempRole.getRole_id());
                group.setName(tempDepartment.getDepartmentname()  +  ":"  +
tempRole.
getRolename());
```

```
                groupList.add(group);
            }
        }
    }
    return groupList;
    }
}
```

上面的示例代码主要用于覆盖 Activiti 提供的方法 findGroupByQueryCriteria，即在代码中调用该方法时，能直接运行用户自定义的方法，在该方法中，主要用于返回用户自定义的组，例如，当用户提供了参数 groupId 时，将返回该参数相关的 grouplist，通过这种方法，增加了灵活性。同样，下面的示例代码扩展了 Activiti 提供的 UserEntityManager 类：

```
package com.zioer.controller;
...

public class ZioerUserManager extends UserEntityManager{
    @Autowired
    private ZzuserService zzuserService;

    @Override
    public List<User> findUserByQueryCriteria(UserQueryImpl query, Page page) {

        List<User> userList = new ArrayList<User>();
        UserEntity user = new UserEntity ();
        Zzuser sql_param = new Zzuser();
        int first = query.getFirstResult();
        int max = query.getMaxResults();
        String userId = query.getId();
        String groupId = query.getGroupId();
        sql_param.setUser_id(userId);

        if (groupId != null){
            String departmentId = groupId.split("\\:")[0].toString();
            String roleId = groupId.split("\\:")[1].toString();

            sql_param.setDepartment_id(departmentId);
            sql_param.setRole_id(roleId);

        }

        sql_param.setFirstResult(first);
        sql_param.setMaxResults(max);

        List<Zzuser> tempUsers = zzuserService.listAll(sql_param);
        for (Zzuser tempUser : tempUsers) {
            user = new UserEntity ();
            user.setId(tempUser.getUser_id());
            user.setFirstName(tempUser.getUsername());
            user.setPassword(tempUser.getPsd());
```

```
                userList.add(user);
            }

            return userList;
        }

        @Override
        public Boolean checkPassword(String userId, String password){
            Boolean ret = false;
            Zzuser tempUser = zzuserService.selectByPrimaryKey(userId);

            if (tempUser != null && tempUser.getPsd().equals(password)){
                ret = true;
            }
            return ret;
        }
    }
```

在以上自定义类中，根据具体的业务需要，只覆盖了部分 Activiti 提供的方法，例如方法 checkPassword 用于查询指定用户和密码的正确性。这里使用了自定义方法，查询用户自定义的用户表。主要查询方法 findUserByQueryCriteria 将根据查询条件在自定义的用户数据表中查询和返回用户数据，例如支持分页操作，查找满足指定 groupId 的用户列表等。

接着创建两个自定义工厂类 ZioerGroupManagerFactory 和 ZioerUserManagerFactory，其分别用于实现 Activiti 的接口类 SessionFactory，这两个自定义工厂类在前面章节有详细介绍，在这里不再进行演示。

完成以上操作后，最后进行配置文件的编辑，打开配置文件：

```
/WebRoot/WEB-INF/config/ApplicationContext-activiti.xml
```

在其中，增加如下两个 bean：

```
<bean id="zioerGroupManager" class="com.zioer.controller.ZioerGroupManager" />
<bean id="zioerUserManager" class="com.zioer.controller.ZioerUserManager" />
```

然后在 id 为 processEngineConfiguration 的 bean 中，增加如下自定义 property：

```
<property name="customSessionFactories">
    <list>
        <bean class="com.zioer.controller.ZioerGroupManagerFactory">
            <property name="zioerGroupManager" ref="zioerGroupManager" />
        </bean>
        <bean class="com.zioer.controller.ZioerUserManagerFactory">
            <property name="zioerUserManager" ref="zioerUserManager" />
        </bean>
    </list>
</property>
```

完成以上操作，重启服务，让自定义工厂类起作用。下面进行测试，当然，测试类使用的配置文件和实际配置文件有所不同，需要注意在测试类的配置文件中，加上如上配置信息，同时，在自定义 SQL 文件中加入 SQL 语句以及测试数据，其位于如下位置：

```
/resources/sql/sample-data.sql
```

详细信息请查看本书配套资源中的源码。接着，创建测试Java类iTest.java，用于测试自定义工厂类是否能正常运行，部分代码如下所示：

```
@Test
public void test1() {
    User user = activitiRule.getIdentityService()
        .createUserQuery()
        .userId("kitty")
        .singleResult();
    assertNotNull(user);
    System.out.println("user : " + user.getId());
    System.out.println("user firstName: " + user.getFirstName());
}
```

以上测试代码用于测试获取指定用户信息。

```
@Test
    public void test4() {
        if (activitiRule.getIdentityService().checkPassword("kitty", "a") ){
            System.out.println("user password RIGHT!");
        }else{
            System.out.println("user password ERROR!");
        }
    }
```

以上代码用于测试当调用Activiti的checkPassword方法时，是否调用用户自定义方法和访问自定义用户数据表。测试的目的在于加快开发进度以及快速找到运行时的错误。

以上测试通过后，可以进行具体代码的编写。比较典型的是组信息的展示，其控制类GroupController中调用方法为Activiti提供的通用方法，但展示的信息为用户自定义信息，主要代码如下所示：

```
@RequestMapping(value = "/list")
    public String list(Model model) {
    List<Group> datas = identityService.createGroupQuery().list();
    model.addAttribute("groups", datas);
    return "group_list";
}
```

以上代码用于展示group信息，运行后的页面如图19-7所示。

| 组详细列表 | | |
|---|---|---|
| 组ID | 组名称 | 操作 |
| 001:001 | 经理部:部门领导 | 查看 |
| 001:002 | 经理部:职员 | 查看 |
| 002:001 | 财务办:部门领导 | 查看 |
| 002:002 | 财务办:职员 | 查看 |
| 003:001 | 车管办:部门领导 | 查看 |
| 003:002 | 车管办:职员 | 查看 |

图19-7　组列表信息展示

由图 19-7 可知，自定义方法取代了 Activiti 提供的方法，单击“查看”链接时，可以查看该组内的用户列表。即只需要通过以上简单的代码开发和配置，便可完成业务系统和 Activiti 提供的用户管理的整合处理。

## 19.4 派车流程设计

本节讲解和示范派车流程的设计与实现。在一个单位中，该流程需要多个部门的共同协作并完成，同时，在本示例中，将业务数据与流程中的数据进行分离，便于业务数据的分析和统计。

首先，进行派车业务数据表的设计，其创建 SQL 语句如下所示：

```
CREATE TABLE 'z_paiche' (
    'id' VARCHAR (64) NOT NULL,
    'pid' VARCHAR (64),
    'user_id' VARCHAR (64),
    'startdatetime' datetime,
    'persons' INT,
    'phone' VARCHAR (25) NULL,
    'startposition' VARCHAR (255) NULL,
    'endposition' VARCHAR (255) NULL,
    'driver' VARCHAR (25) NULL,
    'car' VARCHAR (25) NULL,
    'bzhu' VARCHAR (255) NULL,
    'createdatetime' datetime NULL,
    PRIMARY KEY ('id')
);
```

以上 SQL 语句创建各字段的含义如表 19.6 所示。

**表 19.6　派车数据表描述**

| 序　　号 | 字　　段 | 描　　述 |
|---|---|---|
| 1 | id | 派车表关键字 |
| 2 | pid | 对应流程数据表关键字 |
| 3 | user_id | 用车人 id 关键字 |
| 4 | startdatetime | 用车开始时间 |
| 5 | persons | 乘车人数 |
| 6 | startposition | 乘车地点 |
| 7 | endposition | 到达目的地 |
| 8 | driver | 司机姓名 |
| 9 | car | 车号 |
| 10 | bzhu | 备注 |
| 11 | createdatetime | 记录创建时间 |

表 19.6 描述了派车业务相关数据项，当然，在实际业务开发中，可能会有更多数据项。接着创建日志记录表，用于记录用户在流程中操作的步骤和说明等信息，其创建 SQL 语句

如下所示：

```
CREATE TABLE 'z_log' (
    'id' VARCHAR (64) NOT NULL,
    'task' VARCHAR (128),
    'task_id' VARCHAR (64),
    'user_id' VARCHAR (64),
    'isagreed' VARCHAR (10) NULL,
    'log' VARCHAR (500) NULL,
    'createdatetime' datetime NULL,
    PRIMARY KEY ('id')
);
```

以上 SQL 语句创建各字段的含义如表 19.7 所示。

**表 19.7 日志记录数据表描述**

| 序 号 | 字 段 | 描 述 |
|---|---|---|
| 1 | id | 日志记录表关键字 |
| 2 | task | 任务对应关键字 |
| 3 | task_id | 业务数据表对应关键字 |
| 4 | user_id | 操作用户 id |
| 5 | isagreed | 操作步骤，对应表 zz_code 中的关键字 |
| 6 | log | 用户记录说明 |
| 7 | createdatetime | 记录创建时间 |

日志记录表用于记录用户操作的步骤，该表可用于各业务流程操作日志登记，在流程操作中具有重要意义。下面需要分别给以上两张数据表建立 Model 层、数据操作层和逻辑控制层等，详细代码请见源码。

下面根据具体派车业务分析流程走向，在本示例中，假设有如下业务逻辑：各个部门职员申请派车，然后由部门领导进行审批，审批通过后，由车管领导审批，审批通过后，由车管职员进行车辆指派，最后由派车人进行确认操作，完成整个派车流程，如图 19-8 所示。

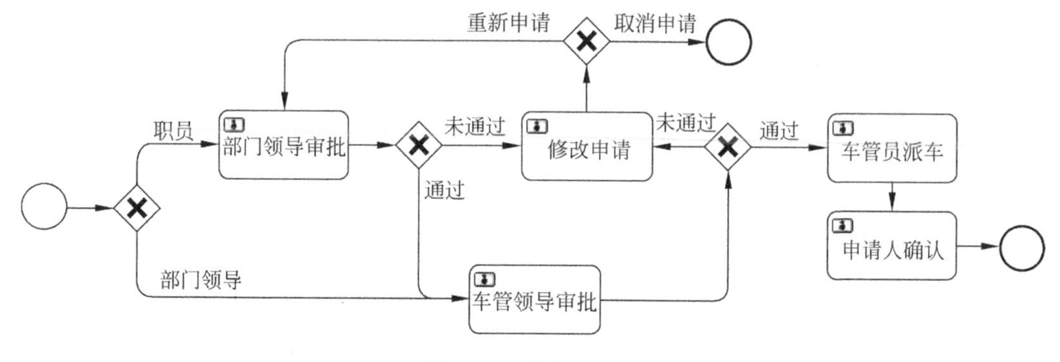


图 19-8 派车流程图

在如图 19-8 所示的派车流程示意图中，业务逻辑不算太复杂，重点需要掌握的是排他网关的处理，需要对每个排他网关的分支流进行逻辑设计，另一个需要注意的是，在每个用户任务节点，是将任务分配到组还是直接分配到个人，例如“部门领导审批”用户任务节点，其主要配置如图 19-9 所示，需要由 Activiti 流程引擎变量 leader_department 来确定该节点所属组，这增加了流程设计的灵活性。

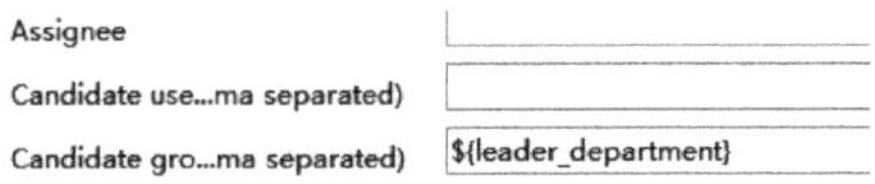

Assignee
Candidate use...ma separated)
Candidate gro...ma separated) ${leader_department}

图 19-9 “部门领导审批”用户任务节点配置

图 19-8 所示流程图设计的主要 XML 代码如下所示：

```
<process id="paiche" name="派车流程" isExecutable="true">
    <startEvent id="startevent1" name="Start" activiti:initiator="startUserId">
    </startEvent>
    <exclusiveGateway id="exclusivegateway1" name="Exclusive Gateway">
    </exclusiveGateway>
    <userTask id="usertask1" name="部门领导审批"
activiti:candidateGroups="${leader_department}"></userTask>
    <userTask id="usertask2" name="车管领导审批"
activiti:candidateGroups="${leader_department}"></userTask>
    <sequenceFlow id="flow1" sourceRef="startevent1"
targetRef="exclusivegateway1"></sequenceFlow>
    <sequenceFlow id="flow2" name="职员" sourceRef="exclusivegateway1"
targetRef="usertask1">
      <conditionExpression xsi:type="tFormalExpression">
        <![CDATA[${role=="002"}]]></conditionExpression>
    </sequenceFlow>
    <sequenceFlow id="flow3" name="部门领导"
      sourceRef="exclusivegateway1" targetRef="usertask2">
      <conditionExpression xsi:type="tFormalExpression">
          <![CDATA[${role=="001"}]]></conditionExpression>
    </sequenceFlow>
    <userTask id="usertask3" name="车管员派车"
activiti:candidateGroups="${leader_department}"></userTask>
    <endEvent id="endevent1" name="End"></endEvent>
    <userTask id="usertask4" name="修改申请"
activiti:assignee="${startUserId}"></userTask>
    <exclusiveGateway id="exclusivegateway2" name="Exclusive Gateway">
    </exclusiveGateway>
    <sequenceFlow id="flow8" sourceRef="usertask1"
targetRef="exclusivegateway2"></sequenceFlow>
    <sequenceFlow id="flow9" name="未通过"
      sourceRef="exclusivegateway2" targetRef="usertask4">
      <conditionExpression xsi:type="tFormalExpression">
        <![CDATA[${approval_2==0}]]></conditionExpression>
    </sequenceFlow>
    <sequenceFlow id="flow10" name="通过"
      sourceRef="exclusivegateway2" targetRef="usertask2">
      <conditionExpression xsi:type="tFormalExpression">
      <![CDATA[${approval_2==1}]]></conditionExpression>
    </sequenceFlow>
    <exclusiveGateway id="exclusivegateway3" name="Exclusive Gateway">
```

```
    </exclusiveGateway>
    <sequenceFlow id="flow12" sourceRef="usertask2"
targetRef="exclusivegateway3"></sequenceFlow>
    <sequenceFlow id="flow13" name="未通过"
      sourceRef="exclusivegateway3" targetRef="usertask4">
      <conditionExpression xsi:type="tFormalExpression">
        <![CDATA[${approval_2 == 0}]]></conditionExpression>
    </sequenceFlow>
    <sequenceFlow id="flow14" name="通过"
      sourceRef="exclusivegateway3" targetRef="usertask3">
      <conditionExpression xsi:type="tFormalExpression">
        <![CDATA[${approval_2 == 1}]]></conditionExpression>
    </sequenceFlow>
    <exclusiveGateway id="exclusivegateway4" name="Exclusive Gateway">
    </exclusiveGateway>
    <sequenceFlow id="flow15" sourceRef="usertask4"
targetRef="exclusivegateway4"></sequenceFlow>
    <endEvent id="endevent2" name="End"></endEvent>
    <sequenceFlow id="flow16" name="取消申请"
      sourceRef="exclusivegateway4" targetRef="endevent2">
      <conditionExpression xsi:type="tFormalExpression">
        <![CDATA[${approval_2 == 3}]]></conditionExpression>
    </sequenceFlow>
    <sequenceFlow id="flow17" name="重新申请"
      sourceRef="exclusivegateway4" targetRef="usertask1">
      <conditionExpression xsi:type="tFormalExpression">
        <![CDATA[${approval_2 == 2}]]></conditionExpression>
    </sequenceFlow>
    <userTask id="usertask5" name="申请人确认"
activiti:assignee="${startUserId}">
    </userTask>
    <sequenceFlow id="flow18" sourceRef="usertask3" targetRef="usertask5">
    </sequenceFlow>
    <sequenceFlow id="flow19" sourceRef="usertask5" targetRef="endevent1">
    </sequenceFlow>
</process>
```

在上面的XML代码中，process的id为paiche，大量使用了Activiti流程变量，例如在第一个排他网关中，分支为“职员”使用了如下判断：

```
role == "002"
```

即需要传递流程变量role，其值为002时，将自动按照该分支运行。同时，为了减少流程设计中的流程变量，在上面设计中，很多分支都复用了同一个流程变量approval_2，同时也能增加程序设计的可读性，该变量值对应数据表zz_code的关键字。

以上派车流程设计完成后，可以复用前面章节讲解的上传流程图方法进行流程图的部署，这部分可详见源码。

派车主要业务逻辑设计在控制类文件PaicheController.java中。

下面分别进行讲解。首先，定义全局变量：

```
private static String processDefinitionKey = "paiche";
```

上面定义的全局变量值，表示指向前面定义 id 值为 paiche 的流程图。以在本控制文件中可以直接使用该变量值，以提高程序的可读性。下面的方法用于启动流程：

```
@RequestMapping(value = "/start/save")
public String saveStartForm(Model model,HttpServletRequest request,
    HttpSession session) {
    String userId = session.getAttribute("userId") == null ? null :
session.getAttribute ("userId").toString();
    if (userId == null){
        return "redirect:/login/";
    }
    SimpleDateFormat sdf = new SimpleDateFormat("yyyy-MM-dd HH:mm:ss");
    Map<String, Object> map = new HashMap<String, Object>();
    UUID uuid = UUID.randomUUID();
    String uuidStr = uuid.toString().replace("-", "");
    String businessKey = uuidStr;

    Paiche record = new Paiche();
    String startdatetime = request.getParameter("startdatetime") == null ? null :
request.getParameter("startdatetime").toString().trim();
    String startposition = request.getParameter("startposition") == null ? null :
request.getParameter("startposition").toString().trim();
    String endposition = request.getParameter("endposition") == null ? null :
request.getParameter("endposition").toString().trim();
    String persons = request.getParameter("persons") == null ? null :
request.getParameter("persons").toString().trim();
    String phone = request.getParameter("phone") == null ? null :
request.getParameter ("phone").toString().trim();
    String bzhu = request.getParameter("bzhu") == null ? null :
request.getParameter ("bzhu").toString().trim();

    Zzuser currentUser = zzuserService.selectByPrimaryKey(userId);

    try{
        record.setStartdatetime(sdf.parse(startdatetime));
        record.setStartposition(startposition);
        record.setEndposition(endposition);
        record.setPersons(Integer.parseInt(persons));
        record.setPhone(phone);
        record.setBzhu(bzhu);
        record.setId(uuidStr);
        record.setUser_id(userId);
        record.setCreatedatetime(new Date());

        map.put("role", currentUser.getRole_id());          //流程变量：职务，分支使用

        if (currentUser.getRole_id().equals("002")){
            map.put("leader_department", currentUser.getDepartment_id() + ":001");
                                        //流程变量：如果是职员，设置当前部门领导
```

```
        }else{
            map.put("leader_department", "003:001");  //流程变量：如果是部门领导，直接设
                                                        置车管部门领导
        }

        ProcessDefinition processDefinition = repositoryService
                .createProcessDefinitionQuery()
                .processDefinitionKey(processDefinitionKey)
                .latestVersion().singleResult();

        String processDefinitionId = processDefinition.getId();

        identityService.setAuthenticatedUserId(userId);

        //以 businessKey 方式：启动流程
        ProcessInstance processInstance =
runtimeService.startProcessInstanceById(processDefinitionId, businessKey, map);

        record.setPid(processInstance.getId());              //获取和设置 Pid
        paicheService.insert(record);                         //业务数据保存
    }catch(Exception e){
        System.out.println("error : " + e.toString());
    }finally {
        identityService.setAuthenticatedUserId(null);
    }
    return "redirect:../list";
}
```

本章设计的派车业务逻辑使用了业务数据和流程引擎数据分离的操作方式，在以上启动流程时，主要采用了两个动作：一是获取页面传递值，以创建一条业务记录；二是启动流程操作，并将这两者关联。流程启动后，便进入排他网关，此时，需要传递排他网关判断变量值，以及排他网关后接用户任务需要的流程变量值，如下所示：

```
if (currentUser.getRole_id().equals("002")){
  map.put("leader_department", currentUser.getDepartment_id() + ":001");
                                          //流程变量：如果是职员，设置当前部门领导
}else{
  map.put("leader_department", "003:001");  //流程变量：如果是部门领导，直接设置车管部门
                                              领导
}
```

在本示例中，没有设置排他网关的默认分支，如果传递的值让 Activiti 流程引擎无法识别，将直接报错。

启动流程成功后，将直接进入 list 列表，其 Java 逻辑主要代码如下所示：

```
@RequestMapping(value = "/list")
public String list(Model model,HttpSession session) {
    String userId = session.getAttribute("userId") == null ? null :
session.getAttribute("userId").toString();
    if (userId == null){
```

```
        return "redirect:/login/";
    }

    Zzuser currentUser = zzuserService.selectByPrimaryKey(userId);
    String group = currentUser.getDepartment_id() + ":" + currentUser.getRole_id();
    List<Task> tasks = new ArrayList<Task>();

    //获得当前用户的待处理和待接收的任务
    tasks = taskService.createTaskQuery()
            .processDefinitionKey(processDefinitionKey)
            .taskCandidateOrAssigned(userId)      //直接分配给用户的方式
            .taskCandidateGroup(group)            //任务是否分配给组
            .active()
            .orderByTaskId().desc().list();

    model.addAttribute("list", tasks);

    return "paiche_list";
}
```

在上面的代码中，首先构造了当前用户所属组的变量 group，接着通过变量 userId 和 group 获得当前用户任务列表 tasks 在获得的任务列表中，同时包含了直接分配给当前用户的任务、该用户参与的任务以及属于指定 group 的任务，获取完成后，跳转至待办任务列表。当前用户需要签收任务时，将访问签收方法，主要代码如下所示：

```
@RequestMapping(value = "/claim/{taskId}")
    public String claim(@PathVariable("taskId") String taskId, HttpSession session) {
    String userId = session.getAttribute("userId") == null ? null :
session.getAttribute("userId").toString();
    ...
    taskService.claim(taskId, userId);
    return "redirect:../list";
}
```

在上面的代码中，简单使用 taskService 中的 claim 方法，便可完成对指定任务的签收。

填写并提交派车申请后，随时可以在“派车流程”→“我的历史”菜单中，查看当前派车业务进展。重要的是，流程引擎对运行中的任务节点，这部分逻辑处理，可以划分进两个方法进入处理：一个是用于展示 view 的方法，一个是处理节点逻辑的方法，两者分别交替运行，直至流程结束运行。下面的代码主要用于处理展示各个用户任务节点：

```
/**
 * 开始中间任务节点流程
 */
@RequestMapping(value = "/startform/{taskId}")
public String StartTaskForm(@PathVariable("taskId") String taskId,Model
model,HttpSession session) throws Exception {
    ...

    try{
        Task task = taskService.createTaskQuery().taskId(taskId).singleResult();
```

```
        String pId = task.getProcessInstanceId();
        ProcessInstance pins = runtimeService.createProcessInstanceQuery()
                .processInstanceId(pId)
                .active().singleResult();

        bId = pins.getBusinessKey();
        actId = pins.getActivityId();
        record = paicheService.selectByPrimaryKey(bId);
        taskname = task.getName();

        switch(task.getTaskDefinitionKey()) {
            case "usertask1":
            case "usertask2":
                retView = "paiche_bumen_leader_approval";       //部门领导确认
                break;
            case "usertask3":
                retView = "paiche_car";                         //派车
                break;
            case "usertask4":
                retView = "paiche_re_edit";                     //重填写
                break;
            case "usertask5":
                retView = "paiche_view";                        //申请人确认
                break;
            default:
                retView = "paiche_edit";
        }

        username = zzuserService
            .selectByPrimaryKey(record.getUser_id()).getUsername();
        //日志处理
        Zlog sql_data = new Zlog();
        sql_data.setTask(processDefinitionKey);
        sql_data.setTask_id(bId);

        logList = zlogService.listAll(sql_data);
    }catch(Exception e){
            System.out.println(e.toString());
    }

    model.addAttribute("data", record);
    model.addAttribute("taskId", taskId);
    model.addAttribute("actId", actId);
    model.addAttribute("taskname", taskname);
    model.addAttribute("startUsername", username);
    model.addAttribute("logList", logList);

    return retView;
}
```

在上面的代码中，主要方法是 switch 判断语句，可根据当前不同任务节点，展示不同的页面。同时，还需要展示的有当前任务处理日志。在上面的示例代码中，有相关注释。下面的方法用于处理各个用户任务节点：

```
/**
 * 提交和保存中间任务节点
 */
@RequestMapping(value = "/startform/save/{taskId}")
public String saveTaskForm(@PathVariable("taskId") String taskId,HttpSession
session,HttpServletRequest request) {
    try {
        ...

        //对各个任务节点需要分别进行处理
        switch(task.getTaskDefinitionKey()) {
            case "usertask1":
                if (approval_2.equals("1")){
                    map.put("leader_department", "003:001");  //流程变量:部门领导审批同
                                                                意后,需要设置车管部门
                                                                领导
                }
                break;
            case "usertask2":
                map.put("leader_department", "003:002");      //流程变量:车管部门领导审
                                                                批同意后,需要设置车管部
                                                                门职员
                break;
            case "usertask3":
                String driver = request.getParameter("driver") == null ? null :
request.getParameter("driver").toString().trim();
                String car = request.getParameter("car") == null ? null :
request.getParameter("car").toString().trim();

                Paiche record = new Paiche();
                record.setId(bId);
                record.setDriver(driver);
                record.setCar(car);

                paicheService.update(record);

                map.put("leader_department", "003:002");      //派车员派车
                break;
            case "usertask4":                                 //重新申请
                if (approval_2.equals("2")){
                    Zzuser currentUser =
zzuserService.selectByPrimaryKey(userId);
                    map.put("leader_department",
currentUser.getDepartment_id() + ":001");        //流程变量: 如果是职员,设置当前部门领导
                }
                break;
            default:
```

```
            //;
        }

        taskService.complete(taskId, map);                       //提交完成当前任务

        //Record Log
        Zlog data = new Zlog();

        data.setId(uuidStr);
        data.setTask(processDefinitionKey);
        data.setTask_id(bId);
        data.setUser_id(userId);
        data.setIsagreed(approval_2);
        data.setLog(log);
        data.setCreatedatetime(new Date());

        zlogService.insert(data);
    } finally {
        identityService.setAuthenticatedUserId(null);
    }

    return retView;
}
```

以上示例代码只展示了重要部分，同样是 switch 语句，根据当前不同的用户任务分别进行处理，包含 3 个部分：一是对派车业务数据表的更新，二是当前任务的完成，三是保存用户日志部分。

通过以上两个部分的处理，可以完成整个派车业务逻辑处理。以上完整示例代码见本书配套资源中的源码。

## 19.5 休假出差流程设计

本节将讲解一个更加复杂的流程，即休假出差流程。首先，进行业务数据表的设计，其 SQL 创建语句如下所示：

```
CREATE TABLE 'z_beaway' (
  'id' VARCHAR (64) NOT NULL,
  'pid' VARCHAR (64),
  'paiche_id' VARCHAR (64),
  'user_id' VARCHAR (64),
  'sort' VARCHAR (10) ,
  'startdatetime' datetime,
  'enddatetime' datetime,
  'phone' VARCHAR (25),
  'onposition' VARCHAR (255) ,
  'borrowmoney' DECIMAL(10,2),
  'bzhu' VARCHAR (255) NULL,
```

```
  'createdatetime' datetime ,
  PRIMARY KEY ('id')
);
```

以上 SQL 语句创建各字段的含义如表 19.8 所示。

**表 19.8　休假出差数据表描述**

| 序　　号 | 字　　段 | 描　　述 |
|---|---|---|
| 1 | id | 派车表关键字 |
| 2 | pid | 对应流程数据表关键字 |
| 3 | paiche_id | 派车数据表关键字 |
| 4 | user_id | 用车人 id 关键字 |
| 5 | sort | 类别 |
| 6 | startdatetime | 开始时间 |
| 7 | enddatetime | 结束时间 |
| 8 | phone | 联系电话 |
| 9 | onposition | 地点 |
| 10 | borrowmoney | 借钱金额 |
| 11 | bzhu | 备注 |
| 12 | createdatetime | 记录创建时间 |

该流程由多个部分组成，包括休假流程和出差流程，如图 19-10 所示。

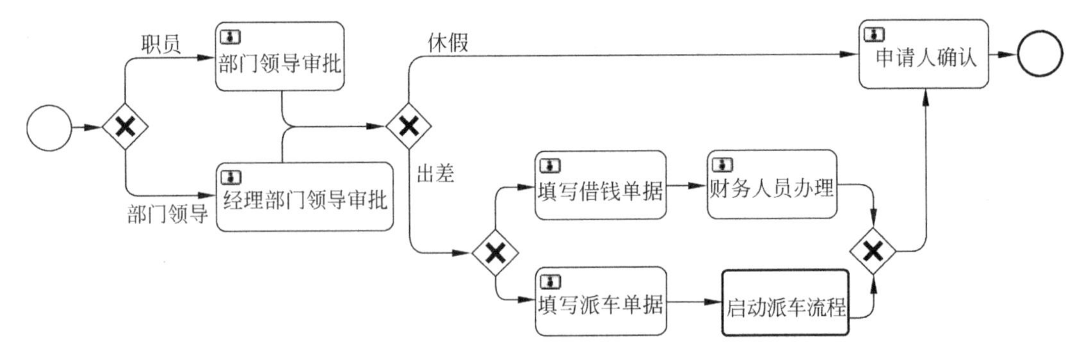


图 19-10　休假出差流程

在如图 19-10 所示的流程图中，同时包含了排他网关、并行网关以及调用子流程。该流程的运行过程是：判断启动用户职务，如果是职员，则需要由部门领导审批；如果是部门领导，则需要经理部门领导审批；审批完成后，接着判断类型，如果类型是休假，则直接由申请人确认，如果类型是出差，则进入并行网关，一条分支是进入借钱分支，另一条分支是进入派车分支，为了不重复设计派车流程，在这里需要调用 19.4 节设计的派车流程，两条分支都结束后，再由申请人进行确认。

下面是该流程设计的主要代码：

```
<process id = "beAway" name = "休假出差流程" isExecutable = "true">
    < startEvent id = "startevent1" name = "Start" activiti:initiator = "startUserId">
    </startEvent >
    < userTask id = "usertask1" name = "部门领导审批"
```

```
      activiti:candidateGroups = " $ {leader_department}"></userTask>
    <exclusiveGateway id = "exclusivegateway1" name = "Exclusive Gateway">
      </exclusiveGateway>
    <sequenceFlow id = "flow1" sourceRef = "startevent1"
      targetRef = "exclusivegateway1"></sequenceFlow>
    <sequenceFlow id = "flow2" name = "职员" sourceRef = "exclusivegateway1"
      targetRef = "usertask1">
      <conditionExpression xsi:type = "tFormalExpression">
        <![CDATA[ $ {role == "002"}]]></conditionExpression>
    </sequenceFlow>
    <userTask id = "usertask4" name = "财务人员办理"
activiti:candidateGroups = " $ {leader_department}"></userTask>
    <callActivity id = "callactivity1" name = "启动派车流程" calledElement = "paiche">
      <extensionElements>
        <activiti:in source = "processBusinessKey"
target = "processBusinessKey"></activiti:in>
        <activiti:in source = "leader_department"
target = "leader_department"></activiti:in>
        <activiti:in source = "role" target = "role"></activiti:in>
        <activiti:in source = "startUserId" target = "startUserId"></activiti:in>
        <activiti:executionListener event = "end"
class = "com.zioer.util.BackEndListener"></activiti:executionListener>
      </extensionElements>
    </callActivity>
    <exclusiveGateway id = "exclusivegateway2"
      name = "Exclusive Gateway"></exclusiveGateway>
    <parallelGateway id = "parallelgateway3"
      name = "Parallel Gateway"></parallelGateway>
    <sequenceFlow id = "flow14" name = "出差"
      sourceRef = "exclusivegateway2" targetRef = "parallelgateway3">
      <conditionExpression xsi:type = "tFormalExpression">
        <![CDATA[ $ {sort == 7}]]></conditionExpression>
    </sequenceFlow>
    <sequenceFlow id = "flow15" sourceRef = "parallelgateway3"
    targetRef = "usertask3"></sequenceFlow>
    <sequenceFlow id = "flow16" sourceRef = "parallelgateway3"
    targetRef = "usertask5"></sequenceFlow>
    <parallelGateway id = "parallelgateway4" name = "Parallel
    Gateway"></parallelGateway>
    <sequenceFlow id = "flow17" sourceRef = "usertask4"
      targetRef = "parallelgateway4"></sequenceFlow>
    <userTask id = "usertask5" name = "填写派车单据"
      activiti:assignee = " $ {startUserId}"></userTask>
    <sequenceFlow id = "flow24" sourceRef = "usertask5"
      targetRef = "callactivity1"></sequenceFlow>
    <userTask id = "usertask3" name = "填写借钱单据"
      activiti:assignee = " $ {startUserId}"></userTask>
    <sequenceFlow id = "flow26" sourceRef = "usertask1"
      targetRef = "exclusivegateway2"></sequenceFlow>
    <userTask id = "usertask2" name = "经理部门领导审批"
      activiti:candidateGroups = " $ {leader_department}"></userTask>
```

```
    <sequenceFlow id="flow27" name="部门领导"
      sourceRef="exclusivegateway1" targetRef="usertask2">
      <conditionExpression xsi:type="tFormalExpression">
        <![CDATA[ ${role=="001"}]]></conditionExpression>
    </sequenceFlow>
    <sequenceFlow id="flow28" sourceRef="usertask2"
      targetRef="exclusivegateway2"></sequenceFlow>
    <sequenceFlow id="flow29" sourceRef="callactivity1"
      targetRef="parallelgateway4"></sequenceFlow>
    <userTask id="usertask6" name="申请人确认"
      activiti:assignee="${startUserId}"></userTask>
    <sequenceFlow id="flow30" sourceRef="parallelgateway4"
      targetRef="usertask6"></sequenceFlow>
    <sequenceFlow id="flow32" sourceRef="usertask3"
      targetRef="usertask4"></sequenceFlow>
    <sequenceFlow id="flow33" name="休假"
      sourceRef="exclusivegateway2" targetRef="usertask6">
      <conditionExpression xsi:type="tFormalExpression">
        <![CDATA[ ${sort==6}]]></conditionExpression>
    </sequenceFlow>
    <endEvent id="endevent1" name="End"></endEvent>
    <sequenceFlow id="flow34" sourceRef="usertask6"
      targetRef="endevent1"></sequenceFlow>
</process>
```

在以上示例XML代码中，重点需要关注的是callActivity元素，由于要复用19.4节设计的派车流程，这里需要在该元素中传递参数到派车流程，以启动派车流程。例如，下面的元素：

```
<activiti:in source="processBusinessKey" target="processBusinessKey"></activiti:in>
```

表示传递流程变量processBusinessKey到目标流程中的变量processBusinessKey，根据实际业务需要，两边的变量名称可以不同。当需要从子流程返回值给调用主流程时，需要使用类似下面的元素：

```
<activiti:out source="a" target="b"></activiti:out>
```

在本例中，没有涉及回调的参数或值，但使用方法可以参考上面的代码。

根据Activit的设计实现，当主流程调用子流程时，子流程的运行将跳过开始事件节点，直接进入下一节点的运行。根据这个原则，将对派车流程进行改进，使之同时适合单独运行和作为子流程运行这两种方式。

改进派车流程的开始事件，代码如下所示：

```
<startEvent id="startevent1" name="Start"
  activiti:initiator="startUserId">
  <extensionElements>
    <activiti:executionListener event="end"
class="com.zioer.util.StartEndListener">
    </activiti:executionListener>
  </extensionElements>
```

```
</startEvent>
```

在以上 XML 代码中，开始事件加入了结束时的监听器，该监听器 Java 代码如下所示：

```
package com.zioer.util;

public class StartEndListener implements  JavaDelegate {
    @Override
    public void execute(DelegateExecution execution) throws Exception {
    ExecutionEntity thisEntity = (ExecutionEntity) execution;
    ExecutionEntity superExecEntity = thisEntity.getSuperExecution();

    if (thisEntity.getProcessBusinessKey() == null && superExecEntity != null){
        //用于该流程作为子流程时，赋值从父流程中获得的 BusinessKey
        execution.getEngineServices()
            .getRuntimeService()
            .updateBusinessKey(execution.getProcessInstanceId(),
execution.getVariable
("processBusinessKey").toString());

        thisEntity.setVariable("processBusinessKey",
execution.getVariable("processBusinessKey").toString());        //同时赋值流程变量

    }
    }
}
```

在以上示例代码中，该监听器能同时处理派车流程作为主流程或子流程时两种情况，关键之处在代码中有注释。业务逻辑处理在代码 BeawayController.java 中。主要方式是处理用户任务节点，如下所示：

```
@RequestMapping(value = "/startform/save/{taskId}")
public String saveTaskForm(@PathVariable("taskId") String taskId,HttpSession
session,HttpServletRequest request) throws ParseException {
    String userId = session.getAttribute("userId") == null ? null :
session.getAttribute ("userId").toString();
    if (userId == null){
        return "redirect:/login/";
    }

    Map<String, Object> map = new HashMap<String, Object>();
    String retView = "redirect:../../list";

    UUID uuid = UUID.randomUUID();
    String uuidStr = uuid.toString().replace("-", "");

    try {
        String approval_2 = request.getParameter("approval_2") == null ? null :
request.getParameter("approval_2").toString().trim();
        String log = request.getParameter("log") == null ? null :
request.getParameter ("log").toString().trim();
```

```
identityService.setAuthenticatedUserId(userId);

Task task = taskService.createTaskQuery().taskId(taskId).singleResult();

String pId = task.getProcessInstanceId();
ProcessInstance pins = runtimeService.createProcessInstanceQuery()
        .processInstanceId(pId)
        .active().singleResult();

String bId = pins.getBusinessKey();

map.put("sort", zBeawayService.selectByPrimaryKey(bId).getSort());
//对各个任务节点需要分别进行处理
switch(task.getTaskDefinitionKey()) {
    case "usertask1":
        break;
    case "usertask2":
        break;
    case "usertask3":
        String borrowmoney = request.getParameter("borrowmoney") ==
null ? null : request.getParameter("borrowmoney").toString().trim();

        ZBeaway record = new ZBeaway();
        record.setId(bId);
        record.setBorrowmoney(Double.parseDouble(borrowmoney));

        zBeawayService.update(record);

        map.put("leader_department", "002:002");      //财务人员办理
        break;
    case "usertask4":
        break;
    case "usertask5":                                  //车辆申请
        SimpleDateFormat sdf = new SimpleDateFormat("yyyy-MM-dd HH:mm:ss");

        String pstartdatetime = request.getParameter("pstartdatetime") ==
null ? null : request.getParameter("pstartdatetime").toString().trim();
        String startposition = request.getParameter("startposition") ==
null ? null : request.getParameter("startposition").toString().trim();
        String endposition = request.getParameter("endposition") ==
null ? null : request.getParameter("endposition").toString().trim();
        String persons = request.getParameter("persons") == null ? null :
request.getParameter("persons").toString().trim();
        String phone = request.getParameter("phone") == null ? null :
request.getParameter("phone").toString().trim();

        Zzuser currentUser = zzuserService.selectByPrimaryKey(userId);

        map = new HashMap<String, Object>();
```

```
                map.put("role", currentUser.getRole_id());     //流程变量: 职务,分支使用
                if (currentUser.getRole_id().equals("002")){
                    map.put("leader_department", currentUser.getDepartment_id() + ":001");
                                                   //流程变量: 如果是职员,设置当前部门领导
                }else{
                     map.put("leader_department", "003:001");  //流程变量:如果是部门领
                                                                 导,直接设置车管部门
                                                                 领导
                }

                Paiche paicheModel = new Paiche();

                paicheModel.setStartdatetime(sdf.parse(pstartdatetime));

                paicheModel.setStartposition(startposition);
                paicheModel.setEndposition(endposition);
                paicheModel.setPersons(Integer.parseInt(persons));
                paicheModel.setPhone(phone);
                paicheModel.setBzhu("出差");
                paicheModel.setUser_id(userId);
                paicheModel.setCreatedatetime(new Date());

                String bid = paicheManage.save(paicheModel);  //业务数据保存:派车 Id

                map.put("processBusinessKey", bid);

                break;
            default:
                //;
        }

        taskService.complete(taskId, map);

        //Record Log
        Zlog data = new Zlog();

        data.setId(uuidStr);
        data.setTask(processDefinitionKey);
        data.setTask_id(bId);
        data.setUser_id(userId);
        data.setIsagreed(approval_2);
        data.setLog(log);
        data.setCreatedatetime(new Date());

        zlogService.insert(data);
    } finally {
        identityService.setAuthenticatedUserId(null);
    }

    return retView;
}
```

在以上代码中，重点部分是 switch 语句，其用于单独处理各个用户任务节点，例如在车辆申请处理任务分支中，该处理分支主要用于处理从页面传递的车辆派遣信息，并保存至派车业务数据表中，然后将生成记录的关键字作为流程变量 processBusinessKey 传递到流程中。当完成该用户任务节点时，将启动派车子流程，子流程处理完成后，再执行该主流程。

查看休假出差流程并行执行过程如图 19-11 所示。

当前用户办理工作列表

| 任务ID | 当前节点 | 办理人 | 创建时间 | 操作 |
|---|---|---|---|---|
| 920020 | 填写派车单据 | kitty | 2017-5-19 23:52:17 | 办理 |
| 920018 | 填写借钱单据 | kitty | 2017-5-19 23:52:17 | 办理 |

图 19-11　并行子流程

在图 19-11 中，可以看到当前待办工作有两项，当前用户可根据需要按任意顺序执行这两项代办工作。图 19-12 展示的是查看任一记录的详细情况。

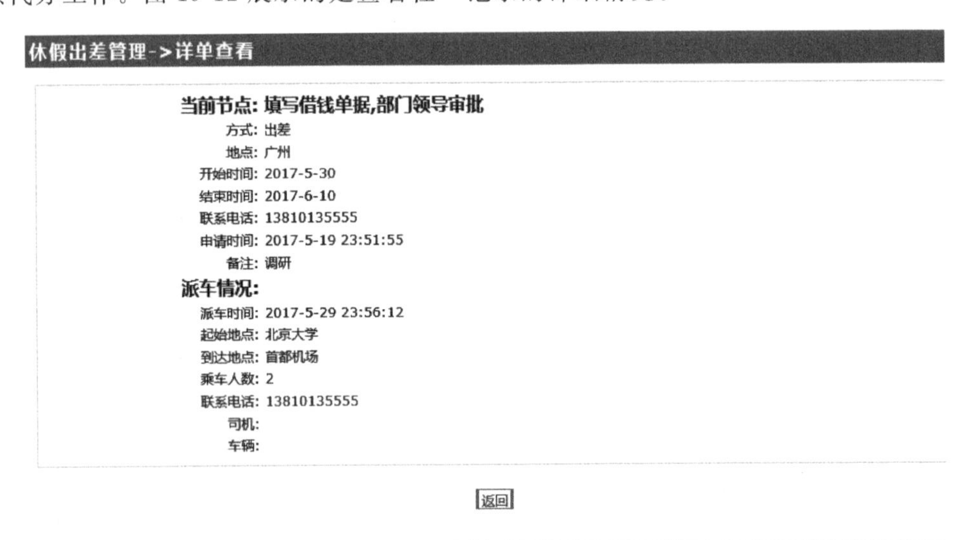


操作历史:

| 操作人 | 操作方式 | 意见或说明 | 操作时间 |
|---|---|---|---|
| tigger | 同意 | OK | 2017-5-19 23:52:17 |
| kitty | 填写单据 | 出差 | 2017-5-19 23:56:51 |

图 19-12　详细休假出差情况

图 19-12 演示了当前业务所处节点为两个：单据填写情况以及操作历史记录。本示例巧妙解决了一个问题：在当前运行节点处于调用子流程中时，无法在主流程中查看当前所处子流程的节点。该部分代码可参考本书配套资源中的源码。

以上完成了休假出差流程的设计和编码工作，尽管只是讲解了重点代码，但涉及了本书比较重要的知识点。

## 19.6　门户界面设计

本节主要介绍当一个业务系统有多个不同流程时，如何同时展示当前用户的代办工作以及历史记录，并在系统登录后的首页进行展示。

主要代码在前面各节进行了设计，下面直接进入 MainController.java 类文件，该控制类文件主要处理首页展示。下面是该类中方法 main 的主要代码：

```
Zzuser currentUser = zzuserService.selectByPrimaryKey(userId);
String group = currentUser.getDepartment_id() + ":" + currentUser.getRole_id();

//获得当前用户的待处理和待接收的任务
tasks = taskService.createTaskQuery()
        .taskCandidateOrAssigned(userId)                    //直接分配给用户的方式
        .taskCandidateGroup(group)                          //任务是否分配给组
        .active()
        .orderByTaskId().desc().list();

for(int i = 0;i<tasks.size();i++){
    Map<String, Object> map = new HashMap<String, Object>();
    Task task = tasks.get(i);
    String processDefinitionId = task.getProcessDefinitionId();
    ProcessDefinition processDefinition =
repositoryService.createProcessDefinitionQuery()
        .processDefinitionId(processDefinitionId)
        .singleResult();

    map.put("processDefinitionName", processDefinition.getName());
    map.put("processDefinitionKey", processDefinition.getKey().toLowerCase());
    map.put("taskName", task.getName());
    map.put("taskId", task.getId());
    map.put("assignee", task.getAssignee());
    map.put("createTime", task.getCreateTime());

    tasklist.add(map);

}
```

在上面的代码中，tasks 用于获得当前用户已分配或待签收的所有任务，调用的是 taskService.createTaskQuery()中的方法，接着循环处理这些任务，获取任务所属的流程定义关键字等信息。

接着获取当前用户历史记录，主要代码如下所示：

```
List<Map> hlist = new ArrayList<Map>();
List historylist = historyService.createHistoricProcessInstanceQuery()
            .startedBy(userId)
            .orderByProcessInstanceEndTime()
```

```
            .asc()
            .list();

for (int i = 0;i<historylist.size();i++){
    Map<String, Object> map = new HashMap<String, Object>();
    HistoricProcessInstanceEntity hpe = (HistoricProcessInstanceEntity)
historylist.get(i);

    map.put("id", hpe.getId());
    map.put("startUserId", hpe.getStartUserId());
    map.put("processInstanceId", hpe.getProcessInstanceId());
    map.put("processDefinitionKey",
hpe.getProcessDefinitionKey().toLowerCase());
    map.put("ProcessDefinitionName", hpe.getProcessDefinitionName());
    map.put("superProcessInstanceId", hpe.getSuperProcessInstanceId());

    if (hpe.getSuperProcessInstanceId()!= "" && hpe.getSuperProcessInstanceId() != null){
        HistoricProcessInstance superHistoricProcessInstance =
            historyService.createHistoricProcessInstanceQuery()
            .processInstanceId(hpe.getSuperProcessInstanceId()).singleResult();
        String superProcessDefinitionName =
            superHistoricProcessInstance.getProcessDefinitionName();
        map.put("superProcessDefinitionName", superProcessDefinitionName);
    }

    map.put("endTime", hpe.getEndTime());
    map.put("startTime", hpe.getStartTime());
    if (hpe.getEndTime() == null){
        List<Task> taskList =
taskService.createTaskQuery().processInstanceId(hpe.getProcessInstanceId()).active().list();
        String taskName = "";
        String taskId = "";
        for (int j = 0;j<taskList.size();j++){
            if (taskList.get(j) != null){
                taskName = taskName == "" ? taskList.get(j).getName() :
taskName + "," + taskList.get(j).getName();
                    taskId = taskId == "" ? taskList.get(j).getId() : taskId + "," +
taskList.get(j).getId();
            }
        }
        if (taskName != ""){
            map.put("name", taskName);
        }
        if (taskId != ""){
            map.put("taskId", taskId);
        }
    }else{
        map.put("name", "已完成");
    }
    hlist.add(map);
}
```

在上面的代码中，变量 historylist 用于获取当前所有历史记录，包括完成和未完成的，接着循环处理该 list 值，判断其是否有直接上级，并进行处理；同时，判断该业务是否已经结束，如果没结束，则获取其运行信息等。

以上示例代码可以参考源码，最后是进行页面处理，代码略，运行后的页面如图 19-13 所示。

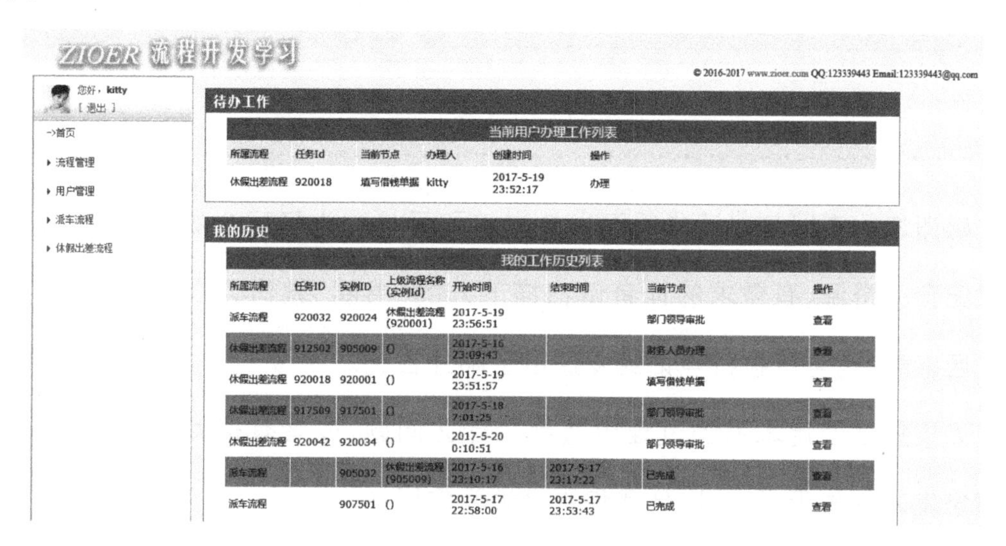


图 19-13　首页展示

在图 19-13 中，展示了当前用户的待办工作、历史记录，即用户可以不进入具体功能列表，便可查看当前未完成和已完成的业务操作信息，并进行操作。

## 19.7　本章小结

本章较详细地介绍了一个综合案例，注重业务数据和 Activiti 引擎数据的分离。在分析过程中，首先是整合用户管理，无论是哪个开发团队或个人，都会涉及用户管理的集成，Activiti 已经充分考虑了这件事，提供了用户覆盖操作等方式完成用户管理的集成；接着讲解了两个典型示例，都采用了数据和引擎数据分离的原则，第二个案例更加具体，并具有一定的通用性，即在实际业务系统开发中，存在并行、排他以及调用其他流程等操作。只有真正掌握本书前面章节讲解的各个知识点后，才能在实际开发中灵活运用。本章的完整示例请参考本书配套资源中的源码。

# 图书资源支持

感谢您一直以来对清华版图书的支持和爱护。为了配合本书的使用，本书提供配套的资源，有需求的读者请扫描下方的“书圈”微信公众号二维码，在图书专区下载，也可以拨打电话或发送电子邮件咨询。

如果您在使用本书的过程中遇到了什么问题，或者有相关图书出版计划，也请您发邮件告诉我们，以便我们更好地为您服务。

**我们的联系方式：**

地　　址：北京市海淀区双清路学研大厦 A 座 701

邮　　编：100084

电　　话：010－62770175－4608

资源下载：http://www.tup.com.cn

客服邮箱：tupjsj@vip.163.com

QQ：2301891038（请写明您的单位和姓名）

资源下载、样书申请

书圈

扫一扫，获取最新目录

**用微信扫一扫右边的二维码，即可关注清华大学出版社公众号“书圈”。**